高职高专轨道交通类新型教材

U0187654

电工与电子技术

张　磊　主编
李　强　副主编

清华大学出版社
北　京

内容简介

本书以电工基本理论为基础，以电工技术和电力电子技术为核心，以基本电气元器件识别检测、照明线路安装调试、配电盘安装调试、变压器的检测、电机的检查维护、电机控制线路安装调试、整流电路的连接与测试、逆变电路的连接与测试为载体，实现理论与实践的结合，内容涵盖了供电与用电安全、直流电路、正弦交流电、三相交流电、电机、电力电子器件、可控整流电路、逆变电路、直流斩波电路和我国典型机车电力电子技术应用案例等。

本书主要面向高等职业院校动车组检修技术专业、铁道机车专业学生，也可作为电工与电力电子技术爱好者和从业者的参考用书。

本书封面贴有清华大学出版社防伪标签，无标签者不得销售。
版权所有，侵权必究。举报：010-62782989，beiqinquan@tup.tsinghua.edu.cn。

图书在版编目(CIP)数据

电工与电子技术/张磊主编. —北京：清华大学出版社，2020.7（2021.10重印）
高职高专轨道交通类新型教材
ISBN 978-7-302-52230-0

Ⅰ. ①电… Ⅱ. ①张… Ⅲ. ①电工技术－高等职业教育－教材 ②电子技术－高等职业教育－教材 Ⅳ. ①TM ②TN

中国版本图书馆 CIP 数据核字(2019)第 015024 号

责任编辑：刘翰鹏
封面设计：常雪影
责任校对：刘　静
责任印制：杨　艳

出版发行：清华大学出版社
网　　址：http://www.tup.com.cn，http://www.wqbook.com
地　　址：北京清华大学学研大厦 A 座　　**邮　　编：**100084
社 总 机：010-62770175　　**邮　　购：**010-62786544
投稿与读者服务：010-62776969，c-service@tup.tsinghua.edu.cn
质量反馈：010-62772015，zhiliang@tup.tsinghua.edu.cn
课件下载：http://www.tup.com.cn，010-83470410
印 装 者：三河市国英印务有限公司
经　　销：全国新华书店
开　　本：185mm×260mm　　**印　　张：**19.25　　**字　　数：**442 千字
版　　次：2020 年 7 月第 1 版　　**印　　次：**2021 年 10 月第 2 次印刷
定　　价：49.00 元

产品编号：080214-01

前言

FOREWORD

目前，铁路行业需要大量的动车组、机车车辆的制造、运用、维修等方面的高级技术人才和技能人才，为此国内一些高校设置了动车组和铁道机车车辆相关专业。

本书针对动车组检修、电力机车驾驶、电力机车整备、电力机车检修的岗位对基本电工技能和电力电子技能的要求，依据高等职业教育动车组检修技术、铁道机车专业培养目标，以工作过程为导向编写。本书以电工基本理论为基础，以电工技术和电力电子技术为核心，以基本电气元器件识别检测、照明线路安装调试、配电盘安装调试、变压器的检测、电机的检查维护、电机控制线路安装调试、整流电路的连接与测试、逆变电路的连接与测试为载体，以模块化教学为教材编写模式，实现理论实践一体化。其内容涵盖了供电与用电安全、直流电路、交流电路、变压器、电机、电力电子器件、可控整流电路、逆变电路、斩波电路和我国典型机车电力电子技术应用案例等。

本书图文并茂，文字通俗易懂。针对每一操作项目及工作流程，均有详细工具设备的使用说明及步骤，直观易懂。本书结构简洁、重点突出，有助于学生复习与自学。本书注重知识的应用和学生应用能力的培养，不过分强调公式的推导计算。书中配套的实训项目有助于增进学生的学习主动性。通过本书的学习，使学生掌握电工技术和电力电子技术基本理论知识，具备典型电工与电力电子电路分析能力和典型电工与电力电子技术实训项目的动手操作能力。培养学生严谨、务实的工作作风和综合分析能力，为适应铁路技术现代化，提高综合素质及职业能力打下基础。

本书由天津铁道职业技术学院张磊担任主编，天津海运职业学院李强担任副主编，北京铁路局北京动车段胡小宁主审。其中，天津铁道职业技术学院胡慧编写模块 1，天津铁道职业技术学院张磊编写模块 2，天津铁道职业技术学院李遐、李笑、李坤、马来苹编写模块 3、模块 4 和模块 7，天津铁道职业技术学院邸菲编写模块 5，天津铁道职业技术学院刘芯彤、天津海运职业学院李强编写模块 6、模块 8，天津铁道职业技术学院袁野编写模块 9 和模块 10，天津铁道职业技术学院赵国铭编写模块 2～模块 6 的实训部分，天津铁道职业技术学院段慧编写模块 7～模块 9 的实训部分。

本书的模块 2～模块 5 配有在线题库，读者可扫描对应模块习题处的二维码进行练习。

由于编者水平有限，书中难免存在疏漏和不妥之处，望广大读者批评、指正。

编　者

2019 年 12 月

目录

CONTENTS

模块1

供电与安全用电

随着社会生产力的发展和人们生活水平的提高，电能的生产和应用已成为一个国家工业化发展的重要标志。电力生产的特点是发电、供电、用电同时进行，中间任一环节出现故障都将影响整个电力系统。

1. 知识目标

(1) 了解电能的产生、输送与分配的方式。

(2) 熟悉安全用电、触电急救和电气灭火的相关知识。

(3) 掌握触电急救方法。

2. 能力目标

(1) 能够对电气火灾进行现场急救。

(2) 能够进行口对口人工呼吸。

(3) 能够进行胸外按压。

3. 素质目标

(1) 培养学生利用网络自学的能力。

(2) 在学习过程中培养学生严谨认真的态度、企业经济效率意识、创新和挑战意识。

(3) 能客观、公正地进行自我评价及对小组成员的评价。

1.1 电能的产生、输送与分配

由发电厂、变电所、输配电线路和电力用户连接而成的统一整体，称为电力系统，该系统起着电能的生产、输送、分配和消耗的作用。

电能(electrical energy)是指电以各种形式做功的能力(所以有时也叫电功)。日常生活中使用的电能主要来自各种形式能量的转换，包括水能、内能(俗称热能、火力发电)、核能、风能、化学能及光能等。电能也可转换成其他所需能量形式。它可以靠有线或无线的形式作远距离的传输。电能被广泛应用在动力、照明、冶金、化学、纺织、通信、广播等各个领域，是科学技术发展、国民经济飞跃的主要动力。

1. 电能的产生

目前，电能的产生广泛采用火力发电、水力发电、核能发电三种方式。

1) 火力发电

火力发电是利用石油、煤炭、天然气等化石燃料燃烧后发出的热量加热水，使水变成高温高压的蒸气，推动汽轮机产生机械能，带动发电机转动而产生电能。

火力发电建厂快，投资少，但消耗大量燃料，发电成本高，对环境污染严重。目前，我国以火力发电为主。为控制污染，我国已将“洁净煤发电”列为中长期科技发展规划重点。

2) 水力发电

水力发电是利用河流、湖泊等位于高处具有势能的水流至低处，将其中所含势能转换成水轮机的动能，再以水轮机为原动力，推动发电机产生电能。水力发电经济、无污染，并可以实现水资源综合利用，但投资大，建站速度慢，且受自然条件的影响较大。

我国水力资源丰富，长江三峡水电站工程的落成，使我国的水力发电量得到极大的提高。

3) 核能发电

核能发电是用中子冲击铀 235 使其原子核裂变，产生巨大的热量和热水，使水变成水蒸气，推动汽轮机并带动发电机发电。

核能发电消耗燃料少，发电成本低，但投资大、周期长、建站要求高。我国现有秦山、大亚湾、岭澳、田湾、宁德、红沿河、阳江等 16 座核电站，47 台机组运行发电，另有 13 台核电机组在建，核发电能力将逐年增加(统计数据截至 2019 年 12 月)。

火力发电、水力发电和核能发电是目前发电的主力军。除此之外，人们还在研究更多地利用各种资源发电的方法，如风力发电、太阳能发电、海浪发电、地热发电、磁流体发电等，它们都无环境污染，有很好的发展前景。除了在地面建立太阳能发电站外，还拟建立太空发电站。

2. 电能的输送

由于发电厂一般都建在能源产地或交通运输方便的地方，故需用主干输电线长距离输送电能给各用电单位。为提高供电质量、增强用电的可靠性，目前都将一个国家或一个大地区的发电厂、各变电站、输配电线路组成一个电力网，简称电网。电网结构示意图如图 1-1 所示。

从发电站发出的电能，经过升压变压器后，进行远距离输送，到达目的地后，经过降压变压器降压后得到各种等级的电压，供给不同的用电部门和负荷。各发电站和变电所通过联络线相连，组成一个强大的电力网，以保证供电的可靠性。各变电所的任务是升压与降压，集中与分配电能，适当调整电源电压和进行电网的保护，使输出电压基本稳定在额定电压的允许范围内，并确保电网安全运行。

1) 输电

电网都采用高电压、小电流输送电力。根据焦耳—楞次定律($Q=I^2Rt$)可知，电流通

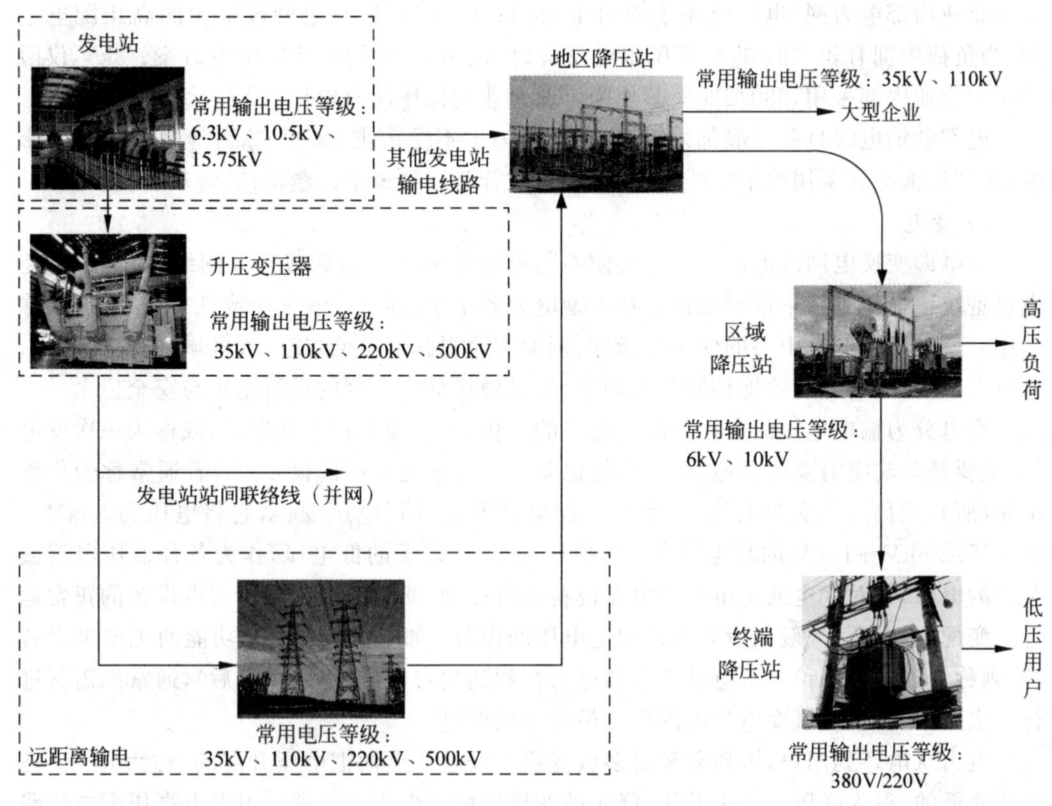

图 1-1 电网结构示意图

过导体所产生的热量 Q，是与通过导体的电流 I 的平方成正比的。在相同输送功率和输送距离下，因为 $P=UI$，所选用的电压等级越高，线路电流越小，则导线截面和线路中的功率损耗、电能损耗就越小。但是，电压等级越高，线路的绝缘要求也相应提高，杆塔的尺寸也要随导线间及导线对地距离的增加而加大，变电所的变压器和开关设备的造价也要随电压的增高而增加。因此，采用过高的电压不一定恰当，在设计时需根据输电容量和线路投资等综合因素考虑其技术经济指标，决定所选用输电电压等级的高低。一般来说，传输的功率越大，传输距离越远时，选择较高的电压等级比较有利。

近 30 年，我国主要采用 500kV 为主的超高压输电网络。为减少输电线路的输电损耗，我国近些年成功破解了特高压（1000kV 以上）输电世界难题，目前已建成世界上电压等级高、输送容量大、技术先进的“两交两直”特高压工程。随着特高压输电等先进技术的全面推广应用，电网不仅是传统意义上的电能输送载体，还是功能强大的能源转换、高效配置和互动服务平台。通过这个平台，能够连接大型能源基地和负荷中心，实现电力远距离、大规模、高效率输送，在更大范围内优化能源配置；能够与互联网、物联网、智能移动终端等相互融合，满足客户多样化的需求，服务智能家居、智能社区、智能交通、智慧城市发展，是我国未来的能源互联网平台。

目前，在我国电力系统中，220kV 及以上电压等级多用于大型电力系统的主干线；110kV 多用于中、小型电力系统的主干线及大型电力系统的二次网络；35kV 多用于大型工业企业内部电力网，也广泛用于农村电力网；10kV 是城乡电网较常用的高压配电电压，当负荷中拥有较多的 6kV 高压用电设备时，也可考虑采用 6kV 配电方案；3kV 仅限于工业企业内部采用，380/220V 多作为工业企业的低压配电电压。

电网的输电线目前一般都采用架空输电，为了不受雷击、风雨、冰雪等气候条件的影响，超高压输电线采用地下电缆输电，一般放在管路和隧道中跨越港湾、海峡、河流等。

2）变电

变电即变换电网的电压等级。要使不同电压等级的线路联成整个网络，需要通过变电设备统一电压等级来进行衔接。在大型电力系统中，通常设有一个或几个变电中心，称为中心变电站。变电中心的使命是指挥、调度和监视整个电网（或一大区域）的电力运行，进行有效的保护，并有效地控制故障的蔓延，以确保整个电网的运行稳定与安全。

变电分为输电电压的变换和配电电压的变化，前者通常称为变电站，或称为一次变电站，主要是为输电需要进行电压变换，但也兼有变换配电电压的设备；后者通常称为变配电站（所），或称为二次变电站，主要是为配电需要而进行电压变换，它将电压为 35kV～110kV 或 6kV～10kV 的高电压变换为电压为 1kV 以下的低电压，作为各种低压电器或装置的电源，并对变电或配电所的电器设备进行控制、测量、指示，保护变电设备的正常运行。变配电站（所）一般只设置变换配电电压的设备；如果只具备配电功能而无变电设备的，则称为配电站（所）。变电站馈送的电力在到达用户前（或进入用户后），通常尚需再进行一次电压变换，这级变电是电网中的最后一级变电。

电力从电厂到用户，电压要经过多级变换。经过变电而把电压升高的，称为升压；把电压降低的，称为降压。用来升压、降压的变压器称为电力变压器。习惯上高压配电线路末端变电的电力变压器，称为配电变压器。

目前，国内外还在开发、研制和应用高压直流输电技术。高压直流输电技术在降低传输线路损耗方面远胜于高压交流输电技术，它能够有效地在几千千米内以及水下长距离输送电力，可实现水力发电厂的远距离电力传输、离岸风电与太阳能并网及不同地区之间点对点的相互连接。

3. 工厂配电

电力的分配简称配电。为配电服务的设备和线路，分为配电设备和配电线路；配电线路上的电压等级，简称配电电压。工业、企业都有中央变电所和车间变电所（小规模的企业往往只有一个变电所），中央变电所接收送来的电能，然后分配到各车间，再由车间变电所或配电箱将电能分配给各用电设备。

配电电压的高低，通常决定了用户的分布、用电性质、负载密度和特殊要求等情况。常用的高压配电电压有 3kV、6kV 和 10kV 三种，大多数用户是由 10kV 或 6kV 高压供电，用电量大的用户，也有需用 35kV 高压或 110kV 超高压直接供电的。低压配电电压为 380/220V。

1）电力负荷等级

供电部门根据用电部门的重要性和中断供电时在政治上、经济上、生活上所造成的损失程度，将用电部门分为三级，并对其采用不同的供电方式，以保证供电质量。

（1）一级负荷：突然停电将会造成人员伤亡或主要设备将遭受损坏且长期难以修

复，或对国民经济带来巨大损失的，如医院、地铁以及政治、军事、交通、通信、经济等部门，称为一级负荷。对一级负荷用户应采用两个独立的电源系统供电。

(2) 二级负荷：突然停电将会造成较大经济损失，或因处理不当而发生人身和设备事故的部门，如炼钢厂、化工厂、大型商场、重要科研单位等部门，称为二级负荷。对二级负荷用户，一般应采用两路电源线进行供电。

(3) 三级负荷：除一、二级负荷以外的其他用户，均属于三级负荷。对三级负荷所提供的电力，允许因电力输配电系统出现故障而暂时停电。供电时，一般采用单路电源供电。

2) 低压配电连接方式

企业生产车间的配电，从车间变电所或配电箱到用电设备的线路属于低压配电线路，根据负载的不同，常用放射式和树干式两种连接方式。

(1) 放射式配电。放射式配电如图 1-2(a)所示，对每一个独立负载或一组集中负载都用单独的配电线路供电，适用于负载比较分散而各个负载点又具有相当大的集中负载情况，如水泵(独立负载)或车间照明(集中负载)。放射式配电可靠性高，某一线路的故障不会影响到其他线路，但经济性相对较差。

(2) 树干式配电。树干式配电如图 1-2(b)所示，将每一个独立负载或一组集中负载按其所在位置，依次接到某一个配电干线上，适用于负载集中，同时各个负载点位于变电所或配电箱的同一侧，其间距较短或负载比较均匀地分布在一条线路上。树干式配电的经济性较好，但可靠性和机动性较差，当干线发生故障时，接在干线上的所有设备都要受到影响。

在实际中，经常把这两种方式结合起来运用。

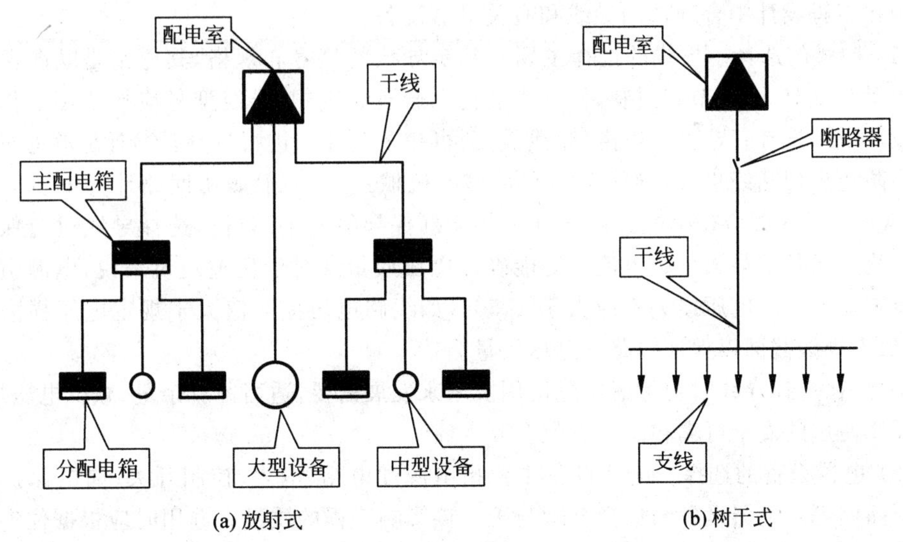

图 1-2 常用低压配电方式

4. 家庭配电

家庭配电是最常见的供电线路，主要包括家庭用电负荷的预测、住宅的电源与配电系统、导线及电器设备的选择、电器附件的安装等。

为家庭配电必须考虑以下几个方面的问题。

1）家庭用电负荷的预测

我们按面积大小将住宅分为三类：小型住宅 60m² 以下，中型住宅 60～100m²，大型住宅 100m² 以上。一般小型住宅照明用电负荷 500W，娱乐用电（包括电视机、音响、计算机等）负荷 950W，厨房用电（包括电饭煲、电热水器等）负荷 3500W，卫生间用电（洗衣机、排气扇）负荷 1170W，空调用电负荷 2250W，综合上述各类用电负荷共 8370W。中型住宅乘 1.3 系数为 10881W，大型住宅乘 2.6 系数为 21762W。根据统计调查，一般住宅用电负荷的高峰期是夏天晚饭后的时间，这时用电负荷有：电视、电冰箱、电热水器、消毒碗柜、计算机、空调等，共占住宅用电负荷的 40%，则小型住宅负荷计算取 3.5kW，中型住宅负荷计算取 4.5kW，大型住宅负荷计算取 8.5kW 即可。

2）住宅的电源与配电系统

住宅供电由小区变配电所引入，应采用三相四线制（TN-C 系统），经重复接地后进入单元总电表开关箱，改成三相五线制（TN-S 系统）后再放射到各用户，配电箱中应有短路、过载、漏电保护，断路器应选用能同时切断相线——中性线的断路器。住宅用电负荷计量应采用一户一表制，建议将单元总开关及分户电能表集中设置以便管理。

随着家用电器的增多，为避免电气线路过载和降低谐波电压的影响，户内配电系统应采用多回路形式，至少应设照明回路、一般插座回路和空调回路，如实际需要也可将厨房和淋浴室设为单独回路。此外考虑到家庭办公和信息化的发展，还应增加一条专用回路。

3）导线及电器设备的选择

室内外导线及电器设备的选择合理与否，直接关系到住宅用电的安全及经济效益，因而必须在工程设计中合理选用导线和有关电器设备。

（1）导线的选择。导线的选择主要是确定导线的型号和规格，其原则是既能保证配电的质量与安全，又能节省材料，做到既经济又合理。其中，导线型号应按使用工作电压及敷设环境来选择；导线的规格（导线截面）可按下列要求进行选择：①有足够的机械强度。为防止出现断线事故，导线必须有足够的机械强度，一般照明回路计算电流较小时（<10A），其导线都应按机械强度选择。②能确保导线安全运行。选择导线时应保证其安全电流大于长期最大负载电流。③能确保电压质量。对于住宅建筑来说，电源引入端至负荷末端的线路电压损失不应大于 2.5%，如线路电压损失值大于规定电压损失允许值，应加大导线截面以保证线路的电压质量。

总之，在选择导线时要考虑实际使用及未来发展需要，适当留有余量，减少电压损失，保证导线使用的安全可靠和经济有效。

（2）电器设备的选择。电器设备主要指电源配电箱、电表、控制开关、漏电保护开关及电源插座等。电器设备的选择合理与否直接影响工程的质量。选用时应根据住宅的负荷情况、安装要求、使用环境、设备的工作电压和工作电流等合理选择电器设备的型号规格，注意设备的容量等级宁大勿小，但又要避免选得过大造成浪费，一般来说在计算工作电流的基础上选大一级即可。为确保其质量，应选用符合国际电工委员会 IEC 标准和国内 GB、JB 有关行业标准，并具有产品质量认可证书的电器产品。总之，电器设备的选择尽可能做到安全可靠和经济合理。

4）电器附件的安装

电器附件主要有照明开关和插座，其安装要求如下。

(1) 照明开关串接在照明电路的火线上，不允许串在零线上；开关距地面的高度应符合安全规程，整排安装时高度应一致，高低差、间距符合规程；开、关方向应一致。

(2) 插座线孔的排列、连接线路的顺序要一致。如图 1-3 所示，对单相两孔插座，若两孔水平排列，则左零(N)右火(L)，如图 1-3(a)所示；若两孔垂直排列，则下零(N)上火(L)，如图 1-3(b)所示。对单相三孔插座，上地(PE)，左下零(N)，右下火(L)，不允许 N、PE 共用一条线，如图 1-3(c)所示。对三相四孔插座，上地(PE)，其余三孔分别对应三相交流电，如图 1-3(d)所示。交直流或不同电压的插座在同一场所时，应有明显区别。

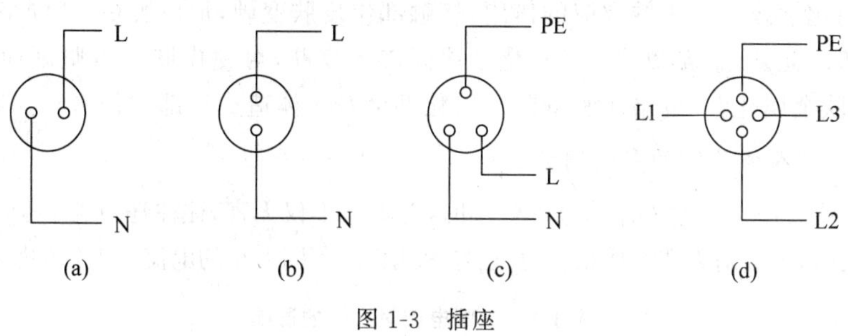

图 1-3 插座

1.2 安全用电

随着现代生产技术的发展和生活水平的提高，电能在人们生产和日常生活中得到越来越广泛的应用。但是，由于人们对安全用电知识掌握不足、对电的危害认识不足以及防护措施不力，电也给人类带来了不同程度的威胁和损失，甚至是灾难。电气危害有两个方面：一方面是对系统自身的危害，如短路、过电压、绝缘老化等；另一方面是对用电设备、环境和人员的危害，如触电、电气火灾、电压异常升高造成用电设备损坏等，其中，尤以触电和电气火灾危害最为严重。触电可直接导致人员伤残、死亡。另外，静电产生的危害也不能忽视，它是电气火灾的原因之一，对电子设备的危害也很大。

为了安全用电，除了认识和掌握电的性能和它的客观规律外，还必须了解安全用电知识、技术及措施。因此，研究触电事故的原因、现象和预防措施，提高安全用电的技术理论水平，对于确保安全用电，避免各种用电事故的发生是非常重要的。

1.2.1 安全用电常识

1. 电对人体的伤害作用

电对人体的伤害分为电击和电伤两种。

(1) 电击。电击是指电流通过人体内部器官，使其受到伤害。大部分触电伤亡事故都是由电击造成的。电击的危险与通过人体电流的大小、时间长短、电流通过人体的路径(以流经心脏最为危险)，以及电流的频率等因素有关。通过人体电流的大小又与人的电阻和人所触及的电压有关。人体电阻是个变数，它与皮肤潮湿或是否有污垢有关，一般从

800Ω 到几万欧不等。如果人体电阻按 800Ω 计算,通过人体电流不超过 50mA 为限,则算得安全电压为 40V。在一般情况下,规定 36V 以下为安全电压。

(2) 电伤。电伤是指人体外部器官受到电流的伤害。例如,电弧造成的灼伤,电的烙印,由电流的化学效应而造成的皮肤金属化,电磁场的辐射作用等。电弧烧伤是最常见也是最严重的电伤,在低压系统中,带电负荷(特别是感性负荷)打开裸露的闸刀开关时,电弧可能烧伤人的手部和面部;线路短路或开启式熔断器熔断时,炽热的金属微粒飞溅出来也可能造成灼伤。在高压系统中,由于误操作,会产生强烈的电弧,导致严重的烧伤;人体过分接近带电体,其间距小于放电距离时,会直接产生强烈的电弧,虽不一定因电击致死,却可能因电弧烧伤而死亡。电烙印也是电伤的一种。当载流导体长期接触人体时,由于电流的化学效应和机械效应的作用,接触部位皮肤变硬,形成肿块,如同烙印一般,这就叫电烙印。此外,金属微粒因某种化学原因渗入皮肤,可使皮肤变得坚硬而粗糙,导致所谓的"皮肤金属化"。电烙印和皮肤金属化都会对人体造成局部的伤害。

2. 触电对人体伤害的影响因素

(1) 电流大小。通过人体的电流较小时,对人体不仅无害,往往还有益。但是通过人体的电流较大时,就会对人体造成伤害,甚至导致死亡。不同大小的电流对人体的影响见表 1-1。

表 1-1 工频电流对人体的影响

电流大小	对人体的影响
1mA	人体产生刺、麻等不舒服的感觉
10mA～30mA	人体产生麻痹、剧痛、痉挛、血压升高、呼吸困难等症状
50mA	通过 1s 以上的时间会使人体产生心室震颤而导致死亡
100mA	通过 0.5s 以上的时间会使人体产生心室震颤而导致死亡

根据电流对人体的影响和伤害程度,可以将通过人体的电流分为感知电流、摆脱电流、安全电流和致命电流四个级别。感知电流是指能引起人体感觉但无有害反应的最小电流值;摆脱电流是指人触电后能自主摆脱带电体,不会造成病理危害性的最大电流值;安全电流是指人体所能忍受而无致命危险的最大电流;致命电流是指会引起心室震颤而危及生命的最小电流。各类电流的数值见表 1-2。

表 1-2 影响和伤害人体的四级电流数值

感知电流	摆脱电流		安全电流	致命电流
	男性	女性		
1mA	10mA	6mA	30mA	50mA

(2) 电流持续时间。当人体触电时,通过电流的时间越长,越容易造成心室颤动,生命危险性就越大。电流通过人体时,由于人体发热出汗和电流对人体组织的电解作用,还会导致人体电阻逐渐降低,使流过人体的电流增大,从而增大触电的危险性。据统计,触电 1～5min 内急救,被救回的可能性达到 90%;10min 内急救,成功率会降到 60%;超过 15min,救回的可能性甚微。应注意,即使流过人体的电流较小,当通电时间过长时,也可能造成对人体的严重伤害,甚至致人死亡。通过测试,电流对人体的致命电击能量为

50mA·s,即通过人体的电流与时间的乘积不能超过50mA·s,否则就可能致人死亡。

(3) 电流流过途径。电流通过人体的路径不同,产生的影响和伤害作用也有差异。电流通过人体头部会使人昏迷,甚至死亡;通过脊髓会导致截瘫及其他严重损伤;通过中枢神经或有关部位,会导致残废;通过心脏会造成心跳停止而死亡;通过呼吸系统会造成窒息。实践证明,从左手至脚是最危险的路径,从手到手、右手到脚也是很危险的路径,从脚到脚是危险性较小的路径。

(4) 人体电阻。人体电阻包括体内电阻和皮肤电阻,起决定作用的是皮肤电阻。体内电阻的数值约为500Ω,而且基本不变。皮肤电阻的数值较大,且受影响的因素较多,触电电压、接触压力、接触面积、皮肤的表面状况等因素都会影响皮肤电阻。皮肤的角质层越厚、越干燥,电阻越大。例如,皮肤在干燥、洁净、无破损的情况下,可高达几十千欧;而潮湿的皮肤,其电阻可能在1000Ω以下。在一般情况下,人体电阻可按1kΩ~2kΩ来考虑。

(5) 电流频率。经研究表明,人体触电的危害程度与触电电流频率有关。一般来说,频率为25~300Hz的电流对人体触电的伤害程度最为严重,低于或高于此频率段的电流对人体触电的伤害程度明显减弱。在高频情况下,人体能够承受更大的电流作用。目前,医疗上采用20kHz以上的高频电流对人体进行治疗。

(6) 触电电压高低的影响。触电电压高,会使人体的电阻减小,流过人体的电流增大,对人体的伤害作用严重。那么多高的电压以下是安全的呢?这与环境和用电设备的情况有关。一般情况下,人体电阻按1kΩ~2kΩ考虑,安全电流按30mA考虑,则人体可承受的安全电压为30~60V。根据GB/T 3805—1993的规定,我国所确定的安全电压分为5个级别,分别为42V、36V、24V、12V和6V。各级安全电压应按具体情况来选择,一些常见情况的安全电压见表1-3。

表1-3 安全电压的级别及适用场合

安全电压级别(交流有效值)		适用场合
额定值	空载上限值	
42V	50V	在有触电危险的场所中所使用的手持式电动工具等
36V	43V	在潮湿的场所,如矿井、多导电粉尘及类似场所中所使用的照明灯等器具
24V	29V	工作面狭窄,操作者易大面积接触带电体的场所,如锅炉和金属容器内
12V	15V	人体需要长期触及器具上带电体的场所
6V	8V	

(7) 人体状况。电流对人体的伤害程度与性别、年龄、身体及精神状态有很大的关系。一般来说,女性比男性对电流敏感,小孩比大人敏感。

3. 人体触电方式

人体触电方式主要有两种:直接接触带电体触电、跨步电压触电和雷击触电。直接接触带电体触电又可分为单相触电和两相触电。

(1) 单相触电。人体直接接触带电设备或线路的一相导体时,电流从人体与带电体接触点流入人体,再经双脚流出而发生的触电称为单相触电。由于人们生活和生产中处处可见单相电源,所以单相触电是触电类型中最常见的一种。

由于电源中性点在运行中可接地,也可不接地。而发生触电在这两种情况下是不一样的。

① 电源中性点接地发生单相触电。如图 1-4(a)所示,人碰到一根相线,电流从相线经人体,再经大地流回到中性点,这时加在人体的电压是相电压。其触电电流为:

$$I_{\mathrm{b}}=\frac{U_{\phi}}{R_1+R_2+R_3}$$

式中,I_{b} 代表流过人体电流,A;U_{ϕ} 代表电源相电压,V;R_1 代表电源中性点接地电阻,Ω;R_2 代表人体电阻,Ω;R_3 代表人体与地面的接触电阻,Ω,其值按照表 1-4 中的情况而定。

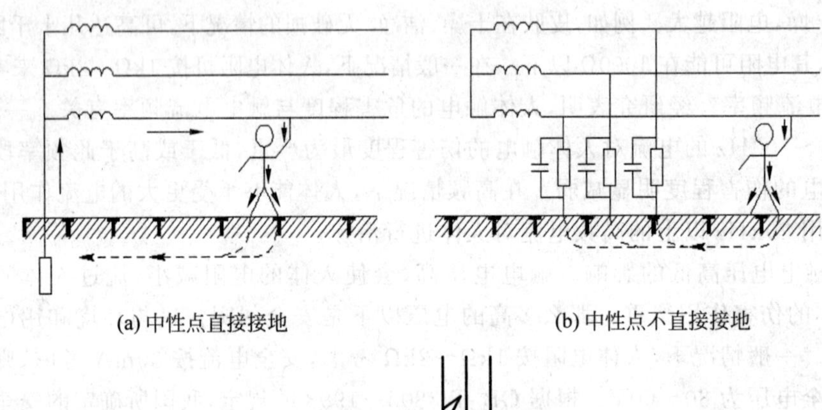

(a) 中性点直接接地　　(b) 中性点不直接接地

(c) 人体接触漏电设备触电

图 1-4　单相触电常见形式

表 1-4　人体与地面接触电阻 R_3

地面种类	地面状况	电阻值的范围	导电性
木块	干燥,清洁	15～120MΩ	绝缘
	干燥,不清洁	0.2～40MΩ	
	潮湿,不清洁	15kΩ～4MΩ	半导电
	有泥冻,受损伤	3～13kΩ	导电
混凝土	干燥,清洁	5～7MΩ	绝缘
钢筋混凝土	干燥,清洁	0.5～4MΩ	
	潮湿,清洁	4～8MΩ	导电
沥青混凝土	干燥,清洁	0.5～500MΩ	绝缘
钢筋沥青混凝土	干燥,清洁	1000MΩ	
	潮湿,清洁	8～50kΩ	导电
泥砖	干燥,清洁	0.1～10MΩ	半导电

续表

地面种类	地面状况	电阻值的范围	导电性
熔渣	干燥	30～200MΩ	绝缘
石块		5～15MΩ	
土壤		0.5～6kΩ	导电
金属板		100Ω	

所以触电电流的大小主要决定于 R_3。

对于低压照明与动力混用的三相四线制系统，电源相电压 U 一般为 220V。按照规定，电源中性点接地电阻 $R_1=4\Omega$。若人体电阻 $R_2=1800\Omega$，且此时站在金属板上，则流过人体电流 $I_b=116\text{mA}$。116mA 的电流不足以使电源继电保护系统动作，但对人体而言却大于 30mA 的安全电流，因此严重危及触电者的生命。

如何防止单相触电可以从两个方面考虑：一方面增强人与地面的绝缘电阻，如进行电工作业时穿绝缘鞋或站在绝缘台上，严禁赤脚作业；另一方面可在电源系统中加装高灵敏度的漏电保护器，以确保人体的安全。

② 电源中性点不接地发生单相触电。如图 1-4(b)所示，触电回路为电源相线—人体—其他两相对地阻抗(线路对地绝缘电阻和对地电容构成)—相线。在 1000V 以下的低压线路中，如果相线对地绝缘电阻较高，一般不会发生危险。

维修家电时，为了防止单相触电，常使用 1∶1 的隔离变压器，由于隔离变压器二次侧任何一点都不允许接地，这种情况下二次侧对地阻抗很大，即使维修者触电，流过触电者身体的电流也几乎为零，不会发生危险。

单相触电时人体所承受的是相电压，在我国低压配电系统中常用相电压为 220V，与其他触电形式相比，电压相对较低，但由于这种触电形式发生的概率较高，因此应特别注意预防该类触电事故。

③ 接触电压触电。如图 1-4(c)所示，接触电压是人站在发生接地故障的电气设备旁边，手触及设备外壳，此时人所接触的两点(手与脚，其垂直距离约为 1.8m)之间所呈现的电位差。如图 1-5 所示为接地电流电位分布曲线。

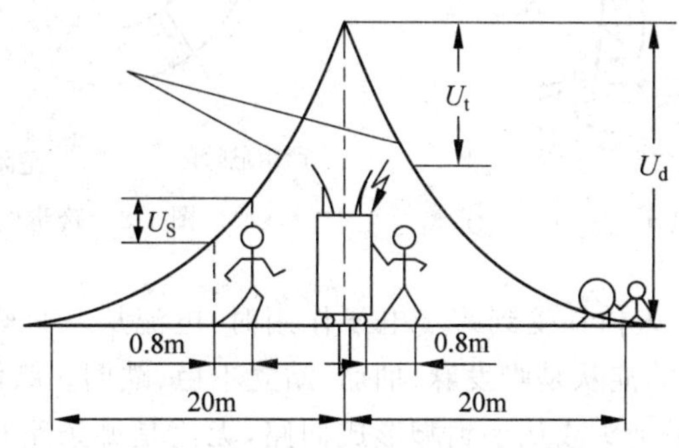

图 1-5 接地电流电位分布曲线

U_t—接触电位差，V；U_S—跨步电位差，V；U_d—接地装置的电压，V

一般情况下，接地电网里的单相触电比不接地电网里的危险性大。

(2) 两相触电。两相触电是指人体的不同部位同时触及两根不同的相线，如图 1-6

所示。

此时人体承受的是线电压，在我国低压配电系统中常用线电压为380V，由于这种触电形式触电电压较高，因而是一种较危险的触电形式。

两相触电回路是：相线—人体—相线。流过人体的电流是

$$I=\frac{U_L}{R_b}$$

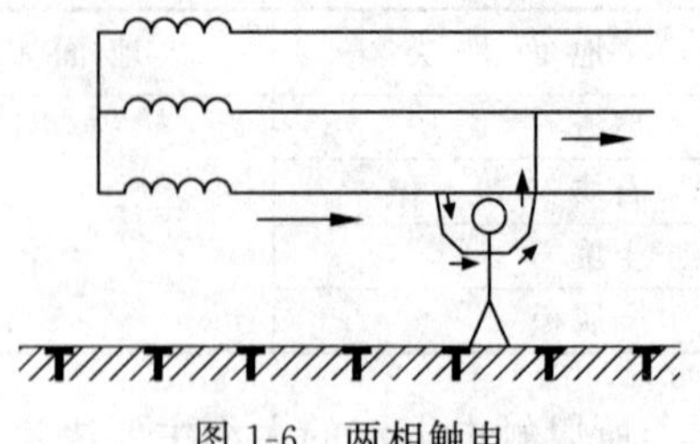

图 1-6 两相触电

设电源的线电压 $U_L=380V$，人体电阻 $R=1800\Omega$，则 $I=211mA$。这种数值的电流，电源继电保护装置是不动作的，但对于触电者而言则大大超出人体的安全电流，足可致命。

防止双相触电的原则是在可能的情况下，尽量单手操作，在拆、装三相电路系统时，要戴绝缘手套，并要一相一相地操作，禁止同时拆卸两相电路。如果在一相电路作业时，另一相电路距离太近，应增加遮拦或停电。

(3) 跨步电压触电。

① 跨步电压。如图1-7所示，当高压线断落在地上、电气设备发生单相接地故障或在避雷针接地极附近时，在接地点周围(一般为20m以内)会产生呈圆形扩散的电流，在地上形成分布电位。距接地点越近，地面电位越高；距接地体或接地点越远，地面电位越低。当人体处于接地点周围时，两脚之间的电位不一样，就会产生跨步电压(电压等于电位差)。

跨步电压的大小与接地电流和人体与接地点远近、跨步大小有关。一般跨步大小按0.8m考虑，所以跨步电压大小主要取决于与接地点的远近。其分布如图1-8所示。

图 1-7 跨步电压

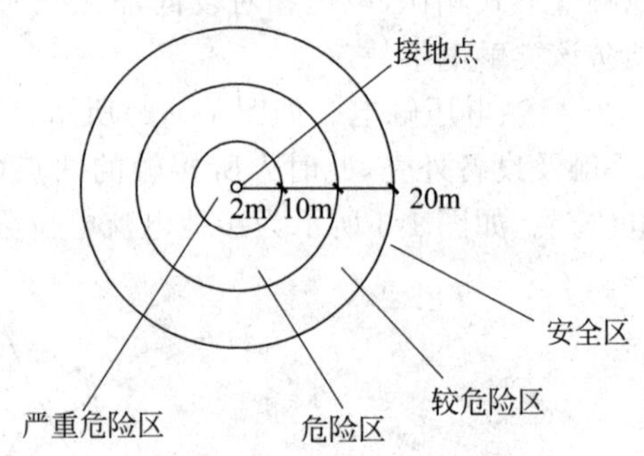

图 1-8 跨步电压分布区域

② 跨步电压触电。人体在受到跨步电压作用时，电流从一只脚到另一只脚，与大地形成触电回路。触电者的症状是脚发麻、抽筋、站立不稳、跌倒。跌倒后，人会下意识地用手扶地，这时电流便从手到头或从手到脚形成回路，无论是哪条路径，电流都流经人体的重要器官，严重危及触电者的生命。

跨步电压还发生在一些接地装置附近，如防雷接地、线杆接地。

在接地电流入地点周围20m内行走的人，要采用蛙跳或单脚跳的形式。鞋、帽、手套、衣服等要穿戴整齐。绝不允许赤脚、赤臂、空手在接地电流入地点周围20m内采用蛙

跳或单脚跳行走。

(4) 雷击触电。

雷、雨、云对地面突出物产生放电,它是一种特殊的人触电方式。雷击感应电压高达几十至几百万伏,其能量可把建筑物摧毁,使其燃烧,把电力线、用电设备击穿、烧毁,从而造成人身伤亡,它的危害性极大。目前,一般通过避雷设施将强大的电流引入地下,避免雷电的危害。

① 感应电压触电。当人体触及带有感应电压的设备或线路,接近带电设备或静电带电体,以及带静电人体接近接地体时,由于感应电压或静电感应的作用,会使人体遭受电击,这种触电方式称为感应电压触电。

② 剩余电荷触电。当人体接触带有剩余电荷的设备时,发生的触电事故称为剩余电荷触电。例如电容器、电力电缆、电力变压器和大容量电动机等设备,在刚切断电源时内部都可能会带有剩余电荷,因此在检修这些设备之前应进行充分的放电。

4. 触电事故的一般规律

人体触电总是发生在突然的一瞬间,而且往往造成严重的后果。因此,掌握人体触电的规律,对防止或减少触电事故的发生是有好处的。根据对已发生触电事故的分析可知,触电事故主要有以下规律。

(1) 季节性。一般来说,每年的6—9月为触电事故的多发季节。在全国范围内,该季节是炎热季节,人体多汗、皮肤湿润,人体电阻大大降低,因此触电危险性及可能性较大。

(2) 低压电气设备触电事故多。在工农业生产及家用电器中,低压设备占绝大多数,而且低压设备使用广泛,多数人缺乏电气安全知识,因而发生触电事故的概率较大。

(3) 移动式电气设备触电事故多。由于移动式设备经常移动,工作环境参差不齐,电源线磨损的可能性较大;同时,移动式设备一般体积较小,绝缘程度相对较弱,因此容易发生漏电故障。再者,移动式设备又多由人手持操作,这也增加了触电的可能性。

(4) 电气触点及连接部位触电事故多。电气触点及连接部位由于机械强度、电气强度及绝缘强度均较差,因此较容易出现故障,进而发生直接或间接触电。

(5) 农村触电事故多。由于农村用电设备较为简陋,技术和管理水平低,而且一般农村用电工作环境较恶劣,因此触电事故较多。

(6) 临时性施工工地触电事故多。现在我国正处于经济建设的高峰期,临时性工地较多。这些工地的管理水平参差不齐,有些施工现场的电气设备和电源线路较为混乱,触电事故隐患较多。

(7) 中青年人和非专业电工触电事故多。目前,在电力行业工作的人员以青年人员居多,特别是一些主要操作者,他们往往缺乏工作经验、技术欠成熟,这就增加了触电事故的发生率。非电工人员由于缺乏必要的电气安全常识而盲目地接触电气设备,从而导致触电事故的发生。

(8) 错误操作的触电事故。由于一些单位安全生产管理制度不健全或管理不严,电气设备安全措施不完备及思想教育不到位、责任人不清楚,导致触电事故的发生。

了解和掌握触电事故发生的一般规律对防止事故的发生,做好用电安全工作是十分必要的。

5. 现场安全生产常识

预防触电最重要的是遵守安全规程和操作规程。常见的触电事故大多数是由疏忽大意或不重视安全用电造成的。作为一名电专业从业者，为了自身和他人及国家生命财产安全，应该学会在工作中科学地、有效地保护自己。要做到这一点，首先必须树立自我保护意识并培养自己的职业素养。

专业职业素养主要体现在以下几点。

1）熟悉安全技术操作规程

安全技术操作规程一般有以下内容。

(1) 上岗前的检查和准备工作。

① 工作前必须按规定穿好工作服、工作鞋。女士应戴工作帽。

② 在安装或维修电气设备时，要清扫工作场地和工作台面，防止灰尘等杂物落入电气设备内造成故障。

③ 工作前不能饮酒，工作时应集中精力，不能做与本职工作无关的事。

④ 必须检查工具、测量仪表和防护用具是否完好。

(2) 工作中的规则。

① 检修电气设备时，应先切断电源，并用验电笔(低压验电器)测试是否带电。在确定不带电后，才能进行检查修理。对于高压电气设备在确定停电后，除了验电，还要挂地线。

② 在断开电源开关检修电气设备时，应在电源开关处挂上“有人工作，严禁合闸!”的标牌。

③ 电气设备拆除送修后，对可能来电的线头用绝缘胶布包好，线头必须有短路接地保护装置。

④ 严禁非电气作业人员装修电气设备和线路。

⑤ 严禁在工作场地，特别是易燃、易爆物品的生产场所，吸烟及明火作业，防止火灾发生。

⑥ 使用起重设备吊运电动机、变压器时，要仔细检查被吊重物是否牢固，并有专人指挥，不准歪拉斜吊，吊物下或旁边严禁站人。

⑦ 在检修电气设备内部故障时，应选用 36V 的安全电压灯泡作为照明。

⑧ 电动机通电试验前，应先检查绝缘是否良好，机壳是否接地。试运转时，应注意观察转向，听声音，测温度。工作人员要避开联轴节旋转方向，非操作人员不准靠近电动机和试验设备，防止高压触电。

⑨ 拆卸和装配电气设备时，操作要平稳，用力应均匀，不要强拉硬敲，防止损坏电气设备。

⑩ 工作前要把湿手擦干净，不要在雨天移动和修理室外带电的电气设备。

(3) 工作后的收尾工作。

① 工作后清理好现场，擦净仪器和工具上的油污和灰尘，并放入规定位置或归还工具室。

② 工作后要断开电源总开关，防止电气设备起火造成事故。

③ 修理后的电器应放在干燥、干净的工作场地，并摆放整齐。

④ 做好检修设备后的故障记录，积累修理经验。

2）了解电工行规

(1) 对电气生产场地的工具和材料摆放的要求。对电气生产场地的工具、材料应存放在干燥通风的处所，电气安全用具与其他工具不许混放在一起，同时还应符合下列要求。

① 绝缘杆应悬挂或架在支架上，不应与墙接触。

② 绝缘手套应存放在密闭的橱内，并与其他工具仪表分别存放。

③ 绝缘靴应放在橱内，不应由普通靴(鞋)代替使用。

④ 绝缘垫和绝缘台应经常保持清洁，无损伤。

⑤ 高压验电笔应存放在防潮的匣内，并放在干燥的地方。

⑥ 安全用具和防护用具不许作为其他用具使用。

另外，还应考虑操作、维护、检修、试验、搬运的方便和安全，各个电气设备之间的尺寸应满足安全净距的要求。为了防止电火花或危险温度引起火灾，开关、插头、熔断器、电热器具、照明器具、电焊设备、电动机等均应根据需要，适当避开易燃、易爆建筑构件。

(2) 对电气生产场地和环境卫生的要求。

① 按维护周期对设备进行清扫检查。保持设备的清洁，做到无油污、无积灰；油、气、水管道阀门无渗漏；瓷件无裂纹；电缆沟无积水、积油和杂物，盖板齐全；现场照明完好。

② 每班对值班室、控制室的家具、地面、继电器、电话机等清扫一次，并整理记录本、图纸、书籍，经常保持整齐清洁。

③ 建立卫生责任区，落实到人。每月进行1～2次大清扫，清扫场地、道路，保持无积水、油污，无垃圾和散落器材。安全用具和消防设施应齐全合格。

(3) 遵守安全操作规程。

① 在电气设备上工作，至少应有两名经过电气安全培训并考试合格的电工进行，低级别电工在电气设备上工作时应由高级别电工负责监护。

② 电气工作人员必须认真学习和严格遵守《电业安全工作规程》和工厂企业制定的现场安全规程补充规定。

③ 在电气设备上工作一般应在停电后进行。只有经过特殊培训并考核合格的电工方可进行被批准的某些带电作业项目。停电的设备是指与供电网电源已隔离，已采取防止突然通电的安全措施，并与其他任何带电设备有足够的安全距离。

④ 在任何已投入运行的电气设备或高压室内工作，都应执行两项基本的安全措施，即技术措施和组织措施。技术措施是保证电气设备在停电作业时断开电源，防止接近带电设备，防止工作区域有突然来电的可能；在带电作业时能有完善的技术装备和安全的作业条件。组织措施是保证整个作业的各个安全环节在明确的有关人员安全责任制下组织作业。

⑤ 为了保证电气作业安全，所有使用的电气安全用具都应符合安全要求，并经过试

验合格，在规定的安全有效期内使用。

⑥ 要认真执行工作票制度。在电气设备上工作都要按工作票或口头命令执行。第一种工作票适用于：在高压设备上工作需要全部或部分停电的情况，以及高压室内二次回路和照明回路上工作需要将高压设备停电或做安全措施的情况。第二种工作票适用于：无须将高压电气设备停电的带电作业，带电设备外壳上的工作，控制盘和低压配电盘、配电箱、电源干线上的工作，二次回路上的工作，转动中的发电机、同步电机的励磁回路或高压电动机转子电阻回路上的工作，非当值值班人员用绝缘棒或电压互感器定相或用钳形电流表测量高压回路的电流。凡不属于上述两种工作票范围的工作，可以用口头或电话命令，命令除告知工作负责人外，并要通知值班运行人员，将发令人、负责人及任务详细记在有关记录本中。

1.2.2 防触电的安全保护

1. 工作接地与保护接地

接地一般是指电气装置为达到安全和实现功能的目的，采用包括接地极、接地母线、接地线的接地系统与大地作电气连接，即接大地；或是电气装置与某一基准电位点作电气连接，即接基准地。

按接地不同的作用可将它分为：工作接地、保护接地、重复接地、过电压保护接地、防静电接地、屏蔽接地等。

(1) 工作接地。

为保证电气设备正常运行，必须在电力系统中某一点进行直接或经设备与大地可靠地连接，称为工作接地。此种接地可直接接地或经特殊装置接地，如变压器低压侧的中性点、电压互感器和电流互感器的二次侧某一点接地等。

工作接地的作用是保证电气设备可靠安全地运行。

(2) 保护接地。

① 概念。为防止因绝缘破坏而遭到触电的危险，将与电气设备带电部分相绝缘的金属外壳或构架同接地体之间做良好的连接，称为保护接地。这种接地方式一般在中性点不直接接地的低压供电系统中采用。

② 原理。当绝缘层遭到破坏后，设备外壳带电，当人体接触设备时接地短路电流将同时沿着接地装置和人体两条通路流过。流过每条通路的电流值将与其电阻的大小成反比，通常人体的电阻 R_r（一般在 1000Ω 以上）比接地装置的接地电阻 R_b 大几百倍，所以当接地电阻很小时，流经人体的电流 I_r 几乎等于零，因而人体就避免了触电的危险，如图 1-9 所示。

③ 接地电阻的确定。保护接地的基本作用是把漏电设备外壳的对地电压限制在安全范围以内，各种保护接地体的接地电阻都是根据这一原则确定的。

在 380V 不直接接地的供电系统中，单相接地电流很小。为限制漏电设备外壳对地电压不超过安全范围，一般要求保护接地电阻 R_b 不大于 4Ω。

(3) 重复接地。

将三相四线制的零线或三相五线制中的专用保护零线的一点或多点经接地装置与大

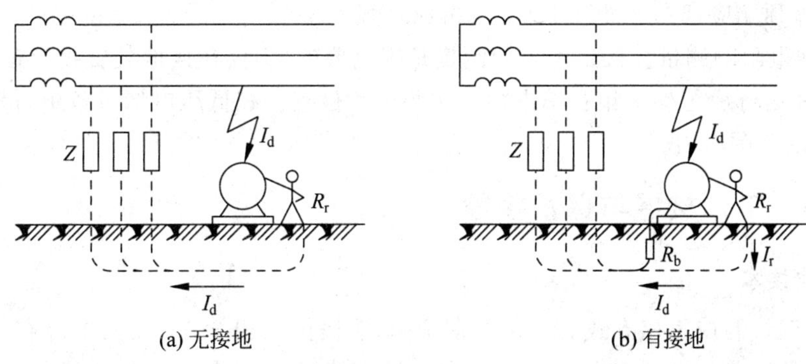

图 1-9 保护接地原理图

地再次做金属连接,称为重复接地。重复接地的接地电阻应不大于 10Ω。它是保护接零系统中不可缺少的安全技术措施。

重复接地的作用:当系统中发生碰壳或接地短路时,可以降低零线对地的电压;当零线发生断线时,可以使发生故障的程度减轻。

如图 1-10(a)所示,一旦中性线断线,设备外露部分带电,人体触及同样会有触电的可能。而在重复接地的系统中,如图 1-10(b)所示,即使出现中性线断线,但因外露部分重复接地而使其对地电压大大下降,因此对人体的危害也大大下降。不过应尽量避免中性线或接地线出现断线的现象。

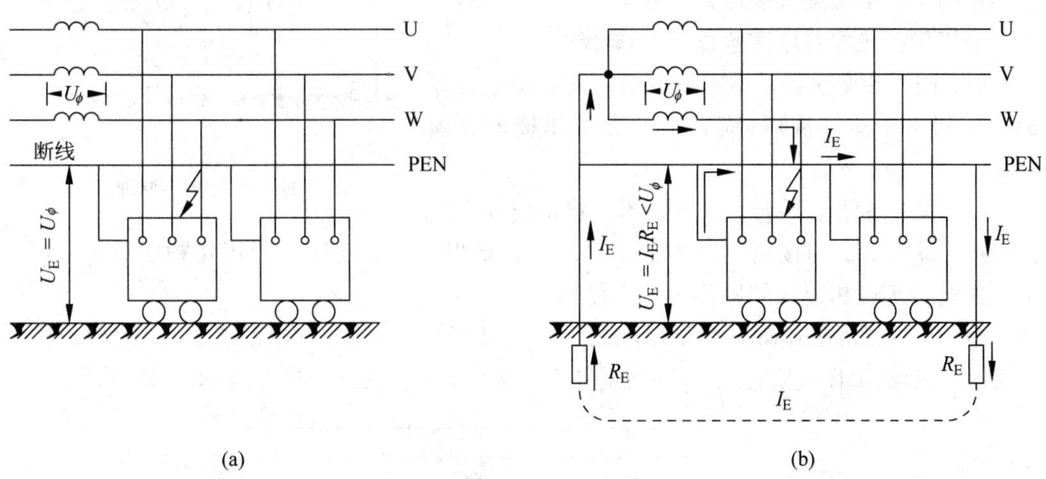

图 1-10 重复接地的作用

(4) 接地装置的敷设。

接地装置由接地体和接地线组成。

① 接地体。接地体分为自然接地体和人工接地体。和大地有紧密接触的自然导体即可作为自然接地体。例如,埋设在地下的金属导管、地下的金属结构等。人工接地体可采用钢管、角钢、圆钢、扁钢做成。接地体垂直埋设,在化学腐蚀性的土地中,应采用镀锌钢材。

② 接地线。接地线可利用自然导体,如金属构架、电缆的金属层、配线的钢管等。

③ 接地体的埋设。垂直接地体通常采用镀锌的钢管或角钢(5mm×50mm×50mm)

规格，接地体顶端应埋在地面以下 0.5～0.8m 处。

④ 接地电阻的测量。接地电阻的测量是很重要的，不仅在接地装置投入运行前进行测量，而且在运行后至少每年春季进行一次测量和检查。在低压电器设备中，保护接地电阻应在 4Ω 的范围以内。

1.2.3 工作接零与保护接零

1. 工作接零

在三相四线制或三相五线制的供电系统中，能提供三相 380V 动力电源和单相 220V 电源两种电源。单相电源取自一根相线和一根零线(N)，凡是接于工作零线(N)并进行正常工作的，都称为工作接零。

2. 保护接零

将与带电部分相绝缘的电气设备的金属外壳或构架，与中性点直接接地系统的零线相连接，称为保护接零，如图 1-11 所示。

保护接零的作用：当单相电源对电气设备发生碰壳短路时，即形成单相短路，短路电流能促使线路上的熔断器迅速熔断，从而把故障设备的电源断开，避免人体触电危险。因此，在 1kV 以下变压器中性点直接接地的系统中必须采取保护接零。

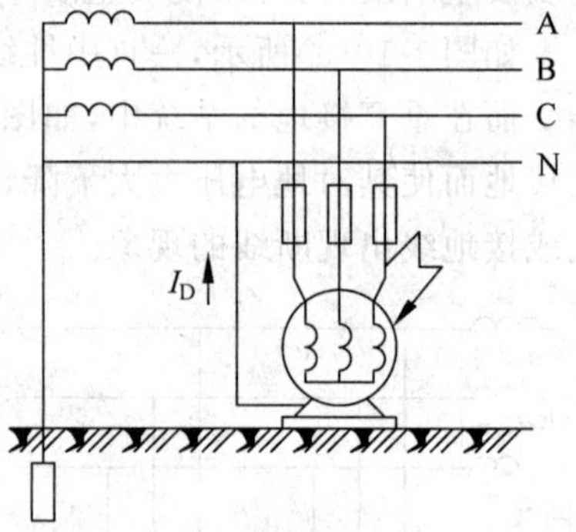

采用保护接零时应注意以下两点。

(1) 同一台变压器供电系统的电气设备不宜将保护接地和保护接零混用，而且中性点工作接地必须可靠。

图 1-11 保护接零原理图

(2) 保护零线上不准装设熔断器。将金属外壳用保护接地线(PEE)与接地极直接连接的称为接地保护；将金属外壳用保护线(PE)与保护中性线(PEN)相连接的则称为接零保护。

为降低因绝缘破坏而遭到电击的危险，对于以上不同的低压配电系统形式，电气设备常采用保护接地、工作接地、保护接零和重复接地这几个不同的安全措施，如图 1-12 所示。

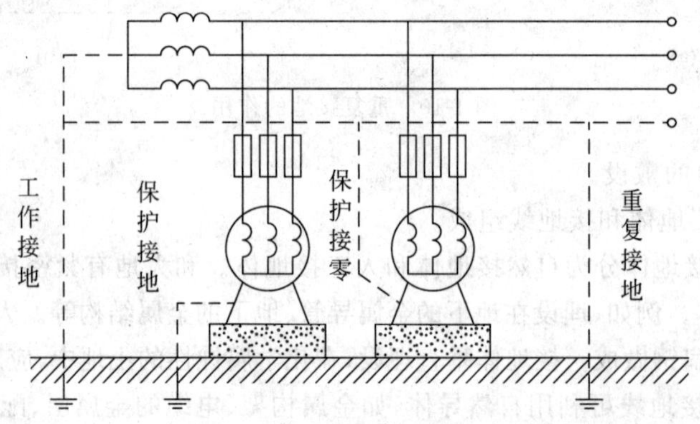

图 1-12 工作接地、保护接地、保护接零和重复接地安全措施示意图

1.2.4 低压配电系统接地形式

低压配电系统是电力系统的末端，分布广泛，几乎遍及建筑的每一个角落，平常使用最多的是 380/220V 的低压配电系统。从安全用电等方面考虑，低压配电系统有 IT 系统、TN 系统、TT 系统三种接地形式。第一个字母表示电源端与地的关系，T 表示电源端有一点直接接地；I 表示电源端所有带电部分不接地或有一点通过阻抗接地。第二个字母表示电气装置的外露可导电部分与地的关系，T 表示电气装置的外露可导电部分直接接地，此接地点在电气上独立于电源端的接地点；N 表示电气装置的外露可导电部分与电源端接地有直接电气连接。

1. IT 系统

IT 系统就是电源中性点不接地、用电设备外壳直接接地的系统，如图 1-13 所示。IT 系统中，连接设备外壳可导电部分和接地体的导线，就是 PE 线。

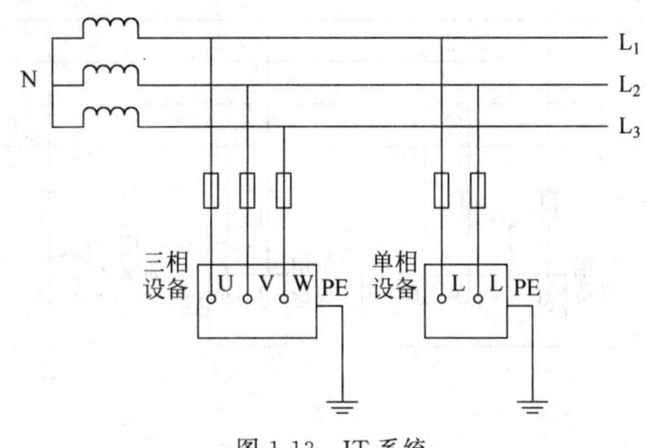

图 1-13 IT 系统

2. TN 系统

TN 系统是电源中性点直接接地，负载设备的外露导电部分通过保护导体连接到电源零线系统，即采用接零措施的系统。字母 T、N 分别表示供电系统中性点直接接地和电气设备外壳接零。

此系统有三相五线制 TN-S 系统、三相四线制 TN-C 系统、三相四线制变三相五线制 TN-C-S 系统三种类型。

(1) 三相五线制 TN-S 系统。该系统有专用的保护零线(PE)线，即保护零线与工作零线(N)是完全分开的系统，如图 1-14 所示。

TN-S 系统的特点如下。

① 系统正常运行时，专用保护线上没有电流，只是工作零线上有不平衡电流。PE 线对地没有电压，所以电气设备金属外壳接零保护是接在专用的保护线 PE 上，安全可靠。

② 工作零线只用作单相照明负载回路。

③ 专用保护线 PE 不许断线，也不许进入漏电开关。

④ TN-S 系统安全可靠，适用于工业与民用建筑等低压供电系统。

(2) 三相四线制 TN-C 系统。该系统是保护零线与工作零线共用的系统，如图 1-15 所示。

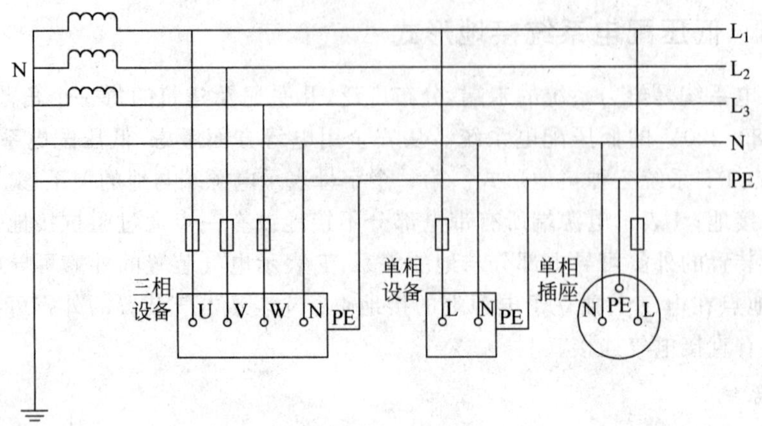

图 1-14 TN-S 系统

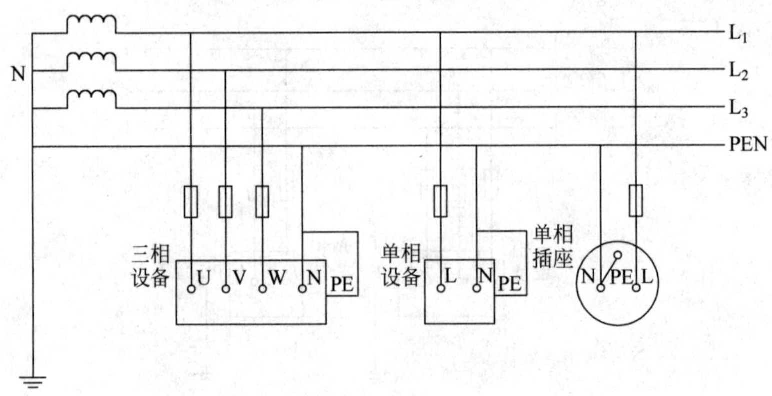

图 1-15 TN-C 系统

TN-C 系统的特点如下。

① 由于三相负载不平衡,工作零线上有不平衡电流,对地有电压,与保护线所连接的电气设备金属外壳有一定电压。

② 如果工作零线断线,则保护接零的漏电设备外壳带电。

③ 如果电源的相线碰地,则设备的外壳电位升高,使中性线上的危险电位蔓延。

④ TN-C 系统只适用于三相负载基本平衡情况。

TN-C 系统现在已很少采用,尤其是在民用配电中已基本上不允许采用 TN-C 系统。

(3) 三相四线制变三相五线制 TN-C-S 系统,该系统主干线前部分保护零线与工作零线是共用的,即 PEN 线,后部分是分开的系统即保护零线(PE)和工作零线(N)为两条独立的线,如图 1-16 所示。

TN-C-S 系统是在 TN-C 系统上临时变通的做法,是现在应用比较广泛的一种系统,适用于旧楼改造。这里采用了重复接地这一技术。

当三相电力变压器工作接地情况良好、三相负载比较平衡时,TN-C-S 系统在施工用电实践中效果还是可行的。但是,在三相负载不平衡、建筑施工工地有专用的电力变压器时,必须采用 TN-S 系统供电。

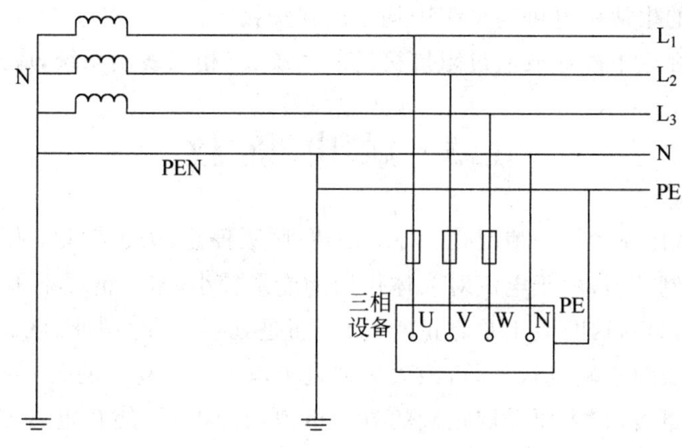

图 1-16　TN-C-S 系统

3. TT 系统

TT 系统是三相四线制供电系统,该系统有三条相线和一条工作零线。电气设备均采用保护接地系统。第一个 T 是表示供电系统中性点接地,第二个 T 表示电气设备外壳接地,如图 1-17 所示。通常将电源中性点的接地叫作工作接地,而设备外壳接地叫作保护接地。在 TT 系统中,这两个接地必须是相互独立的。设备接地可以是每一个设备都有各自独立的接地装置,也可以是若干设备共用一个接地装置,图 1-17 中的单相设备和单相插座就是共用接地装置的。

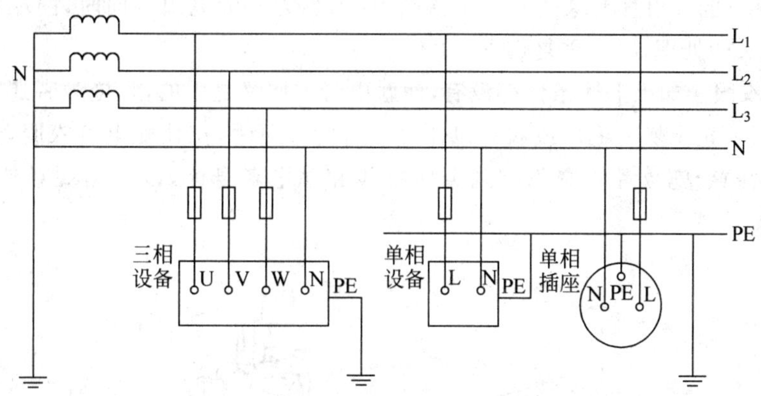

图 1-17　TT 系统接地

在变压器中性点直接接地的系统中,采用保护接地是不能够保证安全的,一旦发生某相碰壳短路现象,人体触及到了也会发生触电而对人体构成危害,所以一般不采用 TT 系统供电方式。如果采用该系统供电,应采用其他的保护措施。

接零和接地保护各有特点,各自适用于不同的情况,对这两种保护形式的选择,是由配电系统的类型、电网的性质、用电环境和电气设备的特点等因素来决定的,具体原则如下。

(1) 对于无特殊要求的设备,在中性点直接接地的三相四线制和三相五线制系统中,应采用保护接零。

(2) 在一般的生活用电供电系统中均采用保护接零。

(3) 对于中性点不接地或通过阻抗接地的系统、三相三线制系统,应采用保护接地。

1.3 触电急救

人体触电后,比较严重的情况是:心脏停搏、呼吸停止、失去知觉,从外观上呈现出死亡的征象。但实例证明,由于电流对人体作用的能量较小,多数情况下不能对内脏器官造成严重的器质性损坏,这时人不是真正的死亡,而是处于一种"假死"状态。对于触电"假死"者,如果能够及时正确进行急救,绝大多数是可以"死"而复生的。

一旦发现触电者,首先要采取正确的方法迅速切断电源,使触电者安全脱离电源,然后根据伤者情况迅速采取人工呼吸或胸外心脏按压法进行抢救,同时拨打 120 医疗急救电话。

1. 使触电者尽快脱离电源

(1) 拉闸。迅速拉下刀闸,或拔掉电源的插头。对于照明线路引起的触电,因普通电灯的开关控制的不一定是火线,还是要找电闸将闸刀拉下来。

(2) 拨线。若电闸一时找不到,应使用干燥的木棒或木板将电线拨离触电者。拨离时要注意,尽量不要挑线,以免电线回弹伤及他人,如图 1-18 所示。

(3) 砍线。若电线被触电者抓在手里或粘在身上拨不开,可设法将干木板塞到其身下,与地隔离;也可用有绝缘柄的斧子砍断电线,当弄不清电源方向时,两端都砍断。砍断后注意线头的处理,以免重复伤人。

(4) 拽衣服。如果上述条件都没有,而触电者衣服又是干的,且施救者还穿着干燥的鞋子,可以找一条干燥的毛巾或衣服包住施救者的一只手,拉住触电者衣服,使其脱离电源。此时要注意,施救者应避免碰到金属物体和触电者身体,以防出现意外,如图 1-19 所示。

图 1-18 将触电者身上的电线拨离

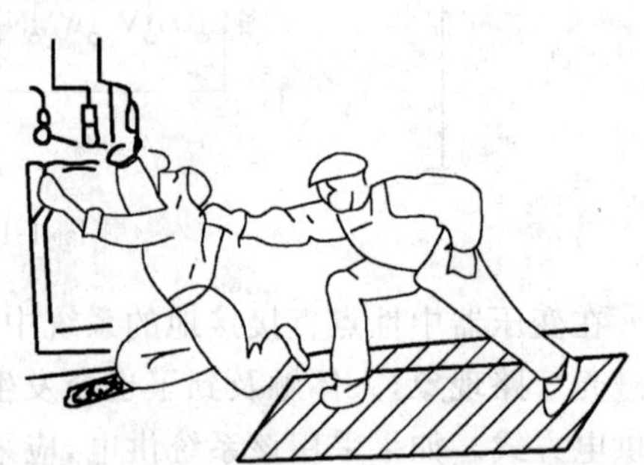

图 1-19 将触电者拉离电源

需要注意的是,上述办法仅适用于 380/220V 低压触电的抢救。对于高压触电者,应立即通知有关部门停电,抢救者可以戴上绝缘手套、穿上绝缘靴,用相应电压等级的绝缘工具断开开关。

2. 对症抢救

(1) 若触电者神志尚清醒，但感觉头晕、心悸、出冷汗、恶心、呕吐等，应让其静卧休息，减轻心脏负担。

(2) 若触电者神志有时清醒，有时昏迷，应静卧休息，并请医生救治。

(3) 若触电者呼吸停止，但心跳尚存，应施行人工呼吸；如心跳停止，呼吸尚存，应采取胸外心脏按压法；如呼吸、心跳均停止，则须同时采用人工呼吸法和胸外心脏按压法进行抢救。

3. 触电急救中应注意的问题

(1) 施救者切不可直接用手、其他金属或潮湿的物件作为救护工具，而必须使用干燥绝缘的工具。施救者最好只用一只手操作，以防自己触电。

(2) 为防止触电者脱离电源后可能摔倒，应准确判断触电者倒下的方向，特别是触电者身在高处的情况下，更要采取防摔倒措施。

(3) 人在触电后，有时会出现较长时间的"假死"，因此施救者应耐心进行抢救，不可轻易中止。但注意不可轻易给触电者打强心针。

(4) 触电后，即使触电者表面的伤害看起来不严重，也必须接受医生的诊治，因为触电者身体内部可能会有严重的电流烧伤。

4. 急救方法

1) 口对口(鼻)人工呼吸法

口对口(鼻)人工呼吸法只对停止呼吸的触电者使用。

人的生命的维持主要是靠心脏跳动而产生血循环，通过呼吸而形成氧气与废气的交换。如果触电者受伤较严重，比如失去知觉，停止呼吸，但心脏微有跳动，就应采用口对口的人工呼吸法。具体操作步骤如下。

(1) 先使触电者仰卧，解开衣领、围巾、紧身衣服等，使其胸部能自由扩张，不妨碍呼吸。触电者的头先侧向一边除去口腔中的黏液、血液、食物、假牙等杂物。

(2) 使触电者仰卧，不垫枕头，将触电者头部尽量后仰，鼻孔朝天，颈部伸直。施救者一只手捏紧触电者的鼻孔，另一只手掰开触电者的嘴巴。施救者深吸气后，紧贴着触电者的嘴巴大口吹气，同时观察触电者胸部隆起的程度，一般应以胸部略有起伏为宜；之后施救者换气，放松触电者的嘴鼻，使其自动呼气。如此反复进行，吹气 2s，放松 3s，大约 5s 一个循环。

(3) 吹气时要捏紧鼻孔，紧贴嘴巴，不漏气，放松时应能使触电者自动呼气。其操作示意如图 1-20 所示。

(4) 如触电者牙关紧闭，无法撬开，可采取口对鼻吹气的方法。

(5) 对体弱者和儿童吹气时用力应稍轻，以免肺泡破裂。

口诀：张口捏鼻手抬颌，深吸缓吹口对紧；张口困难吹鼻孔，5s 一次坚持吹。

2) 人工胸外按压心脏法

若触电者受伤相当严重，心脏和呼吸都已停止，人完全失去知觉，则需同时采用口对口人工呼吸和人工胸外按压两种方法。如果现场仅有一个人抢救，可交替使用这两种方

图 1-20 口对口(鼻)人工呼吸法

法,先胸外按压心脏 4～6 次,然后口对口呼吸 2～3 次,再按压心脏,反复循环进行操作。人工胸外按压心脏的具体操作步骤如下。

(1) 解开触电者的衣裤,清除口腔内异物,使其胸部能自由扩张。

(2) 使触电者仰卧,姿势与口对口吹气法相同,但背部着地处的地面必须牢固。

(3) 施救者位于触电者一侧,最好是跨跪在触电者的腰部,将一只手的掌根放在心窝稍高一点的地方(掌根放在胸骨的下 1/3 部位),中指指尖对准锁骨间凹陷处边缘,如图 1-21(a)和(b)所示,另一只手压在那只手上,呈两手交叠状(对儿童可用一只手)。

(4) 救护人员找到触电者的正确压点,自上而下,垂直均衡地用力按压,如图 1-21(c)和(d)所示,压出心脏里面的血液,注意用力要适当。

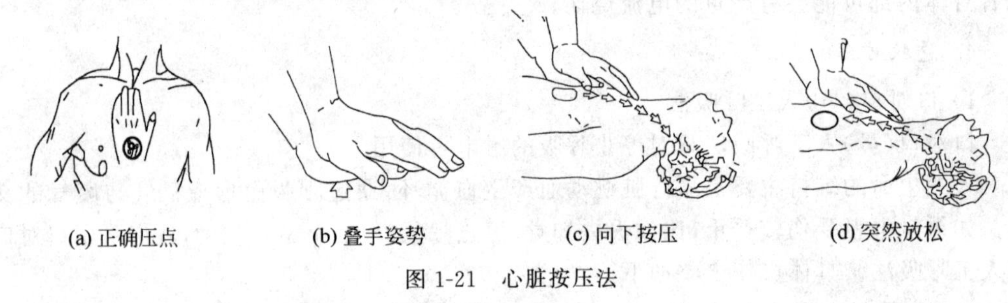

图 1-21 心脏按压法

(5) 挤压后,掌根迅速放松(但手掌不要离开胸部),使触电人胸部自动复原,心脏扩张,血液又回到心脏。

口诀：掌根下压不冲击,突然放松手不离；手腕略弯压一寸,一秒一次较适宜。

1.4 电气防火、防爆、防雷常识

1. 电气防火

几乎所有的电气故障都可能导致电气着火,如设备材料选择不当,过载、短路或漏电,照明及电热设备故障,熔断器的烧断、接触不良以及雷击、静电等,都可能引起高温、高热或者产生电弧、放电火花,从而引发火灾事故。

1) 预防方法

应按场所的危险等级正确地选择、安装、使用和维护电气设备及电气线路,按规定正确采用各种保护措施。在线路设计上,应充分考虑负载容量及合理的过载能力；在用电上,应禁止过度超载及乱接乱搭电源线；对需在监护下使用的电气设备,应“人去停用”；

定期检查绝缘性能、电气元件功能及设备状况，特别是短路保护和过载保护的可靠性；对易引起火灾的场所，应注意加强防火，配置防火器材。

2）电气火灾的紧急处理

首先应切断电源，同时拨打火警电话报警。

不能用水或普通灭火器（如泡沫灭火器）灭火。应使用干粉二氧化碳或1211等灭火器灭火，也可用干燥的黄沙灭火。常用电气灭火器的主要性能及使用方法见表1-5。

表1-5 常用电气灭火器的主要性能及使用方法

种 类	二氧化碳灭火器	干粉灭火器	1211灭火器
规格	2kg、2～3kg、5～7kg	8kg、50kg	1kg、2kg、3kg
药剂	瓶内装有液态二氧化碳	筒内装有钾或钠盐干粉，并备有盛装压缩空气的小钢瓶	筒内装有二氟一氯一溴甲烷，并充填压缩氮
用途	不导电。可扑救电气、精密仪器、油类、酸类火灾。不能用于钾、钠、镁、铝等物质火灾	不导电。可扑救电气、石油（产品）、油漆、有机溶剂、天然气等火灾	不导电。可扑救电气、油类、化工化纤原料等初起火灾
功效	接近着火地点，保持3m距离	8kg的喷射时间为14～18s，射程为4.5m；50kg的喷射时间为14～18s，射程为6～8m	喷射时间为6～8s，射程为2～3m
使用方法	一只手拿喇叭筒对准火源，另一只手打开开关	提起圈环，干粉即可喷出	拔下铅封或横锁，用力压下压把

2．防爆

1）由电引起的爆炸

由电引起的爆炸主要发生在含有易燃、易爆气体、粉尘的场所。

2）防爆措施

在有易燃、易爆气体、粉尘的场所，应合理选用防爆电气设备，正确敷设电气线路，保持场所良好通风；应保证电气设备的正常运行，防止短路、过载；应安装自动断电保护装置，对危险性大的设备应安装在危险区域外；防爆场所一定要选用防爆电机等防爆设备，使用便携式电气设备应特别注意安全；电源应采用三相五线制与单相三线制，线路接头采用熔焊或钎焊。

3．防雷

雷电产生的强电流、高电压、高温热，具有很大的破坏力和多方面的破坏作用，给人类、电力系统造成严重的灾害。

1）雷电形成与活动规律

雷鸣与闪电是大气层中强烈的放电现象。雷云在形成过程中，由于摩擦、冻结等原因，积累起大量的正电荷或负电荷，因而产生很高的电位。当带有异性电荷的雷云接近到一定程度时，就会击穿空气而发生强烈的放电。

雷电活动规律：南方比北方多，山区比平原多，陆地比海洋多，热而潮湿的地方比冷而干燥的地方多，夏季比其他季节多。

一般来说，下列物体或地点容易受到雷击。

(1) 空旷地区的孤立物体、高于 20m 的建筑物，如水塔、宝塔、尖形屋顶、烟囱、旗杆、天线、输电线路杆塔等。在山顶行走的人畜，也易遭受雷击。

(2) 金属结构的屋面，砖木结构的建筑物或构筑物。

(3) 特别潮湿的建筑物、露天放置的金属物。

(4) 排放导电尘埃的厂房、排废气的管道和地下水出口、烟囱冒出的热气（含有大量导电质点、游离态分子）。

(5) 金属矿床、河岸、山谷风口处、山坡与稻田接壤的地段、土壤电阻率小或电阻率变化大的地区。

2) 雷电种类及危害

(1) 直击雷。雷云较低时，在地面较高的凸出物上产生静电感应，感应电荷与雷云所带电荷相反而发生放电，所产生的电压可高达几百万伏。

(2) 感应雷。

① 静电感应雷。静电感应雷是在带电积云接近地面时，由于单一雷云带电的单极性，总是会在附近的金属导体上感应出大量的反极性束缚电荷。而金属导体远离带电积云端会相应产生与雷电同极性的电荷，从而在金属导体与雷云之间，以及金属导体自身产生出很高的静电电压（感应电压），其电压幅值可达到几万到几十万伏。这种过电压往往会造成建筑物内的导线、接地不良的金属物导体和大型的金属设备放电而引起电火花，从而容易引起电击、火灾、爆炸，危及人身安全或对供电系统造成危害。

② 电磁感应雷。由麦克斯韦电磁理论可知，变化着的电场伴随变化着的磁场，变化着的磁场也伴随变化着的电场。因此，电磁感应雷是由于雷电放电时，巨大的冲击雷电流在周围空间产生迅速变化的强磁场引起的。这种电磁感应雷对建筑物内的电子设备造成干扰、破坏，又或者使周围的金属构件产生感应电流，从而产生大量的热而引起火灾。

感应雷产生的感应过电压，其值可达数十万伏。

(3) 球形雷。雷击时形成的一种发红光或白光的火球。

(4) 雷电侵入波。雷击时在电力线路或金属管道上产生的高压冲击波。

雷击的破坏和危害主要有四个：①电磁性质的破坏；②机械性质的破坏；③热性质的破坏；④跨步电压破坏。

3) 常用防雷装置

防雷的基本思想是疏导，即设法构成通路将雷电流引入大地，从而避免雷击的破坏。

常用的避雷装置有避雷针、避雷线、避雷网、避雷带和避雷器等。

(1) 避雷针。避雷针是一种尖形金属导体，装设在高大、凸出、孤立的建筑物或室外电力设施的凸出部位。

避雷针的基本结构如图 1-22 所示，利用尖端放电原理，将雷云感应电荷积聚在避雷针的顶部，与接近的雷云不断放电，实现地电荷与雷云电荷的中和。

单支避雷针的保护范围是从空间到地面的一个折线圆锥形，如图 1-23 所示。h 为避

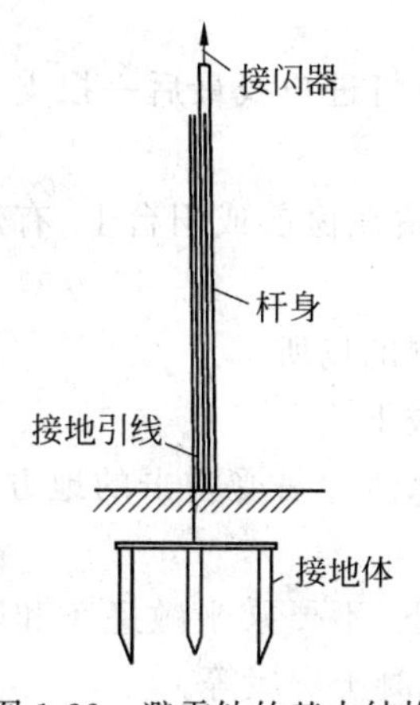

图 1-22 避雷针的基本结构

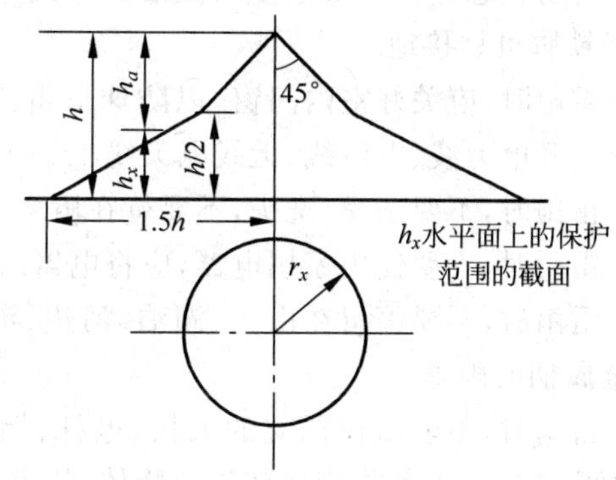

图 1-23 单支避雷针的保护范围

雷针高度，h_x 为被保护物高度，r_x 为保护半径。

(2) 避雷线、避雷网和避雷带。保护原理与避雷针相同。避雷线主要用于电力线路的防雷保护，避雷网和避雷带主要用于工业建筑和民用建筑的保护。

(3) 避雷器。避雷器有保护间隙避雷器、管形避雷器和阀形避雷器三种，其基本原理类似。正常时，避雷器处于断路状态。出现雷电过电压时发生击穿放电，将过电压引入大地。过电压终止后，迅速恢复阻断状态。

三种避雷器中，保护间隙是一种最简单的避雷器，其性能较差。管形避雷器的保护性能稍好，主要用于变电所的进线段或线路的绝缘弱点。工业变配电设备普遍采用阀形避雷器，它通常安装在线路进户点。阀型避雷器的结构如图 1-24 所示，主要由火花间隙和阀性电阻组成。火花间隙由铜片冲制而成，用云母片隔开，如图 1-25 所示。

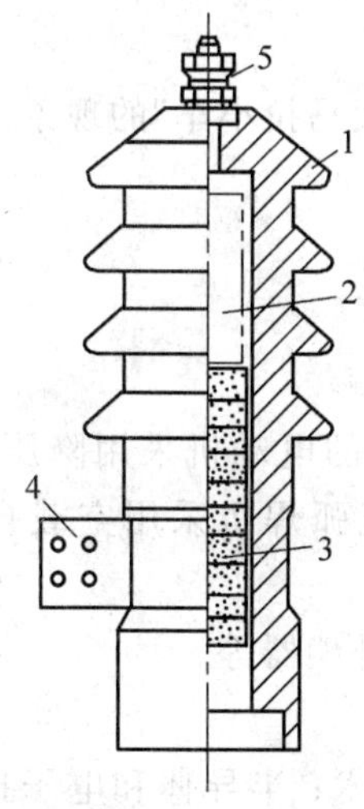

图 1-24 阀型避雷器的结构

1—瓷套；2—火花间隙；3—电阻阀片；4—抱箍；5—接线鼻

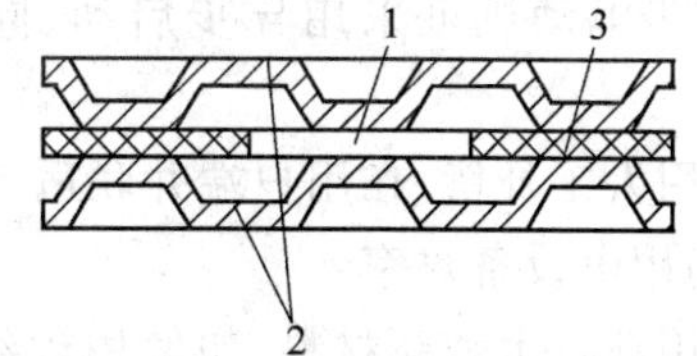

图 1-25 阀型避雷器的火花间隙

1—空气间隙；2—黄铜电极；3—云母垫圈

4）防雷常识

(1) 为防止感应雷和雷电侵入波沿架空线进入室内，应将进户线最后一根支承物上的绝缘子铁脚可靠接地。

(2) 雷雨时，应关好室内门窗，以防球形雷飘入；不要站在窗前或阳台上、有烟囱的灶前；应离开电力线、电话线、无线电天线 1.5m 以外。

(3) 雷雨时，不要洗澡、洗头，不要待在厨房、浴室等潮湿的场所。

(4) 雷雨时，不要使用家用电器，应将电器的电源插头拔下。

(5) 雷雨时，不要停留在山顶、湖泊、河边、沼泽地、游泳池等易受雷击的地方；最好不用带金属柄的雨伞。

(6) 雷雨时，不能站在孤立的大树、电杆、烟囱和高墙下，不要乘坐敞篷车和骑自行车。避雨应选择有屏蔽作用的建筑或物体，如汽车、电车、混凝土房屋等。

(7) 如果有人遭到雷击，应及时进行人工呼吸和胸外心脏按压，并送医院抢救。

1.5 节约用电

我国电力资源丰富，具有广阔的发展前景，但电力开发的速度远远跟不上国民经济的发展和人们生活水平的不断提高，必须贯彻开发与节约并重的方针。

节约用电是指通过科学管理、合理利用，依靠技术进步，进行设备改造，以最小的能耗取得最大的经济效益。

1. 企业节约用电的主要途径

1）加强产品的单耗管理

(1) 制定合理的用电单耗定额。

(2) 建立健全用电单耗的考核分析制度与节电的奖惩办法。

2）合理选用电气设备

(1) 合理使用电动机，正确选用电动机的容量，避免“大马拉小车”的现象。

(2) 限制电动机的空载运行。

(3) 采用节能高效型电动机。

(4) 合理选用变压器，选用低损耗节能变压器。

3）提高用电设备功率因数

(1) 提高用电设备的自然功率因数，对长期轻载运行的电动机采用降压运行，对绕线型三相异步电动机可采用异步启动、同步运行，对交流弧焊机采用空载自动断电装置等。

(2) 采用人工补偿，在用户端并联适当电容器或同步补偿器等。

4）提高用电设备效率

(1) 采用新技术和新材料，如使用远红外加热干燥技术；半导体和电子技术应用与生产工艺控制；使用新的绝热保温材料等。

(2) 对用电设备进行技术改造。如提高泵、风机、整流和电热设备的效率；减少电能的传输损耗；使用效率较高的电能转换形式等。

(3) 使用电焊机空载自停装置和交流接触器无声运行技术等。

5) 推广节电新技术

对节电的新工艺、新设备和新材料,应该及时应用,大力推广。

(1) 选用新型电力电子器件和高效晶闸管整流设备。

(2) 采用新技术存储电能,如新型电池储能、超导储能、飞轮储能,将电能转化为热能,对发电厂电能直接储存。

(3) 采用电磁离合器调速装置、交流变频调速装置等。

6) 节约照明用电

(1) 采用高效光源,如电子节能灯、日光灯、高压钠灯、低压钠灯、金属卤化物灯。一般工作场所不宜采用卤钨灯及大功率普通白炽灯。

(2) 对现有照明设备进行改造。用气体放电光源代替热辐射光源,如用汞灯、钠灯、金属卤化物灯代替卤钨灯和白炽灯;用发光效率高的其他放电光源代替发光效率低的气体放电光源,如用金属卤化物灯、钠灯代替汞灯、氙灯;在开闭频繁、被照面积小的情况下,采用白炽灯或小功率节能荧光灯;选择合理的照明用灯具,充分提高光源的利用率。

(3) 采用合理的照明控制电路。对于室内照明,可随开随用。对于公用照明,可以采用光电控制、声控等自动控制装置来控制开关时间。

(4) 充分利用自然光。

7) 加强用电设备的维修,提高检修质量

2. 家庭节约用电的主要途径

1) 空调

依据住房面积确定选购的型号,制冷量大了会造成电力浪费;空调启动时最耗电,不要常开常关;温度保持在26℃,人体感觉最舒适,调温过低则会费电;保持过滤网清洁;由于“冷气往下,热气往上”的原理,空调安装位置宜高不宜低。

2) 冰箱

冰箱放置地要选择在室内温度较低、空气流通、不受阳光直射的地方。开门次数要少;存放食品时,要待食品温度降至室温后再存入冰箱内;及时化霜,冷凝器、冷冻室要保持清洁,以利于散热。

3) 电视

控制亮度,一般彩色电视机最亮与最暗时的功耗能相差30~50W;控制音量,音量大,功耗高,每增加1W的音频功率要增加3~4W的功耗。

4) 照明

充分利用自然光,用节能灯代替白炽灯。

5) 其他家电

电水壶的电热管积了水垢后要及时清除,这样才能提高热效率,节省电能;家用电器的插头插座要接触良好,否则会增加耗电量,而且有可能损坏电器。尽量不要使家电处于待机状态,家电不用时要彻底关闭电源,拔掉电源插座。

1.6 实训 模拟触电急救练习

1. 实训目标

(1) 练习口对口(鼻)人工呼吸法和胸外心脏按压法;

(2) 掌握规范要求。

2. 实训设备

实训设备包括衬垫、模型人(选件)。

3. 实训步骤

(1) 每三名同学一组。其中,一人作施救者,一人作被施救者,一人观察时间和施救者的动作是否规范、适当,并作记录。

(2) 模拟进行口对口(鼻)人工呼吸法训练,如图 1-26 所示。

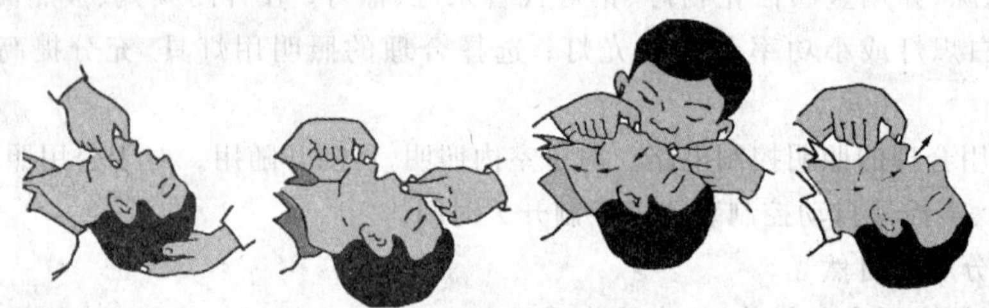

图 1-26 口对口(鼻)人工呼吸法

(3) 进行胸外心脏按压法训练,如图 1-27 所示。

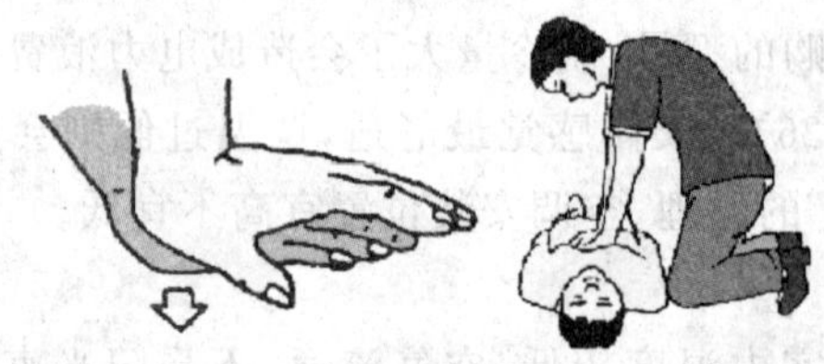

图 1-27 胸外心脏按压法

三名同学轮流换位,直至全部掌握口对口(鼻)人工呼吸法和胸外心脏按压法。

4. 注意事项及评分标准

练习中要认真对待每一个动作要领。避免一切事故的发生。项目评分标准见表 1-6。

表 1-6 评分标准

序号	项目内容	评分标准	配分	扣分	得分
1	触电急救	(1) 没切断电源,扣 20 分; (2) 切断电源的方法不正确,扣 20 分; (3) 急救前没有进行诊断,扣 20 分; (4) 选择的急救方法不正确,扣 20 分; (5) 急救操作不正确,每步扣 5 分	75		

续表

序号	项目内容	评 分 标 准	配分	扣分	得分
2	训练报告	未按照要求完成报告或内容不正确,扣 5 分	10		
3	团结协作精神	小组成员分工协作不明确、不能积极参与,扣 5 分	5		
4	安全文明生产	违反安全文明生产规程,扣 5～10 分	10		
定额时间 45min		每超时 5min 及以内,扣 5 分	成绩		
备注		除定额时间外,各项目扣分不得超过该项配分			

小　　结

掌握用电安全常识,熟悉用电安全技术,如何在生活工作中节约用电是本模块的重点内容。

1. 电能的产生、输送与分配

电能的产生方法主要有火力发电、水力发电、核能发电三种。当前大力发展“绿色”能源,太阳能发电和风力发电日益受到重视。电能主要通过由发电厂、变电站、输配电线路所组成的电力网(电网)来输送。

2. 安全用电

一般情况下,安全电压为 36V。常见的触电方式为单相触电。常用的防触电方式为接零保护和接地保护。

3. 节约用电

常见的节约用电的方式有:合理使用电气设备、提高用电功率因数、节约照明用电、采用节能新技术。

习　　题

1. 选择题

(1) 电线接地时,人体距离接地点越近,跨步电压越高;距离越远,跨步电压越低。一般情况下距离接地体(　　),跨步电压可看成零。

A. 10m 以内　　B. 20m 以外　　C. 30m 以外

(2) 施工现场照明设施的接电应采取的防触电措施为(　　)。

A. 戴绝缘手套　　B. 切断电源　　C. 站在绝缘板上

(3) 被电击的人能否获救,关键在于(　　)。

A. 戴绝缘手套　　B. 切断电源　　C. 站在绝缘板上

2. 判断题

(1) 对电气设备发生的火灾,可采用二氧化碳灭火器、泡沫灭火器和干粉灭火器。(　　)

(2) 对有心跳无呼吸的触电者,可采用口对口(鼻)人工呼吸法进行抢救。 ( )

(3) 对呼吸及心跳都已停止的触电者,可采用任何一种抢救方法。 ( )

3. 简答题

(1) 触电可分为哪几类?常见的触电方式有哪些?

(2) 当有人触电以后,作为一名维修电工应该如何进行正确的抢救?

模块2

直流电路

本模块以简单的直流电路为例讨论电路的基本概念、基本定律以及常用分析方法。介绍电路的组成与连接、电路的基本定律、电路的三种状态和电气设备的额定值、线性电路的分析与计算等内容。

1. 知识目标

(1) 理解电路模型和理想电路元件的电压—电流关系。

(2) 理解电压、电流参考方向以及电功率和额定值的意义。

(3) 掌握欧姆定律、基尔霍夫定律、叠加定理。

(4) 了解电源的两种模型及其等效变换、支路电流法的意义。

2. 能力目标

(1) 能够利用电路定律与定理分析电路。

(2) 具有电路基本分析计算能力。

(3) 能够利用电路理论解决实际问题。

3. 素质目标

(1) 培养学生利用网络自学的能力。

(2) 在学习过程中培养学生严谨认真的态度、企业经济效率意识、创新和挑战意识。

2.1 电路的组成及连接

电是能量和信息的良好载体。为了实现电能和电信号的产生、传输及使用,人们往往将若干电气元件按照特定的要求连接起来,构成“电路”。

人们生活在电气化、信息化的社会里,广泛地应用着各种电子产品和设备,它们中有各种各样的电路,如,传输、分配电能的电力电路;转换、传输信息的通信电路;控制各种家用电器和生产设备的控制电路;交通运输中使用的各种信号的控制电路等。现实中电路式样非常多,但从其作用来看,有两类:一是实现能量的转换和传输;二是实现信号的传递和处理。

2.1.1 电路的组成

从电路的组成来看,实际电路总可以分为三部分:①向电路提供电能或信号的电气元器件,称为电源或信号源;②用电设备,称为负载;③中间环节,如导线、开关、控制器等。图 2-1 所示电路是由一个电源(干电池)、一个负载(小灯泡)、一个开关和若干导线组成的最简单电路(手电筒)。

1. 电路模型

任何实际电路都是由多种电气元器件所组成,电路中各种元件所表征的电磁现象和能量转换的特征一般都比较复杂,而按实际电气元器件做出电路图有时也比较困难和复杂。因此,在分析和计算实际电路时,是用理想电路元件及其组合来近似替代实际电气元器件所组成的实际电路,这给分析和计算电路带来很多方便。这种由理想元件组成的与实际电气元器件相对应的,并用统一规定的符号表示而构成的电路,就是实际电路的模型图,简称为电路模型或电路图,它是实际电路电磁性质的科学抽象和概括。因此,可以通过分析电路模型来揭示实际电路的性能和所遵循的普遍规律。图 2-2 是图 2-1 的电路模型。在图 2-2 中,干电池用电压源 U_S 来表示,这里将干电池的内电阻忽略不计;负载小灯泡则用电阻 R_L 表示;开关用字母 S 表示;连接导线的电阻值很小,一般都忽略不计,用直线表示。

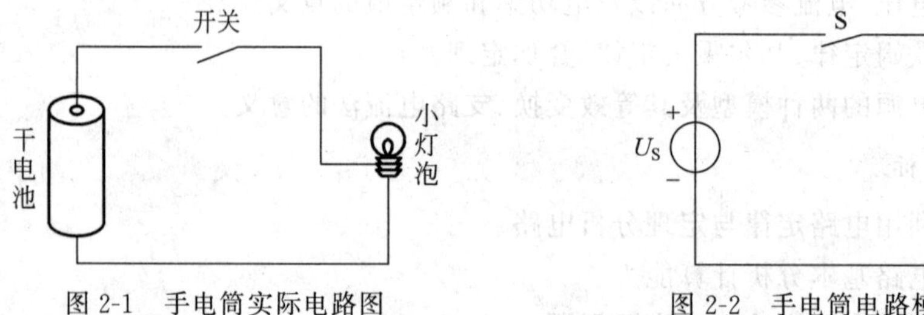

图 2-1 手电筒实际电路图　　　　图 2-2 手电筒电路模型

所谓理想电路元件,是指在一定条件下,突出其主要电磁特性,忽略其次要因素以后,把电气元器件抽象为只含一个参数的理想电路元件。例如,从电路中所进行的电磁运动来看,一个最简单的线绕式电阻器,通电时电能转化为热能,这种转换是与流过电流的大小有关,而且是不可逆转的。因此,电阻器是一个消耗电能的器件,但是通电的导线周围有磁场,于是一部分电能转换为磁能。再进一步分析,会发现该磁场随着流过的电流频率的不同而不同。任何一个实际电气元器件在电压、电流的作用下,总是同时发生多种电磁效应,但电阻主要消耗电能,电感线圈主要储存磁场能量,电容器主要储存电场能量,电池和发电机等主要提供电能。用电阻元件来反映电路或器件消耗电能的电磁性质;用电感元件来反映电路或器件储存磁能的电磁性质;用电容元件来反映电路或器件储存电场能量的电磁性质；用电源元件来反映电能量(电功率)发生器的电磁性质，这样就有了五个理想电路元件，它们的电路符号如图 2-3 所示。前三种理想电路元件的“理想”两字通常可以略去不说，只称为电阻元件、电感元件和电容元件。

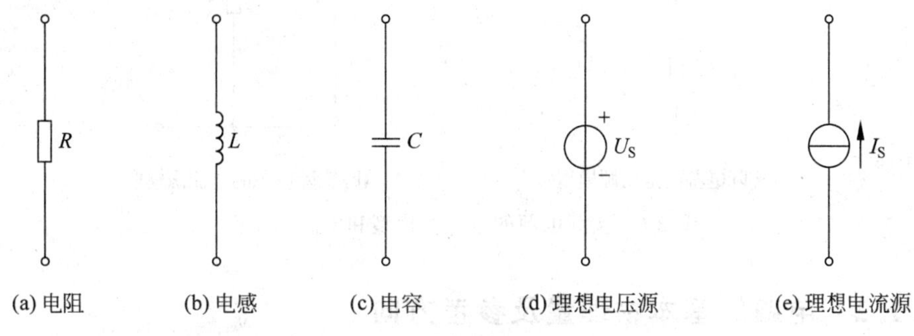

图 2-3 理想电路元件

2. 无源元件

电阻元件将电能转换为热能，是一种耗能元件；电感元件以磁场形式储存能量，是一种储能元件；电容元件则以电场形式储存能量，也是一种储能元件。这三种元件称为无源元件，电路符号分别如图 2-3(a)～(c)所示。

3. 有源元件

理想电压源和理想电流源又称为有源元件，电路符号分别如图 2-3(d)和(e)所示。理想电压源的特点是输出恒定电压，其端电压不随输出电流的变化而变化。理想电流源的特点是输出恒定电流，不随输出电压的变化而变化。理想电压源和理想电流源的伏安特性如图 2-4 所示。

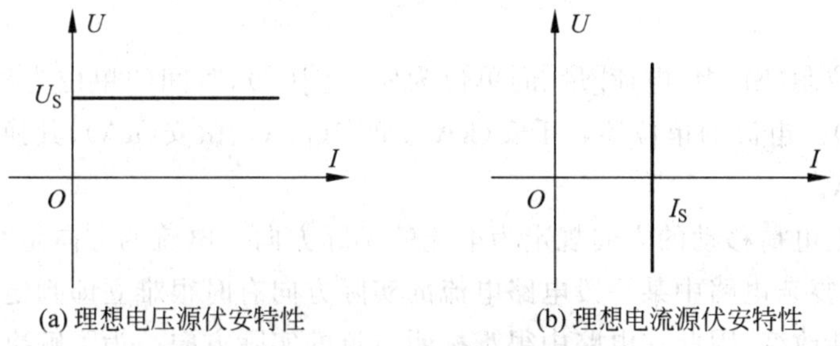

图 2-4 理想电压源和理想电流源的伏安特性

实际电路元件工作时表现出的电磁现象，可以用理想电路元件或组合来反映。在图 2-2 中，由于忽略了干电池的内阻，电源的输出电压就等于其电压源 U_S 而与电流无关，具有理想电压源的性质；当考虑电阻时，由于电流在内阻上有电压降，因此当电动势不变化时，输出电压是随电流的变化而变化的，这一变化的特性，可以用一个理想电压源 U_S，与一个代表内阻 R_0 的电阻元件相串联的组合来表示，如图 2-5(a)所示，这就是实际电源的电压源模型。一个实际电源也可以用一个理想电流源 I_S 和内阻 R_0 相并联的电路模型来表示，如图 2-5(b)所示，这就是实际电源的电流源模型。

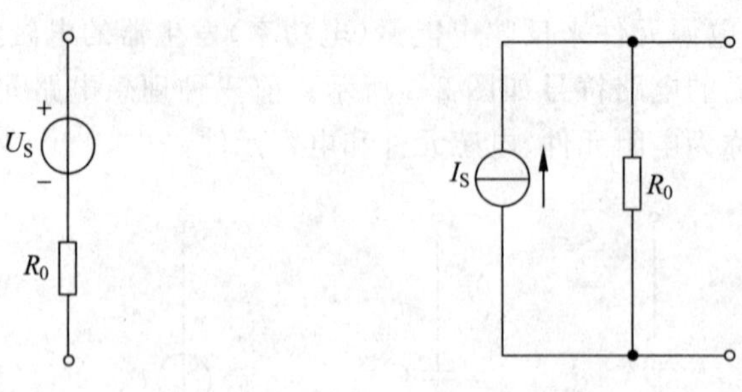

(a) 实际电源的电压源模型　　(b) 实际电源的电流源模型

图 2-5　实际电源的电压源模型和电流源模型

2.1.2 电路的基本物理量及参考方向

电路分析中常用到电流、电压、电位、功率等物理量，本节对这些物理量以及与它们有关的概念进行简要说明。

1. 电流

带电粒子的定向移动形成电流。如导体中自由电子、电解液和电离了的气体中的自由离子、半导体中的电子和空穴，都属带电粒子或称载流子。

单位时间内通过导体横截面的电荷[量]定义为电流，用 i 表示，有

$$i=\frac{\mathrm{d}q}{\mathrm{d}t} \tag{2-1}$$

式中，$\mathrm{d}q$ 为 $\mathrm{d}t$ 时间内通过导体横截面的电荷量。

在直流电路中，单位时间内通过导体横截面的电荷是恒定不变的，有

$$I=\frac{Q}{t} \tag{2-2}$$

在国际单位制(SI)中，电荷[量]的单位为库[仑](C)，时间的单位为秒(s)，电流的单位为安[培](A)。电流的单位还有千安(kA)、毫安(mA)、微安(μA)，其换算关系为 $1\mathrm{A}=10^3\mathrm{mA}=10^6\mu\mathrm{A}$。

习惯上将正电荷移动的方向规定为电流的实际方向。电流的方向是客观存在的。在分析电路时，对复杂电路中某一段电路电流的实际方向有时很难立即判定，有时电流的实际方向还在不断改变，因此在电路中很难标明电流的实际方向。为了解决这一问题，引入了参考方向这个概念。

参考方向是假定的方向。电流的参考方向可以任意选定，当然，所选的电流参考方向不一定就是电流的实际方向。当选定的电流参考方向与实际方向一致时，电流为正值($I>0$)；当选定的电流参考方向与实际方向不一致时，电流为负值($I<0$)。可见，在选定参考方向后，电流值才有正负之分，如图 2-6 所示。在选定的参考方向下，根据电流的正负，就可以确定电流的实际方向。

在电路中，元件的电流参考方向可用箭头表示，如图 2-7 所示，在文字叙述时也可用电流符号加双下标表示，如 I_{ab}，它表示电流由 a 流向 b，并有 $I_{ab}=-I_{ba}$。

(a) $I>0$　　(b) $I<0$

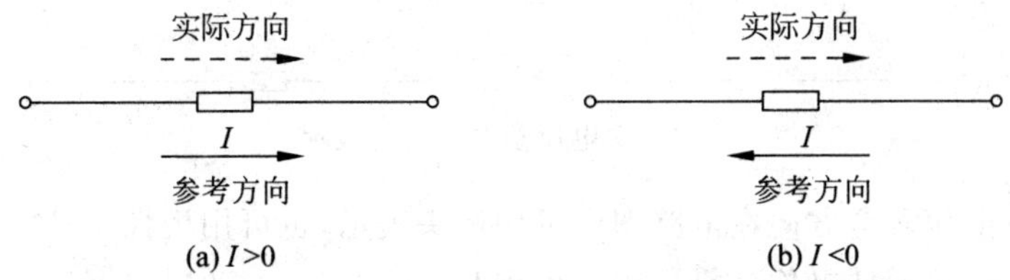

图 2-6　电流的参考方向和实际方向

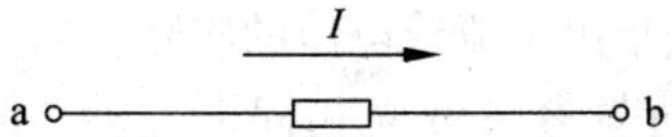

图 2-7　电流参考方向的表示

在分析电路时，首先要假定电流的参考方向，并据此去分析计算，最后再从答案的正负值来确定电流的实际方向。如不作说明，电路图上标出的电流方向一般都是指参考方向。

2. 电压

在匀强电场中，正电荷 Q 在电场力 F 的作用下，由 a 点移到 b 点，电场力所做的功为 W，则 a 点到 b 点的电压为

$$U=\frac{W}{Q} \tag{2-3}$$

同理，单位正电荷由电路的 a 点移到 b 点所获得或失去的能量，称为 a、b 两点间的电压，即

$$u=\frac{\mathrm{d}w}{\mathrm{d}q} \tag{2-4}$$

式中，$\mathrm{d}q$ 为由 a 点移到 b 点的电荷[量]；$\mathrm{d}w$ 为电荷移动过程中所获得或失去的能量；u 为两点间的电压。规定：若正电荷从 a 点移到 b 点，其电势能减少，电场力做正功，电压实际方向从 a 到 b。

在国际单位制(SI)中，功的单位为焦[耳](J)；电荷[量]的单位为库[仑](C)；电压的单位为伏[特](V)，还有千伏(kV)、毫伏(mV)、微伏(μV)。

电压参考方向和电流参考方向一样，也是任意选定。在分析电路时，选定某一方向作为电压方向，当选定的电压参考方向与实际方向一致时，则电压为正值($U>0$)；当选定的电压参考方向与实际方向不一致时，则电压为负值($U<0$)，如图 2-8 所示。

(a) $U>0$　　(b) $U<0$

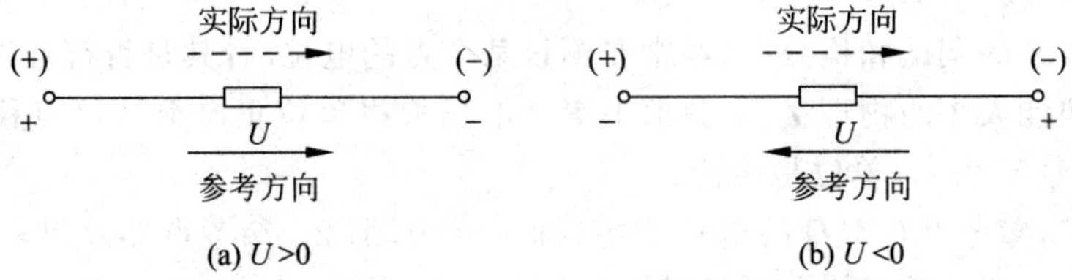

图 2-8　电压的参考方向与实际方向

电压的参考方向可以用“+”“−”极性表示，还可以用双下标表示，如图 2-9 所示，并有 $U_{ab}=-U_{ba}$。

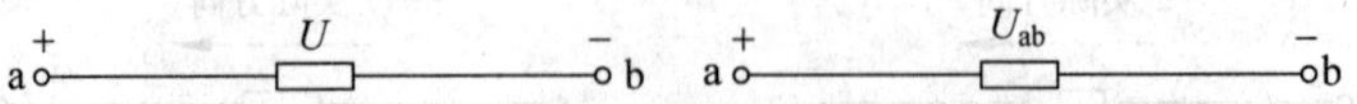

图 2-9　电压参考方向的表示

综上所述，电压参考方向在电路图中可用箭头表示，也可用极性“+”“−”表示。“+”表示高电位，“−”表示低电位。符号表示可用 U_{ab}。

【例 2-1】 如图 2-10 所示，电路中电流或电压参考方向已选定。已知：$I_1=5\text{A}$，$I_2=-5\text{A}$，$U_1=10\text{V}$，$U_2=-10\text{V}$，试指出电流或电压的实际方向。

解：$I_1>0$，I_1 的实际方向与参考方向相同，电流 I_1 由 a 流向 b，大小为 5A。

$I_2<0$，I_2 的实际方向与参考方向相反，电流 I_2 由 b 流向 a，大小为 5A。

$U_1>0$，U_1 的实际方向与参考方向相同，电压 U_1 由 a 指向 b，大小为 10V。

$U_2<0$，U_2 的实际方向与参考方向相反，电压 U_2 由 b 指向 a，大小为 10V。

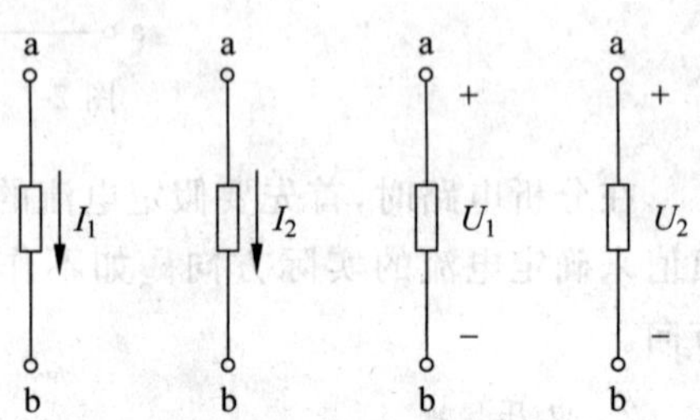

图 2-10　例 2-1 电路图

参考方向是电路计算中的一个基本概念，对此着重指出如下几点：

(1) 电流、电压的实际方向是客观存在的，而参考方向是人为选定的。

(2) 当电流、电压的参考方向与实际方向一致时，电流、电压值取正号，反之取负号。

(3) 分析计算每一电流、电压时，都要先选定其各自参考方向，否则计算得出的电流、电压正负值是没有意义的。

(4) 电路中某一支路或某一元件上的电压与电流参考方向可以独立地任意选定，若规定电流从该电路(或元件)的电压正极端流入、从负极端流出，即电路(或元件)的电压参考方向与电流参考方向一致，则称为关联参考方向，如图 2-11(a)所示。也可选择不一致的参考方向，称为非关联参考方向，如图 2-11(b)所示。

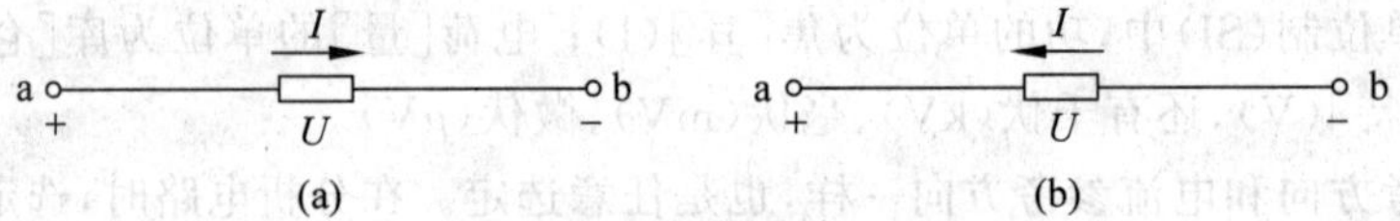

图 2-11　关联参考方向与非关联参考方向

3. 电位

在电器设备的调试和检修中，经常要测量某个点的电位，看其是否符合设计数值。电位是度量电势能大小的物理量，在数值上等于电场力将单位正电荷从该点移到参考点所做的功，用符号 V 表示，单位是伏特。

通常规定，参考点 0 本身的电位为零，即 $V_0=0$，那么，参考点 0 就被称为电位参考点。则某一点 a 到参考点的电压就叫作 a 点的电位，用 V_a 表示。

如图 2-12 所示，以电路中的 0 点为参考点，则有 $V_a=U_{a0}$，$V_b=U_{b0}$。

$$U_{ab}=U_{a0}+U_{0b}=U_{a0}-U_{b0}=V_a-V_b \tag{2-5}$$

式(2-5)说明，电路中 a 点到 b 点的电压等于 a 点电位与 b 点电位之差。当 a 点电位高于 b 点电位时,$U_{ab}>0$；反之,当 a 点电位低于 b 点电位时,$U_{ab}<0$。一般规定电压的实际方向由高电位点指向低电位点。

综上可以看出,电路中任意一点的电位,就是该点与参考点之间的电压,而电路中任意两点之间的电压,等于这两点电位之差。电路中电位参考点的选择完全是任意的,选取不同的参考点,电路中各点的电位数值也就不同,但任意两点的电压是不变的。而且,参考点一旦选定后,电场中各点的电位就只能有一个值,这就是电位的"单值性"。

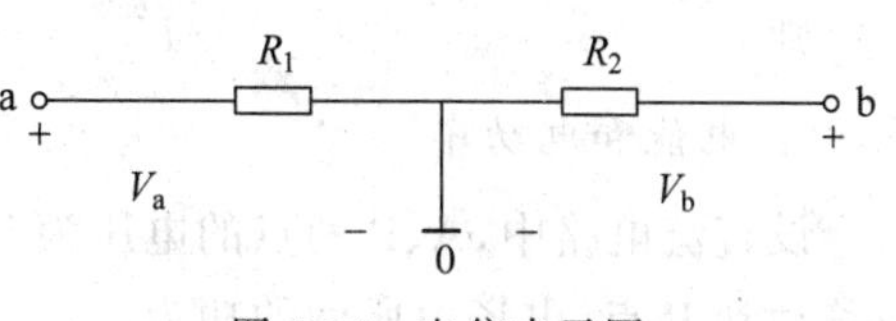

图 2-12 电位表示图

【例 2-2】 设 $U_{ab}=6\text{V}$,$U_{ac}=4\text{V}$,如分别以 a、b 为参考点,求 V_a、V_b、V_c。

解：以 a 点为参考点,则

$$V_a=0$$

因为 $$U_{ab}=V_a-V_b$$

所以 $$V_b=V_a-U_{ab}=0-6=-6(\text{V})$$

又 $$U_{ac}=V_a-V_c$$

所以 $$V_c=V_a-U_{ac}=0-4=-4(\text{V})$$

以 b 点为参考点,则

$$V_b=0$$

因为 $$U_{ab}=V_a-V_b$$

所以 $$V_a=U_{ab}+V_b=6+0=6(\text{V})$$

又 $$U_{ac}=V_a-V_c$$

所以 $$V_c=V_a-U_{ac}=6-4=2(\text{V})$$

4. 电动势

在电路中,正电荷在电场力的作用下不断从正极流向负极,如果没有一种外作用力,正极因正电荷的减少会使电位逐渐降低,而负极则因正电荷的增多会使电位逐渐升高,故正、负极板间的电位差就会减小,最后为零。为了维持电流,必须使正、负极板间保持一定的电压,这就要借助电源力使移动到负极的正电荷经电源内部移到正极。为了衡量电源力对电荷做功的本领,这里引出电动势的概念。电动势在数值上等于电源力将单位正电荷从电源负极移到电源正极所做的功,用 U_S 表示。电动势的方向是在电源内部由低电位端指向高电位端,即电位升高的方向。电动势的参考方向也可用箭头、双下标和"+""−"极性表示。电动势的单位与电压的单位相同,也用 V 表示。

【例 2-3】 在图 2-13 所示电路中,电动势 $E_1=20\text{V}$,$E_2=10\text{V}$,方向已在图中标明,求 U_{AB} 及 U_{BA} 的大小。

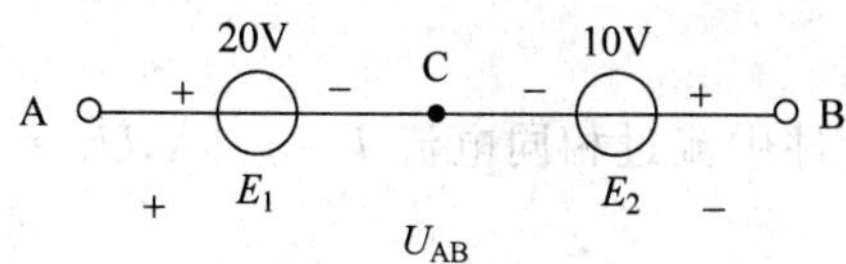

图 2-13 例题 2-3 电路图

解：假设电压降的方向为 U_{AB}[即极性(+、−)标示],显然 U_{AC}、U_{CB} 的方向与 U_{AB} 的方向一致,也就是说 A、B 两点间的电压是该支路上各段电压降(U_{AC}、U_{CB})的代数和。

所以

$$U_{AB}=U_{AC}+U_{CB}=E_1+(-E_2)=20-10=10(\mathrm{V})$$

则

$$U_{BA}=-U_{AB}=-10(\mathrm{V})$$

5. 电能和电功率

设直流电路中，A、B两点的电压为U，在时间t内电荷Q受电场力作用从A点经负载移动到B点，电场力所做的功为

$$W=UQ=UIt \tag{2-6}$$

这就是在t时间内所消耗(或吸收)的电能，而单位时间内消耗的电能称为电功率(简称功率)，即负载消耗(或吸收)的电功率。

$$P=\frac{W}{t}=UI \tag{2-7}$$

在时间t内，电源力将电荷Q从电源负极经电源内部移到正极所做的功为

$$W_E=U_SQ=U_SIt \tag{2-8}$$

电源力产生(或发出)的电功率

$$P_E=U_SI \tag{2-9}$$

在一个电路中，电源产生的功率与负载、导线以及电源内阻上消耗的功率总是平衡的，遵循能量守恒原理和转换定律。

在国际单位制中，功的单位是焦[耳](J)，功率的单位是瓦[特](W)。功率的单位还有千瓦(kW)、毫瓦(mW)，其换算关系为$1\mathrm{kW}=10^3\mathrm{W}=10^6\mathrm{mW}$。

在电路分析中，不仅要计算功率的大小，有时还要判断功率的性质，即该元件是产生功率还是消耗功率。根据电压和电流的实际方向可以确定电路元件的功率性质。

当U和I的实际方向相同，即电流从"＋"端流入，从"－"端流出，则该元件是消耗(取用)功率，属负载性质。

当U和I的实际方向相反，即电流从"＋"端流出，从"－"端流入，则该元件是输出(提供)功率，属电源性质。

由此可见，在电路元件上U和I取关联参考方向的条件下，当$P=UI$为正值时，表明U、I的实际方向相同，该元件是负载性质，消耗功率；当P为负值时，表明U、I的实际方向相反，该元件是电源性质，输出功率。如果U、I取非关联参考方向，则根据$P=-UI$计算功率，这样规定之后，P为正值时，仍表示元件吸收功率，是负载性质；当P为负值时，表示发出功率，是电源性质。

根据能量守恒原理，在电路中，一部分元件发出的功率一定等于其他部分元件吸收的功率，或者说，整个电路的功率代数和为零，即功率平衡，则

$$\sum P=0$$

【例 2-4】 图 2-14 为某电路中的一部分，三个元件中流过相同电流$I=-1\mathrm{A}$，$U_1=2\mathrm{V}$。求：

(1) 元件A的功率P_1，并说明是吸收还是发出功率；

(2) 若已知元件B的吸收功率为12W，元件C的发出功率为10W，求U_2、U_3。

解：(1) 对于元件 A，U_1、I 为关联参考方向。

$$P_1 = U_1 I = 2\times(-1) = -2(\mathrm{W}) < 0$$

说明元件 A 的发出功率为 2W。

(2) 元件 B 的 U_2、I 为关联参考方向，且为吸收功率，则 P_2 为正值。

$$P_2 = U_2 I = 12(\mathrm{W})$$

则

$$U_2 = \frac{12}{-1} = -12(\mathrm{V})$$

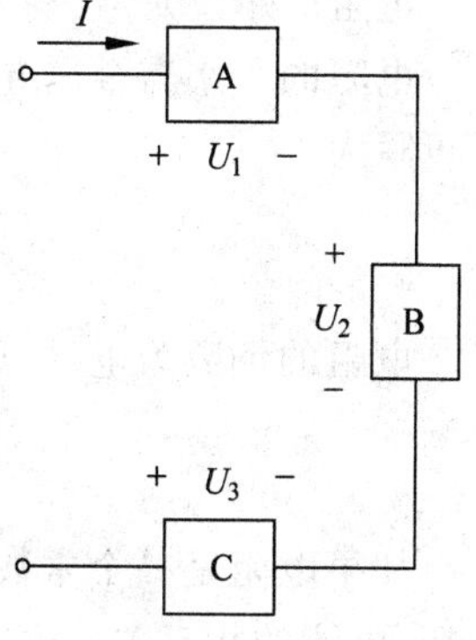

图 2-14 例 2-4 电路图

元件 C 的 U_3、I 为非关联参考方向，且为发出功率，则 P_3 为负值。

$$P_3 = -U_3 I = -10(\mathrm{W})$$

则

$$U_3 = -\frac{-10}{-1} = -10(\mathrm{V})$$

2.2 电路的基本规律

2.2.1 欧姆定律

欧姆定律是电路的基本定律之一，用来确定电路中线性电阻两端的电压、电流关系，也称为电路的 VCR(voltage current relation)。

1. 欧姆定律的一般形式

欧姆定律表明流过线性电阻的电流 I 与电阻两端电压 U 成正比。它们之间的关系表达式为

$$U = \pm RI \tag{2-10}$$

当电压、电流参考方向一致时，如图 2-15(a)所示，欧姆定律的表达式应取“+”；当电压、电流的参考方向相反时，如图 2-15(b)所示，欧姆定律的表达式应取“−”。式(2-10)中的比例常数称为电路的电阻，用符号 R 表示。它一方面表示电阻是一个消耗电能的理想电路元件，另一方面也代表这个元件的参数。

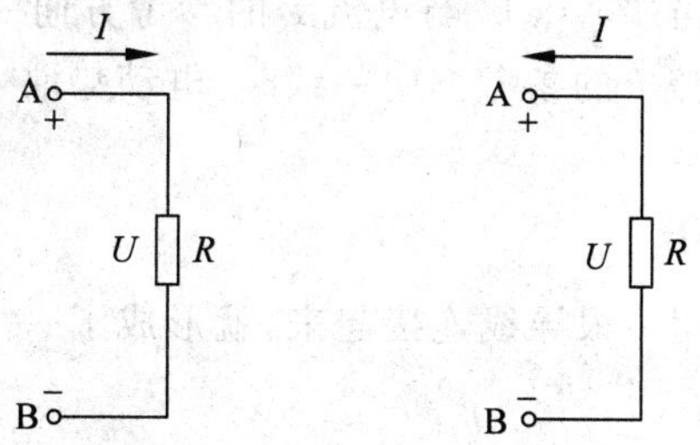

(a) U、I 的参考方向相同　　(b) U、I 的参考方向相反

图 2-15 欧姆定律

电阻的单位是欧[姆],用符号 Ω 表示。对大电阻则常以千欧(kΩ)、兆欧(MΩ)为单位。电阻的大小与金属导体的有效长度、有效截面积 A 及电阻率 ρ 有关,它们之间的关系可写为

$$R=\rho\frac{l}{A} \tag{2-11}$$

电阻的倒数为电导,用符号 G 表示,其单位是西[门子](S),即

$$G=\frac{1}{R} \tag{2-12}$$

如果电阻是一个常数,与通过它的电流无关,这样的电阻称为线性电阻。线性电阻上电压、电流的相互关系遵守欧姆定律。当流过电阻上的电流或电阻两端的电压变化时,电阻的阻值也随之改变,这样的电阻称为非线性电阻。显然,非线性电阻上的电压、电流是不遵守欧姆定律的。本模块所阐述的电阻如无特殊说明,则均指线性电阻。

2. 含源支路的欧姆定律

如果在电路的某一条支路中不但有电阻元件,而且含有电动势 E,那么这条支路就称为含源支路。如图 2-16 所示,在含源支路 ab 中有两个电阻 R_1、R_2 和两个电动势 E_1、E_2。首先设定该支路电压、电流的参考方向(图 2-16),按设定的参考方向列写出 a、b 两点之间的电压

$$U_{ab}=R_1I+E_1+R_2I-E_2$$

经整理后,可得

$$I=\frac{U_{ab}+(E_2-E_1)}{R_1+R_2}$$

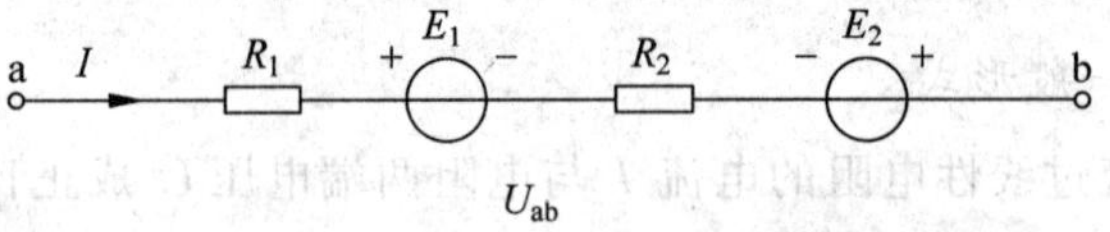

图 2-16 含源支路欧姆定律

如果含源支路中含有多个电阻及多个电动势,那么就可以写出

$$I=\frac{\pm U\pm E}{\sum R} \tag{2-13}$$

式中,分母是含源支路中所有电阻的代数和;分子是该含源支路两端的电压和含源支路中所有电动势的代数和。当端电压 U 与电流 I 的参考方向一致时,端电压取"+",反之取"−";当电动势 E 与电流 I 的参考方向一致时,电动势取"+",反之取"−"。

3. 闭合电路的欧姆定律

含源支路的两端 a、b 用一根导线连接起来,就形成了一个闭合回路,如图 2-17 所示。

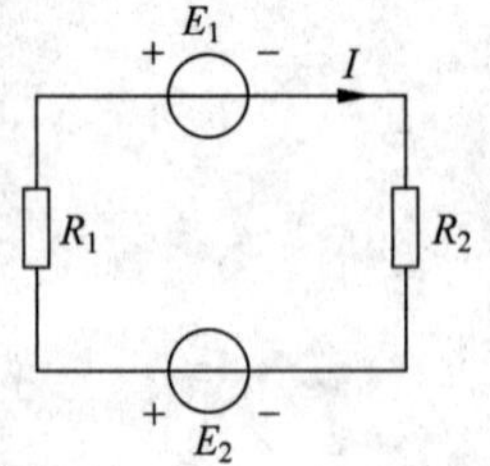

图 2-17 闭合回路欧姆定律

闭合回路中的电压、电流之间的关系也必须遵守欧姆定律,即

$$I=\frac{\sum E}{\sum R} \tag{2-14}$$

式中，分母是该闭合回路中所有电阻的代数和；分子是闭合回路中所有电动势的代数和。当电动势 E 与电流 I 的流动方向一致时，电动势取“+”；反之取“−”。

2.2.2 基尔霍夫定律

欧姆定律是分析和计算电路的基本定律。但在复杂电路中的分析与计算中，还离不开基尔霍夫电流定律和基尔霍夫电压定律。基尔霍夫电流定律用于电路的节点分析，基尔霍夫电压定律用于电路的回路分析。

1. 基尔霍夫定律的基本概念

(1) 支路。通常情况下，电路中通过同一电流的分支称为支路。图 2-18 电路中有 acb、adb 和 ab 三条支路。其中，acb、adb 支路中有电源，称为有源支路；ab 支路中无电源，称为无源支路。

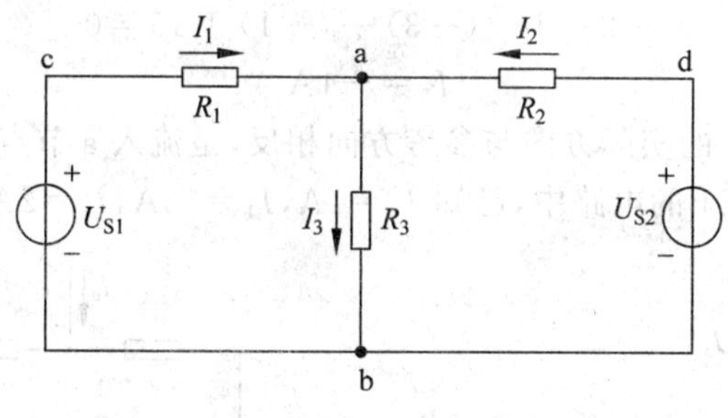

图 2-18 电路举例

(2) 节点。电路中三条或三条以上支路的连接点称为节点。图 2-18 电路中有 a、b 两个节点，c、d 不是节点。

(3) 回路。电路中任一闭合路径都称为回路。电路中共有 abca、adba、cbdac 三个回路。

(4) 网孔。不含交叉支路的回路称为网孔。图 2-18 电路中有 abca、adba 两个网孔。

(5) 网络。网络就是电路，但一般把较复杂的电路称为网络。

2. 基尔霍夫电流定律

基尔霍夫电流定律是德国科学家基尔霍夫在 1845 年论证的，它由电流定律和电压定律组成。基尔霍夫电流定律(Kirchhoff's current law，KCL)用于确定连接在同一节点上的各个支路之间的电流关系。

KCL 的定义：在任何时刻，连接电路中任一节点的所有支路电流的代数和等于零。即在任一时刻流进该节点的电流等于流出该节点的电流，其式为

$$\sum I=0 \tag{2-15}$$

在图 2-18 中，规定电流方向为流入节点 a 的电流为正值，则流出节点 a 的电流为负值。由此有

$$I_1+I_2-I_3=0$$

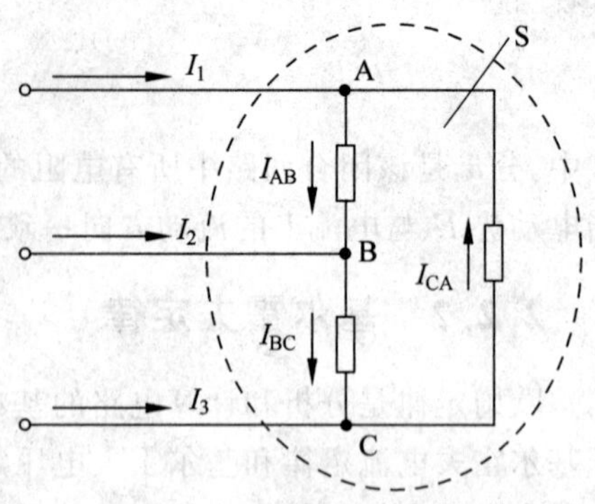

图 2-19 KCL 的推广应用

也可表示为

$$I_1+I_2=I_3$$

KCL 也可推广应用于包围几个节点的闭合面(广义节点),即在任一时刻,通过任何一个闭合面的电流代数和也恒为零。也就是说,流入闭合面的电流等于流出闭合面的电流。在图 2-19 中,闭合面内有三个节点 A、B、C。由 KCL 可得

$$I_1+I_2+I_3=0$$

KCL 实际上是电流连续性原理在电路节点上的体现,也是电荷守恒定律在电路中的体现。

【例 2-5】 如图 2-20 所示,已知 $I_1=2\text{A}, I_2=1\text{A}, I_3=-3\text{A}, I_4=-1\text{A}$,试求 I_5。

解:根据 KCL

$$-I_1+I_2-I_3+I_4+I_5=0$$

带入已知数据

$$-2+1-(-3)+(-1)+15=0$$

求得

$$I_5=-1\text{A}$$

I_5 为负值,说明 I_5 的实际方向与参考方向相反,是流入 a 节点。

【例 2-6】 在图 2-21 的电路中,已知 $I_a=1\text{A}, I_b=10\text{A}, I_c=2\text{A}$,求电流 I_d。

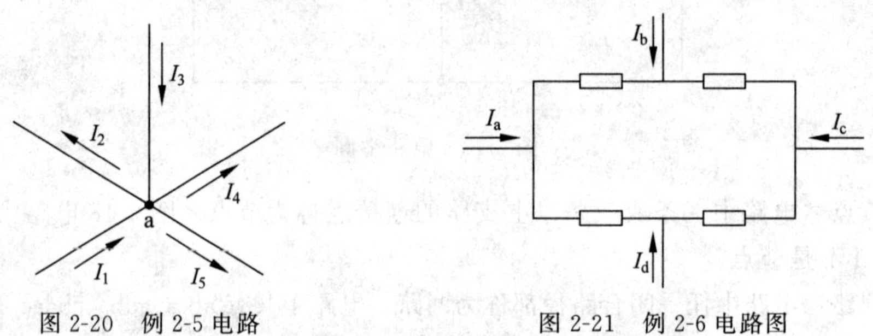

图 2-20 例 2-5 电路 图 2-21 例 2-6 电路图

解:根据 KCL 的推广应用,流入图示的闭合回路的电流代数和为零,即

$$I_a+I_b+I_c+I_d=0$$

$$I_d=-(I_a+I_b+I_c)=-(1+10+2)=-13(\text{A})$$

3. 基尔霍夫电压定律

基尔霍夫电压定律(KVL)用以确定回路中的各段电压间的关系。

基尔霍夫电压定律的定义:在任一回路中,从任一点以顺时针或逆时针方向沿回路循行一周,则所有支路或元件电压的代数和等于零。即

$$\sum U=0 \tag{2-16}$$

为了应用基尔霍夫电压定律,必须指定回路的循行方向,电压的参考方向与回路的循行方向一致时取正号,反之则取负号。

如图 2-22 所示,回路 cadbc 中的电源电动势、电流和各段电压的参考方向均已标出,

顺时针回路循行方向可列出如下方程：

$$\begin{cases} U_{bc}+U_{ca}+U_{ad}+U_{db}=0 \\ U_S+U_1+U_2+U_3=0 \end{cases}$$

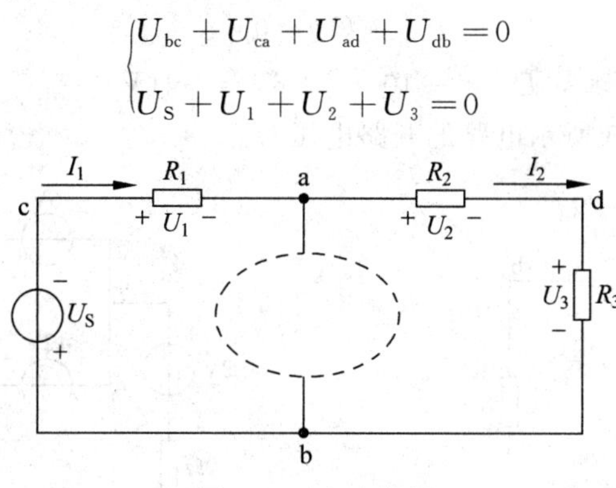

图 2-22 电路举例

以上回路是由电动势和电阻构成的，因此上式也可表示为

$$U_S+R_1I_1+R_2I_2+R_3I_3=0$$

基尔霍夫电压定律不仅适用于闭合回路，也可以推广应用到回路的部分电路(广义回路)，用于求回路的开路电压 U_{ab}，如图 2-23 所示。

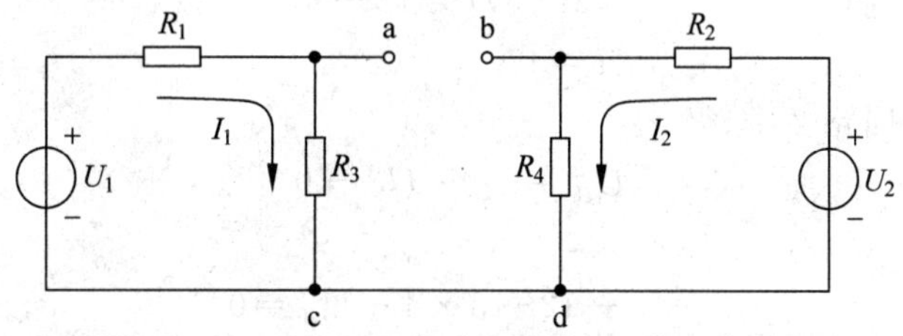

图 2-23 KVL 的推广应用

由于

$$I_1=U_1/(R_1+R_3)$$

$$I_2=U_2/(R_2+R_4)$$

对回路 acdb，由基尔霍夫电压定律得

$$U_{ab}+I_2R_4-I_1R_3=0$$

则

$$U_{ab}=I_1R_3-I_2R_4$$

注意：一般对独立回路列电压方程。网孔一般都是独立回路。在电路中，设有 b 条支路，n 个节点，独立回路数为 $b-(n-1)$。

【例 2-7】 图 2-24 所示为一闭合回路，各支路的元件是任意的，已知 $U_{ab}=10\text{V}$，$U_{bc}=-6\text{V}$，$U_{da}=-5\text{V}$。求 U_{cd} 和 U_{ca}。

解：由 KVL 可列方程

$$U_{ab}+U_{bc}+U_{cd}+U_{da}=0$$

因此得

$$U_{cd}=-U_{ab}-U_{bc}-U_{da}=-10-(-6)-(-5)=1(\text{V})$$

若 abca 不是闭合回路，也可用 KVL 得

$$U_{ab}+U_{bc}+U_{ca}=0$$

$$U_{ca}=-10-(-6)=-4(\text{V})$$

【例 2-8】 求图 2-25 所示电路的开路电压 U_{ab}。

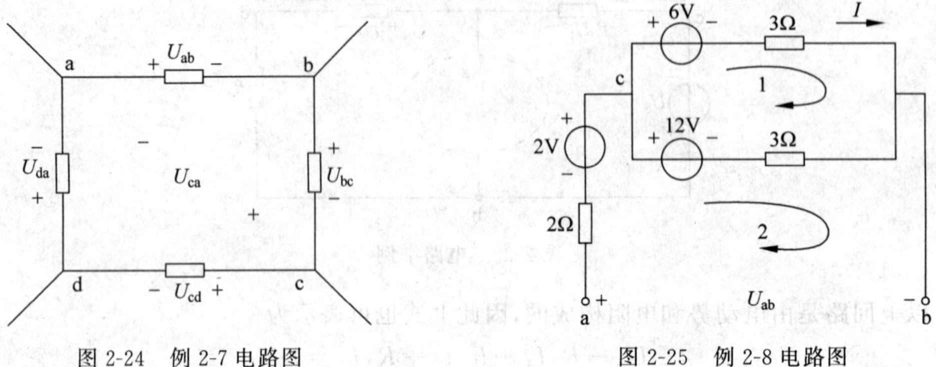

图 2-24 例 2-7 电路图　　　　图 2-25 例 2-8 电路图

解：在回路 1 中，有

$$(3+3)I=12-6$$

$$I=1\text{A}$$

根据 KVL，在回路 2 中，得

$$U_{ac}+U_{cb}+U_{ba}=0$$

所以

$$-2+12-3\times1-U_{ab}=0$$

则

$$U_{ab}=7\text{V}$$

2.2.3 电阻的连接

对电路进行分析和计算时，有时可以把电路中某一部分简化，即用一个较为简单的电路替代原电路。在图 2-26(a)中，右方虚线框中由几个电阻构成的电路可以用一个电阻 R_{eq}[见图 2-26(b)]替代，使整个电路得以简化。进行替代的条件是使图 2-26(a)和(b)中端子 1—1′以右的部分有相同的伏安特性。电阻 R_{eq} 称为等效电阻，其值决定于被替代的原电路中各电阻的值以及它们的连接方式。

当图 2-26(a)中端子 1—1′以右电路被 R_{eq} 替代后，1—1′以左部分电路的任何电压和电流都将维持与原电路相同。这就是电路的“等效概念”，即当电路中某一部分用其等效电路替代后，未被替代部分的电压和电流均应保持不变。用等效电路的方法求解电路时，电压和电流保持不变的部分仅限于等效电路以外，这就是“对外等效”的概念。等效电路与被它替代的那部分电路显然是不同的。例如，把图 2-26(a)所示电路简化后，不难按图 2-26(b)求得端子 1—1′以左部分的电流 i 和端子 1—1′的电压 u，它们分别等于原电路中的电流 i 和电压 u。如果要求得图 2-26(a)中虚线方框内的各电阻的电流，就必须回到原电路，根据已求得的电流 i 和电压 u 求解。“对外等效”也就是对外部特性等效。

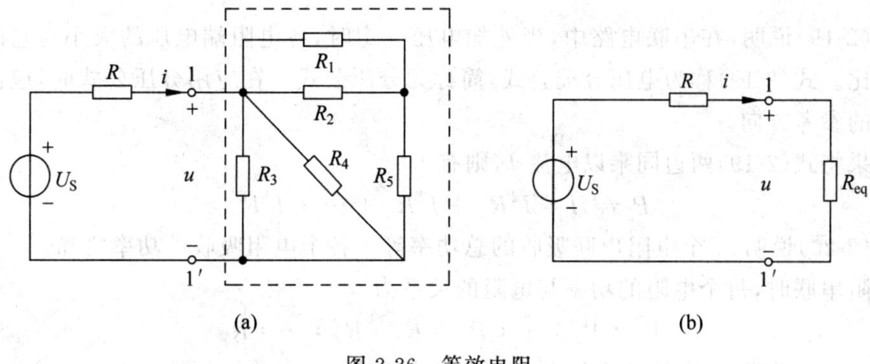

图 2-26 等效电阻

1. 电阻的串联

若干个电阻一个个依次首尾相连(接),中间没有分支点,在电源作用下,通过各电阻的电流相同,这种连接方式称为电阻的串联,如图 2-27(a)所示。

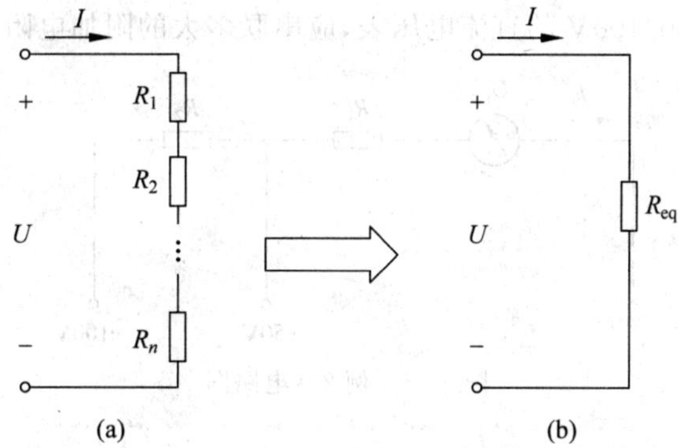

图 2-27 电阻的串联及其等效电阻

串联电阻可用一个等效电阻 R_{eq} 来表示,如图 2-27(b)所示。等效的条件是在同一电压 U 的作用下电流 I 保持不变。根据 KVL,有

$$U=U_1+U_2+\cdots+U_n=IR_1+IR_2+\cdots+IR_n=I(R_1+R_2+\cdots+R_n)=IR_{eq} \tag{2-17}$$

式中,

$$R_{eq}=(R_1+R_2+\cdots+R_n)=\sum_{i=1}^{n}R_i \tag{2-18}$$

当满足式(2-17),图 2-27(a)和(b)两电路对外路完全等效。

电阻串联时,每电阻上的电压分别为

$$\begin{cases} U_1=IR_1=\dfrac{R_1}{R_{eq}}U \\ U_2=IR_2=\dfrac{R_2}{R_{eq}}U \\ \cdots \\ U_n=IR_n=\dfrac{R_n}{R_{eq}}U \end{cases} \tag{2-19}$$

式(2-19)说明,在串联电路中,当外加电压一定时,各电阻端电压的大小与它的电阻值成正比。式(2-19)称为电压分配公式,简称为分压公式。在应用分压公式时,应注意到各电压的参考方向。

如果将式(2-19)两边同乘以电流 I,则有

$$P=UI=I^2R_1+I^2R_2+\cdots+I^2R_n \tag{2-20}$$

式(2-20)说明,n 个电阻串联吸收的总功率等于各个电阻吸收的功率之和。

电阻串联时,每个电阻的功率与电阻的关系为

$$P_1:P_2:\cdots:P_n=R_1:R_2:\cdots:R_n \tag{2-21}$$

式(2-21)说明,电阻的功率与它的电阻值成正比。

电阻串联的应用很多,例如,为了扩大电压表的量程,就需要与电压表(或电流表)串联电阻;当负载的额定电压低于电源电压时,可以通过串联一个电阻来分压;为了调节电路中的电流,通常可在电路中串联一个变阻器。

【例 2-9】 如图 2-28 所示,要将一个满刻度偏转电流 I_g 为 50μA,电阻 R_g 为 2kΩ 的电流表,制成量程为 50/100V 的直流电压表,应串联多大的附加电阻 R_1、R_2?

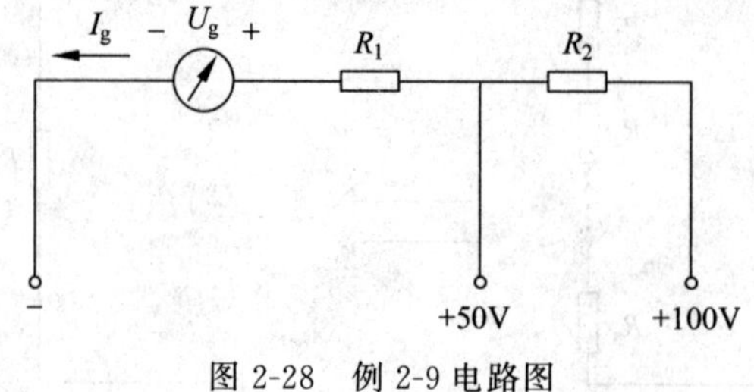

图 2-28 例 2-9 电路图

解:满刻度时,表头所承受的电压为

$$U_g=I_gR_g=50\times10^{-6}\times2\times10^3=0.1(\text{V})$$

为了扩大量程,必须串上附加电阻来分压,可列出以下方程:

$$\begin{cases}50=I_g(R_g+R_1)\\100-50=I_gR_2\end{cases}$$

即

$$\begin{cases}50=50\times10^{-6}\times(2000+R_1)\\100-50=50\times10^{-6}R_2\end{cases}$$

解得附加电阻为

$$R_1=998\text{k}\Omega,\quad R_2=10^6\Omega=1000\text{k}\Omega$$

2. 电阻的并联

若干个电阻首尾两端分别连接在两个公共节点之间。在电源作用下,其两端电压相同,这种连接方式称为电阻的并联,如图 2-29(a)所示。

并联电阻也可以用一个等效电阻来代替,如图 2-29(b)所示。根据 KCL,图 2-29(a)有如下关系:

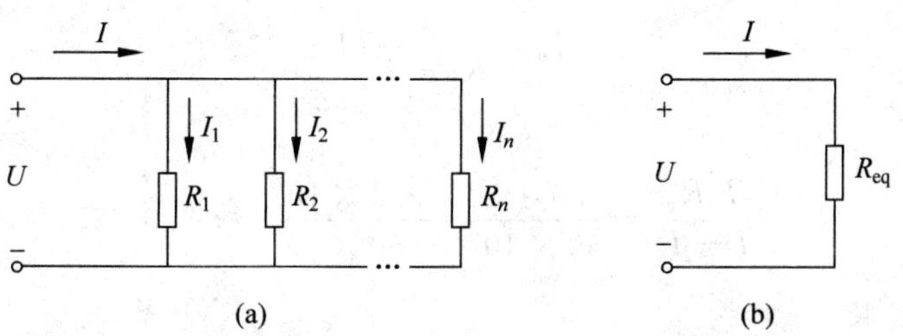

图 2-29 电阻的并联及其等效电阻

$$I=I_1+I_2+\cdots+I_n=\frac{U}{R_1}+\frac{U}{R_2}+\cdots+\frac{U}{R_n} \tag{2-22}$$

$$=U\left(\frac{1}{R_1}+\frac{1}{R_2}+\cdots+\frac{1}{R_n}\right)=\frac{U}{R_{eq}}$$

式中，

$$\frac{1}{R_{eq}}=\frac{1}{R_1}+\frac{1}{R_2}+\cdots+\frac{1}{R_n}=\sum_{i=1}^{n}\frac{1}{R_i}$$

若以电导表示，并令

$$G_1=\frac{1}{R_1},G_2=\frac{1}{R_2},\cdots,G_n=\frac{1}{R_n}$$

则有

$$G_{eq}=G_1+G_2+\cdots+G_n=\sum_{i=1}^{n}G_i \tag{2-23}$$

式(2-23)表明，n 个电导并联，其等效电导等于各电导之和。

如果将式(2-22)两边同乘以电压 U，则有

$$P=UI=\frac{U^2}{R_1}+\frac{U^2}{R_2}+\cdots+\frac{U^2}{R_n} \tag{2-24}$$

式(2-24)说明，n 个电阻并联的总功率等于各个电阻吸收的功率之和。

电阻并联时，各电阻上的功率与它的阻值的倒数成正比或与它的电导成正比。

$$P_1:P_2:\cdots:P_n=\frac{1}{R_1}:\frac{1}{R_2}:\cdots:\frac{1}{R_n}=G_1:G_2:\cdots:G_n \tag{2-25}$$

并联电路具有分流作用，如图 2-30 所示，可得

$$\begin{cases} I_1=\dfrac{R_2}{R_1+R_2}I \\ I_2=\dfrac{R_1}{R_1+R_2}I \end{cases} \tag{2-26}$$

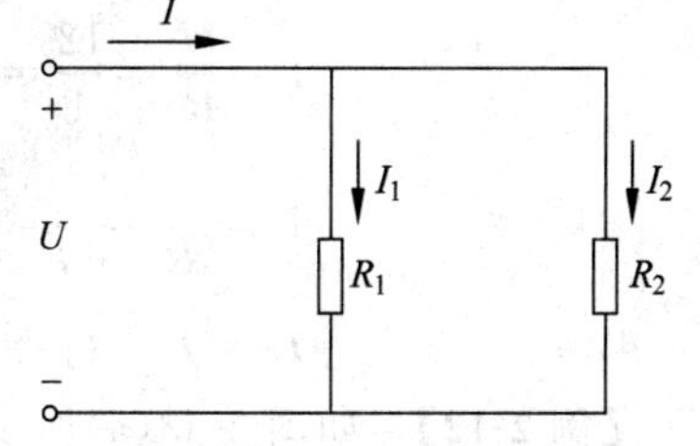

图 2-30 并联电路的分流作用

并联电路分流作用的应用之一是电流表扩大量程。

【例 2-10】 要将一个满刻度偏转电流 I_g 为 50μA，内阻 R_g 为 2kΩ 的表头制成量程为 50mA 的直流电流表，并联分流电阻 R_S 应为多少？

解：依题意，已知 $I_g=50\mu A$，$R_g=2k\Omega$，由式(2-10)，得

$$I_g=\frac{R_S}{R_S+R_g}I$$

分流电阻

$$R_S=\frac{I_gR_g}{I-I_g}=\frac{50\times10^{-6}\times2\times10^3}{50\times10^{-3}-50\times10^{-6}}\approx2.00(\Omega)$$

3. 电阻的混联

既含有并联又含有串联的电路称为混联电路。这一类电路可以用串、并联公式化简，图 2-31 所示的就是一个电阻混联电路。

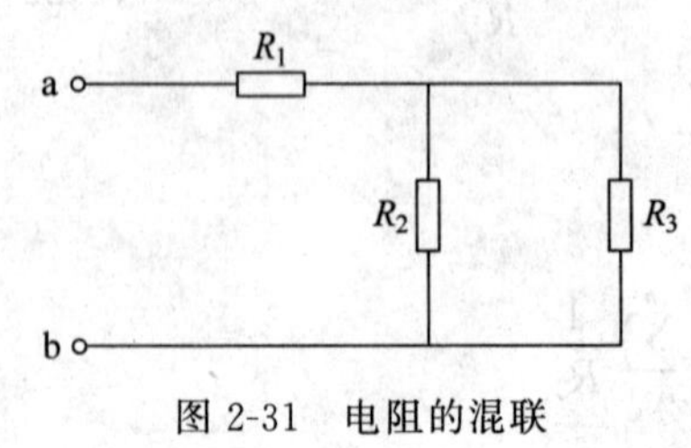

图 2-31 电阻的混联

经过化简，可得其等效电阻为

$$R_{ab}=R_1+\frac{R_2R_3}{R_2+R_3}\tag{2-27}$$

在计算串联、并联及混联电路的等效电阻时，关键在于识别各电阻的串、并联关系，其工作大致可分成以下几步。

(1) 几个元件是串联还是并联，应根据串并联特点来判断。串联电路所有元件流过同一电流；并联电路所有元件承受同一电压。

(2) 将所有无阻导线连接点用节点表示。

(3) 在不改变电路连接关系的前提下，可根据需要改画电路，以便更清楚地表示出各电阻的串并联关系。

(4) 对于等电位点之间的电阻支路，必然没有电流通过，所以既可将它看作开路，也可看作短路。

(5) 采用逐步化简的方法，按照顺序简化电路，最后计算出等效电阻。

【例 2-11】 图 2-32 是一个内阻 R_0 为 2Ω、电压为 12V 的直流电压源，外接 $R_1=3\Omega$ 和 $R_2=6\Omega$ 相并联的电阻，求电源发出的电流及 R_1、R_2 中的电流。

解：此电路属串并联电路

$$R=R_0+\frac{R_1R_2}{R_1+R_2}=4(\Omega)$$

$$I=\frac{U}{R}=\frac{12}{4}=3(\text{A})$$

$$I_1=\frac{R_2}{R_1+R_2}I=2(\text{A})$$

$$I_2=I-I_1=1(\text{A})$$

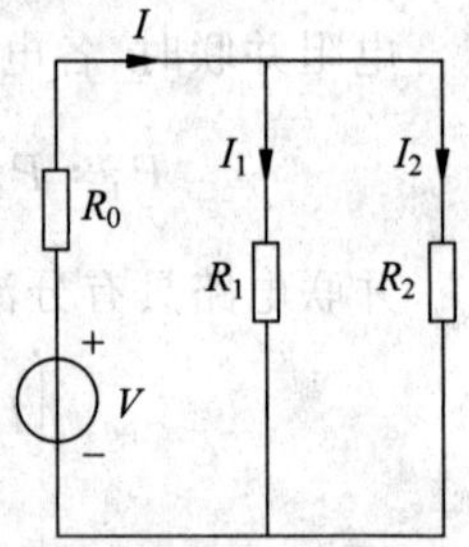

图 2-32 例 2-11 电路图

【例 2-12】 如图 2-33(a)所示电路，计算 a、b 两端的等效电阻 R_{ab}。

解：在图 2-33(a)中，1Ω 电阻被短路，可化简为如图 2-33(b)所示电路。在该电路中，3Ω 与 6Ω 并联，再化简为如图 2-33(c)所示的电路。在该电路中，2Ω 与 7Ω 串联，而后再与 9Ω 并联，最后简化为如图 2-33(d)所示的电路，等效电阻为

$$R_{ab}=\frac{(2+7)\times 9}{2+7+9}=4.5(\Omega)$$

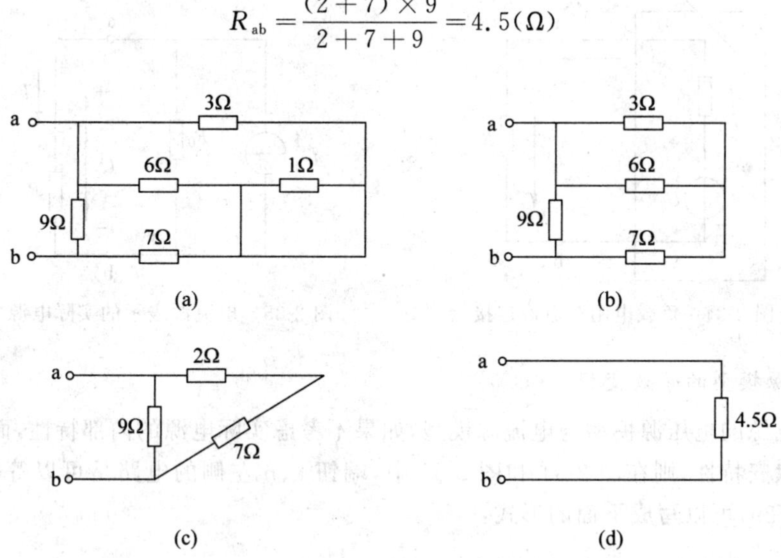

图 2-33 例 2-12 电路图

2.2.4 电源的等效变换

在复杂的电路中,有些电路可以通过简化的方法进行分析。等效变换法是分析方法中的一种,其目的是将某些复杂的电路根据等效的原则化简成较简单的电路,甚至简化成单回路电路。

等效就是相等的效果,一个二端网络在电路中的作用就是由其端钮上的电压、电流的关系(即伏安特性)所决定的。凡是端口上具有相同伏安关系的二端网络在电路中的作用都是相同的。值得注意的是,等效是指对外电路等效,这是利用等效的概念化简电路的依据。

1. 实际电源的等效

实际电源总是有内阻损耗的,可以用一个理想电压源和一个电阻的串联来等效,建立实际电源的电压源模型,如图 2-34 中点画线框内所示。该组合电路(实际电源)的伏安特性与理想电压源的伏安特性截然不同,可以表示为

$$U=U_S-IR_0 \tag{2-28}$$

式(2-28)反映了实际电源的外特性。这里,端电压、电流均不是恒定的。

如果用电流源来替换实际电源,应采用理想电流源与内部损耗电阻并联组合,建立实际电源的电流源模型,如图 2-35 所示。此时,电路中电压、电流的约束关系(即端口处的伏安特性)可以表示为

$$\begin{cases} I=I_S-\dfrac{U}{R_0} \\ I=\dfrac{U}{R} \end{cases} \tag{2-29}$$

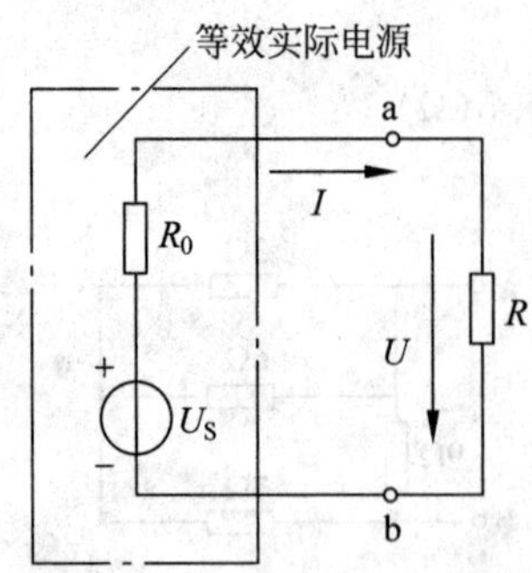

图 2-34 负载电阻与电源连接

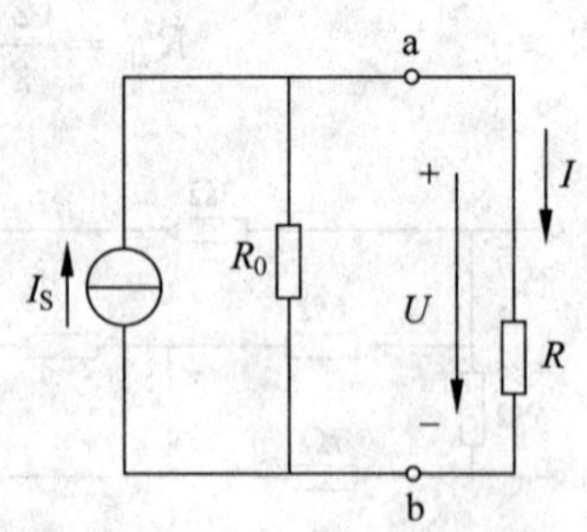

图 2-35 电流源表示的实际电源

2. 电源模型的等效变换

实际电源的电压源模型与电流源模型，如果不考虑实际电源的内部特性，而只考虑电源的端钮伏安特性，则在图 2-34 和图 2-35 中，端钮 a、b 左侧的电路是可以等效互换的。例如，式(2-29)可以写成下面的形式：

$$I=\frac{U_S}{R_0}-\frac{U}{R_0} \tag{2-30}$$

比较式(2-29)和式(2-30)可知，只要令

$$I_S=\frac{U_S}{R_0} \tag{2-31}$$

电源内阻 R_0 的数值不变，则可以将理想电压源与内阻的串联电路变换成理想电流源与内阻并联的电路。变换后的电路与原电路比较，端口处伏安特性关系不变。显然，以电流源与内阻并联的电路组合等效变换成电压源与内阻串联的电路组合，只要满足下列关系

$$U_S=R_0 I_S \tag{2-32}$$

注意：这种变换只对端口处的伏安特性是等效的，即不改变端口处的电压 U 和端口处的电流 I 的数值。但是，对于电源内部，两种电路的组合是不等效的。电压源与电流源的等效变换电路如图 2-36 所示。

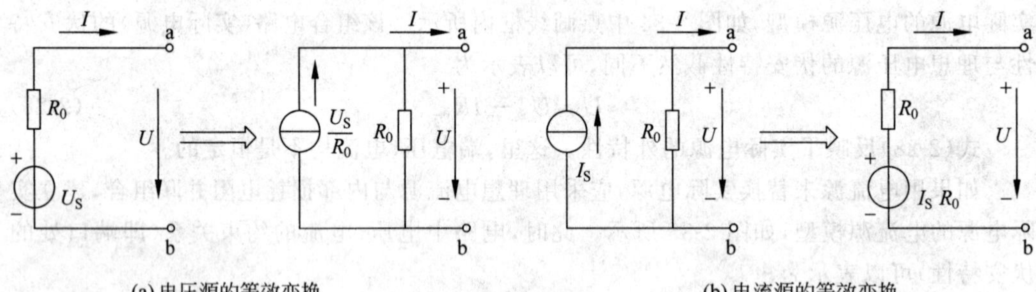

图 2-36 电源的变换

等效变换中应注意理想电流源的参考方向与理想电压源的参考方向之间的等效关系。图 2-36(a)中电压源的参考方向表明电压源的模型 a 端为高电位，b 端为低电位；图 2-36(b)中，等效的电流源模型也应保证上述电压源模型的特性，理想电流源的参考

方向在内阻上产生的电压是 a 端为高电位，b 端为低电位，且作为电源，是从 a 端流出电流。

单纯理想电压源与理想电流源之间不能进行等效变换。

【例 2-13】 试将图 2-37 所示的电源电路分别简化为电压源和电流源。

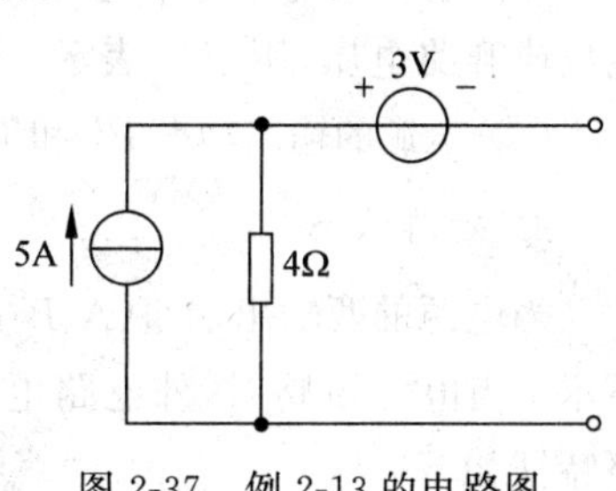

图 2-37 例 2-13 的电路图

解：(1) 简化为电压源。

① 5A 电流源和 4Ω 内阻可转化为 20V、内阻为 4Ω 的电压源，如图 2-38(a)所示。

② 图 2-38(a)中 3V 的电压源和 20V 的电压源串联，极性相反，故可转化为一个 17V、4Ω 的电压源，极性如图 2-38(b)所示。

(2) 图 2-38(b)的电压源可等效为图 2-38(c)的电流源。参数 $I_S=17/4=4.25(A)$，内阻 $R_0=4\Omega$。

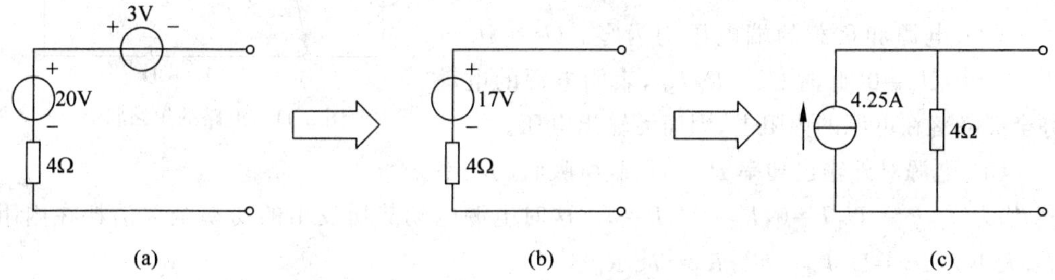

图 2-38 例 2-13 电路的等效电路图

2.3 电路的三种工作状态

电路有空载、短路和负载三种工作状态。现就图 2-39 所示的简单电路来讨论当电路处于三种不同状态时的电压、电流和功率的特点。U_1 表示电源的端电压 U_{AB}，U_2 表示负载的端电压 U_{CD}。

1. 空载状态

空载状态又称为断路或开路状态，如图 2-40 所示。电路空载时，外电路电阻可视为无穷大，其电路特征如下。

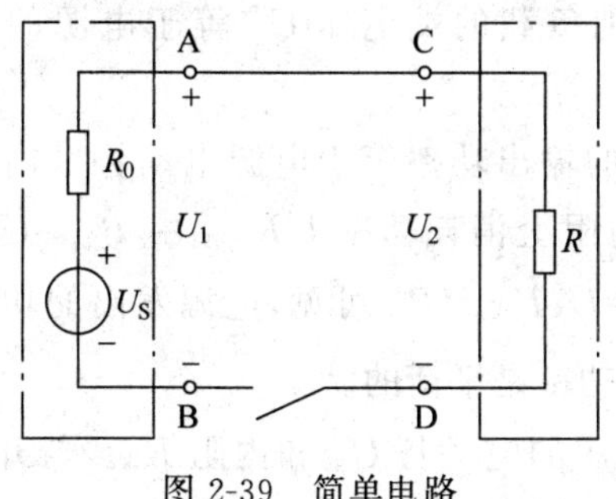

图 2-39 简单电路

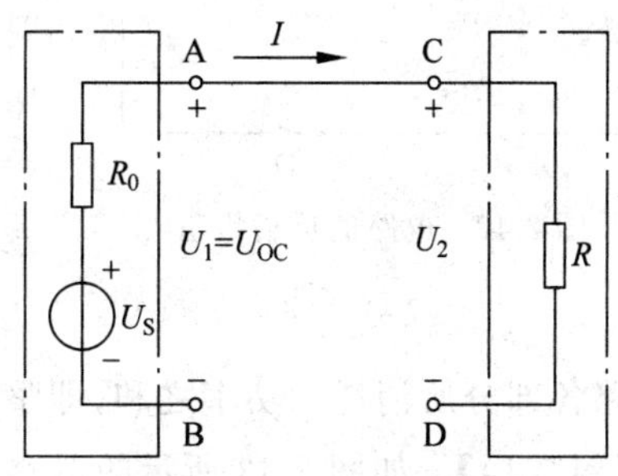

图 2-40 电路的空载状态

(1) 电路中电流为零,即 $I=0$。

(2) 电源端电压等于电源的电动势,即 $U_1=U_S-R_0I=U_S=U_{OC}$。此电压称为空载电压或开路电压,用 U_{OC} 表示。由此可以得出粗略测量电源电动势的方法。

(3) 电源的输出功率 P_1 和负载所吸收的功率 P_2 均为零,即 $P_1=U_1I=0, P_2=U_2I=0$。

2. 短路状态

当电源的两输出端钮(A、B)由于某种原因相接触时,会造成电源被直接短路,如图 2-41 所示。当电源短路时,外电路电阻可视为零,此时电路特征如下。

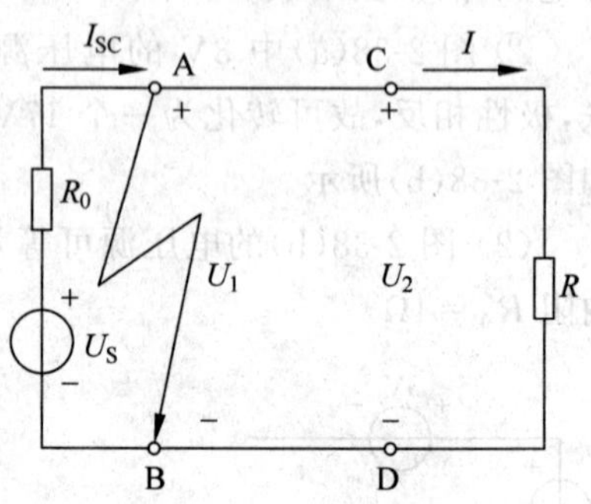

图 2-41 电路的短路状态

(1) 电源中的电流最大,外电路输出电流为零。此时电源中的电流称为短路电流,大小为

$$I_{SC}=\frac{U_S}{R_0}$$

(2) 电源和负载的端电压均为零。$U_1=U_S-R_0I_{SC}=0, U_2=0$,此时 $U_S=R_0I_{SC}$,表明电源的电动势全部降落在电源的内阻上,因而无输出电压。

(3) 电源对外输出功率 P_1 和负载所吸收的功率 P_2 均为零,$P_1=U_1I=0, P_2=U_2I=0$。这时电源电动势所发出的功率全部消耗在内阻上,大小为 $P_E=U_SI_{SC}=U_S^2/R_0=I_{SC}^2R_0$。

电源短路是一种严重事故,可使电源的温度迅速上升,以致烧毁电源及其他电气设备。通常在电路中装有熔断器等短路保护装置。但是,有时可以将局部电路短路或按技术要求对电源设备进行短路实验,也属于正常现象。

3. 负载状态

电路的负载状态是一般的有载工作状态,如图 2-42 所示。

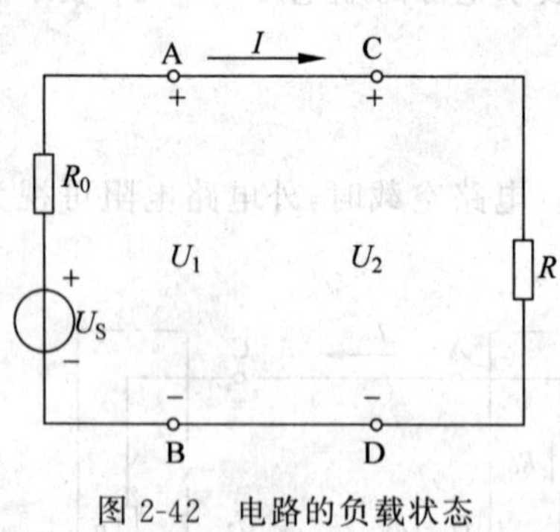

图 2-42 电路的负载状态

此时的电路特征如下。

(1) 当 U_S、R_0 一定时,电路中的电流 $I=\dfrac{U_S}{R_0+R}$,由负载电阻 R 的大小决定。电源的端电压总是小于电源的电动势。$U_1=U_S-R_0I$,若忽略线路上的压降,则负载的端电压 U_2 等于电源的端电压 U_1。

(2) 电源的输出功率等于电源电动势发出的功率 U_SI 减去内阻上消耗功率 I^2R_0。由 $P_1=U_1I=(U_S-R_0I)I=U_SI-I^2R_0$ 可见,电源发出的功率等于电路各部分所消耗的功率之和,即整个电路中的功率是平衡的。

【例 2-14】 如图 2-43 所示的电路可供测量电源的电动势 U_S 和内阻 R_0。若开关 S 打开时电压表的读数为 6V,开关闭合时电压表的读数为 5.8V,负载电阻 $R=10\Omega$,试求

电源的电动势 U_S 和内阻 R_0（电压表的内阻可视为无限大）。

解：设电压 U、电流 I 的参考方向如图 2-43 所示，当开关 S 断开时

$$U=U_S-R_0I=U_S$$

所以，此时电压表的读数即为电源的电动势 $U_S=6\text{V}$。当开关 S 闭合时，电路中的电流为

$$I=\frac{U}{R}=\frac{5.8}{10}=0.58(\text{A})$$

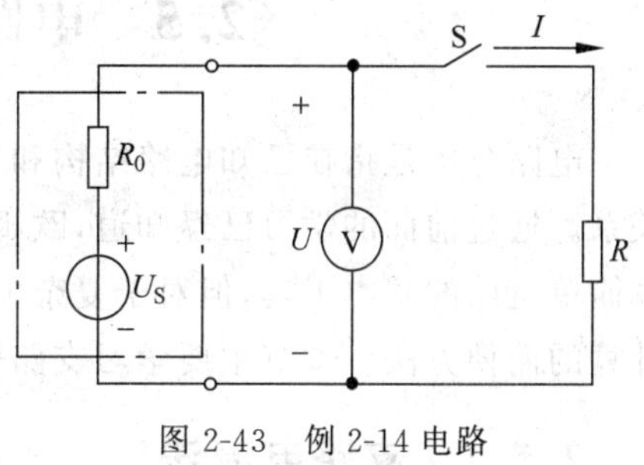

图 2-43　例 2-14 电路

故内阻

$$R_0=\frac{U_S-U}{I}=\frac{6-5.8}{0.58}=0.345(\Omega)$$

2.4　电气设备的额定值

电气设备的额定值是综合考虑产品的可靠性、经济性和使用寿命等诸多因素，由制造厂商提供的。额定值往往标注在设备的铭牌上或写在设备的使用说明书中。

额定值是指电气设备在电路的正常运行状态下，能承受的电压、允许通过的电流以及它们吸收和产生功率的限额，如额定电压 U_N、额定电流 I_N、额定功率 P_N。例如，一个灯泡上标明 220V、60W，这说明额定电压为 220V，在此额定电压下消耗功率为 60W。

电气设备的额定值和实际值是不一定相等的。如上所述，220V、60W 的灯泡接在 220V 的电源上时，由于电源电压的波动，其实际电压值稍高于或稍低于 220V，这样灯泡的实际功率就不会正好等于其额定值 60W，且额定电流也相应发生了改变。当额定电流等于额定电流时，称为满载工作状态；当额定电流小于额定电流时，称为轻载工作状态；当额定电流超过额定电流时，称为过载工作状态。

【例 2-15】 某直流电源的额定输出功率为 200W，额定电压为 50V，内阻为 0.5Ω，负载电阻可以调节，如图 2-44 所示。试求：(1) 额定状态下的电流及负载电阻；(2)空载状态下的电压；(3)短路状态下的电流。

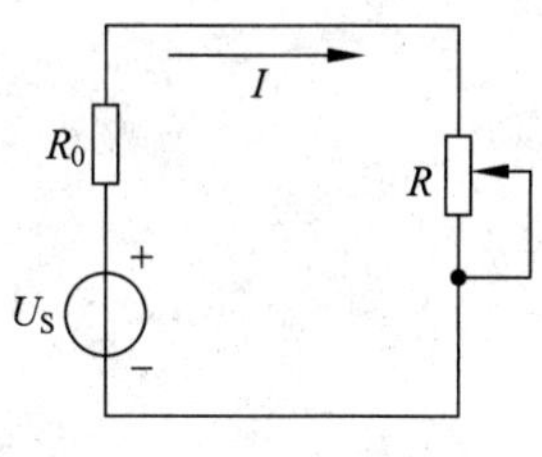

图 2-44　例 2-15 电路图

解：(1) 额定电流 $I_N=\frac{P_N}{U_N}=\frac{200}{50}=4(\text{A})$；

负载电阻 $R_N=\frac{U_N}{I_N}=\frac{50}{4}=12.5(\Omega)$。

(2) 空载电压 $U_0=U_S=(R_0+R_N)I_N=(0.5+12.5)\times 4=52(\text{V})$。

(3) 短路电流 $I_{SC}=\frac{U_S}{R_0}=\frac{52}{0.5}=104(\text{A})$。

短路电流是额定电流的 $I_{SC}/I_N=104/4=26$(倍)。短路电流很大，若没有短路保护，则一旦发生短路后，电源将会烧毁，应该避免。

2.5 电路的基本分析方法

电路分析是指在已知电路结构和元件参数的条件下，确定各部分电压与电流之间的关系。通过前面的学习已经知道，欧姆定律、电源的等效变换和基尔霍夫定律是分析与计算简单电路的基本工具，但对于复杂电路来说，必须根据电路的结构和特点去寻找分析和计算的简便方法。本节主要学习支路电流法、叠加定理的应用。

2.5.1 支路电流法

支路电流法是以支路电流为待求量，应用基尔霍夫电流定律列出节点电流方程式，应用基尔霍夫电压定律列出回路的电压方程式，从而求解支路电流的方法。

下面以图 2-45 所示的电路为例，介绍支路电流法分析和计算电路的具体步骤。

(1) 确定支路数 b，同时设定各支路电流的参考方向。本电路共有 3 个支路，各支路的电流参考方向如图 2-45 所示。

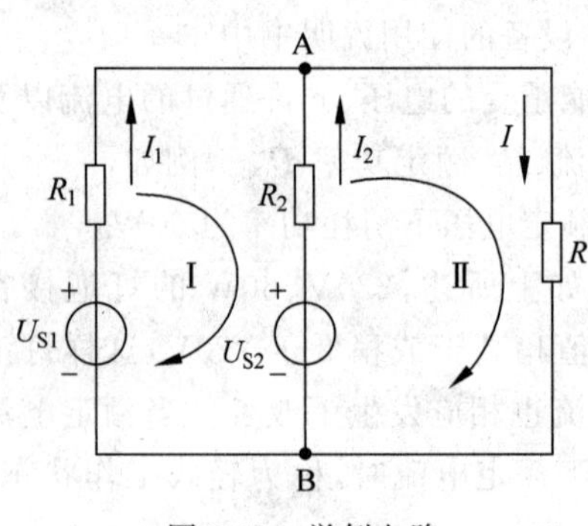

图 2-45 举例电路

(2) 确定节点数 n，根据 KCL 列出($n-1$)个节点电流方程式。本电路中有两个节点 A 和 B，根据 KCL 可列方程式

$$-I_1-I_2+I=0$$

(3) 确定独立回路数(一般选取网孔数，网孔是独立回路)，根据 KVL 列出 $b-(n-1)$个回路电压方程式。本电路有两个独立回路(网孔)，可列 KVL 方程

$$R_1I_1-R_2I_2+U_{S2}-U_{S1}=0$$
$$R_2I_2+RI-U_{S2}=0$$

(4) 解联立方程式，求各支路电流。

【例 2-16】 设图 2-45 中 $R=24\Omega$，$U_{S1}=130\text{V}$，$R_1=1\Omega$，$U_{S2}=117\text{V}$，$R_2=0.6\Omega$，试求支路电流。

解：根据 KCL 和 KVL 列方程

$$\begin{cases}-I_1-I_2+I=0\\ I_1-0.6I_2+117-130=0\\ 0.6I_2+24I-117=0\end{cases}$$

解得：$I_1=10\text{A}$，$I_2=-5\text{A}$，$I=5\text{A}$。

【例 2-17】 电路如图 2-46 所示，已知 $U_{S1}=6\text{V}$，$U_{S2}=16\text{V}$，$I_S=2\text{A}$，$R_1=R_2=R_3=2\Omega$，试求各支路电流 I_1、I_2、I_3、I_4 和 I_5。

解：由 KCL 和 KVL 列出节点电流方程和回路电压方程

$$\begin{cases} I_S + I_1 + I_3 = 0 \\ I_2 = I_3 + I_4 \\ I_4 + I_5 = I_S \\ U_{S1} = I_3 R_2 + I_2 R_1 \\ U_{S2} - I_5 R_3 + I_2 R_1 = 0 \end{cases}$$

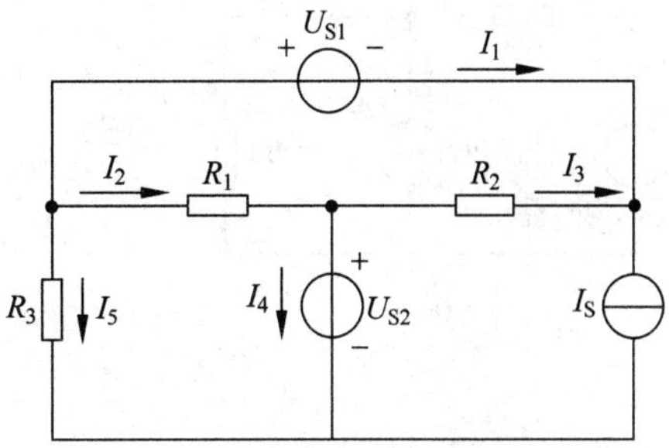

代入已知数据得

$$\begin{cases} 2 + I_1 + I_3 = 0 \\ I_2 = I_3 + I_4 \\ I_4 + I_5 = 2 \\ 6 = 2I_3 + 2I_2 \\ 16 - 2I_5 + 2I_2 = 0 \end{cases}$$

图 2-46 例 2-17 电路图

解得：$I_1=-6\text{A}$，$I_2=-1\text{A}$，$I_3=4\text{A}$，$I_4=-5\text{A}$，$I_5=7\text{A}$。

2.5.2 叠加定理

叠加原理是线性电路普遍使用的基本定理。叠加原理的内容可以表述为：线性电路中，任何一条支路的响应(电流或电压)均可视作每个独立源(电压源和电流源)单独作用时在此支路所产生的响应的代数和。

当某电源单独作用时，其他电源应该除去，称为"除源"。即对电压源来说，令其电源电压 U_S 为零，相当于"短路"；对电流源来说，令其电源电流 I_S 为零，相当于"开路"，如图 2-47 所示。

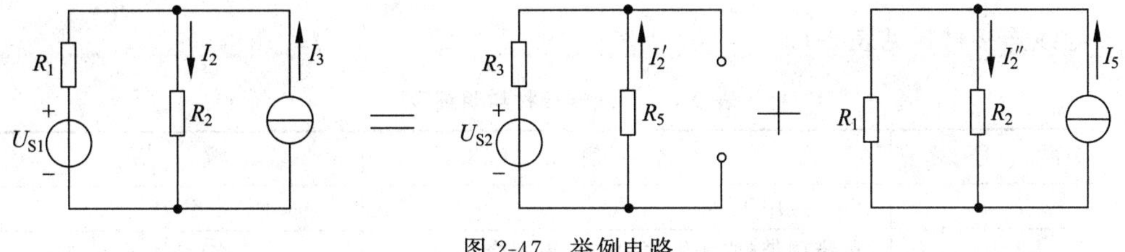

图 2-47 举例电路

在图 2-47 中，用叠加定理求流过 R_2 的电流 I_2，等于电压源、电流源分别单独对 R_2 支路作用产生电流的叠加。使用叠加定理须注意以下几点：

(1) 叠加定理只适用于线性电路；

(2) 叠加定理只能叠加电路中的电流或电压，不能对能量和功率进行叠加；

(3) 不作用的电压源短接，电阻不动，不作用的电流源断开；

(4) 应用叠加定理时，要注意各电源单独作用时所得电路各处电流、电压的参考方向与原电路各电源共同作用时各处所对应的电流、电压的参考方向之间的关系，以便正确求出叠加结果(代数和)。

【例 2-18】 用叠加定理求电路图 2-48 中流过 4Ω 电阻的电流。

解：从图 2-48 所示可知

$$I' = \frac{10}{10} = 1(\text{A})$$

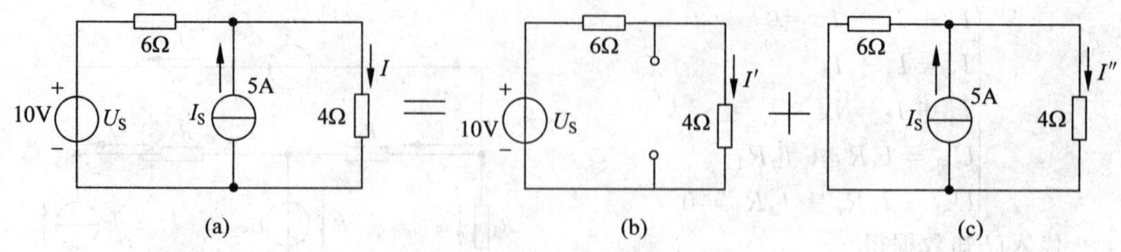

图 2-48 例 2-18 电路图

$$I''=\frac{5\times 6}{10}=3(\text{A})$$

所以

$$I=I'+I''=1+3=4(\text{A})$$

2.6 实训 导线的连接和绝缘的恢复

1. 实训目标

(1) 了解电工操作安全规范。

(2) 掌握硬线之间对接与 T 接、软线之间对接与 T 接工艺。

(3) 掌握绝缘的恢复工艺。

(4) 掌握硬线、软线与接线柱连接。

2. 材料清单

导线连接材料见表 2-1。

表 2-1 导线连接材料明细表

序号	名称	数量
1	电工常用工具	一套
2	黄蜡绸带(或涤纶薄膜带)、黑胶带	各一盒
3	BV 1.5mm^2 单股线	1m
4	BV 2.5mm^2 单股线	1m
5	BV 6mm^2 7 股线	1m
6	BV 10mm^2 7 股线	1m
7	兆欧表 500V	1 台
8	万用表 MF14	1 台

3. 实训步骤

1) 操作前准备

(1) 学习电工实训安全规范。

① 实训前应预习相关实训内容,做到实训任务清楚、实训目的明确,实训步骤了解。实训前不预习者不应作实训。

② 进入实训室时应将书包、水、饮料、食物等放在指定位置。绝不允许将水、饮料、食物带到实训台上。

③ 实训时衣着整齐，以长裤、长袖衣服、胶鞋为好（有条件的要穿工装，戴安全帽），禁止穿着背心、短裤、拖鞋、凉鞋。禁止佩戴首饰、领带、纱巾。长袖衣服不要敞怀或卷成半袖。

④ 学生在安装电路时应熟悉实训台开关位置，所站位置应能方便开合闸，一般情况下实训台应处在无电状态，需要通电试车时，必须经过教师同意后才能通电，绝对禁止私自通电。

⑤ 电路安装前，应认真检查实训台、安装工具、测量仪表和实训所用电器、元器件、导线及连接件。检查它们的外观是否有损坏，测试它们的性能是否正常。严禁使用带有安全隐患的工具、仪表和电器。

⑥ 遵循通电不改线、改线不通电的原则，严禁带电操作。

⑦ 线路安装好后，应用万用表（$R\times1$ 或 $R\times10$ 挡位）和兆欧表测试电路。用万用表可以测试电路有无短路、有无断路，各元器件是否正确连接；用兆欧表可以测试电路是否有漏电情况。只有在测试完毕并确定没有问题，经过同组同学互检确认及签字后，才能要求通电试车。绝不能用通电的方法试车。通电时，一人操作，一人监护。若通电后电路发生异常，应先断电，后处理。

⑧ 通电试车成功后，立即断电，经指导教师同意后才能拆卸电路。拆卸电路时要文明操作，不得采用拉、拽、撬的方法，更不允许采用断线、切割的方法。拆卸下的元器件经指导教师检验后归还到原处。

⑨ 实训过程中，应养成经常整理实训台及周围地面的习惯。特别是掉落的连接件、多余的导线和线头，以防触电和滑倒。

⑩ 实训室内禁止打斗、喧哗、去他人的实训台及私下交换实训器材。

⑪ 全部实训结束后，应收拾实训台或工位。查看工具和仪表是否摆放整齐，实训器材是否归还，实训台是否断电，台面是否整洁，地面上是否有掉下的导线或螺钉等。全部收拾完毕经指导教师检查后结束实训。

(2) 学习8S标准化管理提高素质，消除安全隐患。

① 整理(Seiri)：工作现场，区分要与不要的东西，只保留有用的东西，清除不需要的东西。

② 整顿(Seiton)：把有用的东西，按规定位置摆放整齐做好标示，并进行妥善管理。

③ 清扫(Seiso)：将不需要的东西清除掉，保持现场无垃圾、无污染状态。

④ 清洁(Seiketsu)：维持以上整理、整顿、清扫的局面，使工作人员觉得整洁、卫生。

⑤ 素养(Shitsuke)：每位学生应养成良好的习惯，遵守使用规则。

⑥ 安全(Safety)：一切工作均以安全为前提。

⑦ 节约(Save)：积极探索，不断减少人力、成本、空间、时间、物料损耗。

⑧ 学习(Study)：深入学习各项专业技术知识，从实践和书本中获取知识，同时不断向老师和同学学习，从而完善自我，提升自己的综合素质。

2）按照材料明细表 2-1 领取工具和材料并检查

检查领到的工具和材料外观是否完好，有无绝缘破损，性能是否合格，规格是否正确。用万用表、兆欧表检查主要元器件的通断和绝缘情况。

3）硬线的对接和 T 接

(1) 分别用电工刀和剥线钳两种方法剖削 $1.5mm^2$ 和 $2.5mm^2$ 导线绝缘层。

用电工刀对单芯硬线作剖削练习（要求：做到不剖伤芯线），如图 2-49 所示。

用剥线钳对单芯硬线作剖削练习（要求：钳口合适，做到不剖伤、不切断芯线），如图 2-50 所示。

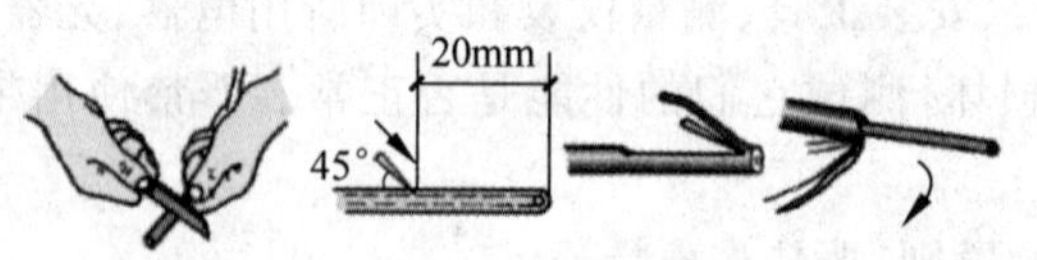

图 2-49　电工刀的使用

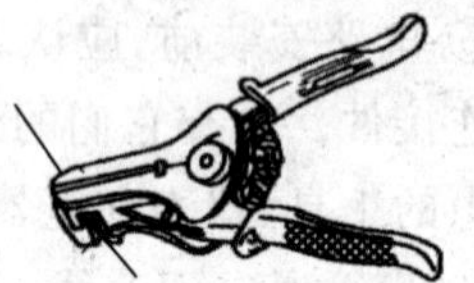

图 2-50　剥线钳的使用

(2) 硬线的对接。

用 2 根长 0.2m 的 BV $1.5mm^2$ 塑料单股铜芯线作直线连接，如图 2-51 所示。

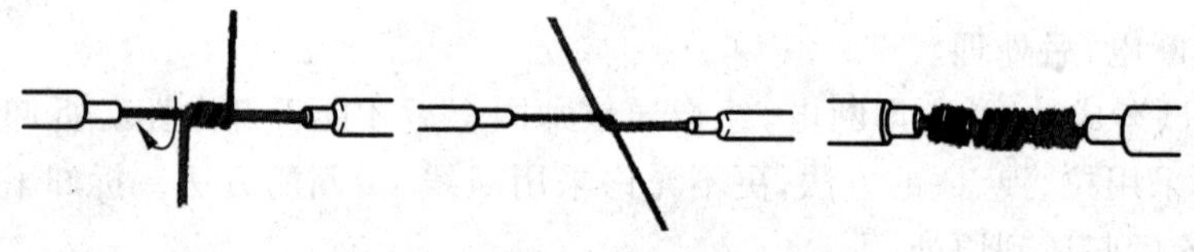

图 2-51　硬线的对接

① 两根线各剥去 0.2m 绝缘层。

② 将两根线头相交呈 X 状，并互相缠绕 2～3 圈后扳直。

③ 各自的自由端用对方导线紧密缠绕，长度为线芯直径的 6～8 倍后，剪去多余端。

(3) 硬线的 T 接。

用 2 根长 0.2m 的 BV $2.5mm^2$ 塑料单股铜芯线作 T 连接，如图 2-52 所示。

① 把支线线头和干线线芯十字相交。

② 支线线芯在干线上缠绕呈结状，扳直。

③ 支线线芯在干线上紧密缠绕 6～8 圈，去掉多余线芯后贴紧。

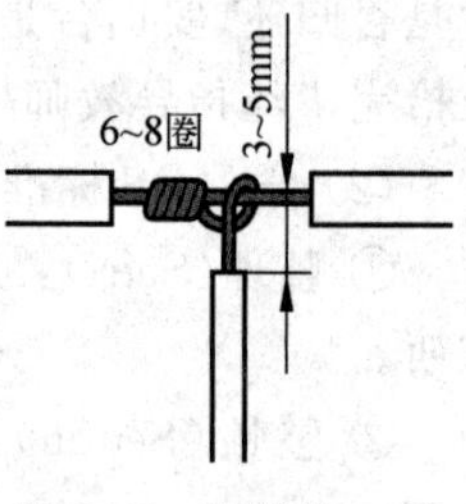

图 2-52　硬线的 T 接

4）软线的对接和 T 接

(1) 软线的对接。

用 2 根长 0.2m 的 BV $6mm^2$ 塑料 7 股铜芯线作 T 字分支连接，如图 2-53 所示。

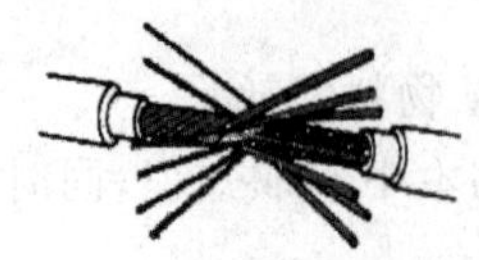
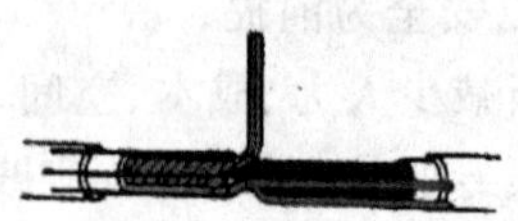

图 2-53　软线的对接

① 把 7 股软线线头整理成单股抻直，将根部(1/3)旋紧。

② 将剩下的 7 股线(2/3)整理成伞状接头，将两股伞状接头相对，隔股交叉至伞形根部。然后捏平散开的线头。

③ 7 股铜线按 2、2、3 根分为三组，先将第一组两根线扳倒垂直线头方向，顺时针缠绕 2 圈，再弯下成直角，贴紧线芯。第二组、第三组以此类推。第三组绕 3 圈。

注意：后一圈缠绕要压住前一圈根部，多余线头剪去、磨平。

(2) 软线的 T 接。

用 2 根长 0.2m 的 BV $10mm^2$ 塑料 7 股铜芯线作 T 字分支连接，如图 2-54 所示。

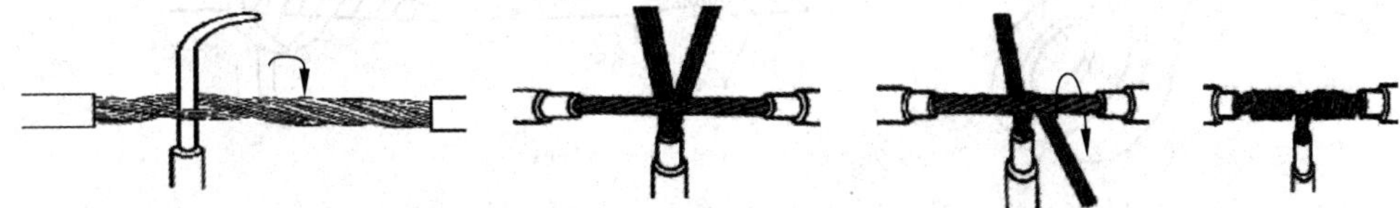

图 2-54 软线的 T 接

① 将支线线头抻直，根部旋紧，头部打成散状，分成 3、4 根两组。

② 用一字改锥将干线分成 3 根与 4 根两组，并留出明显分缝。

③ 将支线一组放在干线前，另一组穿过分缝。放在干线前的一组顺时针绕三圈，剪去多余线头，修平。穿过分缝一组逆时针绕三圈，剪去多余线头，修平。

5) 硬线、软线与接线柱连接

(1) 硬线与平压式接线柱连接。

用尖嘴钳将 BV $1.5mm^2$ 的单股导线弯成圆弧接线鼻子，如图 2-55 所示，接线鼻子内径稍大于接线柱直径。然后将接线鼻子与接线柱相连接，如图 2-56 所示。

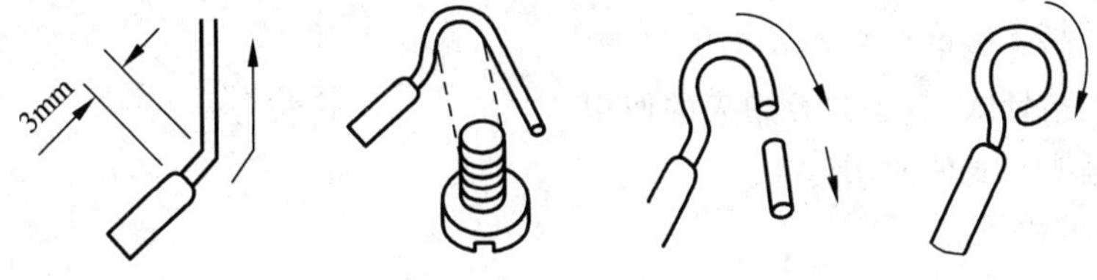

图 2-55 接线鼻子

(2) 多股芯线与针孔式线桩的连接，如图 2-57 所示。

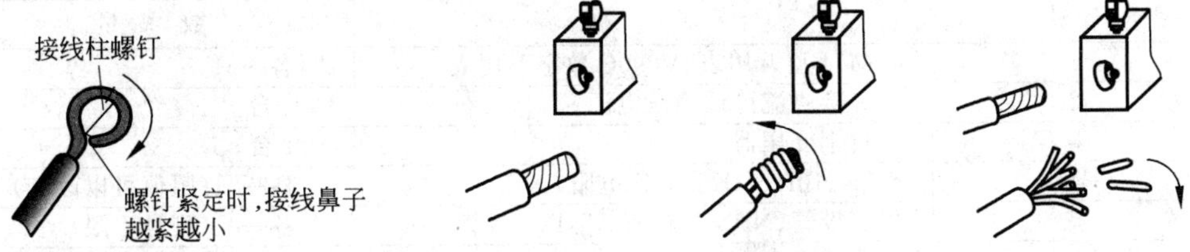

图 2-56 接线鼻子与接线柱相连接

图 2-57 多股芯线与针孔式线桩的连接

① 针孔大小适宜，直接插入针孔。

② 针孔过大，线头排绕一层，再插入针孔。

③ 针孔过小,线头剪断两股再绞紧。

6）绝缘层的恢复

用绝缘带从线头完整的绝缘层上开始包缠,采用 1/2 叠包,至另一端后在芯线完整绝缘层上再包 3～4 圈。对绝缘电线包缠绝缘层时,必须先包黄蜡绸带(或涤纶薄膜带),然后再包黑胶带,如图 2-58 所示。

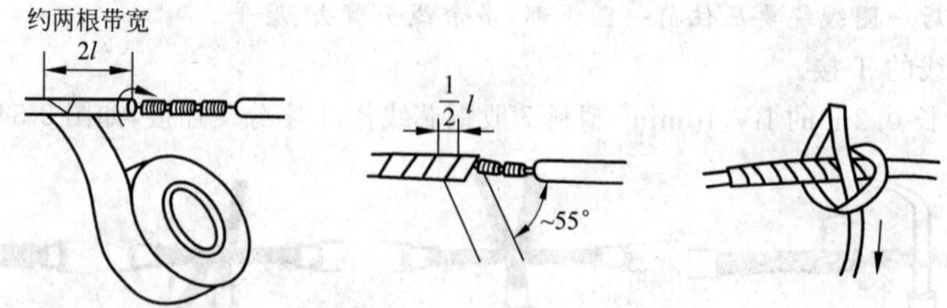

图 2-58 绝缘层的恢复

7）按 8S 标准整理实训台,归还工具和器材

确保断电和清洁后,经教师允许结束实训。

4. 实训作业

(1) 利用互联网查找软线和硬线封头的使用方法。

(2) 简述硬线与硬线之间、软线和软线之间如何对接。

2.7 实训 电工常用仪表使用

1. 实训目标

(1) 进一步了解电工操作安全规范。

(2) 掌握指针式、数字式万用表的使用。

(3) 掌握兆欧表的使用。

2. 材料清单

本实训所需的仪表、材料见表 2-2。

表 2-2 电工常用仪表使用材料明细表

序号	名 称	数 量
1	M14 型万用表、V890C 数字万用表	各一只
2	30V 直流可调稳压电源	1 台
3	自耦变压器	1 台
4	1K、10K、51K、100K 电阻	各一只(阻值可以改变)
5	二极管、NPN 三极管、PNP 三极管	各一只(型号不限)
6	兆欧表 500V	1 只
7	三相电动机	1 台(100W 小功率)
8	电工常用工具	1 套
9	电烙铁 20W	1 只
10	绝缘手套	1 副

3. 实训步骤

1）实训前准备

(1) 按照电工实训安全规范检查自己的着装和物品是否合格，按 8S 标准检查实训台。

(2) 按材料清单明细表 3-2 领取材料和工具。

检查领到的工具、仪表和材料外观是否完好，有无绝缘破损，性能是否合格，规格是否正确。

2）万用表测量电阻值

具体步骤如下。

(1) 将两种万用表选欧姆挡后调零备用。

(2) 将 4 个电阻按图 2-59 所示连接（电阻阻值自己定义）。

(3) 用两种万用表测量电阻并填表 2-3。

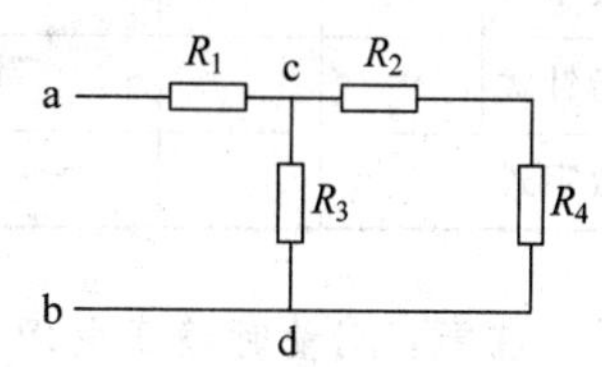

图 2-59 电阻测量图

表 2-3 万用表测量电阻值

项目 表型	R_1		R_2		R_3		R_4		R_{ab}		R_{cd}	
	所选量程	阻值( )	所选量程	阻值( )	所选量程	阻值( )	所选量程	阻值( )	所选量程	阻值( )	所选量程	阻值( )
指针式												
数字式												

注：括号内为标称阻值或计算阻值。

3）用万用表测量交流电压

步骤：

(1) 将两种万用表选交流电压挡后备用。

(2) 将自耦变压器按表格要求连续改变输出值（最好用成套实训台的自偶变压器）。

(3) 用两种万用表测量电压并填表 2-4。

表 2-4 测量交流电压值

项目 表型	24V		36V		48V		127V		220V		380V	
	所选量程	测量值	所选量程	测量值	所选量程	测量值	所选量程	测量值	所选量程	测量值	所选量程	测量值
指针式												
数字式												

注意：测量时注意安全，超过 36V 时要带上绝缘手套，并严格按照万用表操作要求操作。养成单手持笔的习惯，防止触电伤人。

4）用万用表测量直流电压

具体步骤如下。

(1) 将两种万用表选直流电压挡后备用。

(2) 将稳压电源按表格要求连续改变输出值(最好用成套实训台的稳压电源)。

(3) 用两种万用表测量电压并填表 2-5。

表 2-5　测量直流电压值

项目/表型	6V		9V		12V		24V		30V		36V	
	所选量程	测量值	所选量程	测量值	所选量程	测量值	所选量程	测量值	所选量程	测量值	所选量程	测量值
指针式												
数字式												

注意：测量时稳压电源不允许短路。

5) 用万用表测量直流电流

具体步骤如下。

(1) 将两种万用表选直流电流挡后备用。

(2) 按图 2-60 所示连接(电阻阻值自己定义)。

(3) 用两种万用表测量电流并填表 2-6。

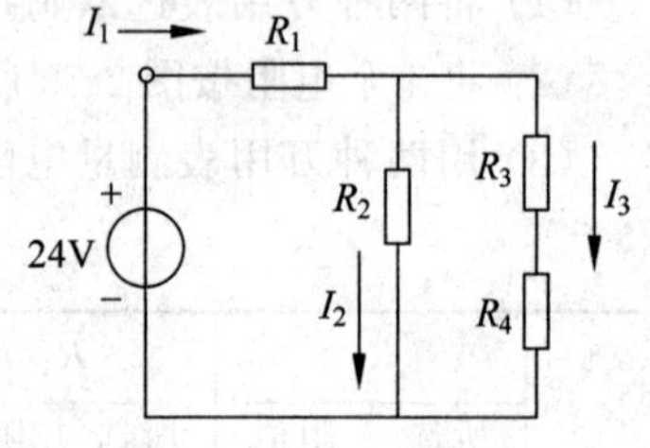

图 2-60　电流测量图

表 2-6　测量电流值

项目/表型	I_1		I_2		I_3		三者之间关系
	所选量程	测量值	所选量程	测量值	所选量程	测量值	
指针式							
数字式							

注意：用万用表测量时一定串入电路，不允许并入电路。

6) 用万用表测量二极管、三极管

具体步骤如下。

(1) 将数字万用表选二极管、三极管挡后备用。

(2) 用指针式或数字式万用表测量二极管的正向电阻、反向电阻。计算 NPN 三极管、PNP 三极管的电流放大倍数，并填表 2-7。

表 2-7　二极管测试表

名　称	内　容	
二极管	正向电阻＝	反向电阻＝
NPN 三极管	电流放大倍数＝	
PNP 三极管	电流放大倍数＝	

7) 用兆欧表测量绝缘电阻

兆欧表的使用方法如图 2-61 所示。

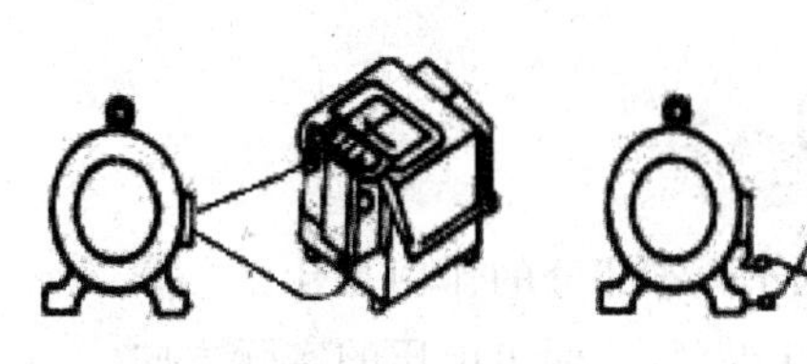

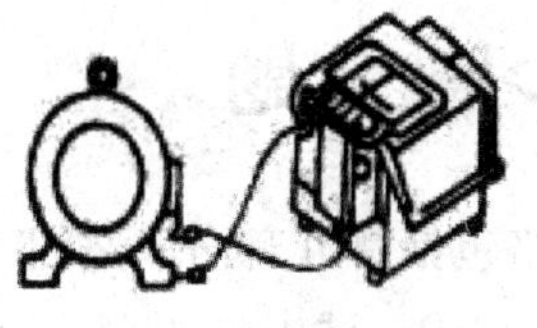

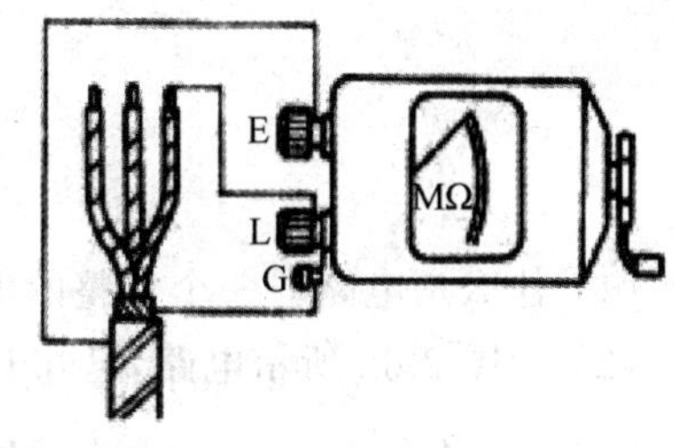

(a) 相间绝缘　　(b) 外壳绝缘　　(c) 导线绝缘

图 2-61 兆欧表使用方法

具体步骤如下。

(1) 测量前,兆欧表应进行开路、短路测试。

(2) 用兆欧表分别测量导线、电烙铁、三相异步电动机、一字改锥、钢丝钳的绝缘电阻,并填入表 2-8。

表 2-8 绝缘电阻数值　　单位：MΩ

电动机绝缘电阻							被测物体绝缘电阻			
AB 相	BC 相	CA 相	A 相与外壳	B 相与外壳	C 相与外壳	A 相与转轴	导线	电烙铁	一字改锥	钢丝钳

注意：干燥情况下,G 端可悬空。摇柄转速为 120 转/分。

8) 按 8S 标准整理实训台,归还材料和工具

确保实训台断电和清洁后,经教师允许结束实训。

4. 实训作业

(1) 利用互联网查找电动式兆欧表的使用方法。

(2) 你在使用万用表的过程中遇到过哪些问题？又是如何解决的？

小　　结

本模块主要介绍了电路的组成及连接、电路的基本定律、三种状态和分析方法。通过本模块实训内容的练习,可具备基本电工工具的使用和仪表的使用能力,能够进行导线的连接和绝缘恢复。

(1) 电路的组成。电路由电源、负载和中间环节这三个基本部分组成,并按其所要完成的功能用一定的方式连接起来。

(2) 电阻的串并联。串联电路的等效电阻等于各电阻之和；并联电路的等效电导等于各电导之和。

(3) 电路的三种状态：空载状态、短路状态和负载状态。

(4) 电路的基本定律：欧姆定律和基尔霍夫定律。

(5) 电路分析的基本方法：支路电流法和叠加定理。

习 题

（1）什么是电路？一个完整的电路包括哪几部分？各部分的作用是什么？

（2）如图 2-62 所示电路，已知 $U_S=10V$，试求电压 U，并标出电压的实际方向。

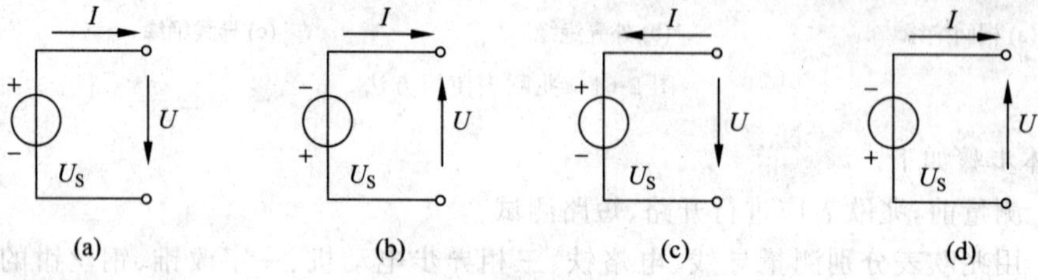

图 2-62　题(2)电路图

（3）如图 2-63 所示电路，已知 $I=-5A$，$R=10\Omega$，试求电压 U，并标出电压的实际方向。

（4）电路中电位相等的各点，如果用导线接通，对电路中其他部分有没有影响？

（5）两个额定值是 110V、40W 的灯能否串联后接到 220V 的电源上使用？如果两个灯的额定电压都是 110V，而额定功率一个是 40W，另一个是 100W，能否把这两个灯泡串联后接到 220V 的电源上使用，为什么？

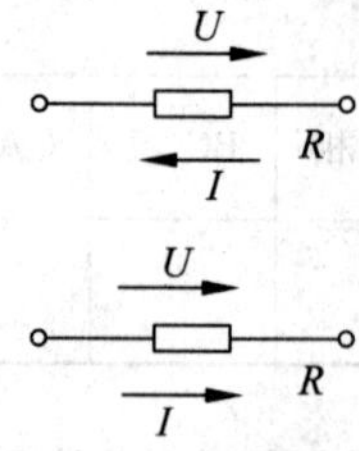

图 2-63　题(3)电路图

（6）说明图 2-64 中：

① u、i 的参考方向是否关联？

② u 与 i 的乘积表示什么功率？

③ 如果在图 2-64(a)中 $u>0$，$i<0$；图 2-64(b)中 $u>0$，$i>0$，元件实际发出还是吸收功率？

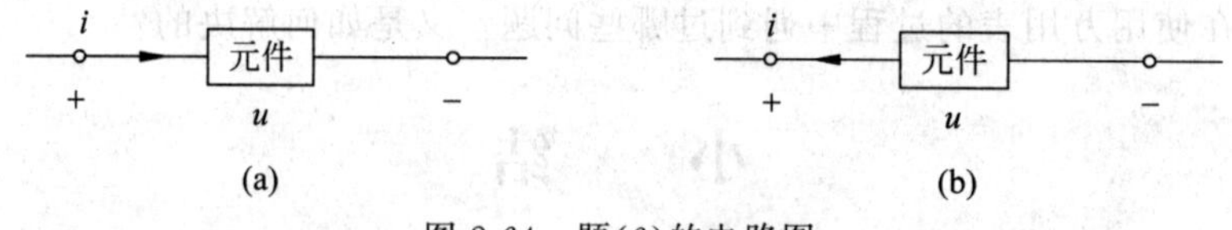

图 2-64　题(6)的电路图

（7）已知图 2-65 所示电路，$R_1=R_2=R$。试求等效电阻 R_{AB}。

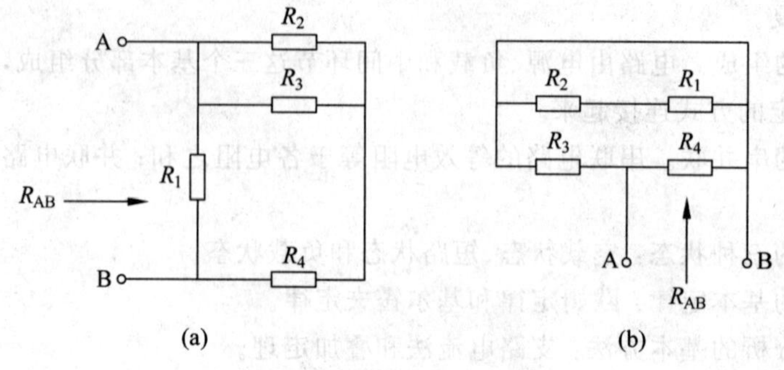

图 2-65　题(7)电路图

(8) 求图 2-66 所示电路中的电流 I。

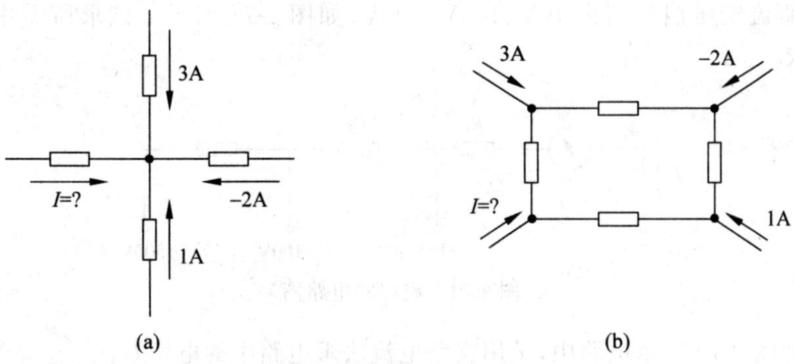

图 2-66　题(8)电路图

(9) 求图 2-67 所示电路中的电压 U_{AB}、U_{BC} 和 U_{CA}。

(10) 在图 2-68 所示电路中，已知 $E_1=12\text{V}$，$E_2=5\text{V}$，$R_1=4\Omega$，$R_2=2\Omega$，$R_3=1\Omega$，$R_4=4\Omega$，$R_5=10\Omega$。试求：①开关 S 闭合后 a 点和 b 点的电位；②开关 S 闭合后 a 点和 b 点的电位及 R_5 中的电流。

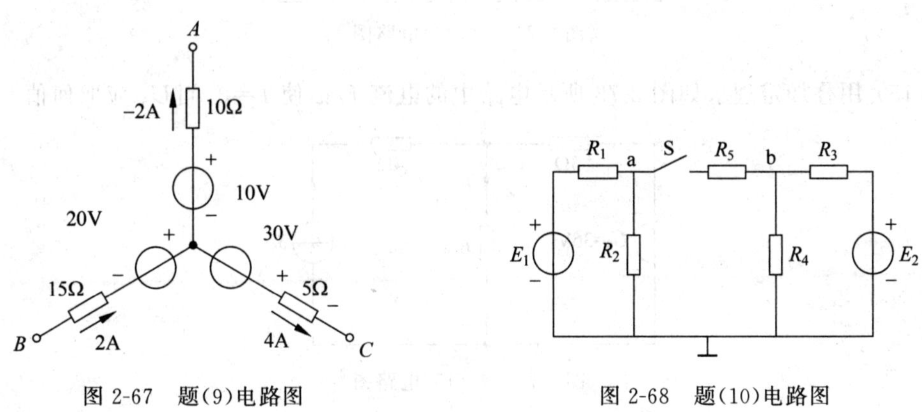

图 2-67　题(9)电路图

图 2-68　题(10)电路图

(11) 用等效变换的方法求如图 2-69 所示电路中的电压 U。

(12) 电路如图 2-70 所示，已知 $U_S=100\text{V}$，$R_1=2\text{k}\Omega$，$R_2=8\text{k}\Omega$。若：

① $R_3=8\text{k}\Omega$；

② $R_3=\infty$(R_3 处开路)；

③ $R_3=0$(R_3 处短路)。试求以上三种情况下电压 u_2 和电流 i_2、i_3。

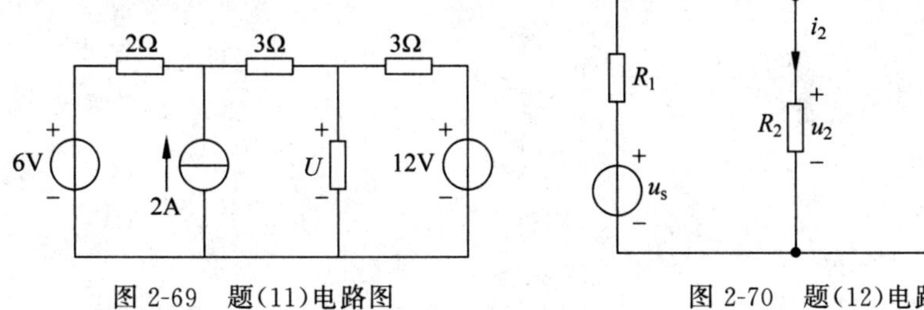

图 2-69　题(11)电路图

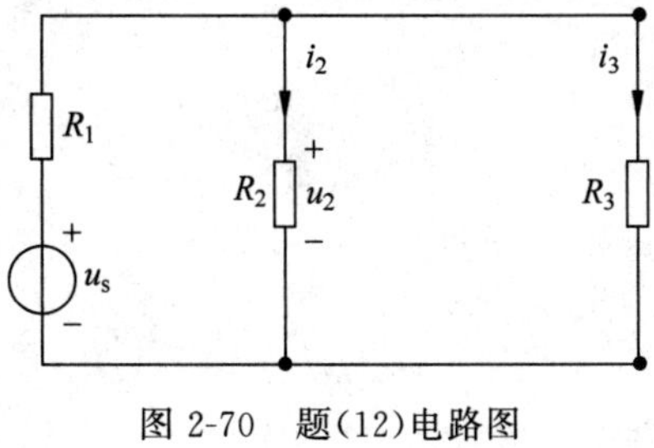

图 2-70　题(12)电路图

(13) 有一个直流电流表，其量程 $I_g=50\mu A$，表头内阻 $R_g=2k\Omega$。现要改装成直流电压表，要求直流电压挡分别为 10V、100V、500V，如图 2-71 所示。试求所需串联的电阻 R_1、R_2 和 R_3 值。

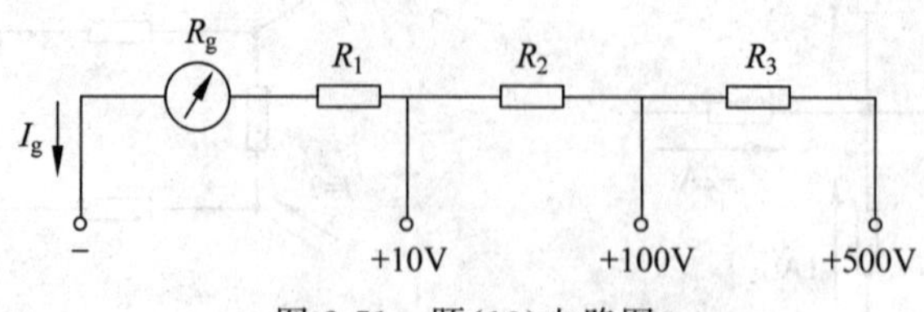

图 2-71　题(13)电路图

(14) 如图 2-72 所示电路中，试用支路电流法求电路中的电压 U。

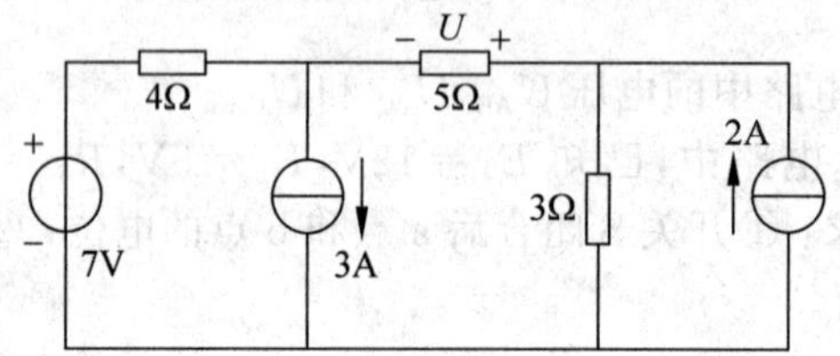

图 2-72　题(14)电路图

(15) 用叠加定理求如图 2-73 所示电路中的电流 I，欲使 $I=0$，问 U_S 应取何值？

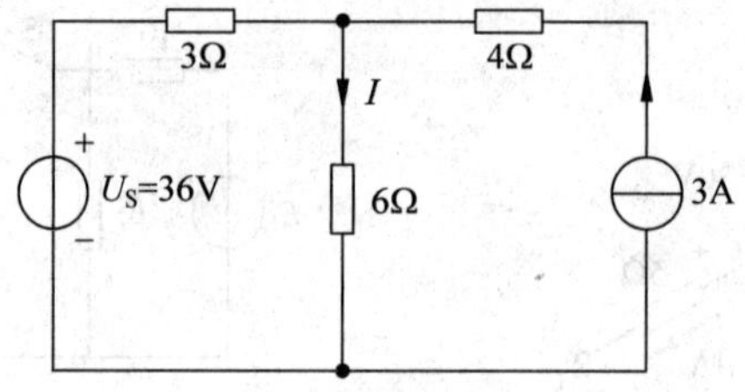

图 2-73　题(15)电路图

模块 2　直流电路——判断题

模块 2　直流电路——选择题和填空题

模块3

正弦交流电

交流电与直流电的知识有密切联系，要用到直流电中讲过的许多概念和规律。但由于交流电又具有不同于直流电的特点，因此表征交流电特征的物理量影响交流电的电路元件，又有其特殊性。在学习中对比直流电来研究交流电，可以加深对交流电特殊性的理解。

1. 知识目标

(1) 理解正弦量的基本特征，特别是三要素及其各种表示方法。

(2) 掌握正弦量的各种表示方法(解析式法、波形图法和相量图法)以及相互间的关系。

(3) 理解交流电路中瞬时功率、有功功率、无功功率、视在功率和功率因数的概念。

(4) 掌握有功功率和功率因数的计算。

(5) 理解提高功率因数的意义和方法。

(6) 了解电容元件和电感元件在交流电路中的实际情况。

2. 能力目标

(1) 培养分析、解决问题的能力。

(2) 运用所学知识计算电路物理量的能力。

3. 素质目标

(1) 培养学生利用网络自学的能力。

(2) 在学习过程中培养学生严谨认真的态度、企业经济效率意识、创新和挑战意识。

(3) 能客观、公正地进行自我评价及对小组成员的评价。

3.1 正弦交流电的基本概念

正弦交流电是我国电能生产、输送、分配和使用的主要形式。正弦交流电的应用极为广泛，目前所使用的所有电能几乎都是以正弦交流电形式产生，即使需要直流电的场合，大多数也是将正弦交流电通过整流设备变换为直流电，因此，学习、研究正弦交流电具有重要的现实意义。

直流电路中的电压与电流的大小和方向都不随时间变化。但在实际生活中，广泛应用的是一种大小和方向随时间作周期性变化的电信号，这些电信号称为周期性交流电。周期性交流电的变化规律可以多种多样，但最广泛应用的是作正弦规律变化的周期性交流电，简称为正弦交流电。

正弦交流电是随时间按正弦规律变化的电压、电流、电动势的统称，又称为正弦量。正弦交流电作用的电路称为正弦交流电路。正弦量可以用波形图、解析式和相量来表示。以正弦电压为例，它的波形图和数学表达式分别如图 3-1 和式(3-1)所示。

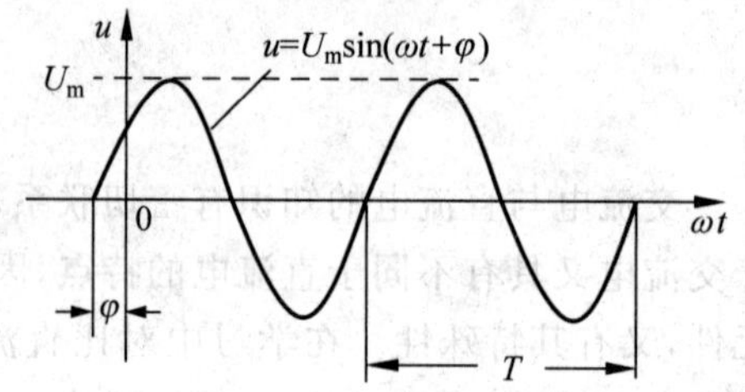

图 3-1 正弦交流电示意图

$$u=U_{\mathrm{m}}\sin(\omega t+\varphi) \qquad (3\text{-}1)$$

3.1.1 正弦量的三要素

1. 正弦交流电的周期、频率和角频率

交流电随时间变化的快慢程度可以由周期、频率和角频率从不同的角度来反映。

1）频率

单位时间内，正弦交流电重复变化的循环数称为频率。频率用 f 表示，单位是赫兹(Hz)。如我国电力工业的交流电频率规定为 50Hz，简称为工频。在无线电工程中，常用兆赫(MHz)来计量。如无线电广播的中波段频率为 535k～1650kHz，电视广播的频率是几十兆赫到几百兆赫。显然，频率越高，交流电随时间变化得越快。

2）周期

交流电每重复变化一个循环所需要的时间称为周期，如图 3-1 所示。周期用 T 表示，单位是秒(s)。

由定义可知，周期和频率互为倒数关系，即

$$f=\frac{1}{T} \quad \text{或} \quad T=\frac{1}{f}$$

由上式可知，周期越短，频率越高。周期的大小同样可以反映正弦量随时间变化的快慢程度。

3）角频率

正弦函数总是与一定的电角度相对应，所以正弦交流电变化的快慢除了用周期和频率描述外，还可以用角频率 ω 表征。角频率 ω 表示正弦量每秒经历的弧度数，其单位为弧度/秒(rad/s),通常弧度可以略去不写,其单位便为(1/s)。由于正弦量每变化一周所经历的电角弧度是 2π,因此角频率为

$$\omega = 2\pi f = \frac{2\pi}{T} \tag{3-2}$$

角频率的单位是弧度/秒(rad/s)。周期、频率和角频率从不同的角度反映了同一个问题:正弦量随时间变化的快慢程度。式(3-2)反映了三者之间的数量关系。在实际应用中,频率的概念用得最多。

2. 正弦交流电的瞬时值、最大值和有效值

1) 瞬时值

正弦量每时每刻均随时间变化,它对应任一时刻的数值称为瞬时值。瞬时值是随时间变化的量,因此要用英文小写字母 u、i、e 来表示。图 3-1 所示的正弦交流电压的瞬时值可用正弦函数式来表示:

$$u = U_{\mathrm{m}} \sin(\omega t + \varphi_u)$$

该式又称为正弦电压的瞬时值表达式。

2) 最大值

正弦量随时间按正弦规律变化振荡的过程中,出现的正、负两个振荡最高点称为正弦量的振幅,其中的正向振幅称为正弦量的最大值,一般用英文大写字母加下标 m 表示,如 U_{m}、I_{m}、E_{m}。注意,在正弦交流电的瞬时值表达式中,最大值恒为正值。

3) 有效值

正弦交流电的瞬时值是变量,无法确切地反映正弦量的做功能力,用最大值表示正弦量的做功能力,显然夸大了其作用,因为正弦交流电在一个周期内只有两个时刻的瞬时值等于最大值的数值,其余时间的数值都比最大值小。为了确切地表征正弦量的做功能力和方便于计算与测量正弦量的大小,在实际中人们引入了有效值的概念。

有效值是根据电流的热效应定义的。不论是周期性变化的交流电流,还是恒定不变的直流电流,只要它们的热效应相等,就可认为它们的做功能力相等。

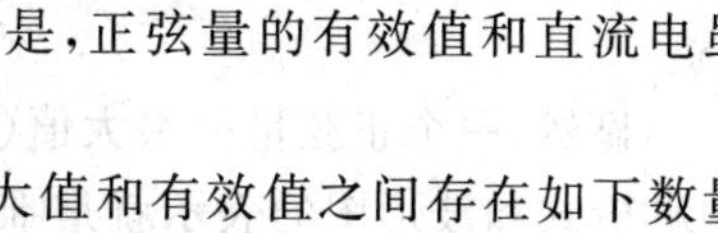

如图 3-2 所示,让两个相同的电阻 R 分别通以正弦交流电流 i 和直流电流 I。如果在相同的时间 t 内,两种电流在两个相同的电阻上产生的热量相等(即做功能力相同),就把图 3-2(b)中的直流电流 I 定义为图 3-2(a)中交流电流 i 的有效值。显然,与正弦量热效应相等的直流电的数值,称为正弦量的有效值。

图 3-2 做功能力相同

有效值用英文大写字母 U、I、E 表示。需要注意的是,正弦量的有效值和直流电虽然表示符号相同,但它们所表达的概念是不同的。

实验结果和数学分析都可以证明,正弦交流电的最大值和有效值之间存在如下数量关系:

$$U_{\mathrm{m}} = \sqrt{2}U = 1.414U$$

$$U = \frac{U_{\mathrm{m}}}{\sqrt{2}} = 0.707U_{\mathrm{m}} \tag{3-3}$$

或
$$I_m = \sqrt{2} I, \quad I = \frac{I_m}{\sqrt{2}}$$

$$E_m = \sqrt{2} E, \quad E = \frac{E_m}{\sqrt{2}}$$

在电路理论中，通常所说的交流电数值如不作特殊说明，一般均指交流电的有效值。在测量交流电路的电压、电流时，仪表指示的数值通常也都是交流电的有效值。各种交流电器设备铭牌上的额定电压和额定电流一般均指其有效值。

正弦交流电的瞬时值表达式可以精确地描述正弦量随时间变化的情况。正弦交流电最大值表征了其振荡的正向最高点，其有效值则确切地反映出正弦交流电的做功能力。显然，最大值和有效值可以从不同的角度说明正弦交流电的"大小"情况。

3. 正弦交流电的相位、初相

1）相位

正弦量随时间变化的核心部分是解析式中的$(\omega t+\varphi)$，它反映了正弦量随时间变化的进程，是一个随时间变化的电角度，称为正弦量的相位角，简称为相位，反映了正弦量在任意时刻的位置。

2）初相

对应$t=0$时的相位φ称为初相角或初相位，简称为初相。初相确定了正弦量的初始状态。为保证正弦量解析式表示上的统一性，通常规定初相不得超过$\pm 180°$。

在上述规定下，初相为正角时，正弦量对应的初始值一定是正值；初相为负角时，正弦量对应的初始值为负值。在波形图上，正值初相角位于坐标原点左边零点（指波形由负值变为正值所经历的0点）与原点之间（如图3-3所示i_1的初相）；负值初相位于坐标原点右边零点与原点之间（如图3-3所示i_2的初相）。

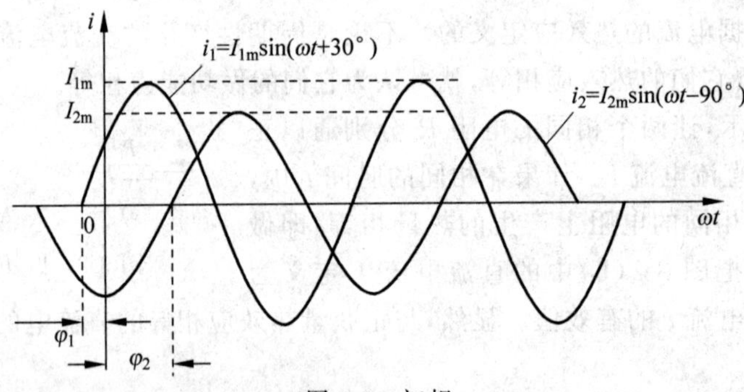

图3-3 初相

显然，一个正弦量的最大值（或有效值）、角频率（或频率、周期）及初相一旦确定后，它的解析式和波形图的表示就是唯一确定的。我们把最大值（或有效值）、角频率（或频率、周期）、初相称为正弦量的三要素。

同样

$$e = E_m \sin(\omega t + \varphi_e) \tag{3-4}$$
$$i = I_m \sin(\omega t + \varphi_i)$$

3.1.2 相位差

为了比较两个同频率的正弦量在变化过程中的相位关系和先后顺序，我们引入相位差的概念，相位差用 ψ 表示。如图 3-4 所示的两个正弦交流电流的瞬时值表达式分别为

$$i_1 = I_{1m}\sin(\omega t + \varphi_1)$$

$$i_2 = I_{2m}\sin(\omega t + \varphi_2)$$

则两电流的相位差为

$$\psi = (\omega t + \varphi_1) - (\omega t + \varphi_2) = \varphi_1 - \varphi_2 \tag{3-5}$$

可见，两个同频率正弦量的相位差等于它们的初相之差，与时间 t 无关。相位差是用来比较两个同频率正弦量之间相位关系的。

若已知 $\varphi_1 = 30°$，$\varphi_2 = 90°$，则电流 i_1 与 i_2 在任意瞬时的相位之差为

$$\psi = (\omega t + 30°) - (\omega t - 90°)$$
$$= 30° - (-90°) = 120°$$

相位差角 ψ 和初相的规定相同，均不得超过±180°。

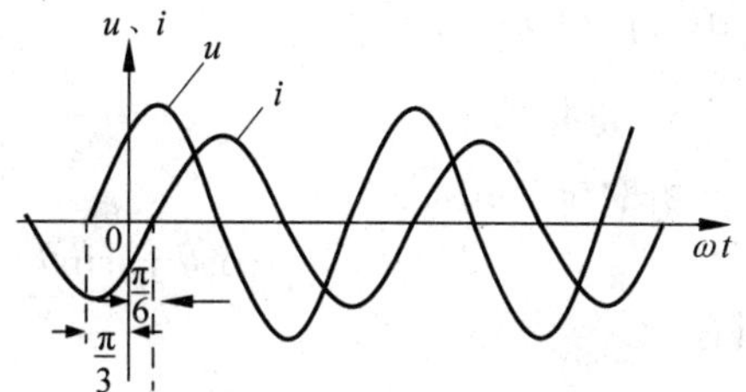

图 3-4 例 3-1 中 u、i 波形图

当两个同频率正弦量之间的相位差为零时，其相位上具有同相关系。当两个同频率正弦量之间的相位差为±90°时，它们在相位上具有正交关系。若两个同频率正弦量之间的相位差是±180°，称它们之间的相位关系为反相关系。除此之外，两个同频率正弦量之间还具有超前、滞后的相位关系。

【例 3-1】 已知工频电压有效值 $U=220\text{V}$，初相 $\varphi_u = 60°$；工频电流有效值 $I=22\text{A}$，初相 $\varphi_i = -30°$，如图 3-4 所示。求其瞬时值表达式、波形图及电压与电流之间的相位差。

解：工频电角频率 $\omega = 314\text{rad/s}$，则

电压的解析式为

$$u = 220\sqrt{2}\sin\left(314t + \frac{\pi}{3}\right)\text{V}$$

电流的解析式为

$$i = 22\sqrt{2}\sin\left(314t - \frac{\pi}{6}\right)\text{A}$$

$$\psi = \varphi_u - \varphi_i = \frac{\pi}{3} - \left(-\frac{\pi}{6}\right) = \frac{\pi}{2}$$

u 与 i 为正交关系。

3.2 正弦量的相量表示法

3.2.1 复数的表示形式

1. 代数式

$$\dot{F} = a + \text{j}b \tag{3-6}$$

式中，a 为实部，记为 Re；b 为虚部，记为 Im。

有时在工程中仅需要复数的实部或虚部，因此定义了如下的两种运算。

① $\mathrm{Re}[\dot{F}]=\mathrm{Re}[a+\mathrm{j}b]=a$ 为取实部运算。

② $\mathrm{Im}[\dot{F}]=\mathrm{Im}[a+\mathrm{j}b]=b$ 为取虚部运算。

我们知道，一个复数可以用一个复平面上的由原点指向 F 对应坐标的有向线段来表示，如图 3-5 所示。

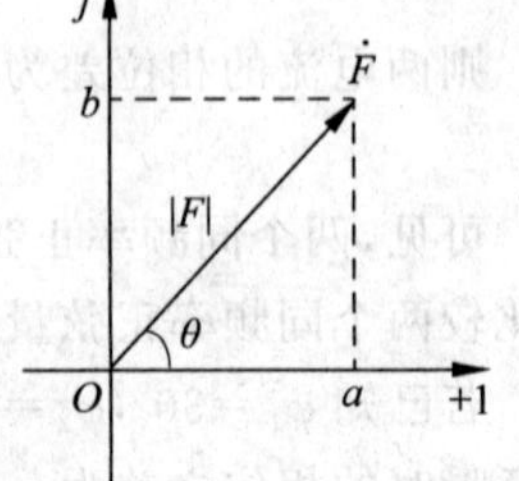

图 3-5 有向线段的复数表示

2. 三角式

$$\begin{aligned}\dot{F}&=a+\mathrm{j}b=|F|\cos\theta+\mathrm{j}|F|\sin\theta\\&=|F|(\cos\theta+\mathrm{j}\sin\theta)\end{aligned}\tag{3-6}$$

式中，$|F|$ 为模；θ 为幅角。

3. 指数式

由欧拉公式：

$$\mathrm{e}^{\mathrm{j}\theta}=\cos\theta+\mathrm{j}\sin\theta$$

则有

$$\dot{F}=|F|(\cos\theta+\mathrm{j}\sin\theta)=|F|\mathrm{e}^{\mathrm{j}\theta}\tag{3-7}$$

4. 极坐标式

极坐标式为指数式的简化，

$$\dot{F}=|F|(\cos\theta+\mathrm{j}\sin\theta)=|F|\mathrm{e}^{\mathrm{j}\theta}=|F|\angle\theta\tag{3-8}$$

运用复数计算正弦交流电路时，常需要进行不同表示法间的互换，且主要是代数式和极坐标式间的互换。互换的公式为

$$a=|F|\cos\theta,\quad b=|F|\sin\theta,\quad |F|=\sqrt{a^2+b^2},\quad \theta=\arctan\frac{b}{a}$$

需要特别注意的是，在求幅角时，实部和虚部的符号应代入，才能确定相应的象限。

3.2.2 复数的运算

1. 相等

若两复数的实部（模）和虚部（辐角）分别相等，则两复数相等；反之亦然。

即

$$\dot{F}_1=a_1+\mathrm{j}b_1,\quad \dot{F}_2=a_2+\mathrm{j}b_2$$

则

$$a_1=a_2,\quad b_1=b_2,\quad \dot{F}_1=\dot{F}_2$$

反之，若 $\dot{F}_1=\dot{F}_2$，则

$$a_1=a_2,\quad b_1=b_2\tag{3-9}$$

2. 加减运算

复数相加减，则将其实部和虚部分别相加减。故必须采用代数式进行加减。

$$\dot{F}_1\pm\dot{F}_2=(a_1\pm a_2)+\mathrm{j}(b_1\pm b_2)\tag{3-10}$$

其几何意义为两个复数在复平面上所对应的相量相加减，如图 3-6 所示。

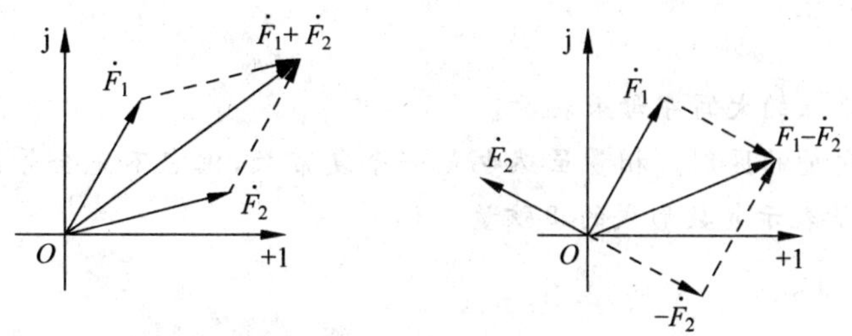

图 3-6 两个相量的运算

3. 乘除运算

乘除采用极坐标形式进行运算。

$$\dot{F}_1 \cdot \dot{F}_2 = |F_1| \angle\theta_1 \cdot |F_2| \angle\theta_2 = |F_1| \cdot |F_2| \angle(\theta_1 + \theta_2) \tag{3-11}$$

$$\dot{F}_1 / \dot{F}_2 = |F_1| \angle\theta_1 / |F_2| \angle\theta_2 = |F_1| / |F_2| \angle(\theta_1 - \theta_2) \tag{3-12}$$

可见，复数的乘法等于两复数的模相乘，幅角相加；而复数的除法等于其模相除，幅角相减。

3.2.3 正弦量的相量表示法

正弦量的解析式和波形图两种表示方法都能表示出正弦量的三要素，但用来分析计算很不方便。因此，需要一种能简单方便计算正弦量的新方法，即正弦量的相量表示法。正弦量的相量表示法是用来分析、计算交流电路的一种数学工具。它的实质是用复数来表示正弦量，复数的模表示正弦量的有效值，用辐角表示正弦量的初相角。

1. 相量的概念

若有一复数

$$\dot{F} = |F| e^{j(\omega t+\varphi)} = |F| \cos(\omega t+\varphi) + j|F| \sin(\omega t+\varphi)$$

显然有

$$\mathrm{Im}[\dot{F}] = |F| \sin(\omega t+\varphi)$$

在形式上为一个正弦量。

设有一正弦电流瞬时值表达式为 $i(t)=\sqrt{2} I\sin(\omega t+\varphi)$，从上可知该瞬时值可以看成是某一复数的虚部，即

$$i(t) = \sqrt{2} I\sin(\omega t+\varphi) = \mathrm{Im}[\sqrt{2} I e^{j(\omega t+\varphi)}] = \mathrm{Im}[\sqrt{2} I e^{j\varphi} \cdot e^{j\omega t}]$$

由正弦交流电路的定义可知，整个电路为同一频率的正弦量，也就是说，电路所有正弦量的角频率是不变的。因此，在求电路某个正弦量时，只要能计算出另外两个要素：有效值(最大值)和初相位，则此正弦量将被唯一的确定，故在电路分析中定义：

$$\dot{I} = I e^{j\varphi} = I\angle\varphi \tag{3-13}$$

为正弦电流 $i(t)$ 所对应的相量。可见相量为一复常数，是一个与时间无关的量。这种以

正弦量的有效值定义的相量称为有效值相量，也可用最大值定义，以正弦量的最大值定义的是最大值相量。

注意：

(1) 相量用带点的大写字母来表示。

(2) 相量和向量的区别。相量虽然也是一个复常数，但它不完全等同于数学中的向量。电路中的相量表示复数形式的正弦量。

2. 相量的几何意义

由前知 $i(t)=\sqrt{2}I\sin(\omega t+\varphi)=\mathrm{Im}[\sqrt{2}I\mathrm{e}^{\mathrm{j}\varphi}\cdot\mathrm{e}^{\mathrm{j}\omega t}]=\mathrm{Im}[\sqrt{2}\dot{I}\cdot\mathrm{e}^{\mathrm{j}\omega t}]$，即正弦量的瞬时值可以看成是其对应的相量乘以上一个旋转因子 $\mathrm{e}^{\mathrm{j}\omega t}$（旋转相量）后在虚轴上的投影，如图 3-7 所示。

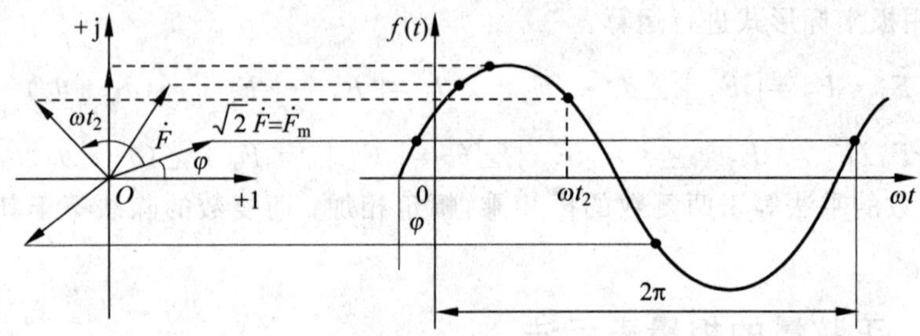

图 3-7　用正弦波形和旋转有向线段表示正弦量

旋转相量和正弦量之间的关系是一一对应关系。

$$A_{\mathrm{m}}\sin(\omega t+\varphi)\Longleftrightarrow I_{\mathrm{m}}(A_{\mathrm{m}}\mathrm{e}^{\mathrm{j}\omega t})$$

正弦量与相量间属一种变换，称为相量法变换，相量法变换能将已知正弦量变换成相量。

$$i=\sqrt{2}I\sin(\omega t+\varphi)\Rightarrow\dot{I}=I\angle\varphi$$

也可以利用其反变换将一个相量反变换为一个正弦量。

$$\dot{I}=I\angle\varphi\Rightarrow i=\sqrt{2}I\sin(\omega t+\varphi)$$

3. 相量图

相量又常用复平面上的有向线段表示。这样的图称为相量图。

4. 正弦量的运算

同频率正弦量的代数和，若有

$$i_1=\sqrt{2}I_1\sin(\omega t+\varphi_1)A,\quad i_2=\sqrt{2}I_2\sin(t+\varphi_2)\mathrm{A}$$

则

$$\begin{aligned}i_1\pm i_2&=\sqrt{2}I_1\sin(\omega t+\varphi_1)\pm\sqrt{2}I_2\sin(\omega t+\varphi_2)\\&=\mathrm{Im}[\sqrt{2}\dot{I}_1\mathrm{e}^{\mathrm{j}\omega t}]\pm\mathrm{Im}[\sqrt{2}\dot{I}_2\mathrm{e}^{\mathrm{j}\omega t}]\\&=\mathrm{Im}[\sqrt{2}\dot{I}_1\mathrm{e}^{\mathrm{j}\omega t}\pm\sqrt{2}\dot{I}_2\mathrm{e}^{\mathrm{j}\omega t}]=\mathrm{Im}[\sqrt{2}(\dot{I}_1\pm\dot{I}_2)\mathrm{e}^{\mathrm{j}\omega t}]\\&=\mathrm{Im}[\sqrt{2}\dot{I}\mathrm{e}^{\mathrm{j}\omega t}]=\sqrt{2}I\sin(\omega t+\varphi)\end{aligned}$$

式中，$\dot{I}=\dot{I}_1 \pm \dot{I}_2$。

可见，同频正弦量的代数和可化为其对应相量的代数和来进行运算。

【例 3-2】 已知 $i_1=6\sqrt{2}\sin(\omega t+30°)$，$i_2=8\sqrt{2}\sin(\omega t-60°)$。求 $i=i_1+i_2$，并画出相量图。

解：

$$\dot{I}_1=6\angle 30°=5.196+\mathrm{j}3$$

$$\dot{I}_2=8\angle -60°=4-\mathrm{j}6.928$$

$$\begin{aligned}\dot{I}&=\dot{I}_1+\dot{I}_2\\&=(5.196+\mathrm{j}3)+(4-\mathrm{j}6.928)\\&=9.296-\mathrm{j}3.928=10\angle -23.1°(\mathrm{A})\end{aligned}$$

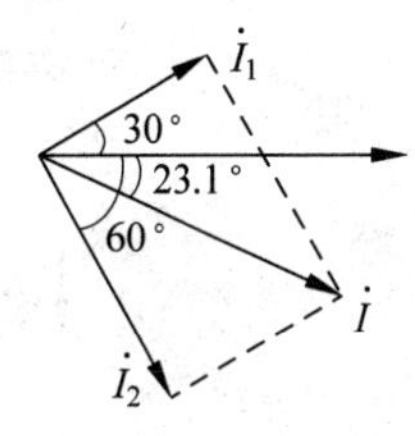

图 3-8 相量图

相量图如图 3-8 所示。

3.3 RLC 正弦交流电路

电阻元件、电感元件、电容元件都是组成电路模型的理想元件。所谓理想，就是突出其主要性质，而忽略其次要因素。电阻元件具有消耗电能的电阻性，电感元件突出其电感性，电容元件突出其电容性。其中，电阻元件是耗能元件，后两者是储能元件。

电路所具有的参数不同，其性质也就不同，其中能量的转换关系也不同。这种不同反映在电压与电流的关系上。因此，要分析正弦交流电路，首先要了解不同元件中电压与电流的一般关系以及能量转换的问题。这里就电阻元件、电感元件和电容元件分别进行介绍。

3.3.1 纯电阻正弦交流电路

1. 电压和电流的关系

在电阻 R 两端加正弦电压 u，那么电阻上就要产生电流 i。如图 3-9(a)所示，关联参考方向下电阻元件的电压电流关系为

$$u=Ri \tag{3-14}$$

设电阻元件的电流为

$$i=\sqrt{2}I\sin(\omega t+\varphi_i)$$

则电压为

$$u=Ri=\sqrt{2}RI\sin(\omega t+\varphi_i)$$

$$u=U_\mathrm{m}\sin(\omega t+\varphi_u) \tag{3-15}$$

式中，

$$\frac{U}{I}=\frac{U_\mathrm{m}}{I_\mathrm{m}}=R \tag{3-16}$$

$$\varphi_u=\varphi_i$$

可见，正弦交流电路中，电阻元件的电压、电流的有效值、最大值之间都符合欧姆定律，且电压和电流同相。图 3-9(b)画出了 $\varphi_i=0$ 时电压、电流的波形，图的下边标出了电流和电压的实际方向。在正半周内，电流和电压的实际方向与参考方向一致；而在负半周内，电流和电压的实际方向与参考方向相反。

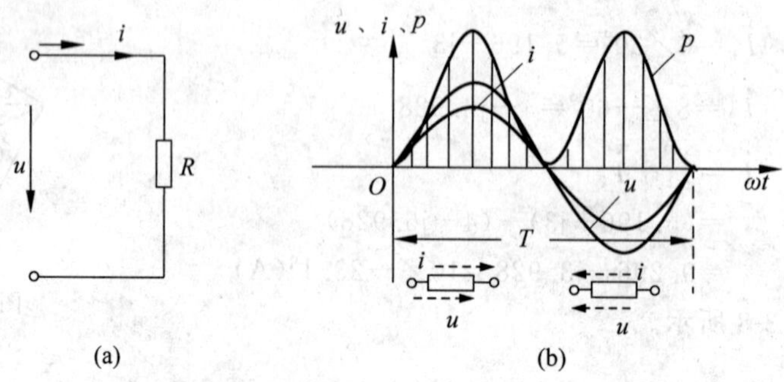

图 3-9　电阻中正弦量

2. 功率

正弦电流和电压随时间变化时，功率也是变化的。电路在某一瞬间吸收或发出的功率称为瞬时功率，用小写字母 p 表示。瞬时功率用瞬时电压和瞬时电流的乘积来计算，即

$$p=ui$$

如果电路中电压和电流的参考方向相同，p 为正值，则代表吸收功率；如果电压和电流的参考方向相反，p 为负值，则代表发出功率。

正弦交流电路中，电阻元件接受的瞬时功率为

$$\begin{aligned} p=ui&=\sqrt{2}U\sin(\omega t+\varphi_u)\times\sqrt{2}I\sin(\omega t+\varphi_i) \\ &=2UI\sin^2(\omega t+\varphi_i)=UI[1-\cos2(\omega t+\varphi_i)] \end{aligned} \tag{3-17}$$

由式(3-17)可见，瞬时功率由两部分组成，一部分是不变的直流分量 UI，另一部分是 2 倍于电流频率的变化分量 $-UI\cos2\omega t$。当 $\varphi_i=0$ 时，此变化分量在一个周期内的平均值等于零。

从瞬时功率的波形图中也可看出，它是随时间以 2 倍于电流频率而变化的周期量，因为电阻元件的电压和电流的方向总是一致的，所以它恒为正值。这说明电阻元件总是把接受的能量转变为热能，或者说电阻元件始终消耗功率。因此，我们把电阻元件也称为耗能元件。

瞬时功率的实用意义不大，工程上都是用瞬时功率在一个周期内的平均值来描述电路的功率，称为平均功率。用大写字母 P 表示，则有

$$P=\frac{1}{T}\int_0^T p\,\mathrm{d}t=\frac{1}{T}\int_0^T UI(1-\cos2\omega t)=UI=RI^2=\frac{U^2}{R} \tag{3-18}$$

由此可见，交流电路中电阻元件接受的平均功率与直流情况下 $P=UI$ 的形式一样，只是二者表达的意义不同，这里 P 是平均功率，U 和 I 是交流电的有效值。

因为平均功率代表了电路实际消耗的功率，所以平均功率也称为有功功率，习惯上直

接称功率。例如,220V、100W的灯泡,就是指这只灯泡接到220V电压上时,它所消耗的平均功率为100W。

3.3.2 纯电感正弦交流电路

1. 自感系数

实际电路中经常遇到由导线绕制的线圈,如发电机、电动机、变压器等电气设备中都有线圈。当电流流过线圈时,线圈周围就会产生磁场,就有磁通穿过这个线圈,如图3-10所示。

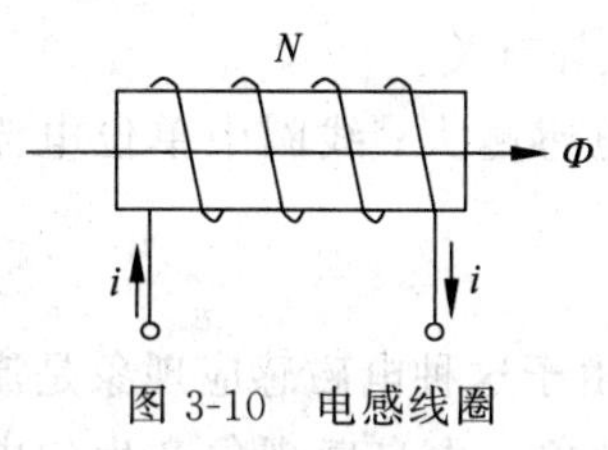

图3-10 电感线圈

设电流 i 产生的磁通为 Φ,线圈有 N 匝,那么与线圈交链的总磁通称为磁链,用 Ψ 表示,则有 $\Psi=N\Phi$。因为这个磁通或磁链是由线圈本身的电流所产生,所以称为自感磁通或自感磁链。若线圈是绕在非铁磁材料做的骨架上,则称为空心线圈,其磁链 Ψ 与电流 i 成正比,我们将线圈的自感磁链与电流的比值称为线圈的自感系数(或称自感量),简称电感,用 L 表示。即

$$\frac{\Psi}{i}=L$$

式中,L 是一个常量,符合上述关系的电感称为线性电感。若在线圈中放置了铁磁材料,那么电流与磁链之间就不成正比关系,$\frac{\Psi}{i}$的比值不等于常数,而是随电流的大小而变化,称为非线性电感。本章我们只讨论线性电感。

电感的单位为亨利(H),简称为亨;较小的单位还有毫亨(mH)和微亨(μH),其换算关系为

$$1\text{H}=10^3\text{mH}=10^6\mu\text{H}$$

实际的电感线圈是用导线绕制而成的,因此除了具有电感外,还存在电阻。如果电阻较小甚至可以忽略不计时,就可看作是理想电感元件。

2. 电磁感应

当导体作切割磁力线的运动时,导体中会产生感应电动势,在联通的电路中会产生感应电流,这种现象称为电磁感应现象。感应电动势的参考方向与磁通的参考方向符合右手螺旋定则,如图3-11所示。

Φ 的参考方向与 e 的参考方向之间符合右手螺旋定则。在这样的规定之下,感应电动势 e 的大小和磁通变化率之间的关系可写成

$$e=-\frac{\mathrm{d}\Phi}{\mathrm{d}t} \tag{3-19}$$

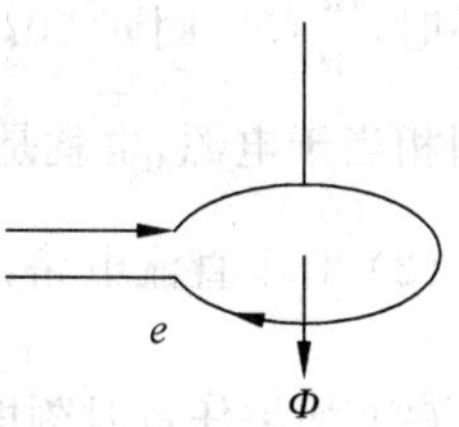

图3-11 右手螺旋定则

式中,Φ 为磁通量,V·s,通常用韦伯(Wb)表示。

通过式(3-19)可以看出,感应电动势总是阻碍磁通量的

变化。

如果有 N 匝线圈，且绕线较为集中，可以认为通过各匝的磁通相同，则线圈的感应电动势为单匝感应电动势的 N 倍，即

$$e=-N\frac{\mathrm{d}\Phi}{\mathrm{d}t} \tag{3-20}$$

通常，磁通量是由通过线圈的电流产生的，当线圈中没有铁磁材料时，Φ 与 i 成正比关系，即

$$N\Phi=Li \quad 或 \quad L=N\frac{\Phi}{i}$$

线圈的电感与线圈的尺寸、匝数及附近的介质的导磁性能等有关。

因此，假如其他量不变，线圈的匝数越多，即 N 越大，其电感越大；线圈中单位电流产生的磁通量 Φ 越大$\left(即\frac{\Phi}{i}越大\right)$，电感也越大。

变化的磁通穿过线圈时必将在线圈中产生感应电动势。由于这种电磁感应现象是流经本线圈中的电流变化而在本线圈中引起的，因此称为自感现象。由自感现象产生的电动势称为自感电动势。自感现象是电磁感应现象的一个特例。

通过推导，可以得到自感电动势的表达式为：

$$e_{\mathrm{L}}=-L\frac{\mathrm{d}i}{\mathrm{d}t} \tag{3-21}$$

式中，e_{L} 为自感电动势。

由图 3-12，根据基尔霍夫电压定律有

$$u+e_{\mathrm{L}}=0 \quad 即 \quad u=-e_{\mathrm{L}}=L\frac{\mathrm{d}i}{\mathrm{d}t} \tag{3-22}$$

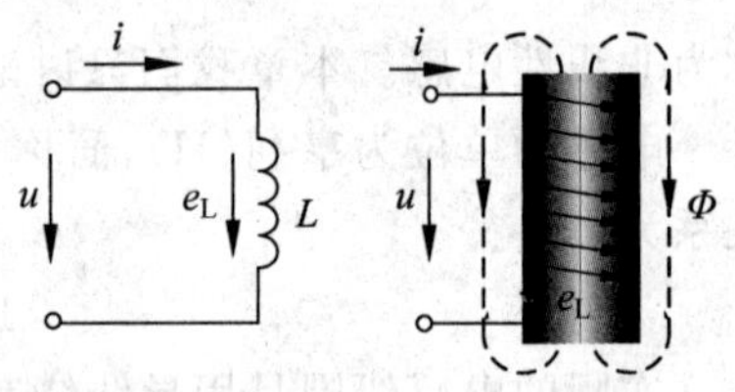

图 3-12　电感元件与表示符号

由式(3-22)可见，自感电动势具有阻碍电流变化的性质。伴随自感电动势而存在的自感电压，即电感元件两端电压，其值等于自感电动势的绝对值。由于习惯上规定负载中电流的参考方向与电压的参考方向一致，而电流的参考方向是从自感电动势的参考负极流入，正极流出。

(1) 当电流 i 增加时，$\frac{\mathrm{d}i}{\mathrm{d}t}>0$，则 $u>0$，电压 u 的实际方向与电流 i 的实际方向一致，说明电感在吸收功率，其作用相当于负载，也就是说磁场随电流的增加而增大。当电流 i 减小时，$\frac{\mathrm{d}i}{\mathrm{d}t}<0$，则 $u<0$，u 的实际方向与电流 i 的实际方向相反，说明电感在释放功率，其作用相当于电源，也就是说磁场随电流的减小而减小。

(2) 对于直流电路，电流恒定，$\frac{\mathrm{d}i}{\mathrm{d}t}=0$，则 $u=0$，电感对直流相当于短路。

(3) 如果任意时刻电感电压为有限值，则$\frac{\mathrm{d}i}{\mathrm{d}t}$为有限值，电感上的电流不能发生跃变。

3. 电感元件中的磁场能量

图 3-13(a)中,当电源接通后,电路的电流也不可能立即跃变到 E/R,而是从 $i_L=0$ 逐渐增大到 $i_L=E/R$,如图 3-13(b)这样一个过渡过程。否则,开关闭合后的电流有跃变,电感内产生的感生电动势 $e_L=-L\dfrac{di}{dt}$将为无穷大,这是不可能的。

过渡过程产生的实质是由于电感是储能元件,能量的变化是逐渐的,不能发生突变,需要一个过程。所以通过电感的电流 i_L 只能是连续变化的,不能突变。

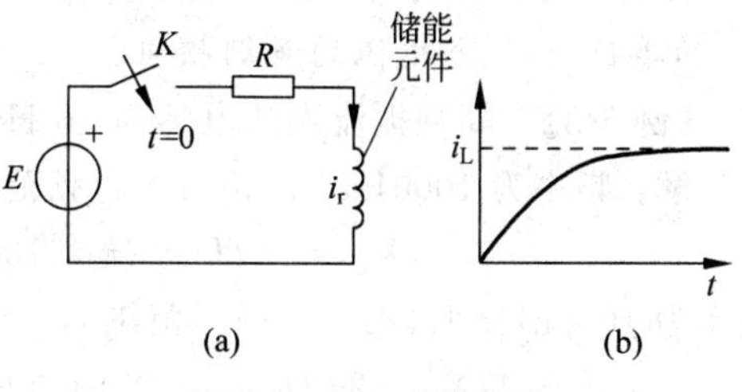

图 3-13 RL 串联电路

根据数学推导,线圈中的磁场能量可用下式计算。

$$W_L=\frac{1}{2}Li^2 \tag{3-23}$$

由式(3-23)可知,电感在任意时刻的储能仅与该时刻的电流值有关,只要电流存在,电感就储存有磁场能量,并且 $W_L \geqslant 0$。

因为能量的存储和释放需要一个过程,所以有电容或电感的电路存在过渡过程。

产生过渡过程的内因:电路中存在储能元件 L 或 C。

产生过渡过程的外因:电路出现换路时,储能元件能量发生变化。

4. 电感电压和电流的关系

如图 3-14(a)所示,如果电感元件的正弦电流为

$$i=\sqrt{2}I\sin(\omega t+\varphi_i)$$

则电感元件的电压为

$$\begin{aligned}u&=L\frac{\mathrm{d}}{\mathrm{d}t}\sqrt{2}I\sin(\omega t+\varphi_i)\\&=\sqrt{2}\omega LI\cos(\omega t+\varphi_i)\\&=\sqrt{2}U\sin(\omega t+\varphi_u)\\u&=U_m\sin(\omega t+\varphi_u)\end{aligned} \tag{3-24}$$

式中,

$$U=\omega LI,\quad \varphi_u=\varphi_i+\frac{\pi}{2}$$

由此可见,正弦交流电路中,电感元件的同频率正弦电压和电流的有效值与最大值的关系为

$$\frac{U_m}{I_m}=\frac{U}{I}=\omega L=2\pi fL=X_L \tag{3-25}$$

可见,正弦交流电路中,电感元件的电压、电流的有效值、最大值之间都符合欧姆定律,且关联参考方向下的电压超前电流 $\pi/2$。

式(3-25)中的 $X_L=\omega L=2\pi fL$ 是电感元件的电抗,简称为感抗。

感抗反映了电感元件阻碍正弦交流电流的作用。感抗只能代表电压与电流的最大值

或有效值之比，不能代表瞬时值之比。显然电感元件的感抗与 ω 和 L 两个量有关。首先，感抗与频率成正比，当电流一定时，电流的频率越高，电流变化越快，自感电动势越大；同时感抗又与电感量成正比，电感量越大，电感元件引起的对正弦交流电流的阻碍作用也越大，因此感抗也越大。对于直流电路，由于频率为零，即感抗为零，从这一角度可说明直流电路中电感元件相当于短路。

注意：感抗只有对正弦电路才有意义。当 ω 的单位为 1/s、L 的单位为 H 时，感抗 X_L 的单位为 Ω，与电阻的量纲相同。

【例 3-3】 高频扼流圈的电感为 3mH，试计算在 1kHz 和 1000kHz 时其感抗值。

解：频率为 1000Hz 时(相当于音频范围)，

$$X_L = 2\pi fL = 2\pi \times 1000 \times 3 \times 10^{-3} = 18.85(\Omega)$$

频率为 1000kHz 时(相当于高频范围)，

$$X_L = 2\pi fL = 2\pi \times 1000 \times 10^3 \times 3 \times 10^{-3} = 18.85(\mathrm{k}\Omega)$$

可见，在 1000kHz 时的感抗比在 1kHz 时的感抗要大 1000 倍，它可以让音频信号较顺利的通过，而对高频信号则“阻力”很大，因此，感抗与频率成正比的性质在实用中非常重要。

5. 功率关系

电感吸收的瞬时功率为

$$\begin{aligned} p = ui &= U_m I_m \sin(\omega t + \varphi_u)\sin(\omega t + \varphi_i) \\ &= \sqrt{2}U \times \sqrt{2}I\cos(\omega t + \varphi_i)\sin(\omega t + \varphi_i) \\ &= UI\sin 2(\omega t + \varphi_i) \end{aligned} \tag{3-26}$$

可得到如图 3-14(b)所示的波形图。

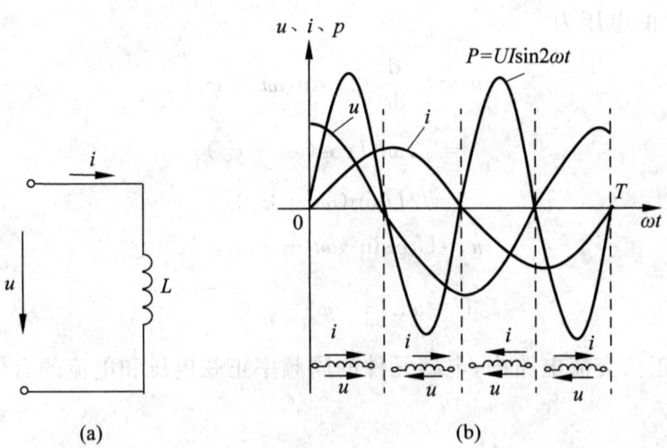

图 3-14 电感元件的波形

电感元件上的瞬时功率是一个 2 倍于电流频率的正弦函数，它在一个周期内变化两次，当 $p>0$ 时，表明电感从电路中吸收功率并转化为磁场能量储存在线圈周围；当 $p<0$ 时，表明电感元件向电路发出功率，释放磁场能量。在整个周期内电感元件中的平均功率为

$$P=\frac{1}{T}\int_0^T p\,\mathrm{d}t=0$$

P 等于零说明电感元件在一个周期内并不耗能，但电感元件与电源之间始终进行着能量交换，衡量电感元件与电路之间能量交换的规模可用无功功率 Q_L 来表示，即

$$Q_L=U_L I=I^2 X_L=\frac{U_L^2}{X_L} \tag{3-27}$$

无功功率不能从字面上理解为无用之功，它是电感元件建立磁场时向电源吸取的功率。无功功率反映了电感元件与电源之间能量交换的规模。为了区别于有功功率 P，无功功率的单位为乏(var)，即无功伏安。

从能量的观点来看，电感元件是一种储能元件，它储存的磁场能量最大值为$\frac{1}{2}LI_m^2$。

3.3.3 电容元件

1. 电容

在工程中，电容器的应用极为广泛。其结构是由两个金属极板中间隔以绝缘介质(如云母、绝缘纸、电解质等)组成，是一种能够存放电荷的电器。电容器的种类很多，按结构材料可分为薄膜电容器、云母电容器、纸介电容器、金属化纸介电容器、电解电容器、瓷介电容器、钽电容器等。按电容量能否改变又可分为可变电容器和固定电容器。

如果用 C 表示电容器的电容量，q 表示电容器所带的电荷量(两个极板上分别储存等量异号的正负电荷)，u 表示电容器的端电压，三者有以下关系：

$$C=\frac{q}{u} \quad 或 \quad q=Cu \tag{3-28}$$

式中，q 的单位为库仑(C)；u 的单位为伏特(V)时，C 的单位是法拉(F)，简称为法。实际电容器的电容量往往比 1F 小得多，因此通常采用微法(μF)和皮法(pF)作为电容器的单位，它们之间的换算关系为

$$1\text{pF}=10^{-6}\mu\text{F}=10^{-12}\text{F}$$

当电容器的电容量 C 是一个与电压大小无关的常量时，称为线性电容。

工程实际中应用的电容器，当极板上电压变动时，电容器中的介质会产生一定的损耗且不能做到完全绝缘，或多或少的会存在漏电现象。因此，实际电容器不仅具有电容还具有一定的电阻，不是理想电容元件。由于一般电容器的漏电现象或介质损耗并不严重，为了方便研究问题，工程应用中常常把实际电容器理想化，忽略其电阻的作用，而作为理想的电容元件。

当电容上的电压 u 变化时，极板上的电荷 q 也随之变化，电荷的变化率就是连接电容的导线电流。如果选择电压 u 和电流 i 为关联参考方向，如图 3-15 所示，则这个电流为

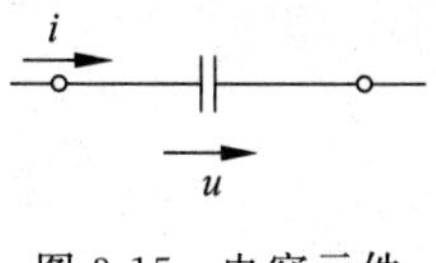

$$i=\frac{\mathrm{d}q}{\mathrm{d}t}=C\frac{\mathrm{d}u}{\mathrm{d}t} \tag{3-29}$$

图 3-15 电容元件

即电容上的电流与电压的变化率成正比，而与电压数值的大小无关。当电容端电压

与电流为关联方向且从零上升时，$\frac{du}{dt}>0$，电容器极板上电荷量逐渐增多，这就是电容器的充电过程；当电压下降且与电流为非关联方向时，$\frac{du}{dt}<0$，极板上电荷量减少，此过程称为电容器的放电过程。若电容器上的电压不变化时，即$\frac{du}{dt}=0$，电容既没有充电，也没有放电，因此 $i=0$。因此，电容元件的主要工作方式就是充电、放电。

当$\frac{du}{dt}=0$，电流 $i=0$，电容相当于开路，所以电容元件具有"隔直"作用。

电容器的电容量或耐压值不满足需要时，可以将一些电容器适当连接起来满足需要。并联电容的等效电容等于各个电容之和，所以并联电容可以提高电容量。串联电容的等效电容的倒数等于各个串联电容的倒数之和，所以串联电容的等效电容小于每个电容，但是等效电容的耐压值增大了，应该注意电容小的分得的电压大。

【例 3-4】 有"0.3μF、250V"的三个电容器 C_1、C_2、C_3，连接如图 3-16 所示。试求等效电容和最大端口电压为多少？

解：C_2、C_3 并联，等效电容为

$$C_{23}=C_2+C_3=2C_2=2\times 0.3=0.6(\mu F)$$

C_1 与 C_{23} 串联，网络的等效电容为

$$C_i=\frac{C_1C_{23}}{C_1+C_{23}}=\frac{0.3\times 0.6}{0.3+0.6}=0.2(\mu F)$$

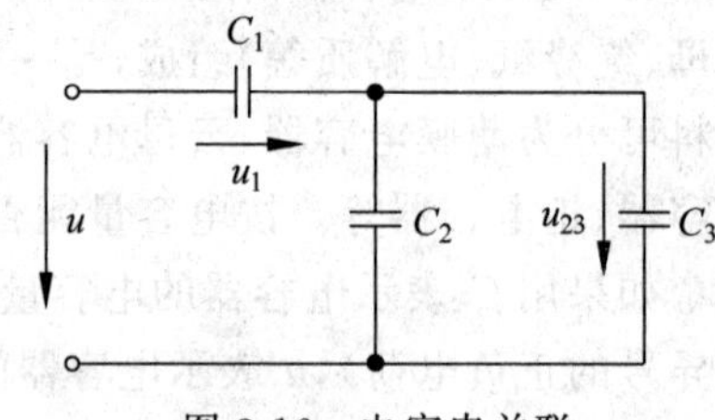

图 3-16 电容串并联

因为 C_1 小于 C_{23}，所以 $u_1>u_{23}$，应保证不超过其耐压值 250V。当 $u_1=250V$ 时

$$u_{23}=\frac{C_1}{C_{23}}u_1=\frac{0.3}{0.6}\times 250=125(V)$$

所以端口电压不能超过

$$u=u_1+u_{23}=250+125=375(V)$$

2. 电容器中的电场能量

图 3-17(a)中，在接通电源的瞬间，电容 C 两端的电压并不能立刻达到稳定值 E，而是有一个从开关闭合前的 $u_C=0$ 逐渐增大到 $u_C=E$ 的过渡过程，如图 3-17(b)所示。否则，开关闭合后的电压有跃变，电容电流 $i=C\frac{du}{dt}$将为无穷大，这是不可能的。所以电容

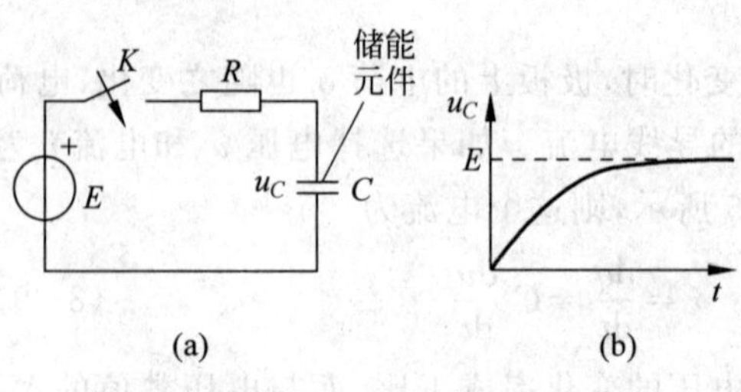

图 3-17 RC 串联电路

两端电压 u_C 只能是连续变化的。此过程是电容器的充电过程。

电容器在充电过程中,两个极板上的电荷是逐渐积累的。电荷的逐渐积累就是两极板间电场形成的过程,也是两极板间电压建立的过程。所以,电容器两端电压是不能突变的。电场具有能量,此能量从电源吸取过来而储存在电容器中。

根据数学推导,电容器中的电场能量可用下式计算

$$W_C=\frac{1}{2}Cu^2 \tag{3-30}$$

上式说明,电容器中储存的电场能量与电容器的电容成正比,与电容器两极板之间的电压平方成反比。

3. 电容电压和电流关系

如果在电容 C 上加正弦电压 $u=U_m\sin(\omega t+\varphi_u)$,电容中将产生电流 i,u、i 关联参考方向,则有

$$\begin{aligned}i&=C\frac{\mathrm{d}u}{\mathrm{d}t}=\omega CU_m\cos(\omega t+\varphi_u)\\&=\omega CU_m\sin\left(\omega t+\varphi_u+\frac{\pi}{2}\right)\\&=I_m\sin(\omega t+\varphi_i)\end{aligned}$$

$$i=I_m\sin(\omega t+\varphi_i) \tag{3-31}$$

式中,

$$I_m=\omega CU_m,\quad \varphi_i=\frac{\pi}{2}+\varphi_u$$

可见,正弦交流电路中,电感元件的电压、电流的有效值、最大值之间都符合欧姆定律,且关联参考方向下的电压滞后电流 $\pi/2$。

电容中电流与电压最大值(或有效值)之比为

$$\frac{U_m}{I_m}=\frac{U}{I}=\frac{1}{\omega C}=\frac{1}{2\pi fC}=X_C \tag{3-32}$$

式中,$X_C=\frac{1}{\omega C}=\frac{1}{2\pi fC}$,具有"阻碍"电流通过的性质,称为电容的电抗,简称为容抗。容抗与感抗一样只能代表电压和电流的最大值或有效值之比,不能代表瞬时值之比,因此容抗也是只对正弦电流才有意义。

容抗 X_C 分别与 ω、C 成反比关系,只有在一定频率下电容的容抗才是常数。频率越高,电容充、放电过程进行得越快,电流越大,则容抗越小。容抗随频率的增高而减小的特性恰好与电感随频率增高而增大的特性相反。对于高频电路,容抗很小,几乎为零,因此通常认为高频电路中电容元件相当于短路,可以顺利地把高频信号传递过去,这说明电容具有耦合交流信号的特性。对于直流电路而言,由于可以看作是频率等于零的正弦交流电路的特例,则容抗为无穷大,说明电容具有"隔直"作用。在电子技术中经常利用电容的隔直耦交这个特点来达到不同的目的。

【例 3-5】 图 3-18 所示为晶体管放大电路中常用的电容和电阻并联组合，在电阻 R 上并联电容 C 的目的是为了使交流电流“容易通过”电容 C，而不在电阻 R 上产生显著的交流电压，因此电容 C 称为旁路电容。已知 $R=470\Omega$，$C=50\mu F$，试计算 $f=200Hz$ 及 2000Hz 时电容 C 的容抗值。

解：$f=200Hz$ 时，容抗

$$X_C=\frac{1}{2\pi\times 200\times 50\times 10^{-6}}=15.92(\Omega)$$

$f=2000Hz$ 时，容抗

$$X_C=\frac{1}{2\pi\times 2000\times 50\times 10^{-6}}=1.592(\Omega)$$

可见频率越高，容抗值越小，它对交流起了“旁路”的作用。

4. *功率关系*

在正弦电压的情况下，电容中的瞬时功率为

$$\begin{aligned}p=ui&=U_m I_m\sin(\omega t+\varphi_u)\sin(\omega t+\varphi_i)\\&=\sqrt{2}U\times\sqrt{2}I\sin(\omega t+\varphi_u)\cos(\omega t+\varphi_u)\\&=UI\sin 2(\omega t+\varphi_u)\end{aligned}\tag{3-33}$$

瞬时功率是一个 2 倍于电压频率的正弦量，其波形，如图 3-19 所示。它在一个周期内交变两次，当 $p>0$ 时，电容元件吸收功率并储存在电容器的极板上，电容器充电；当 $p<0$ 时，电容元件把储存在极板上的电荷释放出来还给电路，对发出功率（释放电场能量）的电容元件放电。以后周而复始重复上述循环。从波形可以看出，电容在一个周期内吸收的平均功率为零，即

$$P=\frac{1}{T}\int_0^T p\,dt=0$$

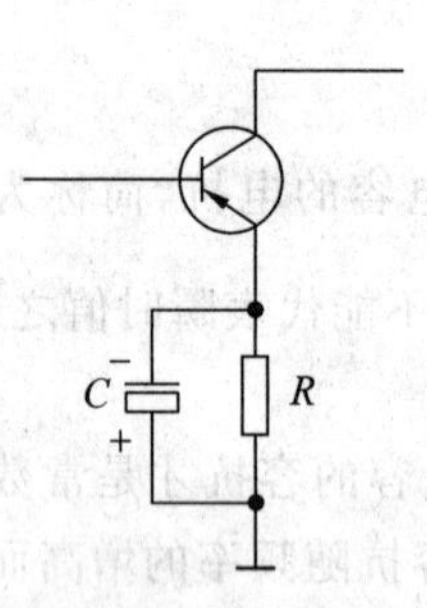

图 3-18 例 3-5 图

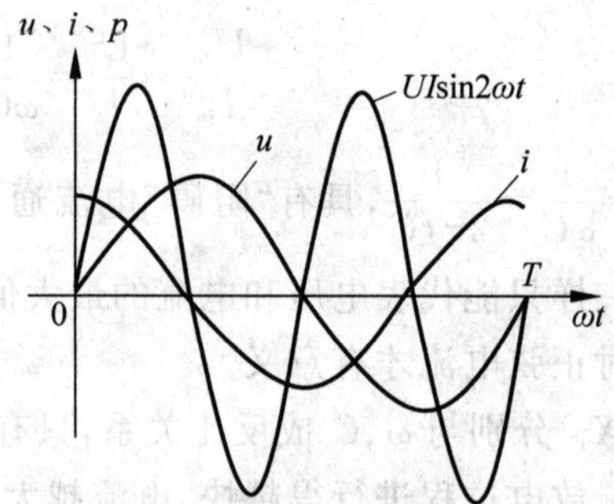

图 3-19 电容电压、电流、功率波形图

上式说明，电容元件与电感元件一样是储能元件，储能元件虽然不耗能，但它与电源之间的能量交换始终进行，其规模可以用瞬时功率的最大值来体现，即

$$Q_C=U_C I=I^2 X_C=\frac{U^2}{X_C}\tag{3-34}$$

式中，Q_L 称为电容元件上的无功功率，单位是乏(var)。

正弦交流电路中的主要电路元件即电阻元件、电感元件和电容元件的作用都不可忽略,同时在不同的频率下各元件的作用和效果又完全不同,这点在后面进行电路分析、计算时一定要引起注意。

3.3.4 RLC 串联谐振电路及其谐振

由电阻、电感、电容串联组成的电路称为 RLC 串联电路。电容器与电感线圈串联的电路如图 3-20 所示。

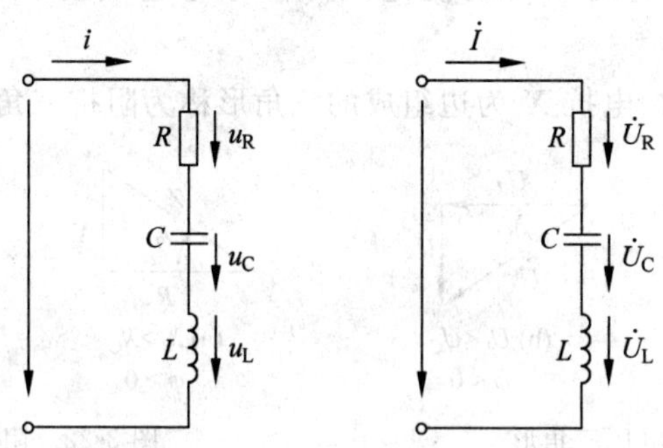

图 3-20 RLC 串联电路

1. 电压和电流关系

1) 数量关系

$$I=\frac{U}{Z}$$

式中,I 为电路中的电流,A; U 为电路的端电压,V; Z 为电路中阻抗(的大小),Ω。

推导如下。

设 $i=I_m\sin\omega t$,则

$$u_R=U_{Rm}\sin\omega t=I_mR\sin\omega t$$

$$u_L=U_{Lm}\sin(\omega t+90°)=I_mX_L\sin(\omega t+90°)$$

$$u_C=U_{Cm}\sin(\omega t-90°)=I_mX_C\sin(\omega t-90°)$$

所以瞬时电压 $u=u_R+u_L+u_C$

各有效值的相量关系是

$$\dot{U}=\dot{U}_R+\dot{U}_L+\dot{U}_C$$

$$U=\sqrt{U_R^2+(U_L-U_C)^2}=\sqrt{U_R^2+U_X^2}=\sqrt{(IR)^2+(IX_L-IX_C)^2}$$

$$=I\sqrt{R^2+(X_L-X_C)^2}=I\sqrt{R^2+X^2}=IZ$$

式中,$U_X=U_L-U_C$,是电感与电容上电压数值之差,称为电抗电压,V; $X=X_L-X_C$,称为电抗,Ω; $Z=\sqrt{R^2+X^2}=\sqrt{R^2+(X_L-X_C)^2}$,称为阻抗(的大小),Ω。

2) 相位关系

总电压超前电流的角度为

$$\varphi=\arctan\frac{U_L-U_C}{U_R}=\arctan\frac{X_L-X_C}{R}=\arctan\frac{X}{R}$$

φ 是以 R 为邻边，以 X 为对边而成的角，称为阻抗角。

① 若 $\varphi>0$，则 $U_L>U_C$，$X_L>X_C$，电路呈感性，此时 $X=X_L-X_C$；

② 若 $\varphi<0$，则 $U_L<U_C$，$X_L<X_C$，电路呈容性，此时 $X=X_C-X_L$；

③ 若 $\varphi=0$，则 $U_L=U_C$，$X_L=X_C$，电路呈阻性；此时阻抗最小，电流最大，称为 RLC 串联谐振。

3）用三角形表示电压关系、电流关系

用总电压 $\dot{U}$、电阻电压 $\dot{U}_R$、电抗电压 $\dot{U}_X$ 为边组成的三角形称为电压三角形（图 3-21）。

用总阻抗 Z、电阻 R、电抗 X 为边组成的三角形称为阻抗三角形（图 3-22）。

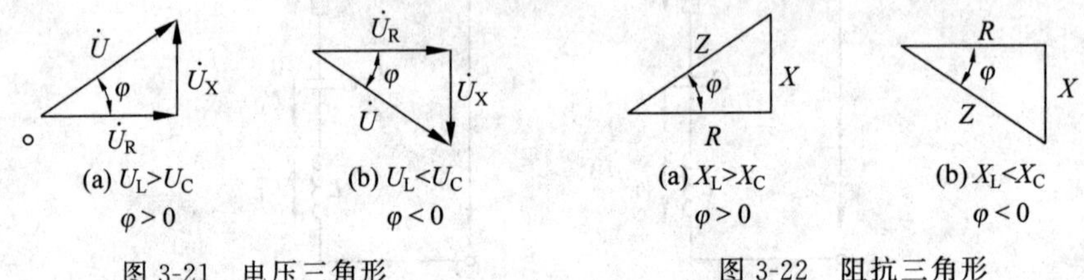

图 3-21 电压三角形　　图 3-22 阻抗三角形

它们之间的计算遵循直角三角形的边与边关系：$\begin{cases}U_R=U\cos\varphi\\U_X=U\sin\varphi\\U=\sqrt{U_R^2+U_X^2}\end{cases}$，$\begin{cases}R=Z\cos\varphi\\X=Z\sin\varphi\\Z=\sqrt{R^2+X^2}\end{cases}$。

2. 电路的谐振

在含有 L 和 C 的电路中，在正弦激励下，端口电压与电流同相位，这时电路呈电阻性，这种现象称为谐振现象。谐振是交流电路中固有的现象，研究谐振的目的，在于找出产生谐振的条件与特点，并在实际工作中加以利用，同时又避免谐振在某种情况下可能产生的危害。

1）谐振的条件

在 R、L、C 串联电路中，当满足条件 $X_L=X_C$ 时，即 $U_L=U_C$，由于它们的相位相反，所以电源电压就等于电阻上的电压，即电源电压 U 的相位与电流 I 的相位差为零，电路处于谐振状态。相量图如图 3-23(b)所示。

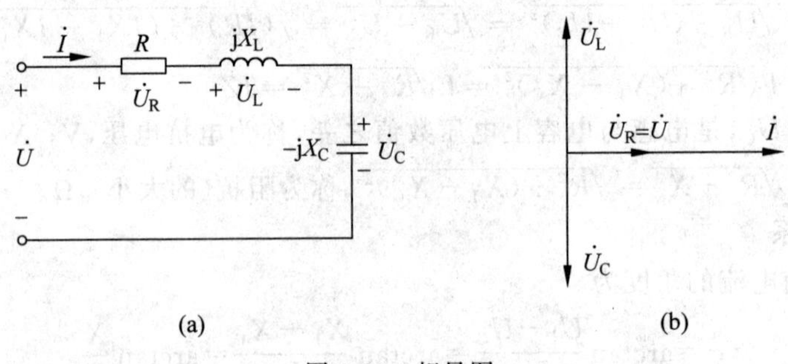

图 3-23 相量图

2）谐振频率

由谐振条件 $X_L=X_C$ 得

$$\omega L=\frac{1}{\omega C}$$

由此可得谐振角频率
$$\omega_0=\frac{1}{\sqrt{LC}}$$

谐振频率
$$f_0=\frac{1}{2\pi\sqrt{LC}}$$

3）调谐方法

$$\omega_S=\omega_0$$

方法：①改变 ω_S，使之等于 ω_0；②改变 ω_0，使之等于 ω_S。

由上式可知，改变 L、C 两个参数中的任意一个，谐振频率将随之改变。

4）串联谐振电路的特征

（1）串联谐振时，电路中的阻抗最小且为纯电阻，即 $Z_0=R$。

（2）在一定的电压下，此时电路中的电流最大，且与电压同相位，即 $I_0=\dfrac{U_S}{R}$

（3）串联谐振时，电感电压与电容电压相等，且等于电源电压的 Q 倍。

$$U_{L0}=U_{C0}=\frac{U_S}{R}X_{L0}=\frac{U_S}{R}X_{C0}=U_S\frac{\omega_0 L}{R}=U_S\frac{1}{\omega_0 RC}=U_SQ$$

可见 $Q=\dfrac{\omega_0 L}{R}=\dfrac{1}{\omega_0 RC}$，$Q$ 称为品质因数，一般为 40～200。

也就是说，谐振时在电感和电容两端产生的电压将大大超过电源电压。所以串联谐振又称为电压谐振。在电力工程中，这种高电压将会击穿电感线圈和电容器的绝缘层而损坏设备，因此，在电力工程中应避免电压谐振或接近电压谐振的发生。但在电信工程方面，通常外来的信号非常微弱，常常要利用串联谐振来获得某一频率信号的较高电压。

（4）串联谐振时，电路中的电压 U 与电流 I 同相位，电路呈电阻性，此时电路的无功功率为零，L 与 C 不再和电源之间发生能量互换，能量互换只发生在 L 与 C 之间。

3.4 正弦交流电路的功率

就电路而言，本质上是研究信号的传输及信号在传输过程中能量的转换情况。这同样适合于正弦信号。因此，功率的问题无疑是一个很重要的问题，特别是在交流电路中，存在着电容、电感元件与电源之间能量的往返交换，这是在纯电阻电路中没有的现象。因此，交流电路的功率分析较为复杂。

3.4.1 瞬时功率

如图 3-24 所示的任意无源二端电路 N_0，在端口的电压 $u(t)$ 与电流 $i(t)$ 的参考方向对电路内部关联下，其吸收瞬时功率

$$p(t)=u(t)\cdot i(t)$$

若设二端电路的正弦电压和电流分别为

$$u(t)=\sqrt{2}U\sin(\omega t+\varphi_u),\quad i(t)=\sqrt{2}I\sin(\omega t+\varphi_i)$$

则在某瞬时输入时，该正弦稳态一端口电路的瞬时功率为

$$\begin{aligned}p(t)&=\sqrt{2}U\sin(\omega t+\varphi_u)\cdot\sqrt{2}I\sin(\omega t+\varphi_i)\\&=UI\cos(\varphi_u-\varphi_i)-UI\cos(2\omega t+\varphi_u+\varphi_i)\\&=UI\cos\varphi_Z-UI\cos(2\omega t+\varphi_u+\varphi_i)\end{aligned}\tag{3-35}$$

电路的瞬时功率可看成两个分量的叠加，其一为恒定分量 $UI\cos\varphi_Z$，另一为简谐分量 $UI\cos(2\omega t+\varphi_u+\varphi_i)$，简谐分量的频率是电压或电流频率的 2 倍。

由于电压、电流不同相，在每个周期内，当它们都为正或负时，功率为正（$p>0$），电源对电路做正功，能量从电源送往电路；当电压、电流的符号相反，功率为负（$p<0$），电源对电路做负功，能量由电路释放送回电源，这就是电源与电路间的能量往返交换，瞬时功率波形如图 3-25 所示。

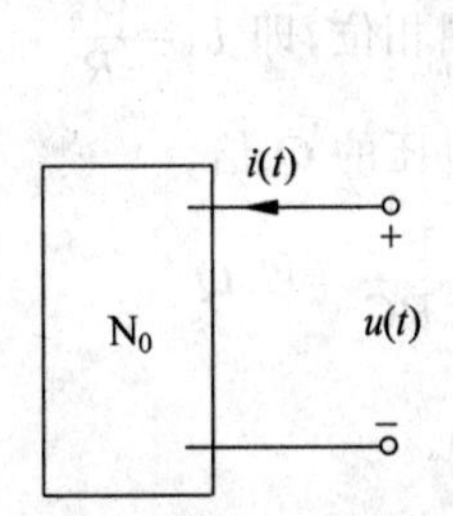

图 3-24 无源二端网络

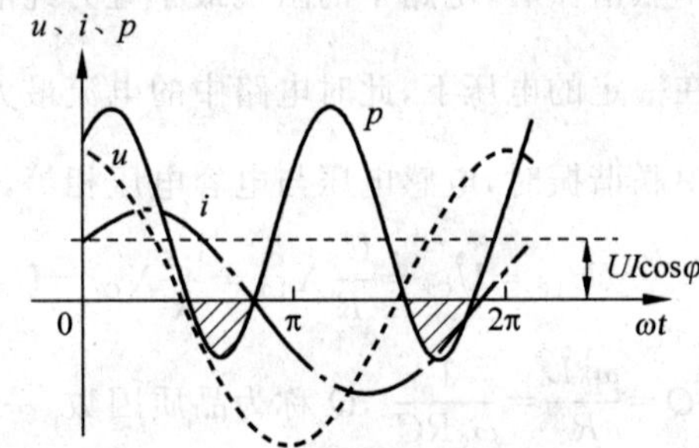

图 3-25 瞬时功率波形

电源与电路间的能量往返交换，这种现象在纯电阻电路中是不可能存在的，是由不耗能的储能元件电容、电感造成的。

由 R、L、C 组成的无源网络，如图 3-26 所示。

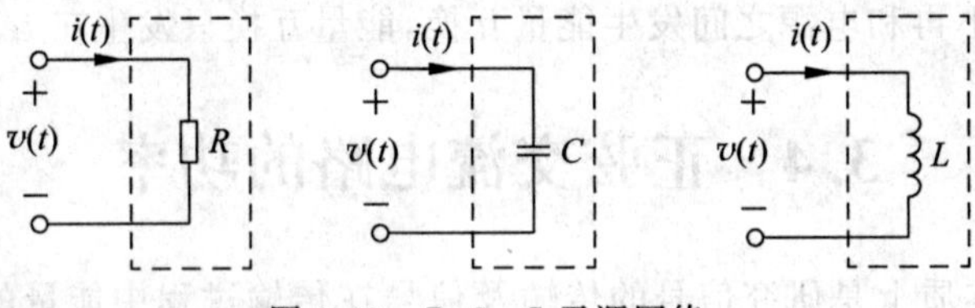

图 3-26 R、L、C 无源网络

若无源网络是纯电阻网络，网络的阻抗角 $\varphi_Z=0$，即电压、电流同相位，$p_R(t)=UI(1+\cos2\omega t)\geqslant0$。

对电阻而言，任何时候的瞬时功率都是正的，电阻总是耗能的。

若无源网络可用一个纯电容替换，网络阻抗角 $\varphi_Z=-90°$，即电流超前电压 90°，$p_C(t)=UI\cos(2\omega t-90°)$。

在一周期内，半周期 $p>0$，电源将能量输入电容；半周期 $p<0$，电容将能量吐还给

电源，总能量为 0。

若无源网络是个电感，网络的阻抗角 $\varphi_Z=90°$，电压超前电流 90°，$p_L(t)=UI\cos(2\omega t+90°)$能量的情况与电容一样。

由三角公式

$$\cos(\alpha\pm\beta)=\cos\alpha\cos\beta\pm\sin\alpha\sin\beta$$

瞬时功率计算公式可分解为

$$p(t)=\underbrace{UI\cos\varphi_Z+UI\cos2\omega t\cos(\varphi_u+\varphi_i)}_{p_R(t)}-\underbrace{UI\sin2\omega t\sin(\varphi_u+\varphi_i)}_{p_X(t)}$$

$$p_R(t)=UI\cos\varphi_Z+UI\cos2\omega t\cos(\varphi_u+\varphi_i)\geqslant 0$$

说明在能量传输上不改变方向，只有大小变化，这分量的大小表示电路能量消耗的快慢程度，即电路等效阻抗的电阻部分吸收的瞬时功率，称为有功分量。

$$p_X(t)=-UI\sin2\omega t\sin(\varphi_u+\varphi_i)$$

$p_X(t)$是瞬时功率的交变分量。曲线与横坐标所用面积为电源与电路储能元件间吸收和释放的能量，这分量代表电源与电路间能量往返交换的速率，在平均意义上说是不做功的无功分量，为电路等效阻抗的电抗部分的瞬时功率。

3.4.2 有功功率

在交流电路中，由电源供给负载的电功率有两种；有功功率和无功功率。

有功功率是保持用电设备正常运行所需的电功率，也就是将电能转换为其他形式能量(机械能、光能、热能)的电功率。例如，5.5kW 的电动机是把 5.5kW 的电能转换为机械能，带动水泵抽水或脱粒机脱粒；各种照明设备将电能转换为光能，供人们生活和工作照明。有功功率的符号用 P 表示，单位有瓦(W)、千瓦(kW)、兆瓦(MW)，用于描述用电设备对电能的实际消耗大小。

$$P=\frac{1}{T}\int_0^T p(t)\mathrm{d}t=UI\cos\varphi_Z \tag{3-36}$$

表明正弦交流电路的有功功率，并不等于电压有效值与电流有效值的乘积，还要乘上 $\cos\varphi_Z$。$\cos\varphi_Z$ 称为功率因数，记为 λ。其中，φ_Z 称为功率因数角，其实就是阻抗角，它由电路的元件参数和电源频率决定。

电感、电容在电路中并不消耗能量，但会在电路中与电源出现能量往返交换现象，使电路的功率因数低于纯电阻电路的功率因数 $\cos\varphi_Z<1$，由

$$I=\frac{P}{U\cos\varphi_Z}$$

可知，在相同电压作用下，为使负载获得相同功率，功率因数越低，所需电流越大，这将加重电源电流的负担。

如能改变阻抗角($\varphi\to0$)，就能减小电流。一般用电器是感性的，因此常用并联电容来减小阻抗角。

3.4.3 无功功率

无功功率比较抽象，是用于电路内电场与磁场的交换，并用来在电气设备中建立和维

持磁场的电功率。它不对外做功,而是转变为其他形式的能量。凡是有电磁线圈的电气设备,要建立磁场,就要消耗无功功率。例如,40W 的日光灯,除需 40 多瓦有功功率(镇流器也需消耗一部分有功功率)来发光外,还需 80Var 左右的无功功率供镇流器的线圈建立交变磁场用。由于它不对外做功,才被称为“无功”。无功功率的符号用 Q 表示,单位为乏(Var)或千乏(kVar)。

无功功率绝不是无用功率,它的用处很大。电动机需要建立和维持旋转磁场,使转子转动,从而带动机械运动,电动机的转子磁场就是靠从电源取得无功功率建立的。变压器也同样需要无功功率,才能使变压器的一次线圈产生磁场,在二次线圈感应出电压。因此,没有无功功率,电动机就不会转动,变压器也不能变压,交流接触器不会吸合。为了形象地说明这个问题,现举一个例子:农村修水利需要开挖土方运土,运土时用竹筐装满土,挑走的土就像是有功功率,挑空竹筐就像是无功功率,竹筐并不是没用,没有竹筐泥土怎么运到堤上呢?

在正常情况下,用电设备不但要从电源取得有功功率,同时还需要从电源取得无功功率。如果电网中的无功功率供不应求,用电设备就没有足够的无功功率来建立正常的电磁场,那么这些用电设备就不能维持在额定情况下工作,用电设备的端电压就要下降,从而影响用电设备的正常运行。二端电路内部与外部能量交换的最大速率(即瞬时功率可逆部分的振幅)定义为无功功率 Q,即

$$Q = UI\sin\varphi_Z \tag{3-37}$$

①Q 也是一个常量,由 U、I 及 $\sin\varphi_Z$ 三者乘积确定,单位为乏(var);②$Q_R=0$,$Q_L=UI$,$Q_C=-UI$。当 $0°<\varphi<90°$ 且 $Q>0$ 时,吸收无功功率;当 $-90°<\varphi<0°$ 且 $Q<0$ 时,发出无功功率。

3.4.4 视在功率(表观功率)

视在功率 S 的公式为

$$S = UI \tag{3-38}$$

反映电源设备的容量(可能输出的最大平均功率),单位为伏安(V·A)。

P、Q 和 S 之间满足下列关系。

$$S^2 = P^2 + Q^2$$

有 $$S=\sqrt{P^2+Q^2},\quad \tan\varphi_Z = Q/P$$

$$P = UI\cos\varphi_Z = S\cos\varphi_Z$$

功率三角形如图 3-27 所示。

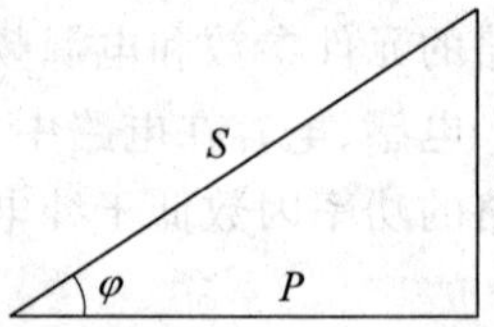

图 3-27 功率三角形

3.4.5 功率因数及其提高

在交流电路中,电压与电流之间的相位差 φ 的余弦称为功率因数,用符号 $\cos\varphi$ 表示。在数值上,功率因数是有功功率和视在功率的比值,即 $\cos\varphi=P/S$。

功率因数的大小与电路的负荷性质有关,如白炽灯泡、电阻炉等电阻负荷的功率因数为 1,一般具有电感或电容性负载的电路功率因数都小于 1。功率因数是电力系统的一个重要的技术数据,是衡量电气设备效率高低的一个参数。功率因数低,说明电路用于交变

磁场转换的无功功率大，从而降低了设备的利用率，增加了线路供电损失。在实际用电设备中，只有为数不多的负载为电阻性质，大多为感性负载，他们的功率因数较低。例如，异步电动机，满载时的功率因数为0.7～0.85，轻载时则更低。又如日光灯，功率因数更低，通常只有0.3～0.5。因此，应当设法提高线路的功率因数。提高功率因数有两方面的意义，一是可以减小输电线路上的功率损失；二是可以充分发挥电力设备(如发电机、变压器等)的潜力。因为用电器总是在一定电压 U 和一定有功功率 P 的条件下工作，所以传输线路中的电流为

$$I=\frac{P}{U\cos\varphi}$$

可见，功率因数过低，就要用较大的电流来保障用电器正常工作，与此同时输电线路上输电电流增大，导致线路损耗和压降增大。从而会影响供电质量，降低输电效率。因此，应当设法提高线路的功率因数，提高功率因数的途径很多，目前广泛采用的方法是在感性负载两端并联适当的电容。

1. 功率因数的定义

因为 $\cos\varphi_Z=\frac{P}{S},\quad -90°<\varphi_Z<90°,\quad \cos\varphi_Z>0$

所以，$\dot{I}$ 超前 $\dot{U}$ 是指容性网络；$\dot{I}$ 滞后 $\dot{U}$ 是指感性网络。

2. 功率因数的提高

要提高功率因数 $\cos\varphi$ 的值，必须尽可能减小阻抗角 φ，常用的方法是在电感性负载两端并联电容。该电容称为(功率)补偿电容(设置在用户或变电所中)。其电路图和相量图如图3-28所示。

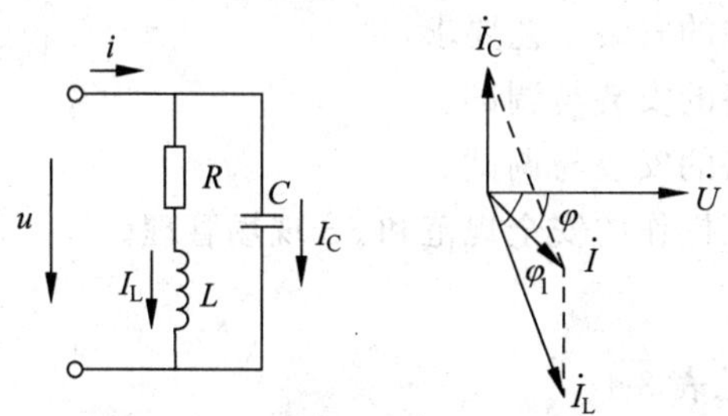

图3-28 并联电感和电容提高功率因数

并联电容器以后，总电压 u 和线路电流 i 之间的相位差 φ 变小了，即 $\cos\varphi$ 的值变大了。

在电感性负载并联电容器以后，减少了电源与负载之间的能量互换。这时感性负载所需的无功功率，大部分或全部都是由电容器供给，就是说能量互换现在主要或完全发生在电感性负载与电容器之间，因而使发电机容量能得到充分利用。其次，从相量图上可见，并联电容器以后，线路电流也减小了，功率损耗也降低了。现通过下面的例子，进一步说明功率因数的影响。

【例 3-6】 已知一台变压器的次级电压 $U_2=220\text{V}$，电流 $I_2=100\text{A}$，试分析：

(1) 当 $\cos\varphi=0.6$ 时，该变压器能带动几台 $U_E=220\text{V}$、$P=2.2\text{kW}$ 的电动机；

(2) 当 $\cos\varphi=0.9$ 时，该变压器能带动几台 $U_E=220\text{V}$、$P=2.2\text{kW}$ 的电动机。

解：(1) 当 $\cos\varphi=0.6$ 时，每台电动机取用的电流是

$$I=P/(U\cdot\cos\varphi)=(2.2\times10^3)/(220\times0.6)=16.67(\text{A})$$

该变压器能带动的电动机数是

$$I_2/I=100/16.67=6(\text{台})$$

(2) 当 $\cos\varphi=0.9$ 时，每台电动机取用的电流是

$$I=P/(U\cdot\cos\varphi)=(2.2\times10^3)/(220\times0.9)=11.11(\text{A})$$

该变压器能带动的电动机数是

$$I_2/I=100/11.11=9(\text{台})$$

由此可见，同样的电源，通过提高负载的功率因数可以较大幅度地提高其利用率，减少设备的投入和线路的损耗。

若给定 P_1、$\cos\varphi_1$，要求将 $\cos\varphi_1$ 提高到 $\cos\varphi$，求 C。

$$I_C=I_1\sin\varphi_1-I\sin\varphi=\frac{P\sin\varphi_1}{U\cos\varphi_1}-\frac{P\sin\varphi}{U\cos\varphi}=\frac{P}{U}(\tan\varphi_1-\tan\varphi)=\omega CU$$

$$C=\frac{P}{\omega U^2}(\tan\varphi_1-\tan\varphi) \tag{3-39}$$

3.5 实训 照明线路的安装

1. 实训目标

(1) 了解电工元器件的安装工艺要求。

(2) 掌握白炽灯电路的安装与调试。

(3) 掌握日光灯电路的安装与调试。

(4) 进一步熟悉电工操作的安全规范和 8S 现场管理。

2. 材料清单

本实训所需的材料见表 3-1。

表 3-1 照明线路安装材料明细表

序 号	名 称	数 量
1	15W、220V 白炽灯泡	1个
2	单刀双掷开关	2个
3	单刀单掷开关	1个
4	螺旋灯口	1个
5	BV 1.2mm 7 股软导线	若干
6	空气开关	1只
7	电工常用工具	1套

续表

序　号	名　称	数　量
8	接线排	1组
9	10W日光灯灯管	2个
10	灯脚座	2副
11	启辉器及启辉器座	2套
12	整流器	2个
13	拉线开关	1个
14	单相三孔插座5A	1个

3. 实训步骤

1）实训前的准备

(1) 按照电工实训安全规范检查自己的着装和物品是否合格，按8S标准检查实训台。

(2) 学习实训元器件安装工艺要求。

① 同学在安装电路时，一般情况下实训台应处在无电状态，需要通电试车时，必须经过老师允许后才能通电，绝对禁止私自通电。

② 电路安装前，应认真检查安装工具和测量仪表。检查它们的外观是否有损坏，测试它们的性能是否正常。严禁使用带有安全隐患的工具和仪表。

③ 认真阅读所给的电路原理图，仔细查验材料明细表上的各种元器件。在读懂原理图和确认元器件没有问题后，画出盘面布置图。进而画出接线图。没有电路原理图、盘面布置图、接线图的情况下不得安装接线。

④ 本着通电不动线、动线不通电的原则，严禁带电操作。通电操作时，一人监护，一人操作。不允许两人同时操作。

⑤ 所有的元器件和绝缘导线均安装在实训台的金属网板上，也可以安装在固定盘面上。电源与盘内元器件连接时，必须经过端子排，电源接在端子排的左部。盘内元器件与电动机等盘外设备相连时，也必须经过端子排。单相电源为左零(蓝色)右火(红色)。地线(蓝绿双色)不经过端子排，直接与金属外壳相连。三相电源为A(黄色)、B(绿色)、C(红色)、N(黑色)顺序。电动机等盘外设备，接在端子排右部。顺序为N、U、V、W。接单相电源时，先接零线，后接火线。拆线正好相反，接三相电源时，先接零线，后按A—B—C顺序接线。拆线时要一相一相拆，禁止同时拆卸两相。

⑥ 盘内各元器件用导线相连时，导线必须使用铜塑线，导线截面超过1.5mm^{2}时要用软线。正常情况下，导线不允许出现接头。如果导线必须相连出现接头，则接头一定要接在端子排上。

⑦ 盘内走线时，导线排列尽量横平竖直，做到安全、经济、美观。走线时尽量不要交叉、盘结。不得跨越元器件。水平走线时，火线在上，零线在下。垂直走线时，零线在左，火线在右。导线既不要太短，以免导线受张力；也不要太长，以免盘结。

⑧ 元器件与盘面安装要紧固，不能出现松动、转动现象。元器件安装底面与盘面应

贴紧,不得有缝隙和倾斜。元器件安装位置应端正,不能有歪斜。同类元器件应安装在一起,安装高度也应一致。额定电压高的元器件靠上安装,额定电压低的元器件靠下安装;开关类、仪表类元器件靠右上角安装;按钮类元器件靠右下角安装;照明类元器件靠上安装。其他元器件靠中部安装;端子排靠左部安装。元件和元件之间的距离应考虑操作接线方便,又要考虑节约线材。建议左右距离为100mm,上下距离为150mm。

⑨ 导线与元器件连接应牢固,不得出现松动和掉线。导线削剥绝缘层的长度应视连接螺钉的直径和连接的接线柱孔洞深度而定。多股铜线在连接前,应将线头旋紧。采用螺钉连接,应将线头弯成圆弧形。圆弧的直径略大于螺钉的直径。采用接线柱连接,线头长度应大于接线柱孔洞深度1mm。连接时用力要均匀,不要过大,以免损伤螺钉。连接后,不得有细小金属丝外露。

⑩ 电路连接完成后,应用万用表($R\times1$ 或 $R\times10$ 挡位)和兆欧表测试电路。用万用表可以测试电路有无短路或有无断路,各元器件是否正确连接。用兆欧表可以测试电路是否有漏电情况。只有在测试完毕,并确定没有问题后才能要求通电试车。绝不能用通电的方法试车。

⑪ 通电试车成功后,立即断电。经指导老师同意后拆卸电路。拆卸电路时要文明操作,不得采用拉、拽、撬的方法,更不允许采用断线、切割的方法。拆卸下的元器件经指导老师验证后归还到原处。

(3) 按材料清单表3-1领取材料和工具。

检查领到的工具和材料外观是否完好,有无绝缘破损,性能是否合格,规格是否正确。用万用表检查主要元器件的通断和绝缘情况。

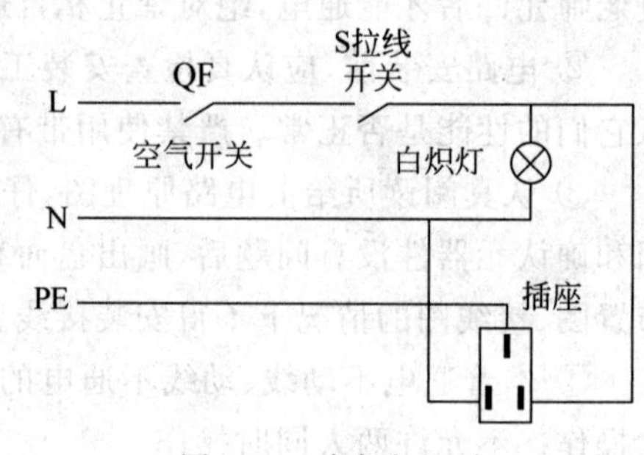

图 3-29 白炽灯电路

2) 白炽灯安装电路

(1) 一个开关控制一盏灯。

白炽灯电路如图3-29所示。

具体步骤如下。

① 根据所给实物及电路原理图,按比例画出盘面布置图。布置图要美观、合理。

② 根据所给实物及电路原理图、盘面布置图画出接线图。经同组同学检查签字确认后备用。

③ 参照盘面布置图、接线图和原理图进行接线安装。

接线应符合电工安全规范，按照电工安装工艺要求操作。元器件要求安装牢固、端正，紧固点不小于2个点。元器件之间要留有10cm间距。走线要横平竖直，元器件之间走线不应有接头。火线、零线、保护线颜色要统一，每20cm要有线卡固定。照明灯具使用螺口灯泡时，相线（火线）应接顶心，开关应接在相线上；接线完成用万用表测试有无短路、断路后经指导老师允许后通电。通电顺序从电源侧到负载侧，断电从负载侧到电源侧。开关闭合灯亮，开关断开灯灭。插座用试电笔测试各插孔情况。

④ 通电成功后，经教师允许后断电拆线，将实训台恢复原状。

(2) 两个开关控制一盏灯（先读懂原理再实训）。双控白炽灯电路如图3-30所示，其中的单刀双掷开关接线如图3-31所示。

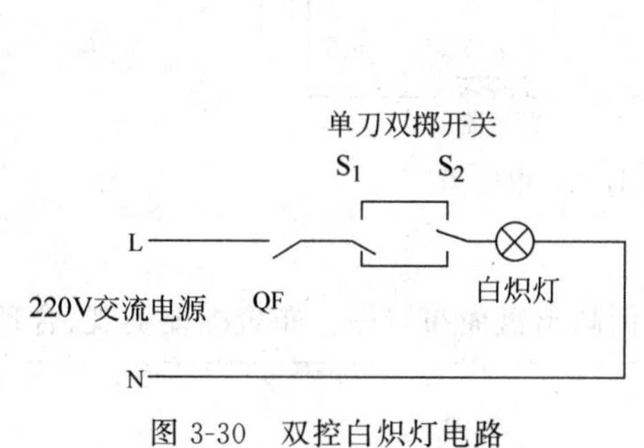

图3-30 双控白炽灯电路

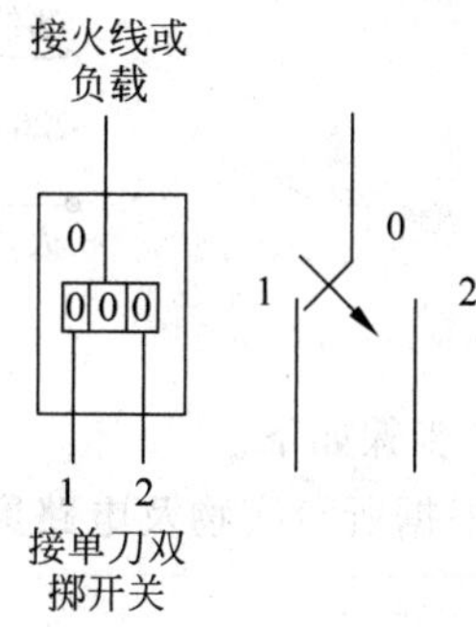

图3-31 单刀双掷开关接线

具体步骤如下。

① 根据所给实物及电路原理图，按比例画出盘面布置图。布置图要美观、合理。

② 根据所给实物及电路原理图、盘面布置图画出接线图。经同组同学检查签字确认后备用。

③ 参照盘面布置图、接线图和原理图进行接线安装。

要求与上述相同。S_1 与 S_2 断开与闭合都能使白炽灯亮和灭。

④ 通电成功后，经教师允许后断电拆线，将实训台恢复原状。

3）日光灯安装

（1）单管日光灯安装。

日光灯电路如图 3-32 所示。

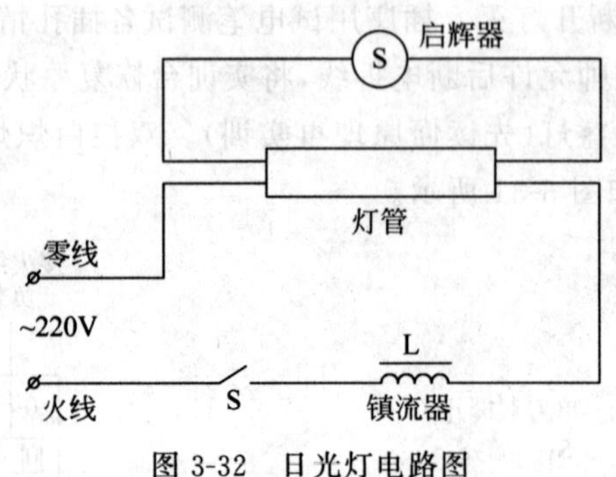

图 3-32　日光灯电路图

具体步骤如下。

① 根据所给实物及电路原理图，按比例画出盘面布置图。布置图要美观、合理。

② 根据所给实物及电路原理图、盘面布置图画出接线图。经同组同学检查签字确认后备用。

③ 参照盘面布置图、接线图和原理图进行接线安装。

接线应符合电工安全规范，按照电工安装工艺要求操作。元器件要求安装牢固、端正，紧固点不小于 2 个点。灯脚之间距离以实际灯管长度确定，既要牢固，又要使灯管方便取出(留 5mm 量)镇流器且开关均装在火线上,接线完成后用万用表测试有无短路、断路后经指导老师允许后通电。通电顺序从电源侧到负载侧,断电从负载侧到电源侧。

④ 通电成功后,经教师允许后断电拆线,将实训台恢复原状。

(2) 双管日光灯安装(先读懂原理再实训)。双管日光灯电路如图 3-33 所示。

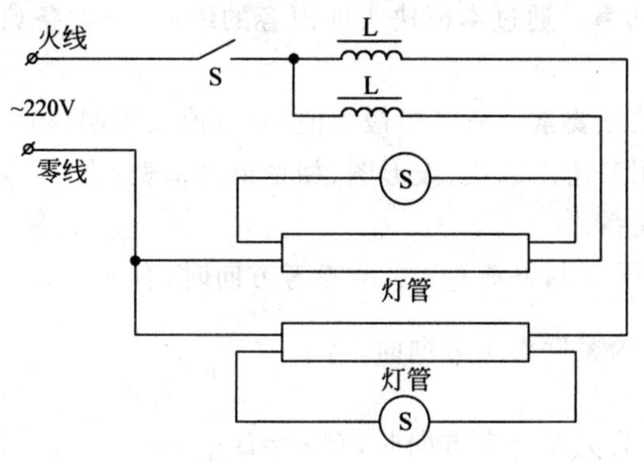

图 3-33 双管日光灯电路

具体步骤如下。

① 根据所给实物及电路原理图,按比例画出盘面布置图。布置图要美观、合理。

② 根据所给实物及电路原理图、盘面布置图画出接线图。经同组同学检查签字确认后备用。

③ 参照盘面布置图、接线图和原理图进行接线安装。要求与单管日光灯相同。

④ 通电成功后,经教师允许后断电拆线,将实训台恢复原状。

4) 按 8S 标准整理实训台,归还材料和工具

确保实训台断电和清洁后,经教师允许结束实训。

4. 实训作业

(1) 利用互联网查找电子镇流器的原理和使用方法。

(2) 你在安装和调试日光灯电路的过程中会遇到哪些问题?又是如何解决的?

小　结

本模块主要介绍了正弦交流电的基本概念、正弦量的相量表示法、RLC 正弦交流电路及正弦交流电路的功率。通过本模块实训内容的练习，可具备典型照明线路的安装和调试能力。

(1) 正弦交流电的三要素一般是指最大值(有效值)、周期(频率)和初相位。

(2) 正弦量可以用三角函数式、波形图、相量形式来表示。

(3) 元件的约束关系。

① 线性电阻在电压 u 与电流 i 为关联参考方向时，有 $u=Ri$。

② 电容 C 在 u、i 为关联参考方向时，有 $i=C\dfrac{\mathrm{d}u}{\mathrm{d}t}$。

③ 电感 L 在 u、i 为关联参考方向时，有 $u=L\dfrac{\mathrm{d}i}{\mathrm{d}t}$。

(4) 交流电路功率的计算：$P=UI\cos\varphi$，$Q=UI\sin\varphi$，$S=UI$。

习　题

(1) 何谓正弦量的三要素？三要素各反映了正弦量的哪些方面？

(2) 已知两个正弦交流电压 $u_1=U_{1\mathrm{m}}\sin(\omega t+60°)\mathrm{V}$，$u_2=U_{2\mathrm{m}}\sin(2\omega t+45°)\mathrm{V}$。比较哪个超前，哪个滞后？

(3) 有一个电容器，耐压值为 220V，能否用在有效值为 180V 的正弦交流电源上？

(4) 已知 $u_\mathrm{A}=220\sqrt{2}\sin314t\,\mathrm{V}$，$u_\mathrm{B}=220\sqrt{2}\sin(314t-120°)\mathrm{V}$。

①试指出各正弦量的振幅值、有效值、初相、角频率、频率、周期及两者之间的相位差各为多少？②画出 u_A、u_B 的波形。

(5) 电压 u 和电流 i 的波形如图 3-34 所示，u 和 i 的初相各为多少？相位差为多少？若将计时起点向右移 $\pi/3$，则 u 和 i 的初相有何改变？相位差有何改变？u 和 i 哪一个超前？

(6) 在电压为 220V、频率为 50Hz 的交流电路中，接入一组白炽灯，其等效电阻是 11Ω，要求：①绘出电路图；②求电灯组取用的电流有效值；③求电灯组取用的功率。

(7) 把 $L=51\mathrm{mH}$ 的线圈(其电阻极小，可忽略不计)接在电压为 220V、频率为 50Hz 的交流电路中，要求：①绘出电路图；②求电流 I 的有效值；③求 X_L。

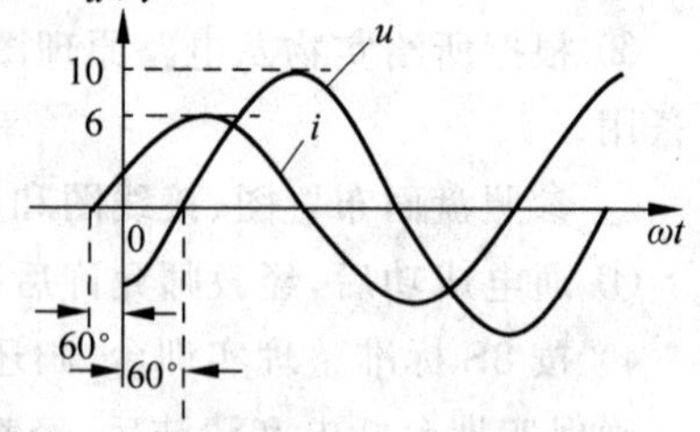

图 3-34　习题(5)电压 u 和电流 i 的波形

(8) 将 $C=140\mu\mathrm{F}$ 的电容器接在电压为 220V、频率为 50Hz 的交流电路中，要求：①绘出电路图；②求电流 I 的有效值；③求 X_C。

(9) 正弦量 $u_1=220\sqrt{2}\sin(314t+30°)\mathrm{V}$ 和 $u_2=380\sqrt{2}\sin(314t-60°)$，要求：①写

出表示它们的相量。②用相量图法求相量和和相量差。

(10) 如图 3-35 所示，各电容、交流电源的电压和频率均相等，哪一个安培表的读数最大？哪一个为零？为什么？

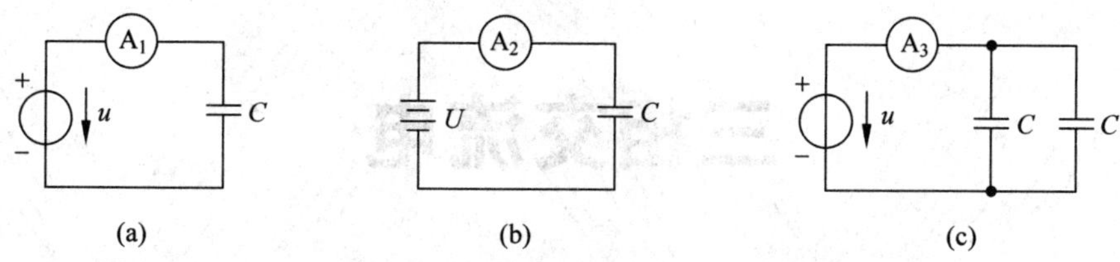

图 3-35 电容负载电路

(11) 某感性负载的额定功率为 10kW，功率因数为 0.6，电源电压为 220V，频率为 50Hz。现欲将功率因数提高到 0.8，问应并联多大电容？

(12) 已知 RLC 串联电路中，$u=220\sqrt{2}\sin 314t$ A，$R=3\Omega$，$X_L=8\Omega$，$X_C=4\Omega$。求：①电路性质；②电流有效值；③功率因数、功率 P、Q、S 值。

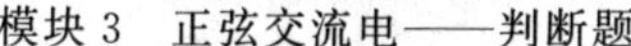

模块 3 正弦交流电——判断题

模块 3 正弦交流电——选择题和填空题

模块4

三相交流电

目前,电力系统中电能的生产、传输和供电方式基本都是采用三相制。农业生产中使用的正弦电源大部分是三相电源,日常生活中使用的单相电源则是取自三相中的一相。本模块着力介绍三相电源及对称电路的计算,不对称电路只作概述。

1. 知识目标

(1) 了解对称三相电源及电源相序。

(2) 理解三相电源在生产、生活中的应用。

(3) 掌握对称三相电源的特点,能写出正确的表达式。

(4) 掌握三相对称电源Y接和△接的连接方式及两种连接方式下线电压和相电压的关系。

(5) 能正确计算三相电路的 P、Q、S。

2. 能力目标

(1) 培养分析、解决问题的能力。

(2) 运用所学知识计算电路物理量的能力。

3. 素质目标

(1) 培养学生利用网络自学的能力。

(2) 在学习过程中培养严谨认真的态度、企业经济效益意识、创新和挑战意识。

(3) 在学习过程中培养严谨认真的态度。

(4) 能客观、公正地进行自我评价及对小组成员的评价。

4.1 三相电源

目前世界上的交流电力系统几乎全部采用三相制(即三相系统),而不是单相制。这是因为从发电、输电、配电和用电诸方面来说,采用三相制比采用单相制可取得更高的经济效益，且有更大的优越性。我们日常所见到的架空电线杆上，常架有 3 条或 4 条输电线，这就是三相输电线。

由三相电源、三相负载和三相输电线按某种方式联结而成的电路，称为三相电路。三相正弦电路是一般交流电路的特例，一般交流电路的分析方法与结论对三相交流电路都是适用的，但由于三相电路中的电流电压有自身的特点，因此三相电路有其特殊之处。本模块主要介绍三相电源、对称三相电路及其分析方法、电压和电流的相值和线值之间的关系。

4.1.1 三相交流电动势的产生

三相交流电是由三相交流发电机产生的，发电机是利用电磁感应原理将机械能转变为电能的装置。图 4-1 是三相交流发电机的原理图，它的主要组成部分是电枢和磁极。

电枢是固定的，又称定子。定子铁芯的内圆周表面冲有槽，用以放置三相电枢绕组 U_1U_2、V_1V_2、W_1W_2，每组绕组相同，它们的始端（头）标有 U_1、V_1、W_1，末端（尾）标有 U_2、V_2、W_2。每个绕组的两边放置在相应的定子铁芯的槽内，但要求绕组的始端之间或末端之间彼此相隔 120°。

磁极是转动的，又称转子。转子铁芯上绕有励磁绕组，用直流励磁。选择合适的极面形状和励磁绕组的布置情况，可使空气中的磁感应强度按正弦规律分布。

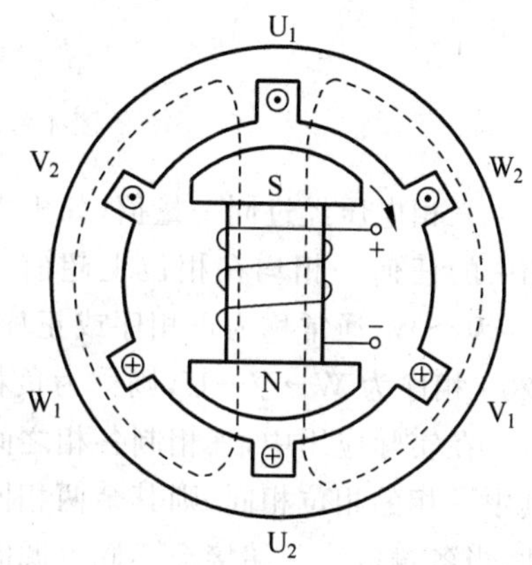

图 4-1 三相交流发电机原理示意图

当发电机的转子旋转时，可在各绕组中感应出相位相差 120°、幅值及频率相等的三个交流电压。所谓三相电源，一般是指由这种 3 个频率相同、幅值相等、相位依次相差 120°的正弦电压按一定方式连接而成的电源，这组电源称为对称三相电源，依次称为 U 相、V 相和 W 相，分别记为 u_U、u_V、u_W，其电压瞬时表达式为

$$\begin{cases} u_U = \sqrt{2}U\sin\omega t \\ u_V = \sqrt{2}U\sin(\omega t - 120°) \\ u_W = \sqrt{2}U\sin(\omega t + 120°) \end{cases} \tag{4-1}$$

式中，U 为有效值。

电压的向量表达式为

$$\begin{cases} \dot{U}_U = U\angle 0° = U \\ \dot{U}_V = U\angle -120° = U\left(-\frac{1}{2} - \mathrm{j}\frac{\sqrt{3}}{2}\right) \\ \dot{U}_W = U\angle +120° = U\left(-\frac{1}{2} + \mathrm{j}\frac{\sqrt{3}}{2}\right) \end{cases} \tag{4-2}$$

对称三相正弦交流电压的波形如图 4-2(a)所示，各相电压的相量图如图 4-2(b)所

示。由式(4-1)、式(4-2)及图 4-2 所示可知:

$$\begin{cases} u_U + u_V + u_W = 0 \\ \dot{U}_U + \dot{U}_V + \dot{U}_W = 0 \end{cases} \tag{4-3}$$

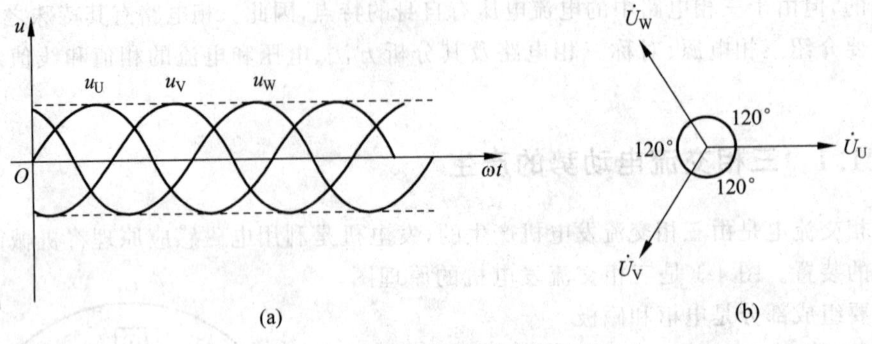

图 4-2 三相对称电压波形图及相量

三相电压经过同一量值(如极大值)的先后次序为三相电压的相序。上述 U、V、W 三相中的任何一相均在相位上超前于后一相 120°,例如,U 相超前于 V 相 120°。相序为 U→V→W,通常称为正相序或正序。如果相反,即 V 相超前 U 相 120°,W 相超前 V 相 120°,相序为 W→V→U,则称为负相序或负序。

在实际应用中,三相制各相之间的相序至关重要。当两组三相电源的相序不同时,若其中一相的相位相同,则其余两相同标号的相位均相差 120°,无法并列(即并联)运行,因此,当各输电线两端接至不同电源时,必须查明其相序。此外,当将电动机接到三相电源时,若相序接反,电动机将发生倒转。在现场,常用不同颜色标志各相接线及端子。我国采用黄、绿、红三色分别标志 U、V、W 三相。此外,在端子上用字母 U、V、W(或 A、B、C)标识。

当三相电源的相序未知时,可以用相序指示器进行测量及判定。

4.1.2 三相电源的连接方法

三相电源并不是每相直接引出两根线和负载相接,而是把它们按一定方式连接后,再向负载供电。通常有两种连接方式,一种称为星形连接(Y 形连接),另一种称为三角形连接(△形连接)。

1. 三相电源的星形连接

图 4-3 所示是三相电源的星形连接,即三相交流发电机绕组的三个末端 U_2、V_2、W_2 连在一起,以始端 U_1、V_1、W_1 引出作输出端。

在星形连接中,三相绕组末端的连接点形成一个节点,称为电源的中性点,标记为 N。从电源中性点 N 的引出线称为中性线(俗称零线),用字母 NN′表示。中性线通常和大地相接。

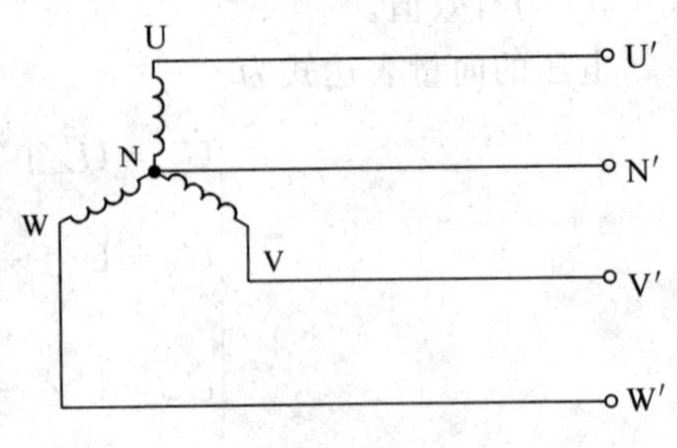

图 4-3 三相电源的星形连接

从三个线圈首端 U、V、W 向外的引出线称为相线或端线(俗称火线),用字母 UU′、VV′、WW′表示,这种供电方式称为三相四线制,工厂里的低压配电线路大都属于三相四线制。如果三相电源只引出三根线与负载相接,则称为三相三线制供电方式。

电源每相绕组两端的电压,或者相线与中性线之间的电压,称为电源的相电压,分别为 U_{UN}、U_{VN}、U_{WN},也可简写为 U_U、U_V、U_W(或 U_P 表示);任一两相绕组始端之间的电压或任意两根端线之间的电压,称为线电压,分别为 U_{UV}、U_{VW}、U_{WU}(或用 U_L 表示)。

相电压的正方向规定为从绕组的始端指向尾端;线电压的正方向习惯上按 U、V、W 的顺序决定,例如,U_{UV} 是自 U 端指向 V 端。

当三相电源连接成星形时,可以同时提供相电压和线电压。很显然,相电压与线电压是不相等的。根据 KVL 定律,相电压与线电压关系为

$$\begin{cases} u_{UV}=u_U-u_V \\ u_{VW}=u_V-u_W \\ u_{WU}=u_W-u_U \end{cases} \tag{4-4}$$

式(4-4)说明,线电压的瞬时值等于两相电压瞬时值之差。由于上述各量都是同频率的正弦量,因此各式中的电压关系可以用相量表示

$$\begin{cases} \dot{U}_{UV}=\dot{U}_U-\dot{U}_V \\ \dot{U}_{VW}=\dot{U}_V-\dot{U}_W \\ \dot{U}_{WU}=\dot{U}_W-\dot{U}_U \end{cases} \tag{4-5}$$

当对称时,取一式进行计算:

$$\dot{U}_{UV}=\dot{U}_U-\dot{U}_V=\dot{U}_U-\dot{U}_U\left(-\frac{1}{2}-j\frac{\sqrt{3}}{2}\right)=\dot{U}_U\left(1+\frac{1}{2}+j\frac{\sqrt{3}}{2}\right)=\sqrt{3}\dot{U}_U\angle 30^\circ$$

其余两个线电压也可推出类似结果。

结论:当三个相电压对称时,三个线电压有效值相等且为相电压的$\sqrt{3}$倍,即

$$U_L=\sqrt{3}U_P \tag{4-6}$$

相位上,线电压比相应的相电压超前 30°,即

$$\begin{cases} \dot{U}_{UV}=\sqrt{3}\dot{U}_U\angle 30^\circ \\ \dot{U}_{VW}=\sqrt{3}\dot{U}_V\angle 30^\circ \\ \dot{U}_{WU}=\sqrt{3}\dot{U}_W\angle 30^\circ \end{cases} \tag{4-7}$$

在我国低压配电系统中,规定相电压为 220V,线电压为 380V。

2. 三相电源的三角形连接

图 4-4 所示为三相电源的三角形连接,即把每相线圈的首端(或尾端)与它相邻的另一相线圈的尾端(或首端)依次相连,即 U_2 与 V_1、V_2 与 W_1、W_2 与 U_1 分别相连,连成一个闭合的三角形,并从 3 个连接点上分别引出一根导线作为电源引出端。由于三角形连接在实际应用中应用很少,所以这里只作粗略介绍。

显然,三角形接法是没有中点的,线电压就是相电压。相线与相线之间的线电压就是

发电机一组绕组上的电压，即线电压等于相电压。即

$$U_{UV}=U_U,\quad U_{VW}=U_V,\quad U_{WU}=U_W$$

其有效值用一般式表示为

$$U_L=U_P \tag{4-8}$$

需要注意的是，在三相发电机的 3 个绕组按照三角形连接时，3 个绕组构成了一个闭合回路，这个回路是不会产生电流的。这是因为 3 个绕组中所产生的三相电压是对称的，而三相对称电压瞬值的代数和等于零。

但是，如果三相电压不对称，或者接错了绕组的顺序，那么三相绕组的闭合回路中便会产生很大的电流，致使发电设备烧坏，这是不允许的。为了避免接错，三相发电机构成三角形连接时，先不要完全闭合，留下一个开口，在开口处接上一个交流电压表，如图 4-5 所示，若测得回路总电压等于零，则说明绕组的连接正确，这时再把电压表拆下来，将开口处接在一起，构成闭合回路。

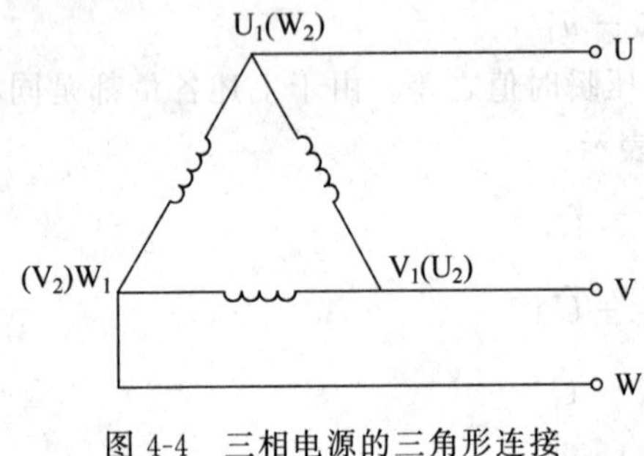

图 4-4　三相电源的三角形连接

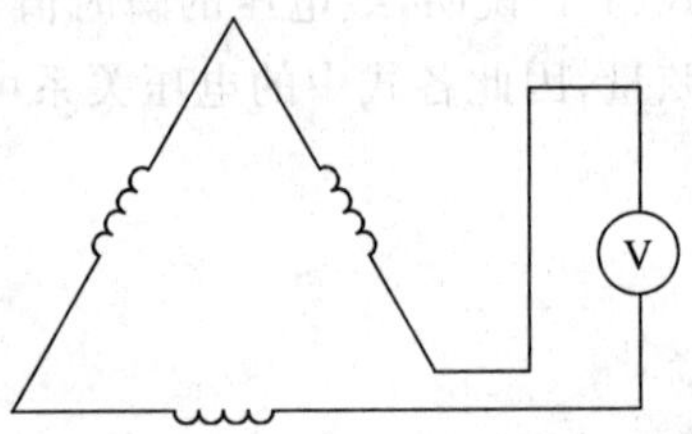

图 4-5　电源三角形连接的检测方法

4.2　三相负载及三相电路的分析计算

在三相制中，负载一般也是三相的，即由三部分所组成，每一部分称为负载的一相。如果三相负载各相完全相同，则称为对称三相负载；否则称为不对称三相负载。例如，三相电动机就是一种对称的三相负载。由对称三相电源和对称三相负载连接构成的电路称为对称三相电路。三相负载也可以由三个单相负载组成。在线性的情况下，三相负载可以用三个阻抗表示。

为了与三相电源相接，三相负载也有两种连接方式：星形连接与三角形连接，所以三相电源与三相负载之间的连接有五种组合，至于采用哪一种组合，取决于电源提供的电压等级与负载的额定电压，应该使负载承受的相电压等于其额定电压。

4.2.1　三相负载的星形连接

如果将每相负载的末端连成一点，用 N′表示，将始端分别接到三根相线上，这种接法像一个 Y 字，故称为 Y 形连接。若把电源中性点与负载中性点用导线连接起来，这种连接方法称为三相四线制电路，如图 4-6 所示。每相负载的阻抗分别为 Z_U、Z_V、Z_W，如果是对称三相负载，则 $Z_U=Z_V=Z_W$。

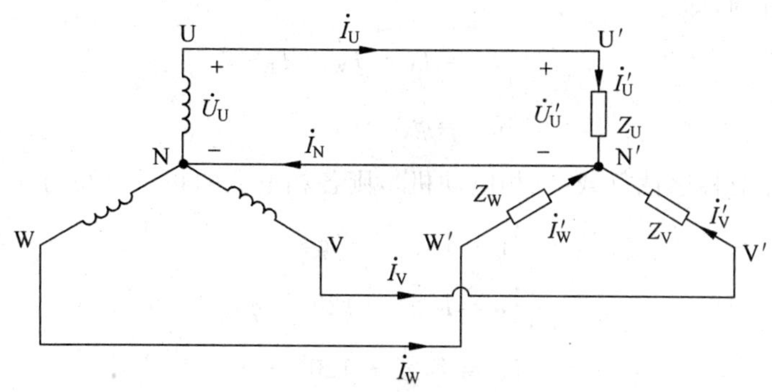

图 4-6　三相负载星形连接

1. 相电压与线电压的关系

由图 4-6 可见，忽略输电线上的阻抗，三相负载的线电压就是电源的线电压；三相负载的相电压就是电源的相电压。所以星形负载的线电压和相电压之间也就是$\sqrt{3}$倍的关系，即

$$U_L=\sqrt{3}U_P \tag{4-9}$$

2. 相电流与线电流的关系

三相电路中，流过每根端线中电流称为线电流，分别用 i_U、i_V、i_W 表示；流过每相负载的电流称为相电流，分别用 i'_U、i'_V、i'_W表示。由于在星形连接中，每根相线都和相应的每相负载串联，所以线电流等于相电流，即

$$I_L=I_P \tag{4-10}$$

这个关系对于对称三相负载或不对称三相星形负载都是成立的。

3. 相电压和相电流的关系

知道各相负载两端的电压后，就可以根据欧姆定律计算各相电流，它们的有效值为

$$\begin{cases} I_U=\dfrac{U_U}{Z_U} \\ I_V=\dfrac{U_V}{Z_V} \\ I_W=\dfrac{U_W}{Z_W} \end{cases} \tag{4-11}$$

各相负载的相电压和相电流之间的相位差，可按下列各式计算，即

$$\begin{cases} \varphi_U=\arctan\dfrac{X_U}{R_U} \\ \varphi_V=\arctan\dfrac{X_V}{R_V} \\ \varphi_W=\arctan\dfrac{X_W}{R_W} \end{cases} \tag{4-12}$$

如果三相负载对称，则各相电流的有效值相等，各相负载的阻抗角也相等，因此三个

相电流也是对称的，即

$$\begin{cases} I_U = I_V = I_W = I_P \\ \varphi_U = \varphi_V = \varphi_W \end{cases} \tag{4-13}$$

如果是三相对称感性负载(三相电动机)，则各相电流的相量可写为

$$\begin{cases} \dot{I}_U = I_P \angle 0^\circ - \varphi \\ \dot{I}_V = I_P \angle -120^\circ - \varphi \\ \dot{I}_W = I_P \angle +120^\circ - \varphi \end{cases} \tag{4-14}$$

其中，设U相的相电压为参考正弦量。三相对称感性负载的相电压与相电流的相量，如图4-7所示。

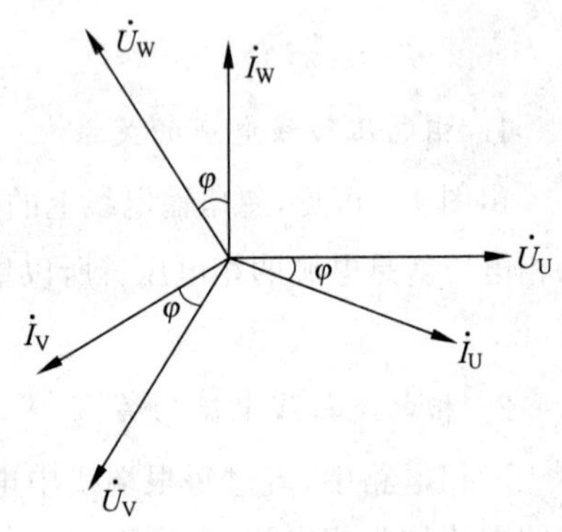

图4-7 三相对称感性负载相电压与相电流的相量图

4. 中性线电流

求出三个相电流后，根据基尔霍夫电流定律，中性线电流是三相相电流之和，即

$$\begin{cases} i_N = i_U + i_V + i_W \\ \dot{I}_N = \dot{I}_U + \dot{I}_V + \dot{I}_W \end{cases} \tag{4-15}$$

当三相电源对称，而三相星形连接的三相负载不对称时，流过每相负载的相电流大小是不相等的。由电流相量图可求出三个相电流相量之和不为零，表示这时通过中性线的电流 I_N 不等于零。

当三相负载不对称时，由于存在中性线，所以各相负载的相电压仍保持不变，且三相电压相等，星形连接的不对称负载的相电压保持对称，从而使负载正常工作。一旦中性线断开，则各相负载的相电压就不再相等，阻抗较小的相电压减小；阻抗较大的相电压增大。所以低压照明设备都要采用三相四线制，且不能把熔断器和其他开关设备安装在中性线内。连接三相电路时，应力求使三相负载对称。如三相照明电路中，应使照明负载平均接在三根相线上，不要全部接在同一相上。

如果是三相对称负载，由于三个相电流是对称的，因此它们的相量之和等于零。即

$$\dot{I}_N = \dot{I}_U + \dot{I}_V + \dot{I}_W = 0 \tag{4-16}$$

可见，在三相电路中对称负载作星形连接时，中性线电流为零，即中性线上没有电流通过，说明中性线不起作用，即使取消中性线，也不会影响电路的正常工作。所以，对于对称负载也可采用三相三线制的星形连接方式，如图4-8所示。

在实际电网中使用的三相电器的阻抗一般都是对称的，特别是大容量的电气设备，如三相异步电动机、三相电炉等。尽管在电网中也要接入单相负载，如单相电动机、单相照明负载等，但由于这些单相负载的容量较小，同时在供电网络布设时也尽量考虑到使各相的负载平衡，因此，大电网的三相负载可以认为基本上是对称的。在实际应用中高压输电

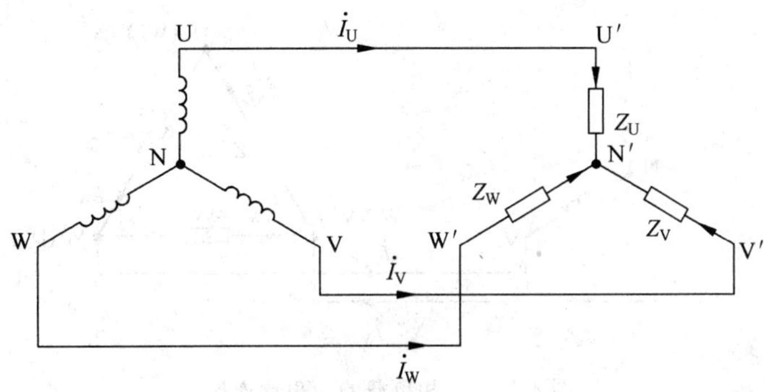

图 4-8　三相对称负载星形连接时的三相三线制电路

线都采用三相三线制。

【例 4-1】 如图 4-9 所示，对称三相电源的线电压为 380V，向一组三相对称负载供电，$Z_U=Z_V=Z_W=(8+j6)\Omega$，为 Y 形连接。试求：(1)各相电流及中线电流；(2)线电流。

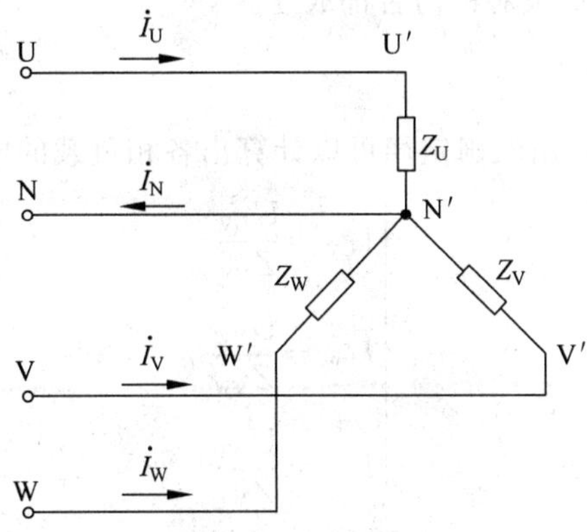

图 4-9　例 4-1 电路图

解：(1) 三相电源的相电压 $U_P=\dfrac{U_L}{\sqrt{3}}=\dfrac{380}{\sqrt{3}}=220(\text{V})$；

三相负载的相电流 $I_P=\dfrac{U_P}{Z_P}=\dfrac{220}{\sqrt{8^2+6^2}}=22(\text{A})$；

由于三相电源与三相负载的对称性，因此中线电流 $\dot{I}_N=0$。

(2) 三相对称负载星形连接，$I_L=I_P=22\text{A}$。

4.2.2　三相负载的三角形连接

负载的三角形连接是指依次把一相负载的末端和次一相负载的始端相连接，即将 U_2' 与 V_1' 相连、V_2' 与 W_1' 相连、W_2' 与 U_1' 相连，构成一个封闭的三角形；再分别将由 U_1'、V_1'、W_1' 引出的三根端线接在三相电源 U、V、W 三根相线上，如图 4-10 所示。

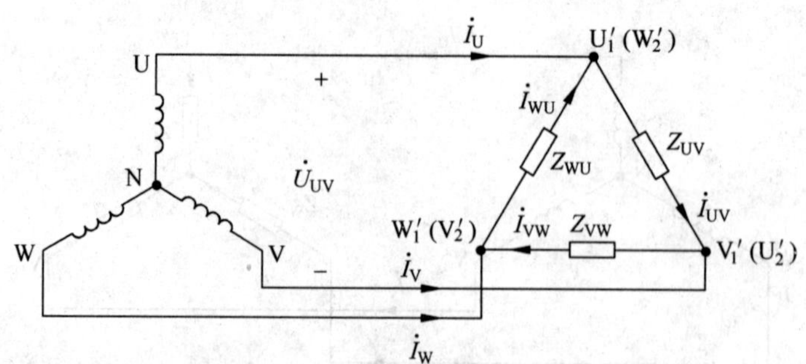

图 4-10 三相负载的三角形连接

1. 相电压与线电压的关系

由图 4-10 可以看出,当三相负载接成三角形时,每相负载的两端跨接在两根电源的相线之间,所以各相负载两端的相电压与电源的线电压相等,即

$$U_P = U_L \tag{4-17}$$

这个关系不论三角形负载对称与否都成立。

2. 相电压与相电流的关系

在图 4-10 所示电路中,由欧姆定律可以计算出各相负载的电流有效值为

$$\begin{cases} I_{UV} = \dfrac{U_{UV}}{Z_{UV}} \\ I_{VW} = \dfrac{U_{VW}}{Z_{VW}} \\ I_{WU} = \dfrac{U_{WU}}{Z_{WU}} \end{cases} \tag{4-18}$$

而各相负载的相电压和相电流之间的相位差,可由各相负载的阻抗三角形求得,即

$$\begin{cases} \varphi_{UV} = \arctan \dfrac{X_{UV}}{R_{UV}} \\ \varphi_{VW} = \arctan \dfrac{X_{VW}}{R_{VW}} \\ \varphi_{WU} = \arctan \dfrac{X_{WU}}{R_{WU}} \end{cases} \tag{4-19}$$

如果三相负载对称,则

$$\begin{cases} R_{UV} = R_{VW} = R_{WU} = R \\ X_{UV} = X_{VW} = X_{WU} = X \end{cases} \tag{4-20}$$

又因为电源线电压对称,所以对于三相负载

$$U_{UV} = U_{VW} = U_{WU} = U_L = U_P \tag{4-21}$$

由式(4-20)和式(4-21)可得

$$\begin{cases} I_{UV}=I_{VW}=I_{WU}=I_P=\dfrac{U_P}{Z} \\ \varphi_{UV}=\varphi_{VW}=\varphi_{WU}=\varphi=\arctan\dfrac{X}{R} \end{cases} \tag{4-22}$$

式(4-22)说明,在三角形连接的三相对称负载电路中,三个相电流也是对称的,即各相电流的大小相等,各相的相电压和相电流之间的相位差也相等。

3. 相电流与线电流的关系

按图 4-10 所示的电路,根据基尔霍夫电流定律,可得到相电流和线电流的关系。即

$$\begin{cases} i_U=i_{UV}-i_{WU} \\ i_V=i_{VW}-i_{UV} \\ i_W=i_{WU}-i_{VW} \end{cases} \tag{4-23}$$

电流的有效值相量关系式为

$$\begin{cases} \dot{I}_U=\dot{I}_{UV}-\dot{I}_{WU} \\ \dot{I}_V=\dot{I}_{VW}-\dot{I}_{UV} \\ \dot{I}_W=\dot{I}_{WU}-\dot{I}_{VW} \end{cases} \tag{4-24}$$

式(4-24)表明,线电流有效值相量等于两个相电流有效值相量之差。

三相负载作三角形连接时,不论三相负载对称与否,由式(4-24)表明的关系都是成立的。但在三相负载对称情况下,相电流与线电流之间还有其特定的大小和相位关系。根据式(4-24)可画出其相量图,如图 4-11 所示。

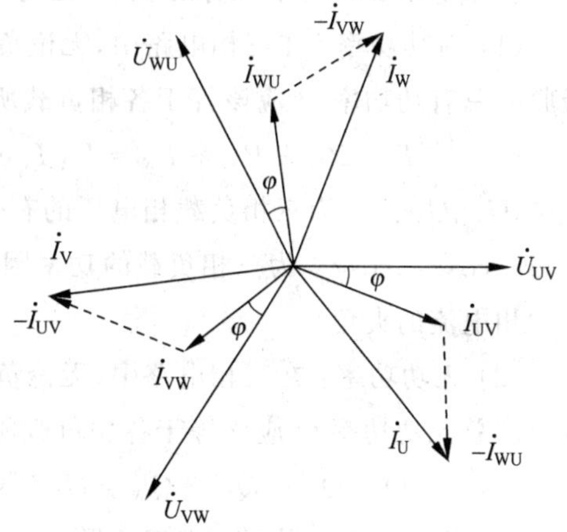

图 4-11　三相对称感性负载三角形连接时电压与电流的相量图

因为三个相电流是对称的,所以三个线电流也是对称的。线电流在相位上比相应的相电流滞后 30°,其大小可由相量图中求得

$$\frac{I_U}{2}=I_{UV}\cos30^\circ=\frac{\sqrt{3}}{2}I_{UV}$$

$$I_U=\sqrt{3}I_{UV}$$

由此可得到

$$I_L=\sqrt{3}I_P \tag{4-25}$$

上式表明,当三相对称负载作三角形连接时,线电流等于相电流的$\sqrt{3}$倍。

【例 4-2】　某对称三相负载,每相负载为 $Z=5\angle45^\circ\Omega$,接成三角形,接在线电压为 380V 的电源上,如图 4-12 所示,求 $\dot{I}_U$、$\dot{I}_V$、$\dot{I}_W$。

解：设 $\dot{U}_{UV}=380\angle 0°\text{V}$，则相电流为

$$\dot{I}_{UV}=\frac{\dot{U}_{UV}}{Z}=\frac{380\angle 0°}{5\angle 45°}=76\angle -45°(\text{A})$$

故线电流为

$$\dot{I}_U=\sqrt{3}\dot{I}_{UV}\angle -30°=131.63\angle -75°(\text{A})$$

由对称性可知

$$\dot{I}_V=131.63\angle 165°(\text{A})$$

$$\dot{I}_W=131.63\angle 45°(\text{A})$$

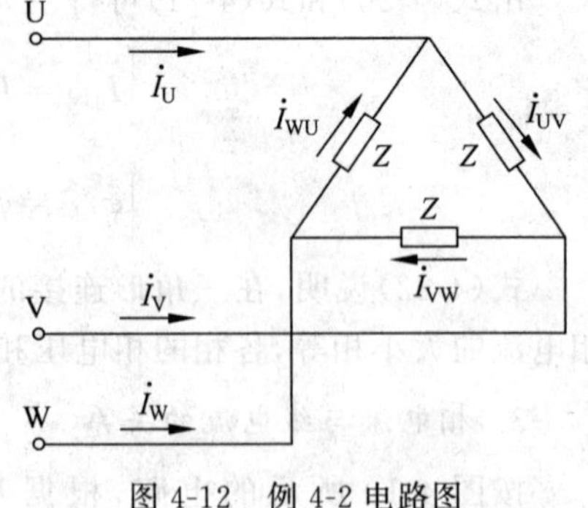

图 4-12 例 4-2 电路图

4.3 三相功率及其测量

4.3.1 三相功率

三相电路负载功率有有功功率、无功功率和视在功率。

(1) 有功功率：在三相电路中，无论负载接法如何以及负载是否对称，其三相负载所吸收的总有功功率 P 应该等于各相负载所吸收的有功功率之和：

$$P=P_U+P_V+P_W=U_UI_U\cos\varphi_U+U_VI_V\cos\varphi_V+U_WI_W\cos\varphi_W \tag{4-26}$$

式中，U_U、U_V、U_W 为三相负载相电压的有效值；I_U、I_V、I_W 为三相负载相电流的有效值；$\cos\varphi_U$、$\cos\varphi_V$、$\cos\varphi_W$ 为三相负载的功率因数；φ_U、φ_V、φ_W 为 U、V、W 三相的相电压与对应的相电流的夹角。

(2) 无功功率：在三相电路中，无论负载接法如何以及负载是否对称，其三相负载所吸收的总无功功率 Q 应该等于各相负载所吸收的功率之和：

$$Q=Q_U+Q_V+Q_W=U_UI_U\sin\varphi_U+U_VI_V\sin\varphi_V+U_WI_W\sin\varphi_W \tag{4-27}$$

(3) 视在功率：根据功率三角形，三相负载总的视在功率 S 为

$$S=\sqrt{P^2+Q^2} \tag{4-28}$$

三相电路在对称的情况下，以上计算公式可以简化。而且在实际工作中，三相制的运行状态总是力求对称的，所以对称三相电路的功率计算，一般更为常用。这里主要讨论对称三相电路的功率计算，不对称电路的计算请参阅其他相关书籍。

在对称三相电路中，各相负载上的相电压的有效值都是相等的，相电流的有效值也是相等的，各相功率因数也是相等的。不论负载是星形连接还是三角形连接，总的有功功率必定等于各相有功功率之和。因此三相总功率为

$$P=3P_p=3U_PI_P\cos\varphi \tag{4-29}$$

式中，φ 角是相电压 U_P 与相电流 I_P 之间的相位差。

当对称负载是星形连接时

$$U_L=\sqrt{3}U_P,\quad I_L=I_P$$

当对称负载是三角形连接时

$$U_L = U_P, \quad I_L = \sqrt{3} I_P$$

不论对称负载是三角形连接，还是星形连接，由上述公式可得：

$$P = \sqrt{3} U_L I_L \cos\varphi \tag{4-30}$$

式中，φ 角是相电压 U_P 与相电流 I_P 之间的相位差，即负载阻抗的阻抗角。

式(4-29)和式(4-30)都可用来计算三相有功功率，但通常多用式(4-30)进行计算，因为线电压和线电流的数值比较容易测量，或者是已知的。

同理，可得出三相无功功率 Q、视在功率 S 和功率因数 λ：

$$Q = 3U_P I_P \sin\varphi = \sqrt{3} U_L I_L \sin\varphi \tag{4-31}$$

$$S = 3U_P I_P = \sqrt{3} U_L I_L \tag{4-32}$$

$$\lambda = \cos\varphi = P/S \tag{4-33}$$

式(4-31)～(4-33)表明：三相对称时，三相功率等于单相功率的 3 倍。无功功率及视在功率也是如此，而功率因数则等于各相的功率因数。

【例 4-3】 有一个对称三相负载，每相的电阻 $R=6\Omega$，容抗 $X_C=8\Omega$，接在线电压为 380V 的三相对称电源上，分别计算下面两种情况下负载的有功功率，并比较其结果：(1)负载为三角形连接；(2)负载为星形连接。

解：(1) 负载为三角形连接时，每相负载的阻抗为

$$|Z| = \sqrt{R^2 + X_C^2} = 10(\Omega)$$

相电压 $U_P = U_L = 380(\text{V})$

相电流 $I_P = \dfrac{U_P}{|Z|} = \dfrac{380}{10} = 38(\text{A})$

线电流 $I_L = \sqrt{3} I_P = \sqrt{3} \times 38 = 66(\text{A})$

功率因数 $\cos\varphi = \dfrac{R}{|Z|} = \dfrac{6}{10} = 0.6$

有功功率 $P_\Delta = \sqrt{3} U_L I_L \cos\varphi = \sqrt{3} \times 380 \times 66 \times 0.6 = 26(\text{kW})$

(2) 负载为星形连接时

相电压 $U_P = \dfrac{U_L}{\sqrt{3}} = \dfrac{380}{\sqrt{3}} = 220(\text{V})$

相电流 $I_P = I_L = \dfrac{U_P}{|Z|} = \dfrac{220}{10} = 22(\text{A})$

有功功率 $P_Y = \sqrt{3} U_L I_L \cos\varphi = \sqrt{3} \times 380 \times 22 \times 0.6 = 8.7(\text{kW})$

比较两种结果，得 $\dfrac{P_\Delta}{P_Y} = \dfrac{26}{8.7} \approx 3$

该例说明，三角形连接时的相电压是星形连接时的$\sqrt{3}$倍，而总有功功率是星形连接

时的 3 倍，所以，要使负载正常工作，负载的接法必须正确。若正常工作是星形连接而误接成三角形，会因每相负载承受过高电压，导致功率过大而烧毁；若正常工作是三角形连接而误接成星形，会因功率过小而不能正常工作。

4.3.2 三相功率的测量

在对称的三相交流电路中，可用一只功率表测出其中一相的功率，乘以 3 就是三相总功率，这种测量方法称为一瓦特计法。

三相四线制电路中，负载一般是不对称的，需分别测出各相功率后再相加，得到三相总功率，称为三瓦特计法，测量电路如图 4-13 所示。

对于三相三线制电路不论其是否对称，都可用图 4-14 所示电路测量负载的总功率，这种方法称为二瓦特计法。两只功率表的接线原则是：两只功率表的电流线圈分别串接于任意两根端线中，而电压线圈分别并联在本端线与第三根端线之间，这样两块功率表的读数的代数和就是三相电路的总功率(注意电压线图与电流线图“*”端的连接)。显然，二瓦特计法的测量线路除了图 4-14 接法外，还有两种形式，请读者自行画出。

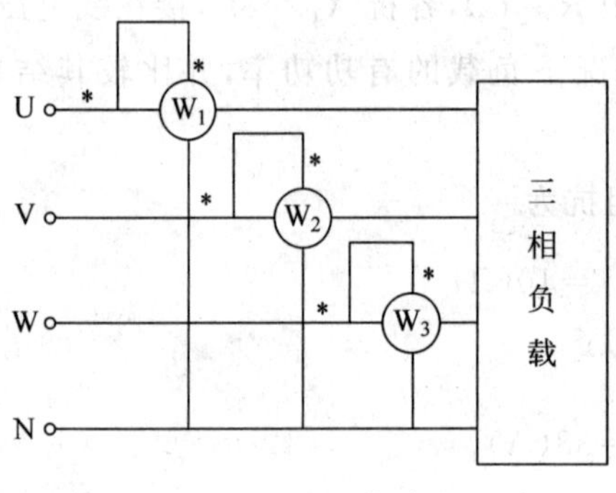

图 4-13 三瓦特计法

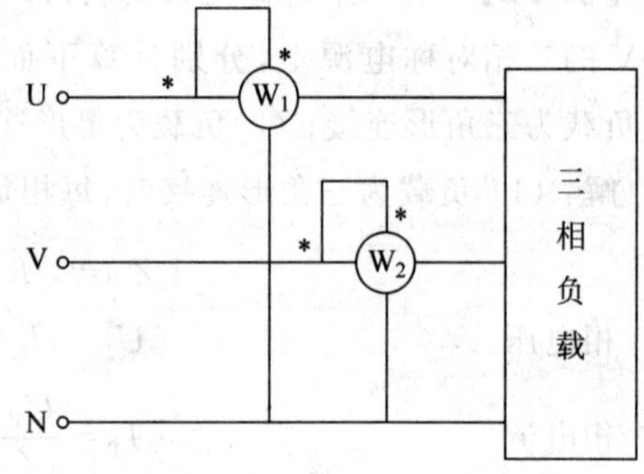

图 4-14 二瓦特计法

下面证明二瓦特计法的正确性。

假设负载作星形连接(任何形式连接的三相负载都可以等效变换为星形连接形式)，因此三相负载的瞬时功率可写为

$$p = p_U + p_V + p_W$$

因为在三相三线制电路中，$i_U + i_V + i_W = 0$，所以

$$i_W = -i_U - i_V$$

将以上两式代入平均功率表达式，得

$$\begin{aligned} P &= \frac{1}{T}\int_0^T p\,dt = \frac{1}{T}\int_0^T [u_U i_U + u_V i_V + u_W(-i_U - i_V)]dt \\ &= \frac{1}{T}\int_0^T (u_{UW} i_U + u_{VW} i_V)dt \\ &= U_{UW} I_U \cos\varphi_1 + U_{VW} I_V \cos\varphi_2 \\ &= P_1 + P_2 \end{aligned} \tag{4-34}$$

式中，φ_1 是线电压 $\dot{U}_{UW}$ 与线电流 $\dot{I}_U$ 之间的相位差；φ_2 是线电压 $\dot{U}_{WV}$ 与线电流 $\dot{I}_V$ 之间的相位差。式(4-34)是图 4-14 中两功率表读数的代数和，即该代数和为三相电路的总功率。

在一定条件下，当 $\varphi_1 > 90°$ 或 $\varphi_2 > 90°$ 时，相应的功率表的读数为负值，这样，求总功率时应将负值代入。需要注意，二瓦特计法中任一个功率表的读数都是没有意义的。

除对称三相电路外，因为 $i_U + i_V + i_W \neq 0$，所以二瓦特计法不适应于三相四线制电路。

4.4 实训 单相与三相电能表的安装

1. 实训目标

(1) 掌握单相电能表的电路安装与调试。

(2) 掌握三相电能表的电路安装与调试。

(3) 进一步熟悉电工操作安全规范和 8S 现场管理。

2. 材料清单

本实训所需的材料见表 4-1。

表 4-1 单相与三相电能表安装材料明细表

序　号	名　称	数　量
1	10A 单相电能表	3 台
2	15W、20W、40W 白炽灯及灯座	各 1 套
3	拉线开关	3 个
4	BV 1.5mm 7 股铜软线	若干
5	电工常用工具	1 套
6	端子排	1 组
7	5A 三相电能表	1 台
8	0.5 级穿心式电流互感器	3 台
9	线卡、线槽	若干

3. 实训步骤

1) 实训前的准备

(1) 按照电工实训安全规范检查着装和物品是否合格，按 8S 标准检查实训台。

(2) 按材料清单领取材料和工具。检查领到的工具和材料外观是否完好，有无绝缘破损，性能是否合格，规格是否正确。用万用表检查主要元器件的通断和绝缘情况。

2) 单相电能表电路的安装(先读懂原理再实训)

具体步骤如下。

(1) 根据所给实物及电路原理图(图 4-15)，按比例画出盘面布置图。布置图要美观、合理。

图 4-15　单相电能表电路安装图

（2）根据所给实物及电路原理图、盘面布置图画出接线图。经同组同学检查签字确认后备用。

（3）参照盘面布置图、接线图和原理图进行接线安装。

接线应符合电工安全规范，按照电工安装工艺要求操作。器件要求安装牢固、端正，紧固点不小于 2 个点。器件之间要留有 10cm 间距。走线要横平竖直，器件之间走线不应有接头。火线、零线、保护线颜色要统一，每 20cm 要有线卡固定。接线完成用万用表测试有无短路、断路后经指导老师允许后通电。通电顺序从电源侧到负载侧，断电顺序从负载侧到电源侧。

使用电能表注意事项如下。

① 电能表安装前必须检查有无铅印，有无产品合格证书。

② 与表配合的接线要求是铜线或铜接头，不宜用铝线。

③ 电能表所带的负载应在额定负载的 5%～150%内选取。

④ 电能表运行的转盘应从左到右转动。切断电源后，转盘还会转动。

⑤ 电能表必须按接线图接线，一般采用跳入式接线，即接入的是火线，出去的也是火

线；接入的是零线，出去的也是零线。

⑥ 电能表要垂直安装，安装一定要牢固，至少要 3 个安装点。

(4) 通电成功后，经教师允许后断电拆线，将实训台恢复原状。

3) 三相电能表的电路安装(先读懂原理再实训)

具体步骤如下。

(1) 根据所给实物及电路原理图(图 4-16 和图 4-17)，按比例画出盘面布置图。布置图要美观、合理。

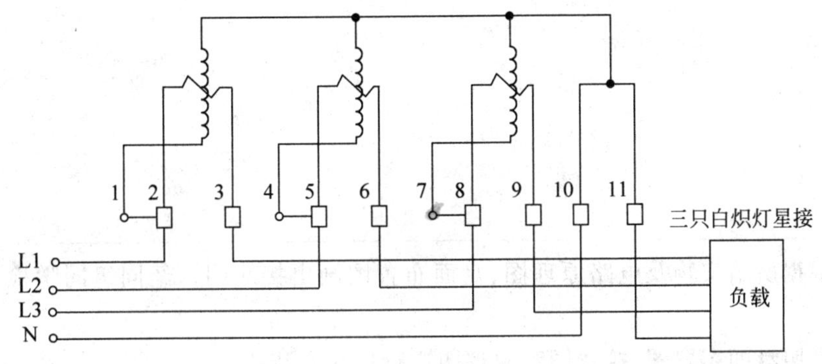

图 4-16　三相电表连接图

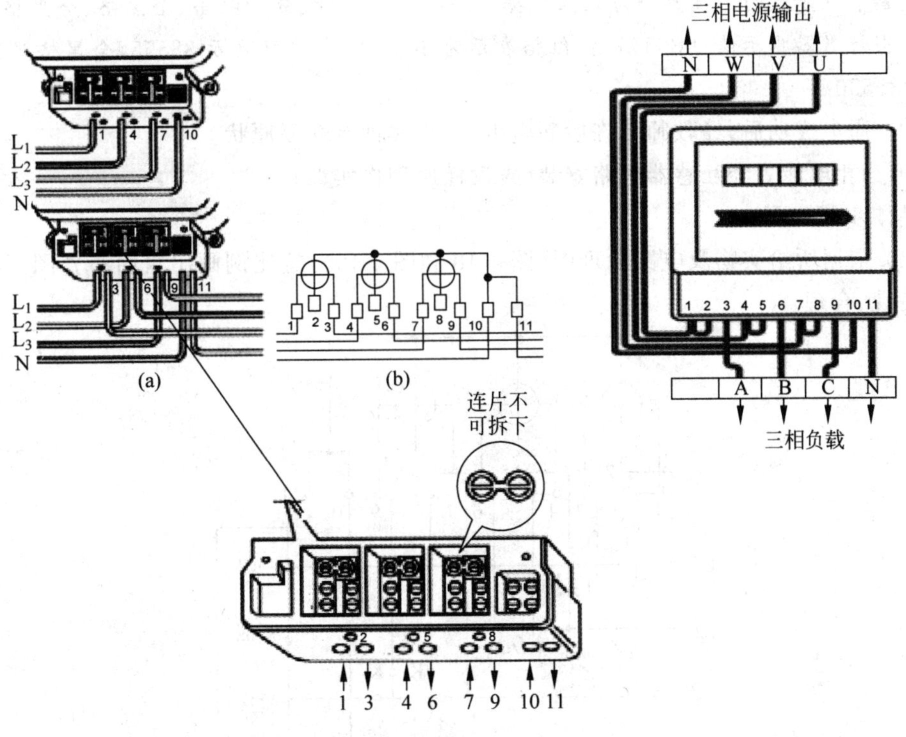

图 4-17　三相电能表接线图

(2) 根据所给实物及电路原理图、盘面布置图画出接线图。经同组同学检查确认签字后备用。

(3) 参照盘面布置图、接线图和原理图进行接线安装。

要求如上。

注意：电能表的计数器均为五位数据，标牌窗口的形式分为红格、全黑格、全黑格×10三种。当计数器指示值为38555时，红格表示为3855.5，全黑格表示38555，全黑格×10表示为385550。

(4) 通电成功后，经教师允许后断电拆线，将实训台恢复原状。

4) 三相电能表经互感器电路安装(先读懂原理再实训)

具体步骤如下。

(1) 根据所给实物及电路原理图(图4-18和图4-19)，按比例画出盘面布置图。布置图要美观、合理。

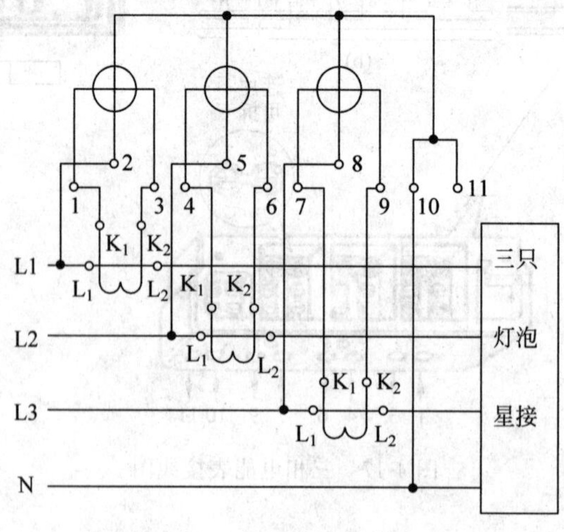

图4-18　接互感器原理图

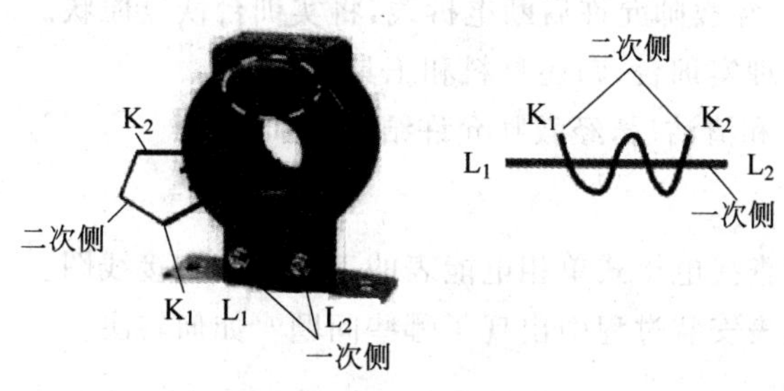

图 4-19 互感器接线图

(2) 根据所给实物及电路原理图、盘面布置图，画出接线图。经同组同学检查签字确认后备用。

(3) 参照盘面布置图、接线图和原理图进行接线安装。要求同上。

互感器安装注意事项如下。

① 安装前，必须查看电流互感器产品合格证书，并检查外观有无缺陷。

② 电流互感器在使用时，二次侧在任何情况下都不允许开路，但允许短路。

③ 电流互感器的二次侧和铁芯必须可靠接地。

④ 电流互感器应安装在金属架上，并与其他用电体保持一定距离。

⑤ 如电流互感器变比太大，电器负载线穿过贯通窗口时可多缠绕几圈，但读数要除以缠绕的圈数。

⑥ 电能表需要经电压或电流互感器接入时，可采用 0.5 级互感器，实际读数应为计数器读数乘以互感器的变比。

安装完成并检查后，经指导老师允许后通电。通电顺序从电源侧到负载侧，断电顺序从负载侧到电源侧。

(4) 通电成功后,经教师允许后断电拆线,将实训台恢复原状。

5) 按 8S 标准整理实训台,归还材料和工具

确保实训台断电和清洁后,经教师允许结束实训。

4. 实训作业

(1) 利用互联网查找电子式单相电能表的工作原理和接线图。

(2) 在三相电能表安装过程中出现了哪些问题?如何解决?

小　结

本模块主要介绍了三相交流电的电源、负载和功率。通过本模块实训内容的练习,可具备典型电能表线路的安装和调试能力。

(1) 三相交流电源的电动势是三相对称的电动势,即幅值相同、频率相等、相位互差 120°。

(2) 在三相四线制供电系统中,线电压在数值上是相电压的$\sqrt{3}$倍,在相位上超前于相应的相电压 30°。

(3) 三相负载有星形和三角形接法。

(4) 若三相负载对称,则不论是星形连接还是三角形连接,都可用以下公式计算三相负载功率:$P=\sqrt{3}U_L I_L\cos\varphi$,$Q=\sqrt{3}U_L I_L\sin\varphi$,$S=\sqrt{3}U_L I_L$。

习　题

(1) 一对称三相正弦电压源的 $\dot{U}_U=127\angle 90°\text{V}$。①试写出 $\dot{U}_V$,$\dot{U}_W$;②求 $\dot{U}_U-\dot{U}_W$,并与 $\dot{U}_U$ 进行比较;③求 $\dot{U}_V+\dot{U}_W$ 并与 $\dot{U}_U$ 进行比较;④画出相量图。

(2) 一台三相发电机的绕组连成星形时线电压为 6300V。①试求发电机绕组的相电压;②如将绕组改成三角形连接,求线电压。

(3) 三相电源星形连接时,若线电压 $u_{UV}=380\sqrt{2}\sin(\omega t+30°)$,写出线电压、相电压的相量表达式,并画出相量图。

(4) 一组三相对称负载,每相电阻 $R=10\Omega$,接在线电压为 380V 的三相电源上,试求下面两种接法的线电流。①负载接成三角形;②负载接成星形。

(5) 三相对称负载每相阻抗 $Z=(6+\text{j}8)\Omega$,每相负载额定电压为 380V。已知三相电源线电压为 380V,问此三相负载应如何连接?试计算相电流和线电流。

(6) 有两组对称三相负载,一组接成星形,每相阻抗 $Z_Y=(4+\text{j}3)\Omega$;一组接成三角形,每相阻抗 $Z_\Delta=(10+\text{j}10)\Omega$,都接到线电压为 380V 的电源上,试求三相电路的线电流。

(7) 有一个三相对称负载,每相的电阻 $R=8\Omega$、$X_L=6\Omega$,如果负载接成星形,接到 $U_L=380\text{V}$ 的三相电源上,求负载的相电压、相电流和有功功率。

(8) 有一台三相电动机，其功率为 3.2kW，功率因数 $\cos\varphi=0.8$，若该电动机接在 $U_L=380V$ 的电源上，求电动机的线电流。

(9) 当使用工业三相电阻炉时，常常采取改变电阻丝的接法调节加热温度，现有一台三相电阻炉，每相电阻为 8.68Ω，试计算：①线电压为 380V 时，电阻炉为三角形和星形连接的功率各为多少？②线电压为 220V 时，电阻炉为三角形连接的功率为多少？

(10) 连接成星形连接的对称负载，接在一个对称三相电源上，电源线电压为 380V，负载每相阻抗 $Z=8+j6\Omega$，求负载相电流的有效值、线电流有效值和三相总功率。

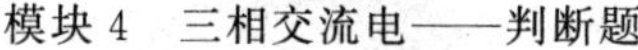

模块 4 三相交流电——判断题

模块 4 三相交流电——选择题和填空题

模块5

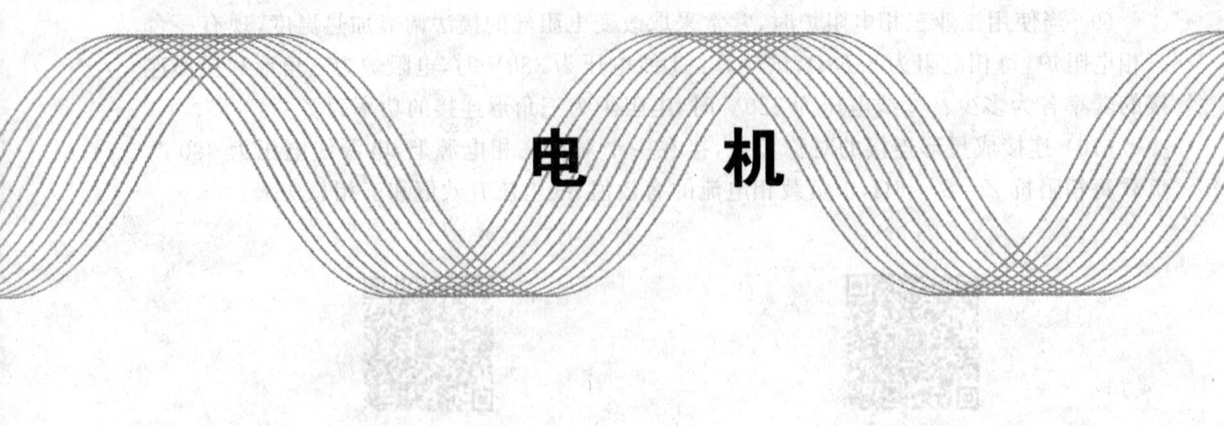

电　机

作为电类相关学科，特别是电气工程学科的主要技术基础课，电机学主要研究依据电磁感应定律、电磁力定律实现机电能量转换和信号传递与转换的装置，其全称应是电磁式电机，习惯上简称为电机。

电机的种类很多，分类方法也很多，本模块主要介绍变压器及三相异步电机相关的知识。通过本模块的学习，可以了解变压器的结构、作用及应用；三相异步电机的结构、工作原理及其控制电路；在此基础上，能够完成控制电路的设计，从而实现对知识的全面掌握。

1. 知识目标

(1) 掌握变压器的结构、工作原理及作用。

(2) 掌握三相异步电机的结构、工作原理及相关参数的计算。

(3) 学会分析及设计三相异步电机的控制电路。

2. 能力目标

(1) 熟练掌握所学知识并能够融会贯通、灵活运用。

(2) 在理论知识的基础上提升实际操作能力。

(3) 具备分析电路及设计电路的能力。

3. 素质目标

(1) 不仅培养学习能力，也要培养自学的能力。

(2) 不仅掌握理论知识，还要培养、提升动手实操能力及设计能力。

(3) 在学习过程中不仅培养学习能力，还要培养专业意识、严谨认真的态度、效率意识及创新意识。

5.1 概 述

5.1.1 电机的定义

电机可泛指所有实施电能生产、传输、使用和电能特性转换的机械或装置。

电机的种类很多,分类方法也很多。如按运动方式分,静止的有变压器,运动的有直线电机和旋转电机;直线电机和旋转电机继续按电源性质分,又可分为直流电机和交流电机两种;而交流电机按运行速度与电源频率的关系又可分为异步电机和同步电机两大类。鉴于直线电机应用较少,而电机学只侧重旋转电机的研究,故上述分类结果可归纳为

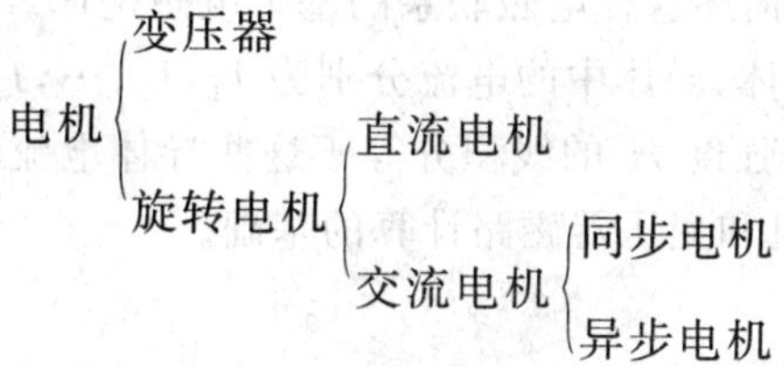

从习惯角度来说,人们还普遍接受另一种按功能分类的方法,具体如下。

- 发电机:由原动机拖动,将机械能转换为电能。
- 电动机:将电能转换为机械能,驱动电力机械。
- 变压器、变流器、变频器、移相器:用于改变电压、电流、频率和相位。
- 控制电机:进行信号的传递和转换,控制系统中的执行、检测或解算元件。

需要指出的是,同一台电机,既可作发电机运行,也可作电动机运行,只是从设计要求和综合性能考虑,其技术性和经济性不能兼顾。然而,无论是发电机运行,还是电动机运行,电机的基本任务都是实现机电能量的转换,而前提就是必须能够产生机械上的相对运动。电机包括一个静止部分和一个旋转部分,且二者之间必须有一个适当的间隙。在电机学中,静止部分被称为定子,旋转部分被称为转子,间隙被称为气隙。气隙中的磁场分布及其变化规律在能量转换过程中起决定性作用,这是电机学研究的重点问题之一。

5.1.2 电机中使用的材料

由于电机是依据电磁感应定律实现能量转换的,因此电机中必须要有电流通道和磁通通道,亦即通常所说的电路和磁路,并要求由性能优良的导电材料和导磁材料构成。电机中的导电材料用来绕制线圈(在电机学中将一组线圈称为绕组),电阻损耗小,故一般选用紫铜线(棒)。电机中的导磁材料又叫作铁磁材料,主要采用硅钢片又称为电工钢片。硅钢片是电机工业专用的特殊材料,其磁导率极高(可达真空磁导率的数百乃至数千倍),能减小电机体积,降低励磁损耗,但磁化过程中存在不可逆性磁滞现象,在交变磁场作用下还会产生磁滞损耗和涡流损耗。

除导电和导磁材料外,电机还需要能将电、磁两部分融合为一个有机整体的结构材

料。这些材料包括机械强度高、加工方便的铸铁、铸钢和钢板，此外，还包括大量介电强度高、耐热性能好的绝缘材料(如聚酯漆、环氧树脂、玻璃丝带、电工纸、云母片、玻璃纤维板等)，专用于导体之间和各类构件之间的绝缘处理。电机常用绝缘材料按性能划分为A、E、B、F、H、C六个等级。如B级绝缘材料可在130℃下长期使用，超过130℃则迅速老化，但H级绝缘材料允许在180℃下长期使用。

5.1.3 电机中的基本理论

1. 全电流定律

人们通常把磁场和电流当作两种独立无关的自然现象，直到1829年才发现了它们之间的内在联系，即磁场是由电流的激励而产生的。换句话说，磁场与产生该磁场的电流同时存在。全电流定律就是描述这种电磁联系的基本电磁定律。

设空间有 n 根载流导体，导体中的电流分别为 $I_1, I_2, \cdots, I_n$，则沿任意可包含所有这些导体的闭合路径 l，磁场强度 H 的线积分等于这些导体电流的代数和。全电流定律在电机中应用较广，它是电机和变压器磁路计算的基础。

2. 电磁感应定律

电磁感应定律是法拉第1831年发现的。将一个匝数为 N 的线圈置于磁场中，与线圈交链的磁链为 Ψ，则不论什么原因(如线圈与磁场发生相对运动或磁场本身发生变化等)，只要 Ψ 发生了变化，线圈内就会感应出电动势，该电动势倾向于在线圈内产生电流，以阻止 Ψ 的变化。设电流的正方向与电动势的正方向一致，即正电势产生正电流，而正电流又产生正磁通，即电流方向与磁通方向符合右手螺旋法则，则电磁感应定律的数学描述为

$$e = -\frac{\mathrm{d}\Psi}{\mathrm{d}t}$$

式中，负号表明感应电动势产生的电流所激励的磁场总是阻止线圈中磁链的变化，常称为楞次定律。导致磁通变化的原因可归纳为两大类，一类是磁通由时变电流产生，即磁通是时间 t 的函数；另一类是线圈与磁场间有相对运动，即磁通是位移变量 x 的函数。综合起来，磁通的全增量 $e = e_t + e_v$，e_t 为变压器电动势，它是线圈与磁场相对静止，仅由磁通随时间变化在线圈中产生的感应电动势，与变压器工作时的情况一样，由此而得名。e_v 为运动电动势，在电机学中也叫速度电动势或旋转电动势，或俗称为切割电动势，它是磁场恒定时，仅由线圈(或导体)与磁场之间的相对运动所产生。通常情况下，任一线圈中都可能同时存在上述两种电动势。

3. 电磁力定律

1) 电磁力定律

磁场对电流的作用是磁场的基本特性之一。将长度为 l 的导体置于磁场 B 中，通入电流 i 后，导体会受到力的作用，称为电磁力。其计算公式为

$$F = \sum \mathrm{d}F = i \sum \mathrm{d}l \cdot B$$

特别地，对于长直载流导体，若磁场与之垂直，则计算电磁力大小的公式可简化为

$$F = Bli$$

这就是通常所说的电磁力定律，也叫毕奥萨伐尔电磁力定律。式中，电磁力 F、磁场 B 和载流导体 l 的关系由左手定则(又称电动机定则)确定。

显然，当磁场与载流导体相互垂直时，电磁力有最大值。普通电机中，通常沿轴线方向，而 B 在径向方向，正是出于这种考虑。这种考虑与产生最大感应电动势的基本设计准则完全一致，实际上隐含了电机的可逆性原理。由左手定则可知，电磁力作用在转子的切向方向，因此会在转子上产生转矩。

2) 电磁转矩

由电磁力产生的转矩称为电磁转矩。若希望获得最大的电磁转矩，线圈两侧边处的磁场大小需恒相等、极性恒相反。对电机来说，则要求气隙磁场尽可能均匀，即 B 的大小处处都比较接近，这样，电机才有可能获得最大的电磁转矩。

在电动机里，电磁转矩是驱使电机旋转的原动力，即电磁转矩是驱动性质的转矩，在电磁转矩作用下，电能转换为机械能。在发电机里，电磁转矩是制动性质的转矩，即电磁转矩的方向与拖动发电机的原动机的驱动转矩的方向相反，原动机的驱动转矩为克服发电机内制动性质的电磁转矩而做功，从而将机械能转换为电能。

4. 铁磁材料的磁导率

电磁学中定义磁介质的磁导率为

$$\mu = B/H$$

式中，B 为磁感应强度(磁通密度)矢量；H 为磁场强度矢量；μ 为磁导率。对于均匀各向同性磁介质，B 和 H 显然是同方向的。

铁磁材料包括铁、钴、镍以及它们的合金。实验表明，所有非导磁材料的磁导率都是常数，并且都接近于真空磁导率 μ_0，但铁磁材料却是非线性的。磁导率 μ_{Fe} 在较大的范围内变化，而且数值远大于 μ_0，一般为 μ_0 的数百甚至数千倍。电机中常用的铁磁材料，μ_{Fe} 的范围是 $2000\mu_0 \sim 6000\mu_0$。

铁磁材料之所以有高导磁性能，从微观角度看，就在于铁磁材料内部存在很多很小的具有确定磁极性的自发磁化区域，并且有很强的磁化强度，相对于微型小磁铁，称之为磁畴。磁化前，这些磁畴随机排列，磁效应相互抵消，宏观上对外不显磁性。但在外界磁场作用下，这些磁畴将沿外磁场方向重新作有规则排列，外磁场同方向的磁畴不断增加，被完全磁化，导致内部磁效应不能相互抵消，从而在宏观上对外显示磁性。

5. 磁滞与磁滞损耗

被极化的铁磁材料在外磁场撤销后，磁畴的排列不可能完全恢复到原始状态，对外仍显磁性。铁磁材料中这种 B 的变化滞后于 H 的变化的现象被称为磁滞。或者说，铁磁材料的磁化过程是不可逆的。

在电机中常用的有硅钢片、铸铁、铸钢等铁磁材料称为软磁；电机中常用的铁氧体、稀土钴、钕铁硼等称为硬磁材料或永磁。

铁磁材料在交变磁场作用下的反复磁化过程中，因磁畴不停转动，相互摩擦，就会消耗能量，产生功率损耗，这种损耗称为磁滞损耗。由于硅钢片的磁滞回线面积很小，而且导磁性能好，可有效减小铁芯体积，因此大多数电机、变压器和大多数的铁芯都采用硅钢片，以减少磁滞损耗。

5.1.4 电机的作用和地位

在自然界各种能源中，电能具有大规模集中生产、远距离经济传输、智能化自动控制的突出特点，作为电能的产生、传输、使用和电能特性转换的核心装置，电机在现代社会所有行业和部门中占据着越来越重要的地位。

对电力工业本身来说，电机就是发电厂和变电站的主要设备。在机器制造业和其他所有轻、重型制造工业中，电动机的应用非常广泛。一个现代化的大中型企业，通常要装备几千甚至几万台不同类型的电动机。在电气化铁路和城市交通以及作为现代化高速交通工具之一的磁悬浮列车中，在建筑、医药、粮食加工工业中，在供水和排灌系统中，在航空、航天领域，在制导、跟踪、定位等自动控制系统以及脉冲大功率电磁发射技术等国防高科技领域，在伺服传动、机器人传动和自动化控制领域，在电动工具、电动玩具、家用电器办公自动化设备和计算机外部设备中……总之，在一切工农业生产、国防、文教、科技领域，以及人们的日常生活中，电机的应用越来越广泛。

纵观电机发展，其应用范围不断扩大，使用要求不断提高，结构类型不断增多，理论研究不断深入。特别是近 30 年来，伴随着电力电子技术和计算机技术的进步，尤其是超导技术的重大突破和新原理、新结构、新材料、新工艺、新方法的不断推动，电机发展更是呈现出勃勃生机。

5.1.5 电机的发展趋势

新型电机、特种电机仍将与新原理、新结构、新材料、新工艺、新方法联系最密切，也是发展最活跃的方向。从环保角度看，低振动、低噪声、无电磁干扰、有再生利用能力以及高效率、高可靠性是最基本的要求，这对电机的设计制造和运行控制，尤其是原理、结构、材料、工艺等，无疑是一个新的挑战。此外，随着工业自动化的不断发展，智能化电机或智能化电力传动的概念也被越来越多的人所认可。这种智能化包括两个方面，一方面是系统所具有的控制能力和学习能力；另一方面是电机的容错运行能力。容错型电机的基本要求就是以安全为前提，允许电机在故障和误操作的情况下容错运行，直至故障消失或系统恢复自动控制。这对传统电机运行观念无疑是一个严峻的挑战。

计算机技术和电力电子技术的更广泛应用将把已在电机领域内引发的革命性变化不断推向深入，并最终使电机从分析、设计、制造、运行到控制、维护、管理，实现全过程、全方位最优化和自动化、智能化。系统的分析必须将电机与系统以及电力电子装置融为一个整体，由此形成“电子电机学”。在我国，“电力电子与电力传动”已经发展成为一门新的学科。

总之，融合科技进步的最新成就，不断追求新的突破，这是电机乃至所有科学技术发展的永恒主题。它激励着我们努力学习，勇于探索。

5.2 变 压 器

变压器是一种静止的电气设备，它利用电磁感应原理，将一种交流电压的电能转换成同频率的另一种交流电压的电能。在电力系统中，为了将大功率的电能输送到远距离的用户区，需采用升压变压器将发电机发出的电压(通常为10.5kV～20kV)逐级升高到220kV～500kV，以减少线路损耗。当电能输出到用户地区后，再用降压变压器逐级降到配电电压，供动力设备、照明使用。因此变压器的总容量要比发动机的总容量大得多，一般是(6～7)∶1。所以在电力系统中，变压器具有重要的作用。

5.2.1 变压器的分类、基本结构、额定值

1. 变压器的分类

变压器可以按用途、绕组数目、相数、冷却方式分别进行分类。

- 按用途分类可分为电力变压器、互感器、特殊用途变压器。
- 按绕组数目分类可分为双绕组变压器、三绕组变压器、自耦变压器。
- 按相数分类可分为单相变压器和三相变压器。
- 按冷却方式分类可分为以空气为冷却介质的干式变压器和以油为冷却介质的油浸变压器。

2. 变压器的基本结构

变压器的基本结构可分为铁芯、绕组、油箱、套管。

1) 铁芯

铁芯是变压器的磁路，它分为芯柱和铁轭两部分。芯柱上套绕组，铁轭连接芯柱构成闭合磁路。为了减少交变磁通在铁芯中产生磁滞损耗和涡流损耗，变压器铁芯由厚度为0.27mm、0.3mm、0.35mm的冷轧高硅钢片叠装而成。国产硅钢片典型规格有DQ120～DQ151。为了进一步降低空载电流、空载损耗，铁芯叠片采用全斜接缝，上层(每层2片～3片叠片)与下层叠片接缝错开。芯柱截面是内接于圆的多级矩形，铁轭与芯柱截面相等，如图5-1所示。

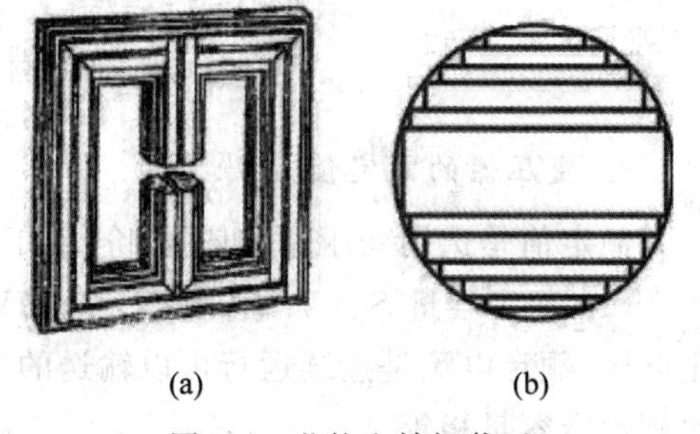

图5-1 芯柱和铁轭截面

2) 绕组

绕组是变压器的电路部分，它由包有绝缘材料的铜(或铝)导线绕制而成。装配时低压绕组包裹着铁芯，高压绕组套在低压绕组外面，高低压绕组间设置有油道(或气道)，以加强绝缘和散热。高低压绕组两端到铁轭之间都要衬垫端部绝缘板。圆筒式绕组如图5-2所示。将绕组装配到铁芯上成为器身，如图5-3所示。

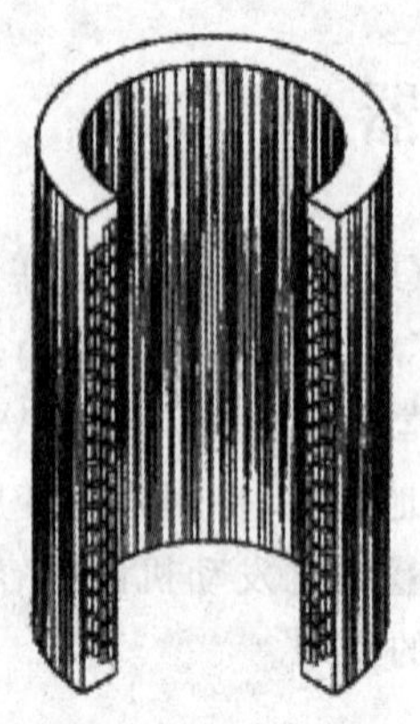
图 5-2 圆筒式绕组

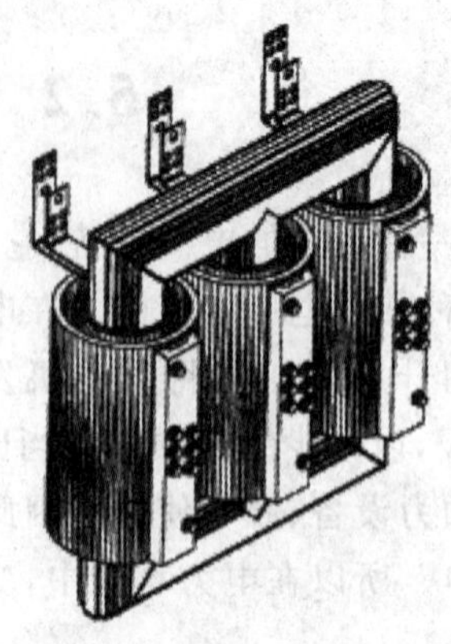
图 5-3 三相变压器器身

3）油箱

除了干式变压器以外，电力变压器的器身都放在油箱中，箱内充满变压器油，其目的是提高绝缘强度(因变压器油绝缘性能比空气好)、加强散热。

4）套管

变压器的引线从油箱内穿过油箱盖时，必须经过绝缘套管，以使高压引线和接地的油箱绝缘。绝缘套管一般是瓷质的，为了增加爬电距离，套管外形通常制成多级伞形，10kV～35kV 套管采用充油结构，如图 5-4 所示。

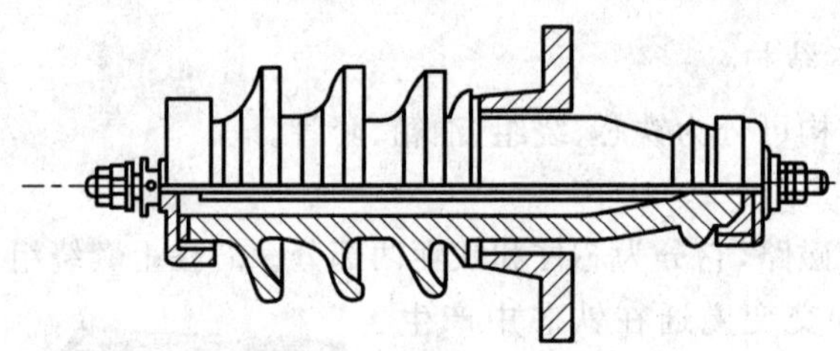
图 5-4 35kV 套管

3. 变压器的额定值

额定值是选用变压器的依据，介绍如下。

(1) 额定容量 S_N(V·A，kV·A，MV·A)：它也是变压器的视在功率。变压器额定电压、额定电流是连续运行可以输送的容量。由于变压器效率高，设计规定一次侧、二次侧额定容量相等。

(2) 一次侧、二次侧额定电压 U_{1N}、U_{2N}(V，kV)：变压器长时间运行所能承受的工作电压值。规定二次侧额定电压 U_{2N} 是当变压器一次侧外加额定电压 U_{1N} 时二次侧的空载电压。对于三相变压器，额定电压指线电压。

(3) 一次侧、二次侧额定电流 I_{1N}、I_{2N}(A)：变压器允许长期通过的工作电流。对于三相变压器，额定电流指线电流。

单相变压器 $$I_{1N}=\frac{S_N}{U_{1N}},\quad I_{2N}=\frac{S_N}{U_{2N}}$$

三相变压器 $I_{1N}=\dfrac{S_N}{\sqrt{3}U_{1N}}$， $I_{2N}=\dfrac{S_N}{\sqrt{3}U_{2N}}$

【例 5-1】 一台 Yd11 连接(一次侧星形连接，二次侧三角形连接)的三相变压器，额定容量 $S_N=3150\text{kV}\cdot\text{A}$，$\dfrac{U_{1N}}{U_{2N}}=\dfrac{35}{6.3}$，则

一次侧额定电流 $I_{1N}=\dfrac{S_N}{\sqrt{3}U_{1N}}=\dfrac{3150}{\sqrt{3}\times 35}=51.96(\text{A})$

一次侧额定电流 $I_{2N}=\dfrac{S_N}{\sqrt{3}U_{2N}}=\dfrac{3150}{\sqrt{3}\times 6.3}=288.68(\text{A})$

(4) 额定频率 f(Hz)：我国电网频率 $f=50\text{Hz}$。

(5) 额定运行时绕组温升(K)：油浸变压器的线圈温升限值为 65K。

(6) 空载损耗：变压器二次侧开路，在额定电压时变压器所产生的损耗，约等于变压器的铁耗。

(7) 短路损耗：将变压器二次侧短路，使一次侧电压逐渐升高，当二次侧绕组的短路电流达到额定值时，变压器所消耗功率约等于变压器的铜耗。

(8) 阻抗电压(短路阻抗)：将变压器二次侧绕组短路，使一次侧电压逐渐升高，当二次侧绕组的短路电流达到额定值时，一次侧电压与额定电压的比值。

阻抗电压是涉及变压器成本、效率及运行的重要经济技术指标。同容量变压器，阻抗电压小的成本低、效率高、价格便宜，运行时的压降及电压变动率较小，电压质量容易得到控制和保证。从变压器运行条件出发，希望阻抗电压小一些较好。从限制变压器短路电流条件出发，希望阻抗电压大一些较好，以免电气设备(如断路器、隔离开关、电缆等)在运行中无法经受短路电流的作用而损坏，所以在制造变压器时，必须根据设备运行条件来设计阻抗电压，且应尽量小一些。

5.2.2 交流铁芯线圈电路

设主磁通 $\Phi=\Phi_m\sin\omega t$，漏磁通 $\Phi_\sigma=\Phi_{\sigma m}\sin\omega t$。

漏磁通大部分在空气中通过，而空气的磁导率为常数，因此励磁电流与漏磁通成正比，因而漏电感也为常数 $L_\sigma=N\dfrac{\Phi_\sigma}{i}$，所以漏磁通产生的电动势为 $E_\sigma=IX_\sigma=I\omega L_\sigma$

主磁通通过铁芯线圈，μ 不是常数，因此 L 也不是常数，所以不能用上述方法进行分析，而要用基本电磁感应定律进行分析。

$$e=-N\frac{\mathrm{d}\Phi}{\mathrm{d}t}=-N\frac{\mathrm{d}(\Phi_m\sin\omega t)}{\mathrm{d}t}=2\pi fN\Phi_m\sin\left(\omega t-\frac{\pi}{2}\right)=E_m\sin\left(\omega t-\frac{\pi}{2}\right)$$

其有效值为

$$E=\frac{E_m}{\sqrt{2}}=4.44fN\Phi_m$$

在铁芯线圈中除了主、漏磁通产生的感应电动势外，线圈电阻也产生电压降，所以

$$\dot{U}=-\dot{E}-\dot{E}_\sigma+R\dot{I}$$

式中

$$E \gg E_\sigma,\quad E \gg IR$$

所以

$$U \approx E = 4.44fN\Phi_m,\quad \Phi_m \approx \frac{U}{4.44fN}$$

说明当外加电压及频率恒定时，主磁通 Φ_m 基本保持不变。

5.2.3 变压器的工作原理

变压器有电压变换、电流变换、阻抗变换及隔离等作用。

1. 电压变换

如图 5-5 所示，变压器的一次侧绕组 AX 接在电源上、二次侧绕组 ax 开路，此运行状态称为空载运行。在图 5-6 中，二次侧绕组接有负载阻抗，故为负载运行。

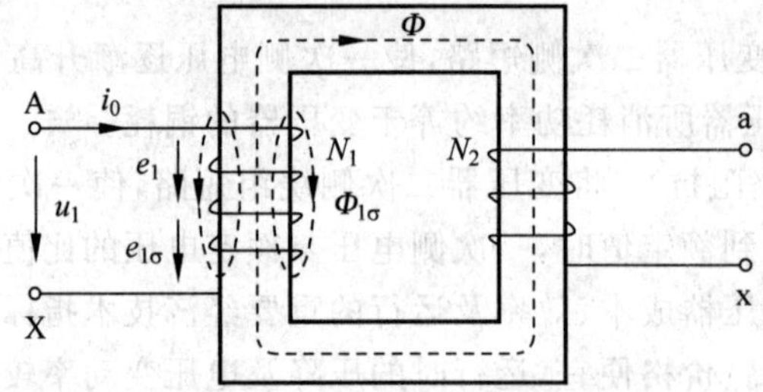

图 5-5 变压器的空载运行

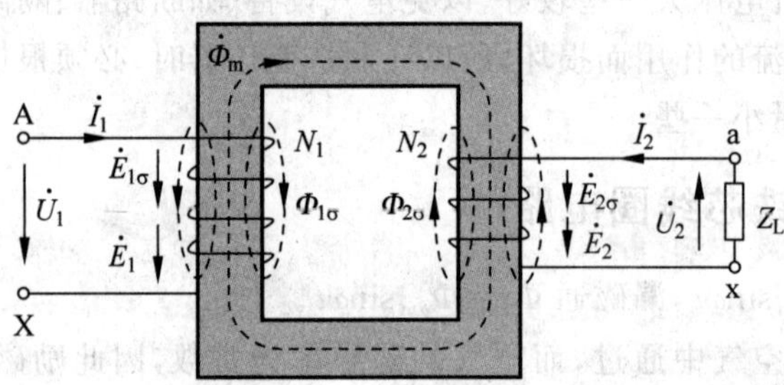

图 5-6 变压器的负载运行

空载运行时，副边无负载，$i_2=0$，此时原边绕组中的电流成为空载电流 i_0。当原边忽略漏感和线圈电阻时有

$$U_1 = -E_1 = -4.44fN_1\Phi_m,\quad U_2 = E_2 = 4.44fN_2\Phi_m$$

所以

$$U_1/U_2 = E_1/E_2 = N_1/N_2$$

变压器有载时与无载时一样：

$$U_1/U_2 = N_1/N_2 = K\text{（}K\text{ 为变压比或匝数比）}$$

可见，电压与匝数成正比，当 $K>1$ 时，为降压变压器；当 $K<1$ 时，为升压变压器；当 $K=1$ 时，为等压变压器，等压变压器有隔离电路的作用。

2. 电流变换

由于空载与有载时原边电压 U_1 不变，所以主磁通不变，产生磁通的磁势也不变，因此有磁势平衡方程式

$$\dot{I}_1 N_1 + \dot{I}_2 N_2 = \dot{I}_0 N_1$$

因 I_0 很小，可忽略。所以有 $I_1 N_1 = I_2 N_2$，即 $\frac{I_1}{I_2}=\frac{N_2}{N_1}=\frac{1}{K}$，变压器的电流与匝数成反比。

【例 5-2】 某变压器一次侧 $U_1=220\text{V}$，$N_1=550$ 匝；二次侧其中一绕组 $U_2=36\text{V}$，$P_2=180\text{W}$，另一绕组 $U_2'=110\text{V}$，$P_2'=550\text{W}$。求二次侧两绕组匝数 N_2、N_2'及一次侧电流 I_1（忽略变压器损耗）。

解：根据能量守恒

$$P_1 = P_2 + P_2' = 180 + 550 = 730(\text{W})$$

$$I_1 = \frac{P_1}{U_1} = \frac{730}{220} = 3.32(\text{A})$$

电压变换：
$$\frac{U_1}{U_2}=\frac{N_1}{N_2}=\frac{220}{36} \to N_2 = 90(\text{匝})$$

$$\frac{U_1}{U_2'}=\frac{N_1}{N_2'}=\frac{220}{110} \to N_2' = 275(\text{匝})$$

3. 阻抗变换作用

阻抗是电阻和电抗的总称。阻抗变换能实现阻抗匹配，阻抗匹配能获得最大的功率传输，而阻抗失配不但得不到最大的功率传输，还可能对电路产生损害。已知在变压器中电压之比是匝数的正比，而电流之比是匝数的反比，则

$$Z_1 = \frac{U_1}{I_1} = \frac{KU_2}{\frac{I_2}{K}} = K^2 \frac{U_2}{I_2} = K^2 Z_L$$

阻抗之比是匝数比的平方，即 $\frac{Z_1}{Z_L}=K^2$。

【例 5-3】 已知某电路电压源电压 $U_S=6\text{V}$，内阻 $R_0=100\Omega$，负载 $R_L=8\Omega$。

求：(1) 负载上得到的功率是多少？

(2) 利用变压器实现阻抗匹配($R_L=R_0$)，所得到的最大功率 P_2 是多少？并求变压比 K。

解：(1)
$$I = \frac{U_S}{R_0 + R_L} = \frac{6}{100+8} = 0.056(\text{A})$$

$$P_L = I^2 R_L = 0.025(\text{W})$$

(2) 变压器阻抗变换有 $\frac{R_1}{R_L}=\frac{100}{8}=K^2 \to K=3.5 \to U_2=0.857(\text{V})$。

$$\frac{U_1}{U_2}=\frac{3}{U_2}=3.5$$

负载上得到最大输出功率

$$P_L=\frac{U_2^2}{R_L}=\frac{0.857^2}{8}=0.09(\text{W})$$

5.2.4 变压器的极性

同极性端又称同名端，是指铁芯中的磁通变化时，在该端产生的感应电动势的极性相同，或电流从两个线圈的同极性端流入时，产生的磁通方向相同，用·或 * 表示。在使用变压器时，必须知道同名端，以便正确连接。

例如，在图 5-7 所示变压器电路中，每个原边线圈的额定电压为 110V，副边线圈的额定电压分别为 3V 和 9V。

当接 220V 的电源时，应将 2、3 相连，1、4 与电源两个线圈串联；当接 110V 电源时，应将 1、3 相连，2、4 相连，两线圈并联接到 110V 电源上。

若要得到 12V 的输出时，应将 6、8 相连，从 5、7 两个端子输出；若要得到 6V 的输出时，应将 6、7 相连，从 5、8 两个端子输出。

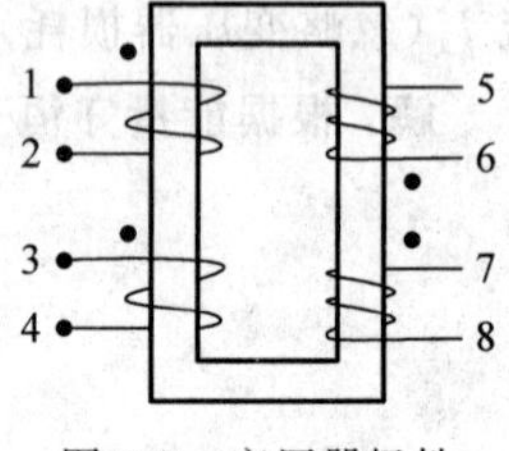

图 5-7　变压器极性

5.2.5 变压器的损耗

变压器的运行性能有两个重要指标：电压变化率和效率。由于变压器一次侧、二次侧绕组都有漏阻抗，当负载电流通过时必然在这些漏阻抗上产生电压降，二次侧端电压将随负载的变化而变化。为了描述这种电压变化的大小，引入参数电压变化率。

电压变化率 $\Delta U\%$的定义：变压器一次侧绕组施加额定电压、负载大小及其功率因数一定、空载与负载时，二次侧端电压之差与额定电压 U_{2N} 之比，即

$$\Delta U\%=\frac{U_{1N}-U_2}{U_{1N}}\times 100\%$$

变压器的效率定义为

$$\eta=\frac{P_2}{P_1}\times 100\%$$

式中，P_2 为二次侧绕组输出的有功功率，P_1 为一次侧绕组输入的有功功率。一般不宜采用直接测量 P_1、P_2 的方法，工程上常采用间接法测定变压器的效率，即测出各种损耗以计算效率，所以上式可改为

$$\eta=\frac{P_1-\sum p}{P_1}\times 100\%$$

式中，$\sum p$ 为铁耗＋铜耗。

变压器的损耗包括铜损和铁损。铜损是线圈电阻的发热损耗，热损耗与线圈导线材料和导线长度、直径及环境温度有关。铁损又包括铁芯涡流损耗和磁滞损耗。磁铁材料既导磁又导电，在交变磁通通过铁芯时，在线圈和铁芯中都有感应电动势产生，在磁铁中会出现旋涡式的电流，称为涡流，涡流在铁芯中产生的能量损耗称为涡流损耗。磁滞损耗使铁芯在交变磁场内反复磁化的过程消耗磁场能量，使磁铁发热。

为了减小涡流损耗，一方面采用电阻率较高的铁磁材料（如硅钢）减小涡流；另一方

面可以把整块铁芯改成顺着磁场方向彼此绝缘的硅钢片叠成，从而限制涡流在较小的截面内流过。因此，铁损与磁芯硅钢片导磁性、厚度、表面绝缘性及叠放紧密度有关。变压器的损耗越小，效率越高。设计完善、制作精良的变压器效率可达90%或95%以上，大型变压器由于有很好的散热装置效率甚至可达到99%以上。

变压器的温升是因为损耗转为热量而引起的。正常运行时有规程规定温度数据。在升负荷情况下，温度会随之缓慢上升。如果负荷不变，且冷却不变，温度比平时高出10℃以上，说明内部有故障产生。

5.2.6 三相变压器和特殊变压器

1. 三相变压器

为了变换三相电压可采用三相变压器。三相变压器的一、二次侧绕组都可以接成星形或三角形。如图5-8和图5-9所示，需注意的是：变比 K = 一次相电压/二次相电压。

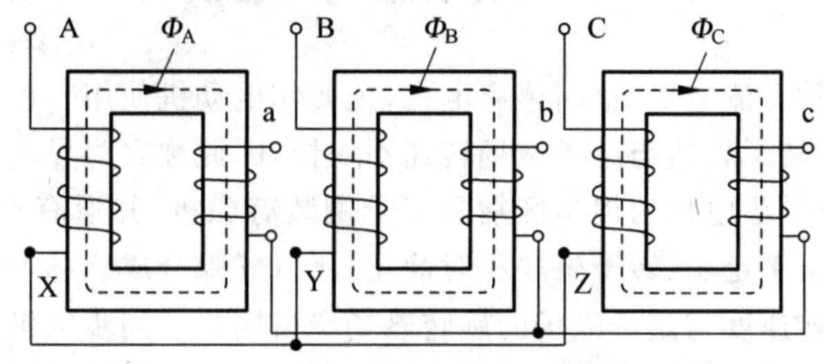

图5-8 三相组式变压器

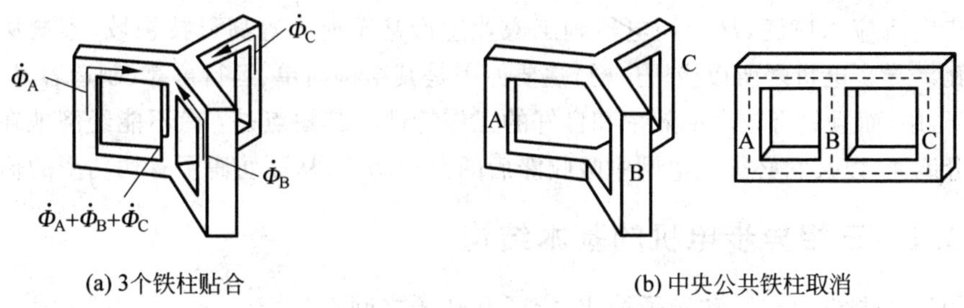

(a) 3个铁柱贴合　　(b) 中央公共铁柱取消

图5-9 三相心式变压器铁芯的演变

变压器铭牌是一个简单的说明书，需要了解其中的含义。

例如：型号为SJ1-50/10，S表示为三相；J表示为油浸自冷式；1为设计序号；50表示额定容量为50kV·A；10表示高压绕组额定电压为10kV。

额定容量 S_n 表示变压器可能传递的最大功率。三相变压器额定容量为

$$S=\sqrt{3}U_{2N}I_{2N}=\sqrt{3}U_{1N}I_{1N}$$

一次绕组额定电压 U_{1N} 指正常工作时，在一次侧绕组上应加的电压值；二次侧绕组额定电压 U_{2N} 指变压器空载时，一次侧加上额定电压后二次侧的开路电压，在三相变压器中指线电压。

额定电流在三相变压器中指线电流。

2. 自耦变压器

自耦变压器如图 5-10 所示。

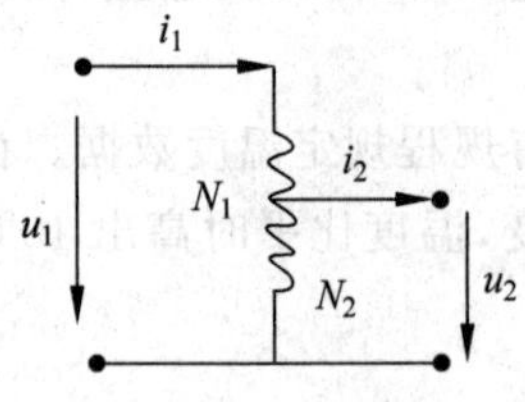

图 5-10　自耦变压器

3. 仪用互感器

电压互感器,使用时铁芯、金属外壳及低压绕组的一端都必须接地,以防范高、低压绝缘损坏,低压侧出现高电压。另外,要防止低压侧短路烧坏绕组,因此要装熔断器作短路保护。

电流互感器,使用时铁芯和二次侧绕组的一端都必须接地。电流互感器工作时,二次侧不得开路,以防止铁芯中磁通急剧增大,使二次侧绕组感应数百伏电压,发生事故。同时铁损耗大大增加,使铁芯发热以致烧坏互感器绝缘。

5.3　三相异步电机

异步电机是一种交流电机,也叫感应电机,主要作电动机使用。该种电机的转速达不到旋转磁场的转速,转子转速与定子磁场转速不一样,因此称之为异步电机。同步电机也是一种交流电机,与异步电机的根本区别是转子侧装有磁极,并通有直流电流励磁,因此具有确定的极性。由于定子、转子磁场相对静止,所以气隙合成磁场恒定。同步电机的运行特点是转子的旋转速度与定子磁场的旋转磁场严格同步。同步电机主要用作发电机。

异步电机定子相数有单相、三相两类。单相异步电机转子是笼型,三相异步电机转子结构有鼠笼式、线绕式两种。

异步电机应用广泛,从家用电器到工农业生产甚至航天等高科技领域,容量从几瓦到几千千瓦。异步电机之所以应用广泛,主要原因是其结构简单、运行可靠、制造容易、价格低廉、坚固耐用,而且具有较高的效率和良好的工作特性。其缺点是:尚不能经济地在较大范围内平滑调速,以及它必须从电网中吸收滞后的无功功率,从而妨碍了有功功率的输出。

5.3.1　三相异步电机的基本结构

三相异步电机由定子和转子构成,定子和转子之间有气隙。

1. 定子

定子由定子铁芯、定子绕组和机座三部分组成,如图 5-11 所示。铁芯的作用是作为电机磁路的一部分和嵌放定子绕组,如图 5-12 所示。为减少交变磁场在铁芯中的损耗,铁芯一般采用导磁性能良好、损耗较小的 0.5mm 硅钢片冲制叠压而成。为了嵌放定子绕组,将钢片冲制若干个形状相同的槽,如图 5-13 所示。定子绕组如图 5-14 所示,其作用是感应电动势、流过电流、实现机电能量转换。定子绕组在槽内部分与铁芯间必须可靠、绝缘。机座一般用铸铁做成,如图 5-15 所示,主要用于固定和支撑定子铁芯,要求有足够的机械强度。

2. 转子

转子由转子铁芯、转子绕组和转轴组成。转子铁芯是电机磁路的一部分,同样由 0.5mm 硅钢片冲制后叠压而成,如图 5-16 和图 5-17 所示。

图 5-11 异步电机定子的外形及其端子

图 5-12 定子铁芯

图 5-13 定子冲片

图 5-14 定子三相对称绕组模型

图 5-15 定子铁芯与机座

图 5-16 转轴

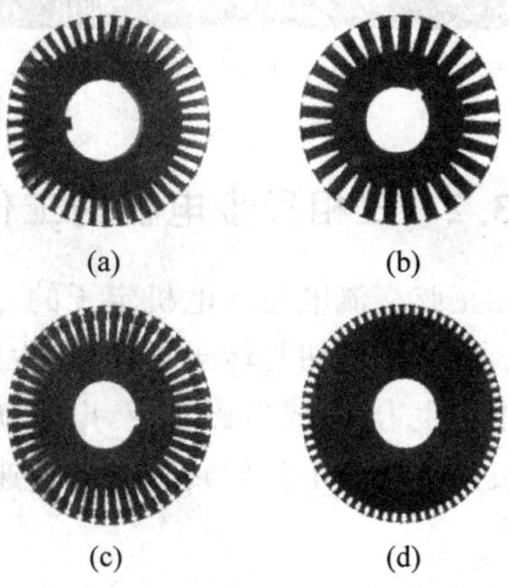

图 5-17 转子冲片

转轴起支撑转子铁芯和输出机械转矩的作用。转子绕组的作用是感应电动势、流过电流和产生电磁转矩。转子分为鼠笼式和线绕式两种。鼠笼式转子如图 5-18 和图 5-19 所示。线绕式异步电机还有滑环、电刷机构,如图 5-20 所示。

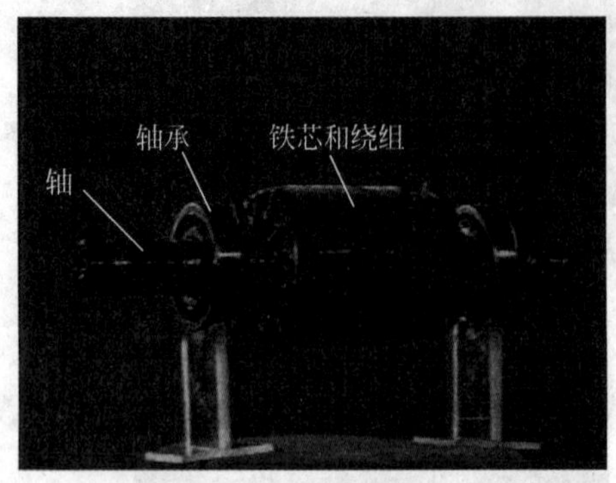

图 5-18 鼠笼式转子

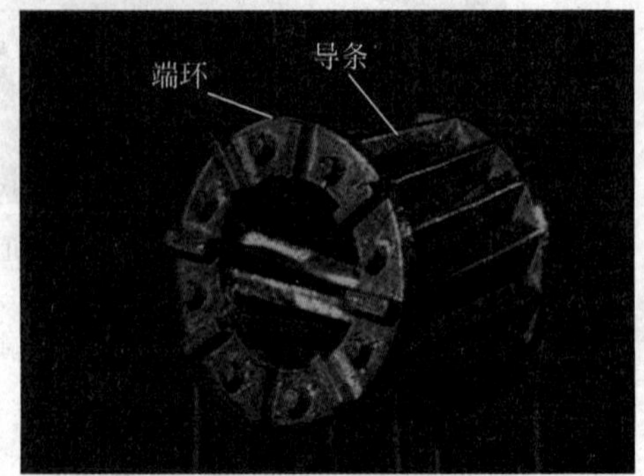

图 5-19 鼠笼式绕组

3. 气隙

异步电机中定子与转子之间的气隙很小,如图 5-21 所示。对于中小型异步电机,气隙一般为 0.2～1.5mm。气隙的大小对异步电机的性能影响很大,为降低电机的空载电流和提高电机的效率,气隙应尽可能小,但气隙太小又会造成定子与转子在运行中产生摩擦,因此气隙的大小应为定子、转子运行中不造成机械摩擦所允许的最小值。

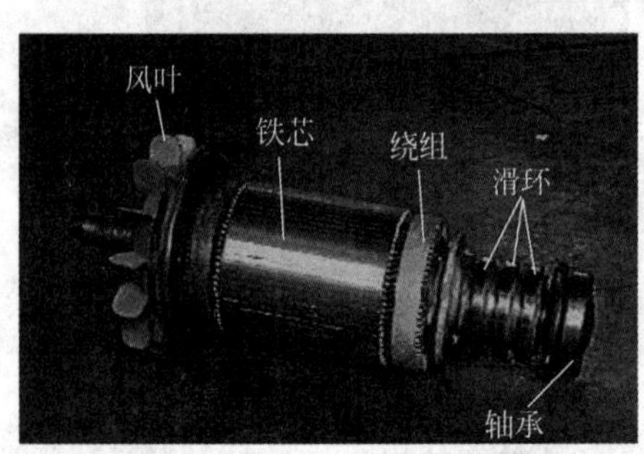

图 5-20 线绕式转子

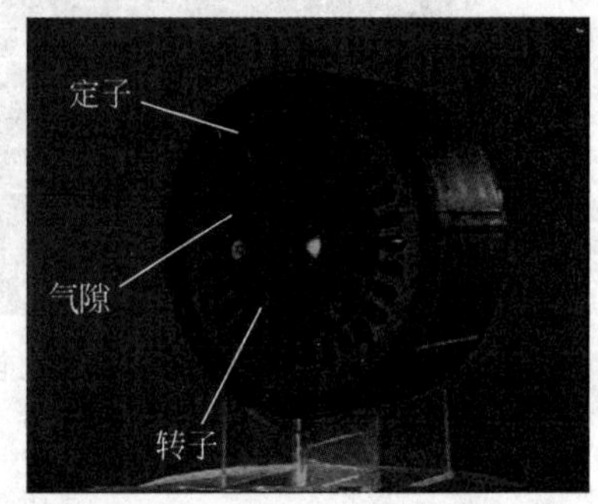

图 5-21 定子铁芯气隙

5.3.2 三相异步电机的工作原理

三相正弦交流电通入电机定子的三相绕组,产生旋转磁场,旋转磁场的转速称之为同步转速。旋转磁场切割转子导体,产生感应电势,在转子绕组中感生电流。转子电流在旋转磁场中产生力,形成电磁转矩,电机就转动起来了。

电机的转速达不到旋转磁场的转速就不能切割磁力线,也就没有感应电动势,电机就会停下来。

1. 转差率 S

为描述转速,引入参数转差率 S。S 是分析异步电机运行情况的主要参数。

设同步转速为 n_0，电机的转速为 n，则转速差为 n_0-n。电机的转速差与同步转速之比定义为异步电机的转差率 S，则有

$$S=\frac{n_0-n}{n_0}$$

当异步电机的负载发生变化时，转子的转差率 S 也随之发生变化，使转子导体的电势、电流和电磁转矩均发生相应的变化。按转差率的正负、大小，异步电机可分别用作电动机和发电机。

即当 $n<n_=$，$0<S<1$ 时，异步电机为电动机状态；

当 $n>n_=$，$S<0$ 时，异步电机为发电机状态。

2. *旋转磁场*

1）旋转磁场的产生

设电机为 2 极，每相绕组只有一个线圈，如图 5-22 所示。

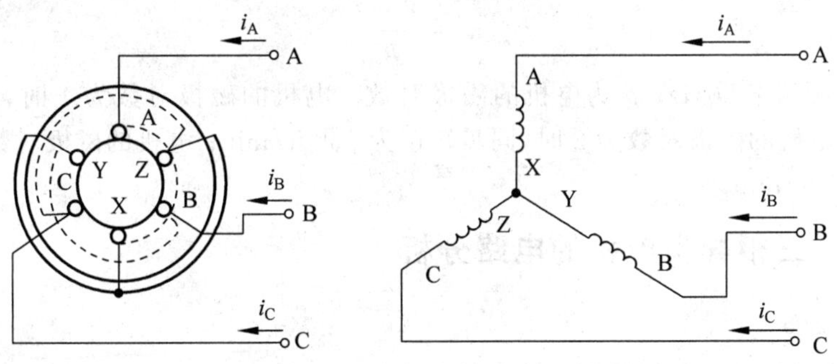

图 5-22 电路

如图 5-23 中，在 $0\sim T/2$ 区间，分析有一相电流为零的几个点。规定：当电流为正时，从首端进，尾端出；电流为负时，从尾端进，首端出。

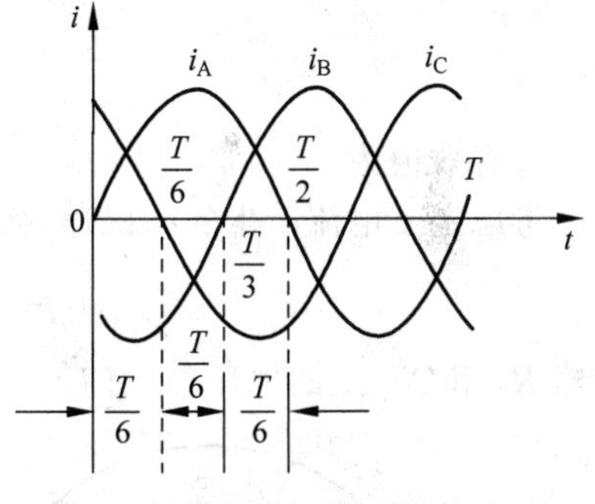

图 5-23 波形图

$t=0$ 时，$i_A=0$，i_B 为负，i_C 为正。i_B 为负，电流实际方向与正方向相反，即电流从 Y 端流到 B 端；i_C 为正，电流实际方向与正方向一致，即电流从 C 端流到 Z 端。按右手螺旋法则确定三相电流产生的合成磁场，如图 5-24(a)中箭头所示。

$t=T/6$ 时，i_A 为正；i_B 为负；$i_C=0$。i_A 为正，电流从 A 端流到 X 端；i_B 为负，电流从 Y 端流到 B 端；$i_C=0$。此时的合成磁场如图 5-24(b)所示，合成磁场已从 $t=0$ 瞬间所在位置顺时针方向旋转了 $\pi/3$。

$t=T/3$ 时，i_A 为正；$i_B=0$；i_C 为负。此时的合成磁场如图 5-24(c)所示，合成磁场已从 $t=0$ 瞬间所在位置顺时针方向旋转了 $2\pi/3$。

$t=T/2$ 时，$i_A=0$；i_B 为正；i_C 为负。此时的合成磁场如图 5-24(d)所示，合成磁场从 $t=0$ 瞬间所在位置顺时针方向旋转了 π。

按以上分析可以证明：当三相电流随时间不断变化时，合成磁场的方向在空间也不断旋转，这样就产生了旋转磁场。

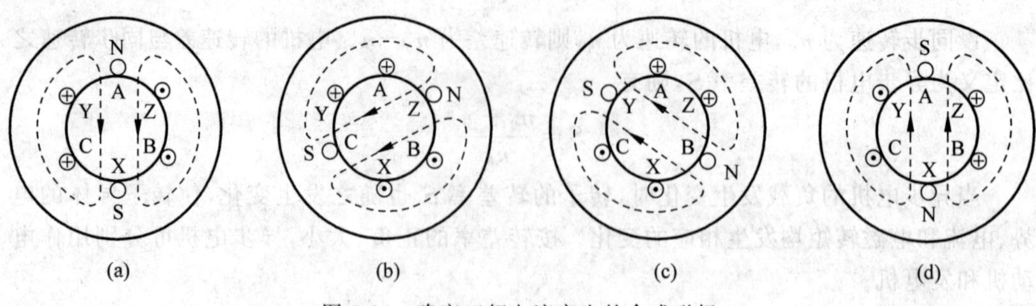

图 5-24　确定三相电流产生的合成磁场

2）旋转磁场的旋转方向

旋转磁场的旋转方向与三相交流电的相序一致。改变三相交流电的相序，即 A→B→C 变为 C→B→A，则旋转磁场反向。要改变电机的转向，只要任意对调三相电源的两根接线。

3）旋转磁场的旋转速度——同步转速 n_0

$$n_0=\frac{60f}{p}$$

式中，f 为电源频率 50Hz；p 为电机的磁极对数。电机的磁极对数为 1 时，同步转速为 3000r/min；电机的磁极对数为 2 时，同步转速为 1500r/min；电机的磁极对数为 3 时，同步转速为 1000r/min。

5.3.3　三相异步电机的电路分析

1. 定子电路分析

电机的定子和转子的每相绕组的匝数分别为 N_1 和 N_2。

如图 5-25 所示，定子每相绕组产生的感应电动势为

$$e_1=-N\frac{\mathrm{d}\phi}{\mathrm{d}t}$$

其有效值为　　　　　　　　$E_1=4.44f_1N_1\phi$

考虑定子电流产生的漏磁通，如图 5-26 所示，用复数表示为

$$\dot{U}_1=\dot{I}_1R_1+\mathrm{j}\dot{I}_1x_1+(-\dot{E}_1)$$

忽略 R_1 和 X_1 上的电压降，有 $\dot{U}_1\approx-\dot{E}_1$。

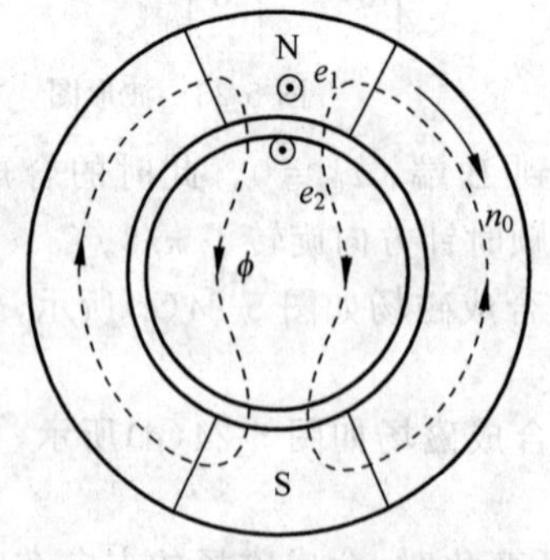

图 5-25　定子和转子电路的感应电动势

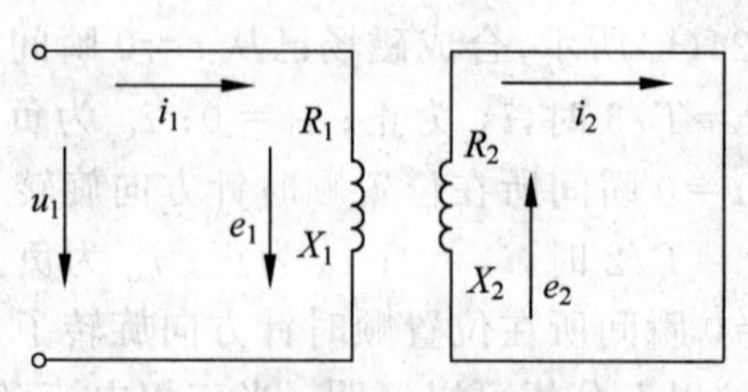

图 5-26　一相等效电路

其大小为

$$U_1=E_1=4.44f_1N_1\phi$$

2. 转子电路分析

旋转磁场在转子每相绕组中感应出的电动势如下。

启动瞬间：

$$E_{2o}=4.44f_1N_2\phi$$

$$e_2=-N_2\frac{\mathrm{d}\phi}{\mathrm{d}t},\quad E_2=4.44f_2N_2\phi$$

式中，

$$f_2=sf_1,\quad E_2=sE_{2o}$$

转子电流：

$$I_2=\frac{E_2}{\sqrt{R_2^2+X_2^2}}=\frac{sE_{2o}}{\sqrt{R_2^2+(sX_{2o})^2}}$$

【例 5-4】 有一台 Y 型接线的三相异步电机，其额定参数为：功率 90kW，$U_N=3000$V，$I_N=22.9$A，电源频率 $f=50$Hz，额定转差率 $S_N=28.5\%$，定子每相绕组匝数 $N_1=320$，转子每相绕组匝数 $N_2=20$，旋转磁场每极磁通为 0.023WB。

求：(1) 定子每相绕组感应电动势 E_1；

(2) 转子每相开路电压 E_{2o}；

(3) 额定转速时，转子每相绕组感应电动势 E_{2N}。

解：(1) 由电动势计算公式得

$$E_1=4.44f_1N_1\phi=4.44\times50\times320\times0.023=1634(\text{V})$$

(2) 转子绕组开路时

$$f_2=f_1,\quad E_{2o}=4.44f_1N_2\phi=4.44\times50\times20\times0.023=102(\text{V})$$

(3) 额定转速时，转子电动势的频率

$$f_2=s_Nf_1=0.285\times50=14.25(\text{Hz})$$

$$E_{2N}=4.44f_2N_2\phi=4.44\times14.25\times20\times0.023=29.1(\text{V})$$

5.3.4 三相异步电机的电磁转矩

三相异步电机的电磁转矩 T 是由旋转磁场的每极磁通 Φ 与转子电流 I_2 相互作用而产生的，故电磁转矩与转子电流的有功分量 $I_2\cos\varphi_2$ 及定子旋转磁场的每极磁通 Φ 成正比，即

$$T=K_T\Phi I_2\cos\varphi_2$$

式中，K_T 是一个与电机结构有关的常数。将 $I_2\cos\varphi_2$ 的表达式及 Φ 与 U_1 的关系式代入上式，得三相异步电机电磁转矩公式的另一个表达式：

$$T=K\frac{sR_2U_1^2}{R_2^2+(sX_{2o})^2}$$

式中，K 是一个常数。可见电磁转矩 T 也与转差率 S 有关，如图 5-27 所示，并且与定子

每相电压 U_1 的平方成正比，电源电压对转矩影响较大。同时，电磁转矩 T 还受到转子电阻 R_2 的影响。

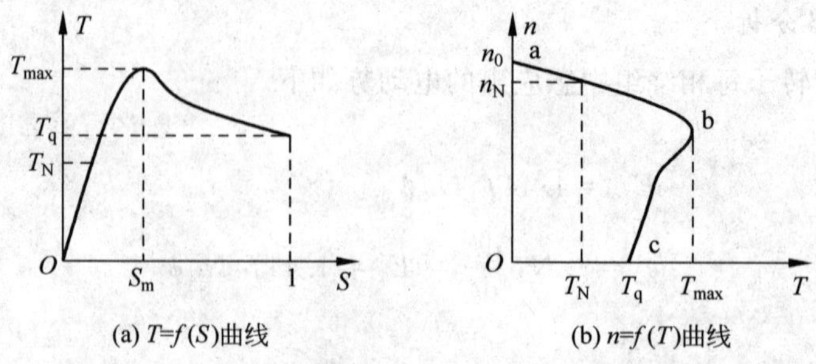

图 5-27 电磁转矩与转差率和转速的关系

1. 启动转矩

电机刚启动（$n=0,S=1$）时的转矩称为启动转矩

$$T_q = K\frac{R_2U_1^2}{R_2^2+X_{2o}^2}$$

2. 额定转矩

电机在额定负载下工作时的电磁转矩称为额定转矩。忽略空载损耗转矩，则额定转矩等于机械负载转矩。

$$T_N = T_2 = 9550\frac{P_N}{n_N}$$

式中，P_N 是电机的额定功率，kW；n_N 是电机的额定转速，r/min。

【例 5-5】 有两台功率都为 7.5kW 的三相异步电机，一台 $U_N=380\text{V}$、$n_N=962\text{r/min}$，另一台 $U_N=380\text{V}$、$n_N=1450\text{r/min}$，求两台电机的额定转矩。

解：第一台，

$$T_N = 9550\frac{P_N}{n_N} = 9550\times\frac{7.5}{962} = 74.45(\text{N}\cdot\text{m})$$

第二台，

$$T_N = 9550\frac{P_N}{n_N} = 9550\times\frac{7.5}{1450} = 49.4(\text{N}\cdot\text{m})$$

3. 最大转矩

对应于最大转矩的转差率，S_m 可由 $\frac{dT}{ds}=0$ 求得，即 $S_m=\frac{R_2}{X_{2o}}$。

最大转矩为 $T_{max}=K\frac{U_1^2}{2X_{2o}}$，过载系数为 $\lambda=\frac{T_{max}}{T_N}$。

一般三相异步电机的 λ 为 1.8～2.2。

5.3.5 三相异步电机的启动

三相异步电机的启动有以下几种方式。

(1) 直接启动。直接启动是利用闸刀开关或接触器将电动机直接接到额定电压上的启动方式,又叫全压启动。

优点:启动简单。

缺点:启动电流较大,导致线路电压下降,影响负载正常工作。

适用范围:电机容量在10kW以下,并且小于供电变压器容量的20%。

(2) 降压启动(即Y-Δ换接启动)。在启动时将定子绕组连接成星形,通电后电机运转,当转速升高到接近额定转速时再换接成三角形。这种转换电路在后面电机控制电路中会详细介绍。

适用范围:正常运行时,定子绕组是三角形连接,且每相绕组都有两个引出端子的电机。

优点:启动电流为全压启动时的1/3。

缺点:启动转矩均为全压启动时的1/3。

(3) 自耦降压启动。利用三相自耦变压器将电机在启动过程中的端电压降低,以达到减小启动电流的目的。自耦变压器备有40%、60%、80%等多种抽头,使用时要根据电机启动转矩的具体要求进行选择。

线绕式异步电机转子绕组串入附加电阻后,也可以降低启动电流,同时可以增大启动转矩。

5.3.6　三相异步电机的调速特性

基本公式:

$$S=\frac{n_0-n}{n_0},\quad n_0=\frac{60f}{p}$$

可得异步电机的转速方程式为

$$n=\frac{60f}{p}(1-S)$$

因此,异步电机的调速方法有三种:改变磁极对数 p、改变转差率 S 和改变频率 f。

1. 改变磁极对数调速

(1) 方法:改变定子绕组的连接,可以得到两个不同的磁极对数。

(2) 多速电机:最多在电机中嵌入两套绕组,使绕组有不同的连接,可分别得到双速电机、三速电机和四速电机,其中双速电机应用较多。

(3) 特点:结构简单,效率高,特性好,体积大,价格高。因此在中小机床上应用比较多。双速电机的高低速转换,一般是先低速,再转换为高速。

2. 转子电路串电阻(改变转差率)调速

(1) 应用范围:只适用于线绕式异步电机。

(2) 原理电路和机械特性与串电阻降压启动相同。适当增大线绕式异步电机的启动电阻容量,可作调速电阻使用。

(3) 特点:结构简单,动作可靠,是有级调速。

(4) 应用:用于重复短时工作制的生产机械,如起重机械,三相电磁调速异步电机也属于改变转差率调速。

3. 变频调速

(1) 原理：改变交流电源的频率即可平滑地调节电机的转速。

(2) 一般采用频率和电压同时改变的变频电源。

(3) 应用范围：用于鼠笼式异步电机，组成 SCR-M 调速系统。变频调速是交流调速发展的方向。

5.3.7 三相异步电机的额定值

电机的铭牌如图 5-28 所示。

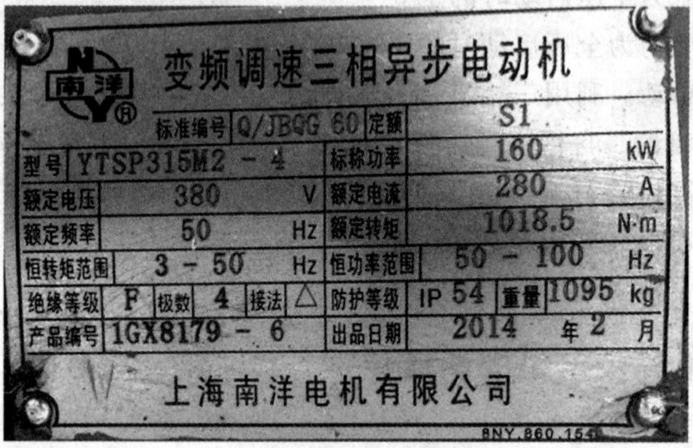

图 5-28 电机铭牌

电机铭牌示意图如图 5-29 所示。

三相异步电动机		
型 号 Y132M-4	功 率 7.5kW	频 率 50Hz
电 压 380V	电 流 15.4A	接 法 Δ
转 速 1440r/min	绝缘等级 B	工作方式 连续
年 月 日	编号	××电机厂

图 5-29 电机铭牌示意图

型号表示如图 5-30 所示。

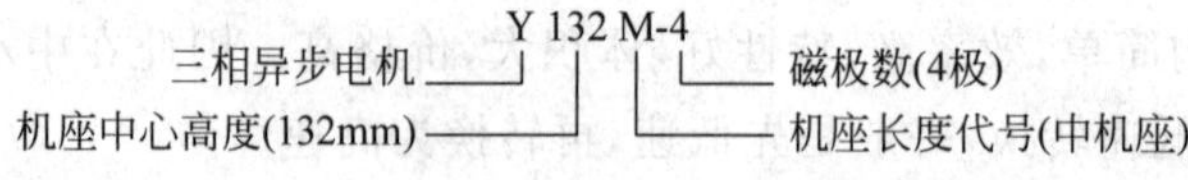

图 5-30 电动机型号表示

功率：电机在铭牌规定条件下正常工作时转轴上输出的机械功率，称为额定功率或容量。

电压：电机的额定线电压。

电流：电机在额定状态下运行时的线电流。

频率：电机所接交流电源的频率。

转速：额定转速。

电机的两种连接方式如图 5-31 所示。

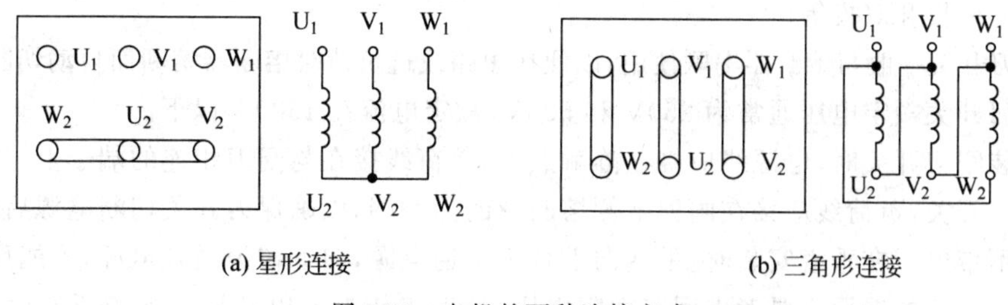

(a) 星形连接　　(b) 三角形连接

图 5-31　电机的两种连接方式

5.4　三相异步电机的控制电路

5.4.1　常用低压控制电器

实现对电机和生产机械的控制及保护的电工设备，统称为低压控制电器。

低压控制电器可分为手动电器和自动电器。手动电器由工作人员手动操作，如闸刀开关、按钮等；自动电器则是按照指令、信号或某个物理量的变化而自动动作，如各种继电器、接触器等。

低压电器一般用双字母表示，前一个字母表示类别，后一个字母表示这一类别中的哪一种。例如空气开关用字母 QF 表示，Q 表示开关类电器，F 表示开关类电器中的断路器；按钮用字母 SB 表示，S 表示主令类电器，B 表示主令类电器中的按钮；交流接触器用字母 KM 表示，K 表示执行类电器，M 表示执行类电器中的接触器；熔断器用字母 FU 表示，F 表示保护类电器，U 表示保护类电器中的熔断器。

1. *闸刀开关 QS*

闸刀开关(又称刀开关)是一种最简单、最常用的开关，用于接通或切断电源。如图 5-32 所示。

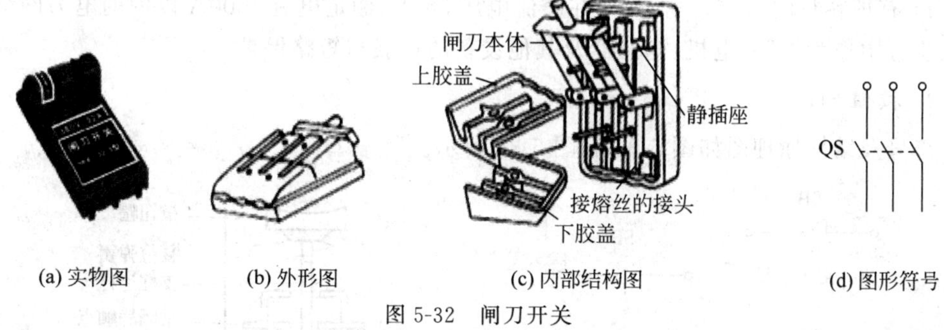

(a) 实物图　(b) 外形图　(c) 内部结构图　(d) 图形符号

图 5-32　闸刀开关

闸刀开关一般用于不频繁操作的低压电路中，用作接通和切断电源，或用来将电路与电源隔离，有时也用来控制小容量电机的直接启动与停机。

闸刀开关由闸刀(动触点)、静插座(静触点)、手柄和绝缘底板等组成。

闸刀开关种类很多，按极数可分为单极、双极和三极；按结构可分为平板式和条架式；按操作方式可分为直接手柄操作式、杠杆操作机构式和电动操作机构式；按转换方向可分为单投和双投等。

闸刀开关一般与熔断器串联使用，以便在短路或过负荷时熔断器熔断而自动切断电路。

闸刀开关额定电压通常为250V和500V，额定电流在1500A以下。

安装闸刀开关时，电源线应接在静触点上，负荷线接在与闸刀相连的端子上。对有熔断丝的刀开关，负荷线应接在闸刀下侧熔断丝的另一端，以确保刀开关切断电源后闸刀和熔断丝不带电。在垂直安装时，手柄向上合为接通电源，向下拉为断开电源，不能反装。

闸刀开关的选用主要考虑回路额定电压、长期工作电流以及短路电流所产生的动热稳定性等因素。刀开关的额定电流应大于其所控制的最大负荷电流。用于直接启停3kW及以下的三相异步电机时，刀开关的额定电流必须大于电机额定电流的3倍。

2. 熔断器FU

熔断器俗称保险丝，是一种简单有效的短路保护电器。熔断器中的熔体一般是熔点很低的铅锡合金丝，也可用截面很细的铜丝制成。熔断器主要用于短路或过载保护，串联在被保护的线路中。线路正常工作时如同一根导线，起通路作用；当线路短路或过载时，熔断器熔断，起到保护线路上其他电器设备的作用。

图形符号：FU —▭—

常用的低压熔断器有瓷插式、螺旋式、无填料封闭管式、有填料封闭管式等几种。

1）瓷插式熔断器

瓷插式熔断器主要用于380V三相电路和220V单相电路，作为保护电器。

2）螺旋式熔断器

螺旋式熔断器主要用于交流电压380V及以下，电流在200A以内的线路和用电设备的过载和短路保护。

3）无填料封闭管式熔断器

无填料封闭管式熔断器用于交流电压380V，额定电流在1000A以内的低压线路及成套配电设备的过载与短路保护。

4）有填料封闭管式熔断器，多在交流电压380V、额定电流1000A以内的电力网络和配电装置中作为电路、电机、变压器及其他设备的过载与短路保护。

3. 按钮SB

符号及结构原理图如图5-33和图5-34所示。

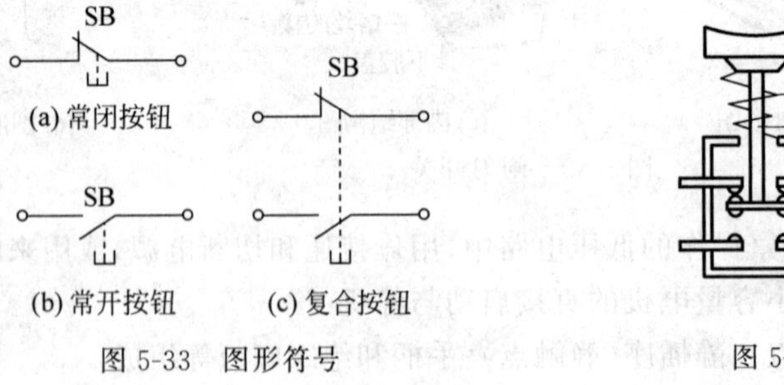

图5-33 图形符号

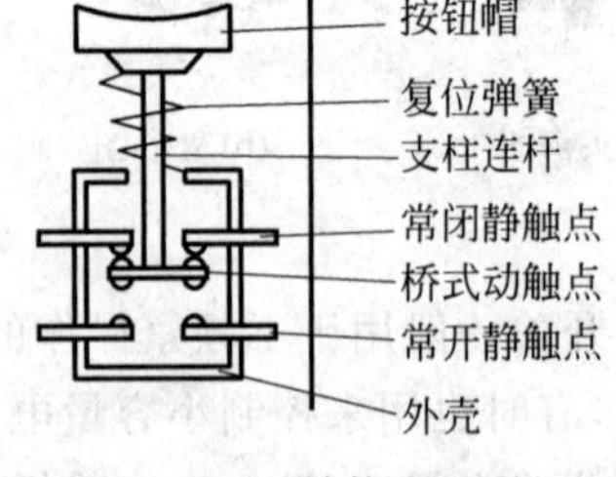

图5-34 结构原理图

按钮的触点分常闭触点(动断触点)和常开触点(动合触点)两种。常闭触点是按钮未按下时闭合、按下后断开的触点。常开触点是按钮未按下时断开、按下后闭合的触点。按钮按下时,常闭触点先断开,然后常开触点闭合;松开后,依靠复位弹簧使触点恢复到原来的位置。

停止按钮用红色,启动按钮用绿色或黑色。

4. 交流接触器KM

接触器是一种自动化的控制电器。接触器主要用于频繁接通或分断交、直流电路,其控制容量大,可远距离操作,配合继电器可以实现定时操作,联锁控制,各种定量控制和失压及欠压保护,广泛应用于自动控制电路,其主要控制对象是电机,也可用于控制其他电力负载。

接触器主要由电磁系统、触点系统、灭弧系统及其他部分组成。

(1) 电磁系统:电磁系统包括电磁线圈和铁芯,是接触器的重要组成部分,依靠它带动触点的闭合与断开。

(2) 触点系统:触点是接触器的执行部分,包括主触点和辅助触点。主触点的作用是接通和分断主回路,控制较大的电流;辅助触点用在控制回路中,以满足各种控制方式的要求。

(3) 灭弧系统:灭弧装置用来保证触点断开电路时,产生的电弧能可靠地熄灭,减少电弧对触点的损伤。为了迅速熄灭断开时的电弧,通常接触器都装有灭弧装置,一般采用半封式纵缝陶土灭弧罩,并配有强磁吹弧回路。

(4) 其他部分:包括绝缘外壳、弹簧、短路环、传动机构等。

符号及结构原理图如图5-35和图5-36所示。

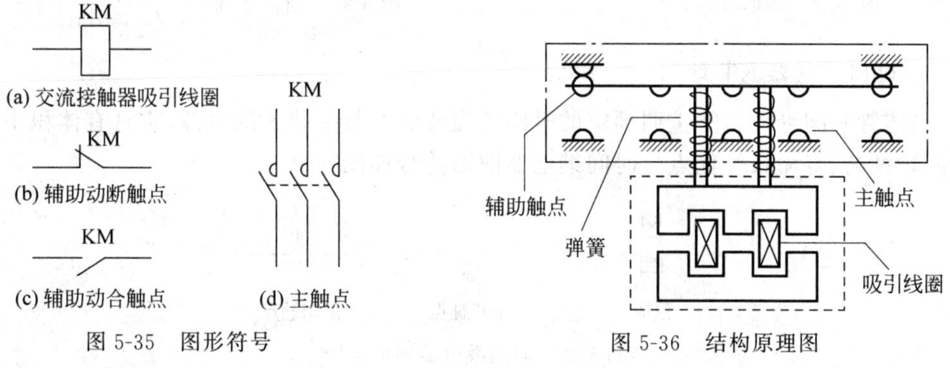

图5-35 图形符号

图5-36 结构原理图

线圈通电时产生电磁吸力将衔铁吸下,使常开触点闭合,常闭触点断开。线圈断电后电磁吸力消失,依靠弹簧使触点恢复到原来的状态。

根据用途不同,交流接触器的触点分主触点和辅助触点两种。主触点一般比较大,接触电阻较小,用于接通或分断较大的电流,常接在主电路中;辅助触点一般比较小,接触电阻较大,用于接通或分断较小的电流,常接在控制电路(或称辅助电路)中。有时为了接通和分断较大的电流,在主触点上装有灭弧装置,以熄灭由于主触点断开而产生的电弧,防止烧坏触点。

接触器是电力拖动中最主要的控制电器之一，在设计它的触点时应考虑接通负荷时的启动电流问题，因此选用接触器时主要应根据负荷的额定电流确定。如一台 Y112M-4 三相异步电机，额定功率为 4kW，额定电流为 8.8A，选用主触点额定电流为 10A 的交流接触器即可。除电流之外，还应满足接触器的额定电压不小于主电路额定电压的条件。

5. 热继电器

热继电器是对电机进行过载保护的一种常用电器，是根据电流的热效应原理进行工作的。

热继电器的主要部分由热元件、触点、动作机构、复位按钮和整定电流调节装置等组成。热继电器的发热元件直接串联在被保护的电机主回路中，动断触点与控制电机的接触器线圈串联，如图 5-37 所示。

热继电器热元件下层金属膨胀系数大，上层的膨胀系数小。当主电路中电流超过允许值而使双金属片受热时，双金属片的自由端便向上弯曲超出扣板，扣板在弹簧的拉力下将常闭触点断开。触点接在电机的控制电路中，控制电路断开使接触器的线圈断电，从而断开电机的主电路，如图 5-38 所示。

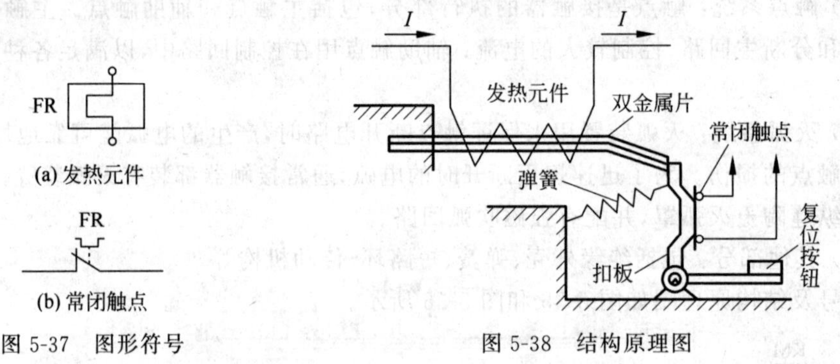

图 5-37 图形符号　　　　图 5-38 结构原理图

6. 时间继电器 KT 结构

晶体管时间继电器能按照预定的时间接通或断开某一装置的电源，它具有体积小、重量轻、精度高、寿命长等优点。时间继电器图形符号如图 5-39 所示。

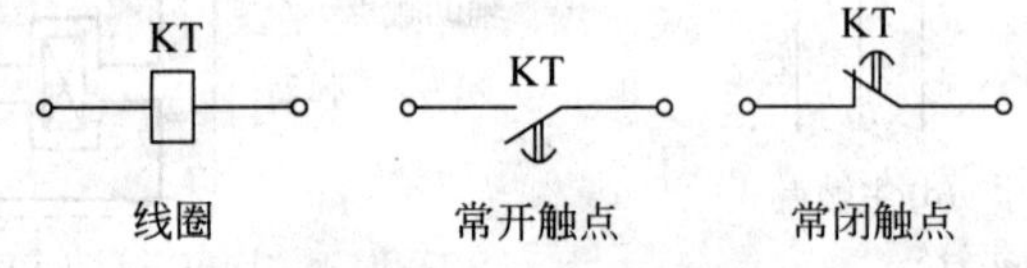

图 5-39 时间继电器图形符号

晶体管时间继电器由稳压电路、分压电路、延时电路、触发器和继电器五部分组成。当继电器接通电源后，由电位器、钽电容组成的 RC 延时电路立即充电，经一段延迟时间后，延时电路中钽电容 C 的电位略高于触发器的门限电位，触发器被触发，推动电磁继电器动作，从而接通或断开被控电路，达到被控电路定时动作的目的。

晶体管时间继电器的工作电压有 36V、110V、127V、220V、380V 等，直流电压有 24V、27V、30V、36V 等，延时时间有 1～60s、1～60min 等各种规格。

晶体管时间继电器应安装在防震、防漏、通风、干燥并且避开强磁场的配电柜中。

5.4.2 电机控制电路的基本概念

1. 主回路与控制回路

主回路是电机工作电流流经的回路，如图 5-40 所示。主回路包括三相刀开关(空气开关)、熔断器、交流接触器的主触点、热继电器的发热元件、电机。主回路在电路原理图的左部，从电源开始到电机结束，上下布局。

控制回路是对主电路进行控制、保护、监视的电路，如图 5-41 所示。电机的工作电路不经过控制回路，包括熔断器、按钮、交流接触器的辅助触点，热继电器的动断触点。控制回路在电路原理图的右部，上下或左右布局。控制回路主控回路在绘制时，均在未受力、未通电状态下绘制。

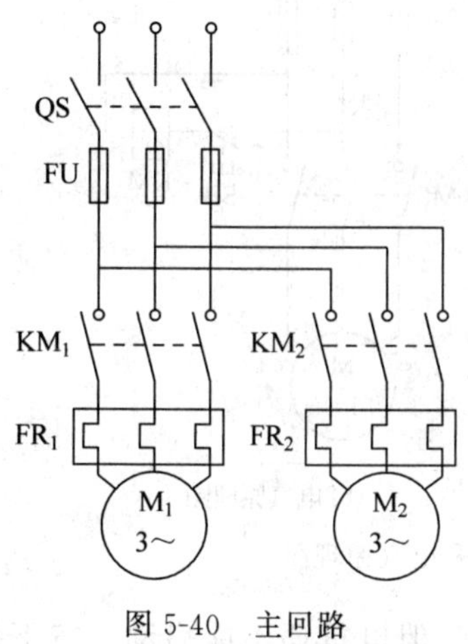

图 5-40 主回路

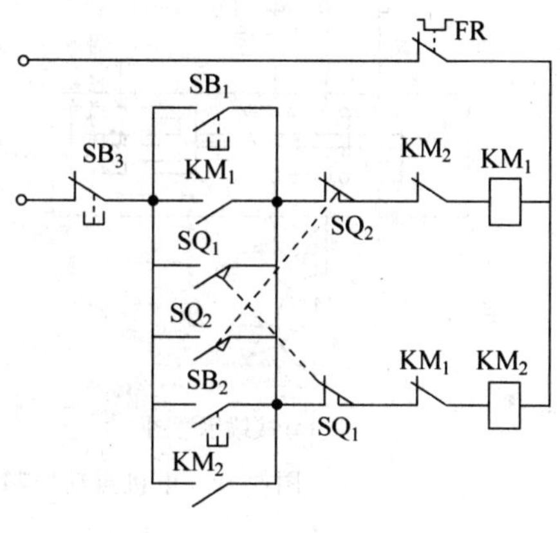

图 5-41 控制回路

2. 自锁和互锁

(1) 自锁：按钮松开后，控制回路仍通电称为自锁。它一般由交流接触器动点和辅助触点完成。

(2) 互锁：在同一时间内保证两个接触器不能同时通电称为互锁。若用接触器的辅助动断触点来完成，则称电气互锁；若用按钮的复合触点来完成，则称机械互锁。

3. 电机基本保护环节

(1) 短路保护：在电路发生短路故障时，可能造成设备损坏，甚至发生火灾，所以电路发生短路时，要立即切断电源。常用的短路保护装置是熔断器。

(2) 过载保护：电机长期超载运行，可能造成电机绕组过热，寿命降低，甚至烧毁电机，所以要进行过载保护。常用热继电器实现过载保护。

(3) 零压或失压保护：电机运行时，由于偶然原因突然断电，使电机停转，当重新供电时，电机可能自动启动，如果不注意可能会造成人身伤害或设备故障。防止电压恢复时电机自启动的保护称为零压保护。如果电源电压过低，会使电机转速下降，甚至停转，这时电机绕组电流很大，设备易被损坏。因此需要在电源电压降到一定允许值以下时再将电源切断，这就是失压保护。

5.4.3 电机的控制电路

通过开关、按钮、继电器、接触器等电器触点的接通或断开实现的各种控制叫作继电—接触器控制。典型的控制有点动控制、连续运行控制、正反转控制、降压启动控制、行程控制及时间控制等。

1. 点动控制

图 5-42 所示为电机点动控制的接线示意图和电气原理图。

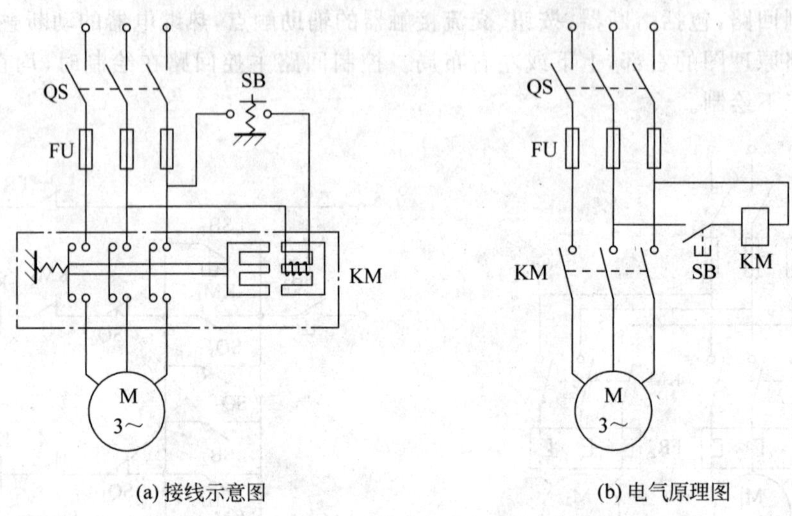

图 5-42 电机点动控制的接线示意图和电气原理图

合上开关闸刀开关 QS，三相电源被引入控制电路，但电机还不能启动。按下按钮 SB，接触器 KM 线圈通电，衔铁吸合，常开主触点接通，电机定子接入三相电源启动运转。松开按钮 SB，接触器 KM 线圈断电，衔铁松开，常开主触点断开，电机因断电而停转。

2. 连续运行控制

连续运行控制电路如图 5-43 所示。

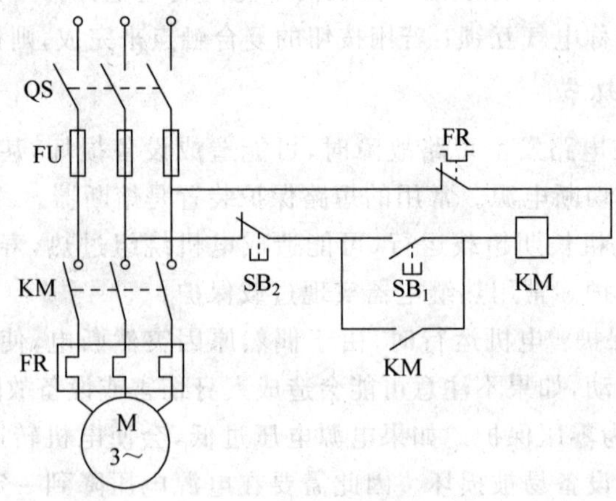

图 5-43 连续运行控制电路

启动过程：按下启动按钮 SB_1，接触器 KM 线圈通电，与 SB_1 并联的 KM 的辅助常开触点闭合，以保证松开按钮 SB_1 后 KM 线圈持续通电，串联在电机回路中的 KM 的主触点持续闭合，电机连续运转，从而实现连续运转控制。

停止过程：按下停止按钮 SB_2，接触器 KM 线圈断电，与 SB_1 并联的 KM 的辅助常开触点断开，以保证松开按钮 SB_2 后 KM 线圈持续失电，串联在电机回路中的 KM 的主触点持续断开，电机停转。

与 SB_1 并联的 KM 的辅助常开触点的这种作用称为自锁。图 5-42 所示控制电路还可实现短路保护、过载保护和零压保护。

起短路保护作用的是串接在主电路中的熔断器 FU。一旦电路发生短路故障，熔体立即熔断，电机立即停转。

起过载保护作用的是热继电器 FR。当过载时，热继电器的发热元件发热，将其常闭触点断开，使接触器 KM 线圈断电，串联在电机回路中的 KM 的主触点断开，电机停转。同时 KM 辅助触点也断开，解除自锁。故障排除后若要重新启动，只需按下 FR 的复位按钮，使 FR 的常闭触点复位(闭合)即可。

起零压(或欠压)保护作用的是接触器 KM 本身。当电源暂时断电或电压严重下降时，接触器 KM 线圈的电磁吸力不足，衔铁自行释放，使主触点和辅触点自行复位，切断电源，电机停转，同时解除自锁。

3. 正反转控制

在生产实践过程中，往往要求运动部件能进能退、能上能下，例如机床工作台的前进与后退、机床主轴的正转与反转、起重机的提升与下降等，这就要求带动机械运动的电机具有正反转的功能。

正反转控制电路如图 5-44 所示。

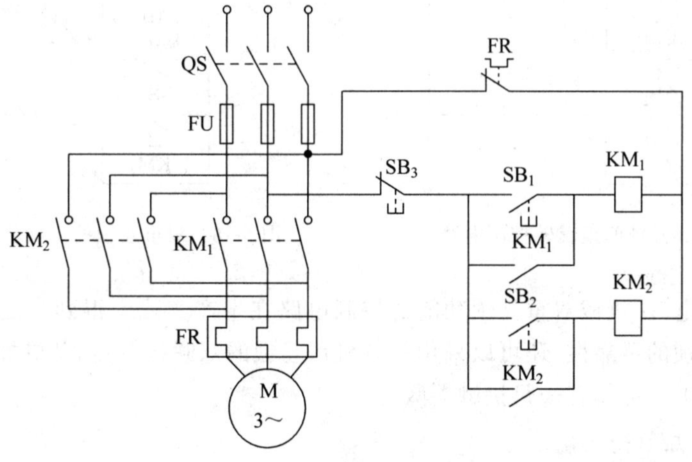

图 5-44 正反转控制电路

正向启动过程：按下启动按钮 SB_1，接触器 KM_1 线圈通电，与 SB_1 并联的 KM_1 的辅助常开触点闭合，以保证 KM_1 线圈持续通电，串联在电机回路中的 KM_1 的主触点持续闭合，电机连续正向运转。

停止过程：按下停止按钮 SB_3，接触器 KM_1 线圈断电，与 SB_1 并联的 KM_1 的辅助触点断开，以保证 KM_1 线圈持续失电，串联在电机回路中的 KM_1 的主触点持续断开，切断电机定子电源，电机停转。

反向启动过程：按下启动按钮 SB_2，接触器 KM_2 线圈通电，与 SB_2 并联的 KM_2 的辅助常开触点闭合，以保证 KM_2 线圈持续通电，串联在电机回路中的 KM_2 的主触点持续闭合，电机连续反向运转。

注意：KM_1 和 KM_2 线圈不能同时通电，因此不能同时按下 SB_1 和 SB_2，也不能在电动机正转时按下反转启动按钮，或在电机反转时按下正转启动按钮。如果操作错误，将引起主回路电源短路。因此存在缺陷，是无互锁的电机正反转控制线路，需改进。

图 5-45 是接触器互锁的电机正反转控制电路。该电路将两个交流接触器的辅助动断触点 KM_1、KM_2 分别串接在对方的吸引线圈控制电路中，形成相互制约的控制，这种方法称为电气互锁。起互锁作用的辅助动断触点称为互锁触点。

这个控制线路解决了因按错按钮造成的电路间短路的问题，但电机从正转变为反转依然需要先按一次停止按钮后再按一次启动按钮。

对于要求频繁正反转启动的电机，可采用图 5-46 所示的控制线路。图中的正反转启动按钮 SB_1、SB_2 采用复合按钮，即把两个按钮中的动断触点分别串接到对方的控制线路中，利用按钮动合、动断触点的机械连接，在操作时两个触点同时动作。在电路中采用相互制约的接法以实现互锁，这种互锁称为按钮机械互锁。当电机正转时，不需先停机再按 SB_2 实现反转，只要直接按反转按钮 SB_2，电机即可实现反转。

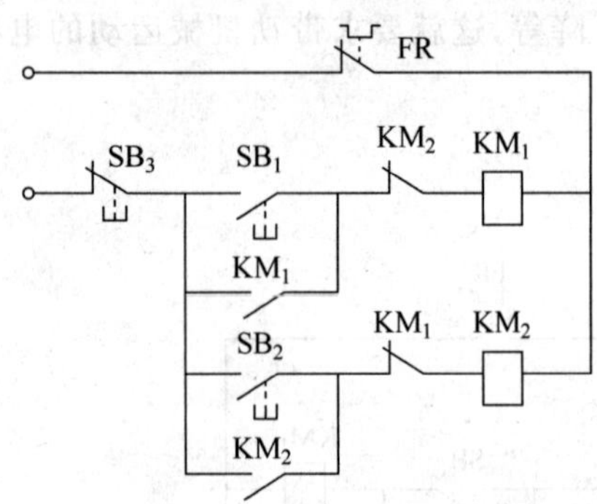

图 5-45 具有互锁的正反转控制电路

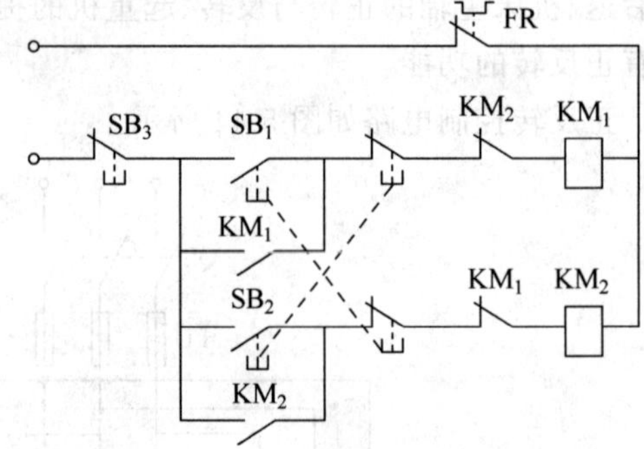

图 5-46 双重互锁的正反转控制电路

这种具有电气、机械双重互锁功能的控制电路在生产实践中得到广泛的应用。为了提高正反转互锁的可靠性，还可以采用具有机械互锁的双联接触器，其机械结构可保证在任何操作情况下只可能有一只接触器吸合。

4. Y-△降压启动控制

只有正常运行时，定子三相绕组是△接法的电机才能采用 Y-△降压启动。也就是说，大容量电机都可以用 Y-△降压启动。Y-△降压启动的电气原理图如图 5-47 所示。启动时，三相绕组接成 Y 形；运行时，绕组接成△形，电流下降 1/3，转矩也下降 1/3。

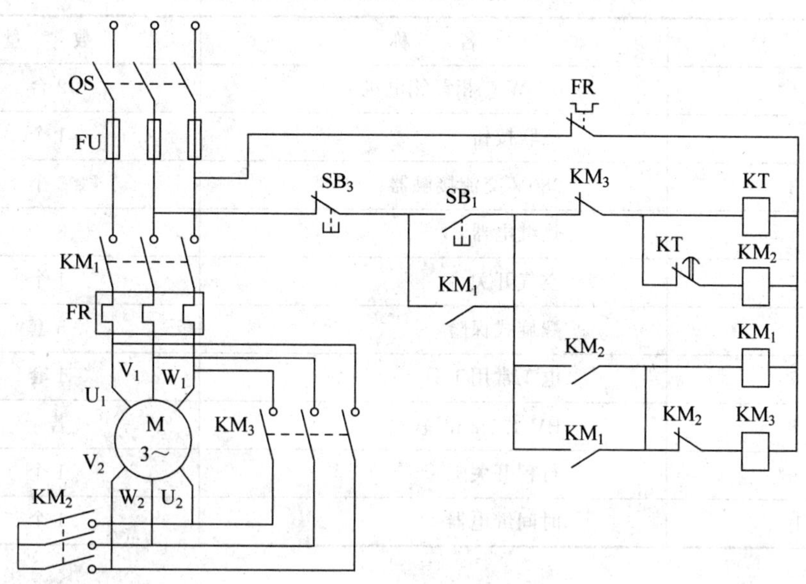

图 5-47 Y-△降压启动控制电路

按下启动按钮 SB_1，时间继电器 KT 和接触器 KM_2 同时通电吸合，KM_2 的常开主触点闭合，把定子绕组连接成星形，其常开辅助触点闭合，接通接触器 KM_1。KM_1 的常开主触点闭合，将定子接入电源，电机在星形连接下启动。KM_1 的一对常开辅助触点闭合，进行自锁。经一定延时，KT 的常闭触点断开，KM_2 断电复位，接触器 KM_3 通电吸合。KM_3 的常开主触点将定子绕组接成三角形，使电机在额定电压下正常运行。与按钮 SB_1 串联的 KM_3 的常闭辅助触点的作用是：当电机正常运行时，该常闭触点断开，切断 KT、KM_2 的通路，即使误按 SB_1，KT 和 KM_2 也不会通电，以免影响电路正常运行。若要停车，则按下停止按钮 SB_3，接触器 KM_1、KM_2 同时断电释放，电机脱离电源停止转动。

5.5 实训 三相异步电机控制线路安装

1. 实训目标

(1) 掌握三相异步电机点动和连续运转主控电路的安装调试。

(2) 掌握三相异步电机正反转主控电路的安装调试。

(3) 掌握三相异步电机星三角启动主控电路的安装调试。

(4) 掌握三相异步电机顺序启动主控电路的安装调试。

(5) 进一步熟悉电工操作安全规范和 8S 现场管理。

2. 材料清单

三相异步电机控制线路安装材料清单见表 5-1。

表 5-1 三相异步电机控制线路安装材料明细表

序　号	名　称	数　量
1	0.5W 三相鼠笼电机	2 台
2	三联按钮	1 个
3	380V 交流接触器	3 个
4	热继电器	3 个
5	空气开关	1 个
6	螺旋式保险	5 套
7	电工常用工具	1 套
8	BV 1.5mm² 软线	若干
9	行程开关	1 个
10	时间继电器	1 个

3. 实训步骤

1）实训前的准备

(1）按照电工实训安全规范检查着装和物品是否合格，按 8S 标准检查实训台。

(2）按材料清单领取材料和工具。检查领到的工具和材料外观是否完好，有无绝缘破损，性能是否合格，规格是否正确。用万用表检查主要元器件的通断和绝缘情况。

2）点动和连续运转控制电路安装

(1）连续运转电路如图 5-48 所示（先读懂原理再实训）。

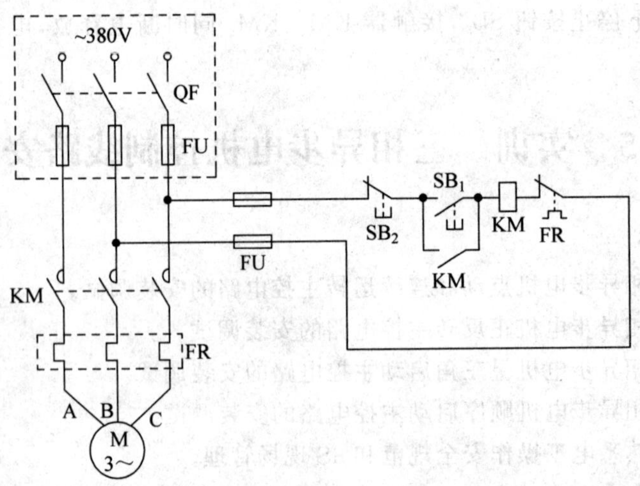

图 5-48　连续运转电路图

具体步骤如下。

① 根据所给实物及电路原理图，按比例画出盘面布置图。布置图要美观、合理。

② 根据所给实物、电路原理图、盘面布置图，画出接线图。经同组同学检查签字后备用。

③ 参照盘面布置图、接线图和原理图进行接线安装。

注意：安装前要检查交流继电器、电机、按钮开关是否灵活，是否有短路和断路现象。应先安装控制电路，调试合格后再安装主电路。主控电路导线颜色要分开。安装空气开关、交流继电器、热继电器、按钮开关等要牢固，不得有松动现象。走线要规范并符合安全要求。

通电前要检查是否有短路和断路现象。检查完成后经指导教师允许后通电。通电时一人监护，一人操作。通电后按下启动按钮观察电机转动情况。送电顺序从电源侧到负载侧，断电从负载侧到电源侧。当出现故障，应立即切断电源，检查排除故障后再通电。

④ 通电成功后，经教师允许后断电拆线，先拆除三相电源线，再拆除电机连接导线，然后将实训台恢复原状。

(2) 点动加连续运转电路安装如图 5-49 所示(先读懂原理再实训)。

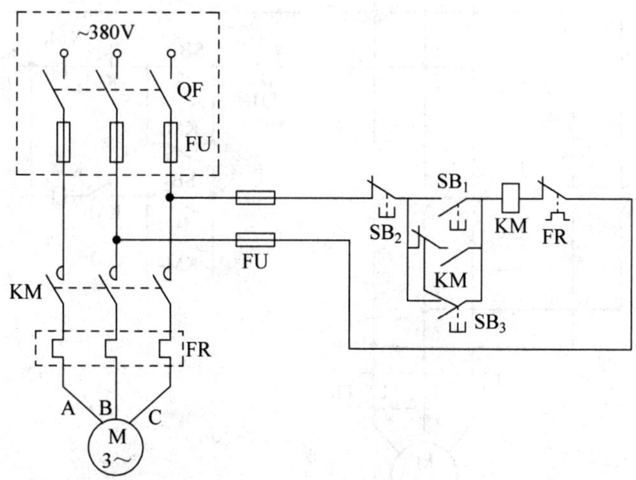

图 5-49 点动加连续运转电路图

具体步骤如下。

① 根据所给实物和电路原理图，按比例画出盘面布置图。布置图要美观、合理。

② 根据所给实物、电路原理图、盘面布置图，画出接线图。经同组同学检查签字后备用。

③ 参照盘面布置图、接线图和原理图进行接线安装。

要求如上。通电后分别按点动按钮 SB_3、连续运转按钮 SB_1 观察电机转动情况。

④ 通电成功后，经教师允许后断电拆线，将实训台恢复原状。

3）电机正反转控制电路安装

（1）电气互锁正反转电路安装如图 5-50 所示（先读懂原理再实训）。

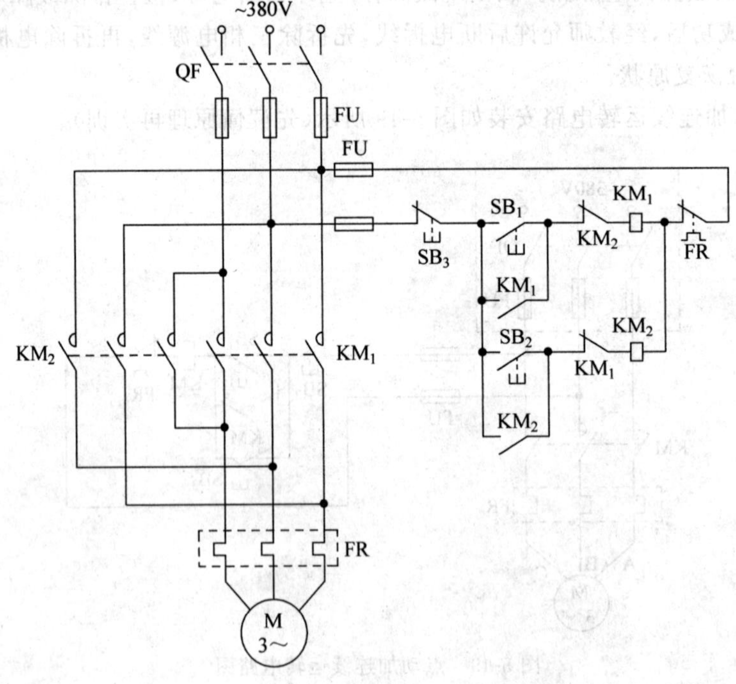

图 5-50　电气互锁正反转电路图

具体步骤如下。

① 根据所给实物和电路原理图，按比例画出盘面布置图。布置图要美观、合理。

② 根据所给实物、电路原理图、盘面布置图，画出接线图。经同组同学检查签字后备用。

③ 参照盘面布置图、接线图和原理图进行接线安装。

要求如上。检查接线无误后，可接通交流电源，合上开关 QF，按下 SB_1，电机应正转(电机右侧的轴伸端为顺时针旋转，若不符合转向要求，可停机，换接电机定子绕组任意两个接线即可)。按下 SB_2，电机仍应正转。如要电机反转，应先按 SB_3 使电机停转，然后按 SB_2，则电机反转。若不能正常工作，应切断电源分析并排除故障重新安装。

④ 通电成功后，经教师允许后断电拆线，将实训台恢复原状。

(2) 电气和机械双重互锁正反转电路如图 5-51 所示(先读懂原理再实训)。

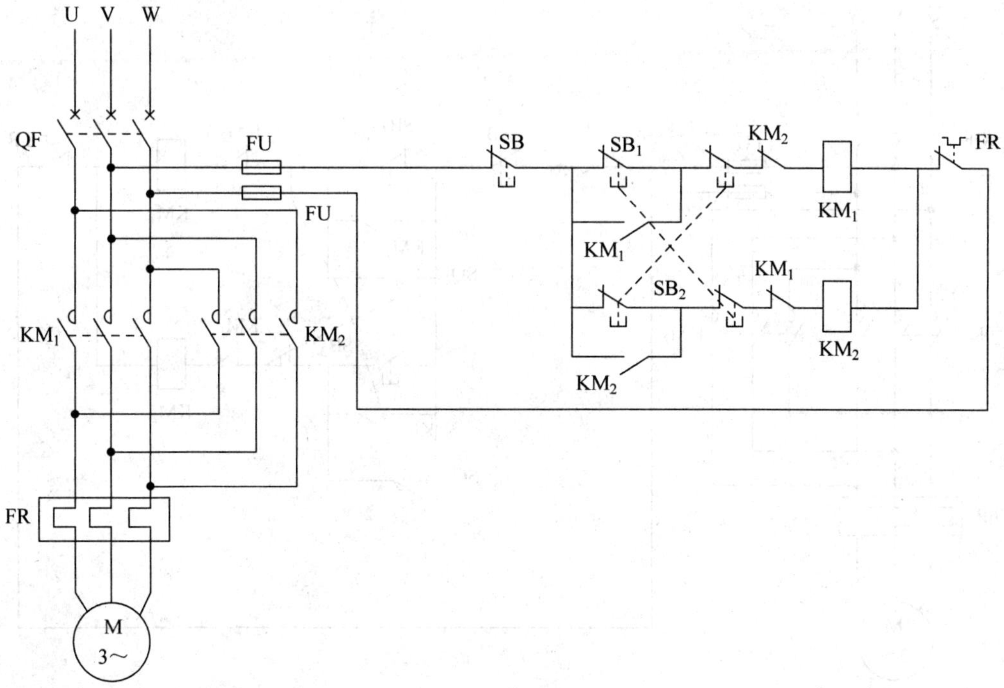

图 5-51 电气和机械双重互锁正反转电路图

具体步骤如下。

① 根据所给实物和电路原理图，按比例画出盘面布置图。布置图要美观、合理。

② 根据所给实物、电路原理图、盘面布置图、画出接线图。经同组同学检查签字后备用。

③ 参照盘面布置图、接线图和原理图进行接线安装。

要求如上。确认接线正确后，接通交流电源，按下 SB_1，电机应正转；按下 SB_2，电机应反转；按下 SB_3，电机应停转。若不能正常工作，则应分析并排除故障后重新安装。

④ 通电成功后，经教师允许后断电拆线，将实训台恢复原状。

(3) 自动往返功能的电机控制电路如图 5-52 所示，行程开关如图 5-53 所示(先读懂原理再实训)。

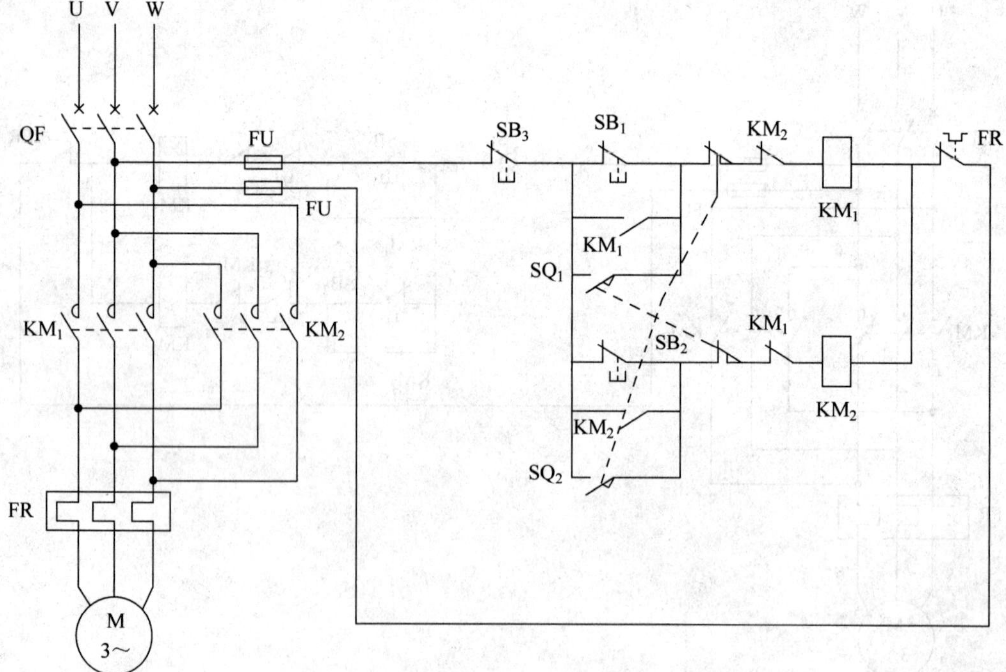

图 5-52 自动往返功能的电机控制电路图

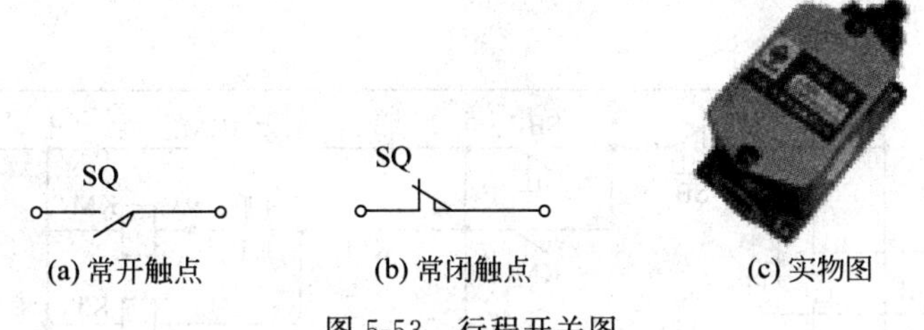

(a) 常开触点 (b) 常闭触点 (c) 实物图

图 5-53 行程开关图

具体步骤如下

① 根据所给实物、电路原理图,按比例画出盘面布置图。布置图要美观、合理。

② 根据所给实物、电路原理图、盘面布置图,画出接线图,经同组同学检查签字后备用。

③ 参照盘面布置图、接线图和原理图进行接线安装。

要求如上。通电后按下正转按钮 SB_1,电机正转;按下行程开关 SQ_2,电机反转;按下行程开关 SQ_1,电机恢复正转;按下停止按钮 SB_3,电机停转;按下反转按钮 SB_2,电机反转;按下行程开关 SQ_1,电机正转;按下行程开关 SQ_2,电机恢复反转;按下停止按钮 SB_3,电机停转。

④ 通电成功后,经教师允许后断电拆线,将实训台恢复原状。

(4) 电机 Y-△启动控制电路安装如图 5-54 所示,时间继电器接线如图 5-55 所示。(先读懂原理再实训)。

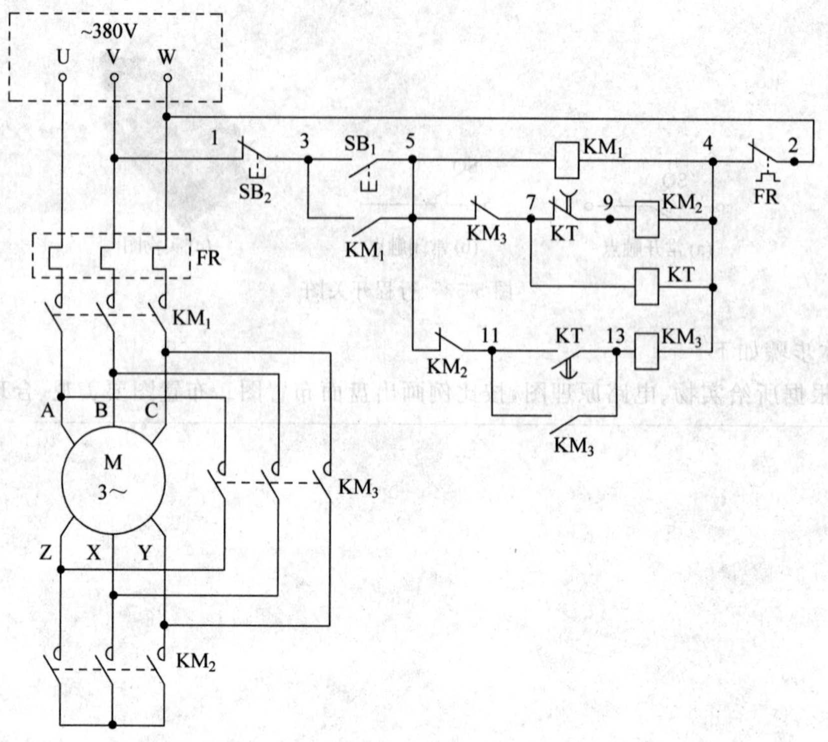

图 5-54　电机 Y-△启动控制电路图

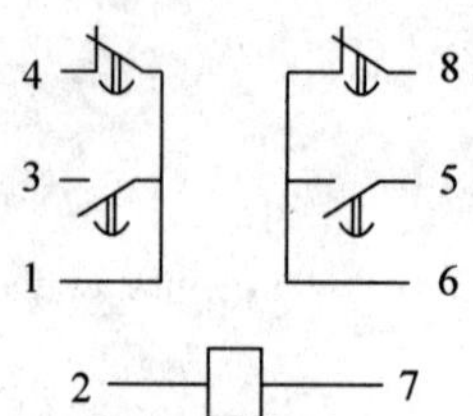

2、7为线圈，接电源；1、3、5、6为延时常开触点；1、4、6、8为延时常闭触点。

图 5-55　时间继电器接线图(时间按设定为 5s)

具体步骤如下。

① 根据所给实物和电路原理图，按比例画出盘面布置图。布置图要美观、合理。

② 根据所给实物、电路原理图、盘面布置图，画出接线图。经同组同学检查签字后备用。

③ 参照盘面布置图、接线图和原理图进行接线安装。

要求如上。通电后按下 SB_1，交流接触器 KM_2 吸合，电机星形连接启动。5s 后时间继电器动作，KM_2 打开后 KM_3 吸合，电机三角形连接启动并运转。按下 SB_2，电机停转。观察电机转速应由慢到快。

④ 通电成功后，经教师允许后断电拆线，将实训台恢复原状。

4) 按 8S 标准整理实训台，清点、归还材料和工具

确保断电和清洁后，经教师允许结束实训。

4. 实训作业

(1) 利用互联网查找 PLC 组成及工作原理。

(2) 三相异步电机正反转控制电路原理是什么？在安装过程中有无问题？如何处置？

小　结

本模块主要介绍了电机的基本概念和类型，变压器的结构和原理，三相异步电机的结构、原理、特性和控制电路。通过本模块实训内容的练习，可具备三相异步电机典型控制线路的安装和调试能力。

(1) 电机可泛指所有实施电能生产、传输、使用和电能特性变换的机械或装置。

(2) 变压器是一种静止的电气设备，其基本结构可分为铁芯、绕组、油箱、套管。变压器有变电压、变电流及变阻抗的作用。

(3) 三相异步电机由定子和转子构成，定子和转子之间有气隙，定子由定子铁芯、定子绕组和机座三部分组成。转子由转子铁芯、转子绕组和转轴组成。

(4) 异步电机的调速方法有三种：改变磁极对数 p、改变转差率 S 和改变频率 f。

(5) 闸刀开关 QS、熔断器 FU、按钮开关 SB、交流接触器 KM、热继电器 FR 及时间继电器 KT 等，可实现对电机的控制及保护。

习　题

(1) 变压器一次侧线圈若接在直流电源上，二次侧会有稳定的直流电压吗？为什么？

(2) 已知某电路电压源电压 $U_S=30V$，内阻 $R_0=90\Omega$，负载 $R_L=10\Omega$，求：①负载上得到的功率是多少？②阻抗匹配后($R_L=R_0$)，所得到的最大功率是多少？③求变压器的变压比 K。

(3) 有一台单相变压器，额定容量 $S_N=50kV\cdot A$，额定电压 $U_{1N}/U_{2N}=10500/230$，试求变压器原、副线圈的额定电流 I_{1N}、I_{2N}。

(4) 有一台单相变压器，额定容量 S 为 $5000V\cdot A$，高、低压侧均有两个线圈，原边每

个线圈额定电压均为 1100V，副边两个线圈均为 110V，用这台变压器进行不同的连接，问：可得到几种不同的变化？每种连接原、副边的额定电流为多少？

(5) 三相异步电机的结构是由哪几部分组成的？各部分功能是什么？

(6) 一台 4 极三相异步电机，电源频率为 50Hz，额定转速为 1440r/min，转子电阻为 0.02Ω，转子电抗为 0.08Ω，转子电动势 $E=20\text{V}$。

求：①电机的同步转速；②电机启动时的转子电流。

(7) 有一台 4 极感应电机，电压频率为 50Hz，转速为 1440r/min，试求这台感应电机的转差率。

(8) 接触器控制电路如图 5-56 所示(主电路略)，接触器 KM 控制电机的启动与停转，试分析图中接触器 KM 的常开动合触头的作用是什么？

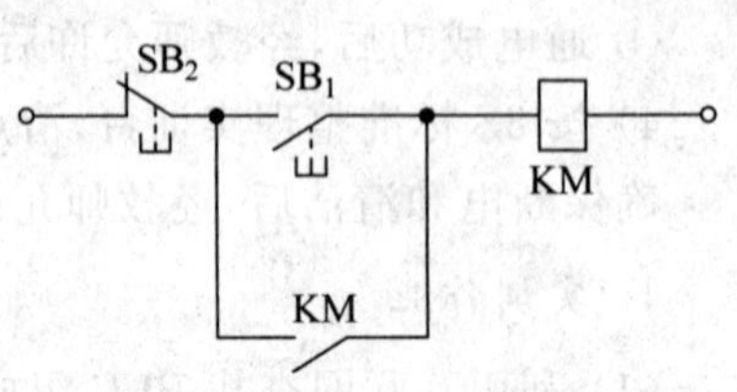

图 5-56 习题(8)控制电路

(9) 画出连续运行的电机控制电路。

(10) 试分析如图 5-57 所示的点动与连续运行电动机控制电路的工作原理。

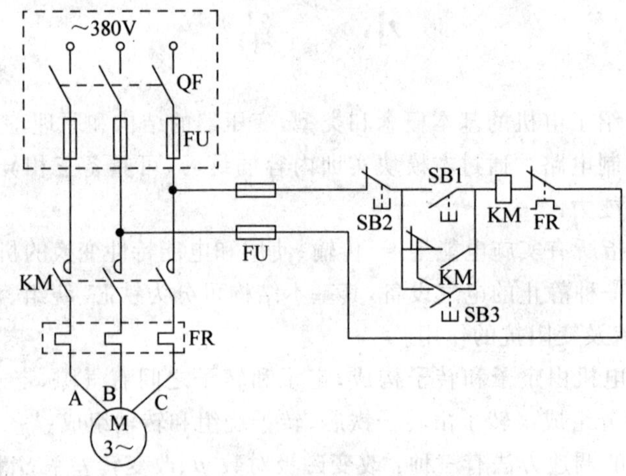

图 5-57 习题(10)电机控制电路

模块 5 电机——判断题

模块 5 电机——选择题和填空题

模块6

电力电子器件

半导体二极管、半导体三极管和晶闸管等电力电子器件是电力电子技术的核心，是电力电子电路的基础。因此，掌握各种常用电力电子器件的特性及使用方法是学好电力电子技术的关键。本模块将重点介绍这三种器件的结构、工作原理、特性及主要参数。

1. 知识目标

(1) 了解电力电子技术的发展及应用。

(2) 掌握半导体二极管的结构、特性曲线及应用电路。

(3) 掌握三极管的电流分配与放大作用。

(4) 了解晶闸管的结构和工作原理。

2. 能力目标

(1) 能够用万用表判断二极管的极性。

(2) 能够用万用表测试三极管的参数。

3. 素质目标

(1) 培养利用网络自学的能力。

(2) 在项目完成过程中培养严谨认真的态度。

(3) 能客观、公正地进行学习自我评价及对小组成员的评价。

6.1 电力电子技术的发展及应用

6.1.1 电力电子技术概述

1. 什么是电力电子技术

以电力为对象的电子技术称为电力电子技术。它是一门利用电力电子器件对电能进行电压、电流、频率和波形等方面控制和变换的学科，是电力、电子与控制三大电气工程技术之间的交叉学科。电力电子技术是目前最活跃、发展最快的一门新兴学科。随着科学技术的发展，电力电子技术又与现代控制理论、材料科学、电机工程、微电子技术等许多领域密切相关，已逐步发展成为一门多学科互相渗透的综合性技术学科。

2. 电力电子技术的发展

电力电子技术是以电力电子器件为核心发展起来的。

从1957年第一只晶闸管诞生至20世纪80年代为传统电力电子技术阶段。此期间主要器件是以晶闸管为核心的半控型器件，由最初的普通晶闸管逐渐派生出快速晶闸管、逆导晶闸管、双向晶闸管、不对称晶闸管等许多品种，形成一个晶闸管大家族。器件的功率越来越大，性能越来越好，电压、电流、$\mathrm{d}i/\mathrm{d}t$、$\mathrm{d}u/\mathrm{d}t$ 等各项技术参数均有很大提高。目前，单只普通晶闸管的容量已达8000V、6000A。

晶闸管是静止型的电子器件，又是大功率的开关器件。一问世便迅速淘汰了当时盛行的旋转变流机组和离子变流器，应用范围扩大到整个电力技术领域。

然而有两个因素使上述传统电力电子器件的应用范围受到限制。一是控制功能上的欠缺，此类器件通过门极只能控制其开通，而不能控制其关断。这类器件通常是依靠电网电压等外部条件来实现其关断的，因此称为半控型器件。二是工作频率上的欠缺，由于它们立足于分立器件结构，所以工作频率难有较大提高。

尽管以晶闸管为核心的电力电子器件存在上述欠缺，但由于这类器件价格低廉，在高电压、大电流应用中的发展空间依然较大，尤其是在大功率应用场合，用其他器件尚不易替代。因此，在许多应用场合仍然使用着以晶闸管为核心的电力电子应用设备。晶闸管及其相关知识目前仍是初学者的基础。

20世纪80年代以后进入了现代电力电子技术阶段。随着大规模和超大规模集成电路技术的迅猛发展，将微电子技术与电力电子技术相结合，研制出了新一代高频率、全控型、多功能的功率集成器件。这些新型器件主要有电力晶体管(GTR)、可关断晶闸管(GTO)、功率场效应晶体管(功率MOSFET)、绝缘栅双极晶体管(IGBT)和MOS门极晶闸管(MCT)等。目前被认为最有发展前途的是IGBT和MCT，两者均为场控复合器件，工作频率可达20kHz，它们的出现为工业应用领域的高频化开辟了广阔的前景。据美国预测，在比较广泛的范围内，IGBT有取代GTR、MOSFET的趋势，MCT有取代GTO的趋势。

功率集成电路(PIC)是在模块化与复合化思路的基础上发展起来的又一类新型器件。PIC是在制造过程中将功率器件与驱动电路、控制电路以及保护电路集成在一块芯片上，或是封装在一个模块内，包括高压功率集成电路(HVIC)和智能功率集成电路(SPIC)。PIC目前主要用于汽车电子、家用电子等中小功率领域，工作电压和工作电流分别为50～1000V和1～100A，实际传送功率可达几千瓦。

传统电力电子技术以整流为主导，以移相触发、PID模拟控制方式为主。高频全控型器件的出现，使逆变、斩波电路的应用日益广泛。在逆变、斩波电路中，斩控形式的脉宽调制(PWM)技术大量应用，使变流装置的功率因数提高、谐波减少、动态响应加快。随着新型电力电子器件的开发，现代电力电子技术正向着高频化、大容量化、模块化、功率集成化和智能化的方向发展。

3. 电力电子技术的功能

电力电子技术的功能是以电力电子器件为核心,通过对不同电路的控制实现对电能的转换和控制。其基本功能如下。

(1) 可控整流。把交流电变换为固定或可调的直流电,又称为AC/DC变换。

(2) 逆变。把直流电变换为频率固定或频率可调的交流电,又称为DC/AC变换。把直流电能变换为50Hz的交流电返送交流电网称为有源逆变,把直流电能变换为频率固定或频率可调的交流电供给用电器称为无源逆变。

(3) 交流调压。把交流电压变换为大小固定或可调的交流电压。

(4) 变频(周波变换)。把固定或变化频率的交流电变换为频率可调的交流电。交流调压与变频又称为AC/AC(或AC/DC/AC)变换。

(5) 直流斩波。把固定的直流电变换为固定或可调的直流电,又称为DC/DC变换。

(6) 无触点功率静态开关。接通或断开交直流电流通路,用于取代接触器、继电器。

上述变换功能统称为变流,故电力电子技术通常也称为变流技术。实际应用中,可将上述各种功能进行组合。

6.1.2 电力电子技术的应用

电力电子技术的应用领域十分广泛。它不仅用于一般工业,也广泛应用于交通、通信、电力、新能源、汽车、家电等各个领域。下面对几个主要应用领域作一介绍。

(1) 一般工业。交直流电机是一般工业中大量使用的动力设备。直流电机有良好的调速性能,为其供电的可控整流电源或直流斩波电源都是电力电子装置。另外,由于电力电子技术中的变频技术迅速发展,使得交流电机的变频调速性能足可与直流电机的调速性能相媲美,因此得到广泛的应用。有些设备如大型鼓风机,也采用变频装置,以达到节能的目的;有些电机为了减少启动时的电流冲击而采用的软启动装置也是电力电子装置;电解、电镀用整流电源、冶金工业中高频或中频感应炉、直流电弧炉等电源均为电力电子装置。

(2) 交通运输。DC/DC变换技术被广泛应用于无轨电车、地铁列车、电动车的无级变速和控制方面,可使上述被控制设备获得加速平稳、快速响应的性能,且有节约电能的功能。此外,车辆中的各种辅助电源也离不开电力电子技术,高级汽车中有许多控制电机,它们要靠变频器或斩波器驱动或控制;飞机、轮船需要很多不同要求的电源,因此也离不开电力电子技术。

(3) 电力系统。据估计,在发达国家,用户最终使用的电能中,有60%以上的电能至少经过一次以上电力电子变流装置的处理,离开电力电子技术,电力系统的现代化是不可想象的。直流输电系统送电端的整流阀和受电端的逆变阀均为晶闸管变流装置;晶闸管控制电抗器、晶闸管投切电容器是重要的无功功率补偿装置。近年来出现的静止无功发生器、有源电力滤波器等新型电力电子器件具有更为优越的无功补偿和谐波补偿性能。在配电系统中,电力电子装置可用于防止电网瞬时停电、瞬时电压跌落、闪变等,以提高供电质量。

(4) 电子装置电源。各种电子装置,如程控交换机、计算机、电视机、音响设备等,以前大量采用线性稳压电源供电,现都采用了体积小、质量轻、效率高的高频开关电源。

(5) 家用电器。变频空调器是应用电力电子技术最典型的例子,此外,洗衣机、电冰箱、微波炉等也应用了电力电子技术。

(6) 不间断电源(UPS)。现代 UPS 普遍采用了脉宽调制技术和功率 MOSFET、IGBT 等现代电力电子器件,降低了电源噪声,提高了效率和可靠性。目前,在线式 UPS 的最大容量已达到 600kV·A。

(7) 其他。风力发电和太阳能发电由于受到环境的制约,发出的电能质量较差,需要储能装置进行缓冲改善电能质量,需要电力电子技术,抽水储能发电站中的大型电机启动和调速需要电力电子技术,核聚变反应堆在产生强大磁场和注入能量时需要大容量的脉冲电源,超导储能需要强大的直流电源,航天飞行器中各种电子仪器需要的电源,这些电源都是电力电子装置。

总之,电力电子技术的应用范围十分广阔。从国民经济的各个领域,到我们的衣食住行,电力电子技术都在发挥着十分重要的作用。

6.2 半导体二极管

6.2.1 半导体基本知识

1. 物质的导电性

自然界的物体按其导电能力的强弱可分为导体、半导体和绝缘体三大类。

导体如铜、铝、银等,其内部存在大量摆脱了原子核束缚的自由电子,在外电场作用下,这些自由电子逆着电场方向定向运动而形成较大的电流,因此导体的导电能力很强。人们把在电场作用下,能用载电荷形成电流的带电离子称为载流子。显然,自由电子是一种载流子。

绝缘体如云母、塑料、橡皮等,其原子核对最外层电子的束缚力很大,常温下自由电子很少,因此导电能力很差。

导电性能介于导体和绝缘体之间的物体称为半导体。常用的半导体材料有硅(Si)、锗(Ge)、硒(Se)、砷化镓(GaAs)及其他金属氧化物和硫化物等,半导体一般呈晶体结构。半导体之所以引起人们的注意并得到广泛的应用,主要原因是它的导电能力在不同条件(如掺杂、光照、受热等)下有很大的差别,据此,可以制成各种半导体器件。

2. 本征半导体

纯净的、不含任何杂质、晶体结构排列整齐的半导体叫作本征半导体。常用的半导体材料有硅和锗,他们都是四价元素,其最外层有四个价电子。硅或锗简化的原子结构模型如图 6-1 所示。以硅为例,在纯净的硅晶体中,由于原子之间的距离很近,原子的价电子不仅受到本原子的原子核作用,而且还受到相邻原子核的吸引,即一个价电子为相邻的两个原子核所共有。这样相邻原子之间通过共有价电子的形成而结合起来,即形成“共价键”结构。共价键是指两个相邻原子各拿出一个价电子作为共有价电子所形成的束缚作用。因此，每个硅原子都以对称的形式和其相邻的四个原子通过共价键紧密地联系起来，图6-2所示为硅或锗原子的共价键结构。这样，每个原子的每一个价电子除了受自身原子核的束缚外，还受到共价键的束缚，因此，每个价电子都处于较为稳定的状态。但是共价键的电子并不像绝缘体中的价电子被束缚得那样紧，在获得一定能量(比如光照和温升)后，即可挣脱束缚成为自由电子。温度越高，晶体中产生的自由电子越多。

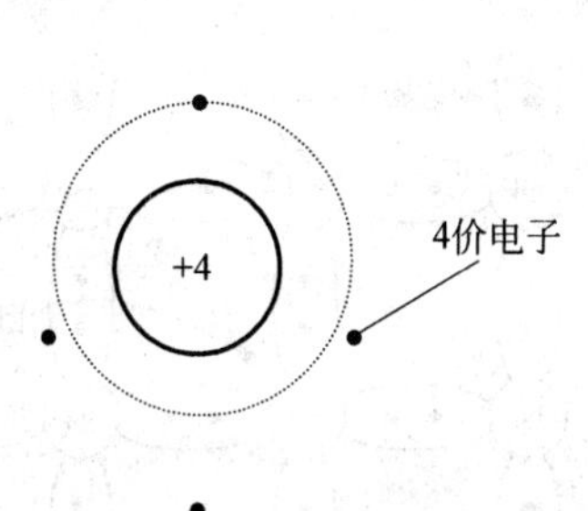

图6-1 硅或锗简化的原子结构模型

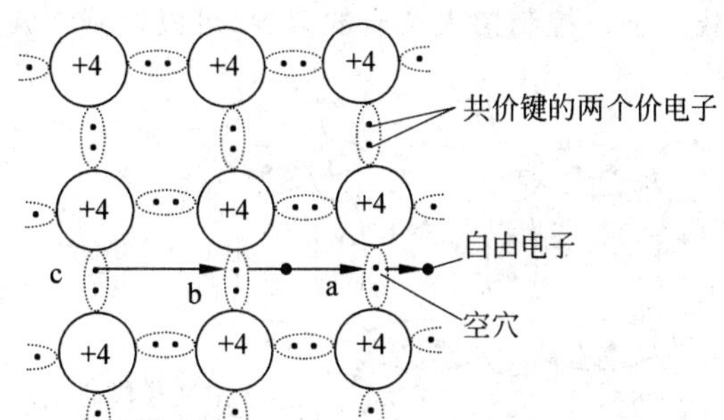

图6-2 硅或锗晶体中共价键结构

当电子挣脱共价键的束缚成为自由电子后，共价键就留下一个空位，这个空位成为空穴，空穴的出现是半导体区别于导体的一个重要特点。在本征半导体中，有一个自由电子就有一个空穴，它们成对出现称为电子空穴对。由于温度使本征半导体产生电子空穴对的现象称为热激发或本征激发，电子和空穴的浓度将随着温度升高而增加。

由于共价键中出现了空穴，在外电场和其他能源的作用下，相邻的价电子可以填补到这个空穴中，而在这个电子原来的位置上又留下新的空穴，新的空穴又会被其相邻的其他价电子填补，如图6-3所示。这个过程持续下去，在半导体中就出现了价电子填补空穴的运动(从 $x_3 \rightarrow x_2 \rightarrow x_1$)，无论在形式上还是效果上，都与带正电荷的空穴作反向运动(从 $x_1 \rightarrow x_2 \rightarrow x_3$)相同。为了区别于自由电子的运动，就把价电子的运动视为空穴运动(方向相反)，认为空穴是一种带正电的载流子。

由此可见，在半导体中存在两种载流子：带负电的自由电子和带正电的空穴。这是半导体导电方式的最大特点，也是半导体与金属导体在导电机理上的本质差别。

本征半导体中的自由电子和空穴总是成对出现，同时又不断复合。在一定温度下，电子空穴对的产生和复合达到动态平衡，这时半导体中维持一定数目的载流子。温度升高和光照增强时，电子空穴对数目增多，导电能力增强，所以温度和光照对半导体器件性能影响很大。

3. 杂质半导体

本征半导体的导电能力很差，但如果在本征半导体中掺入某种微量元素(杂质)后，它的导电能力可增加几十万甚至几百万倍。根据掺入杂质的不同，杂质半导体可分为两类：P型半导体和N型半导体。

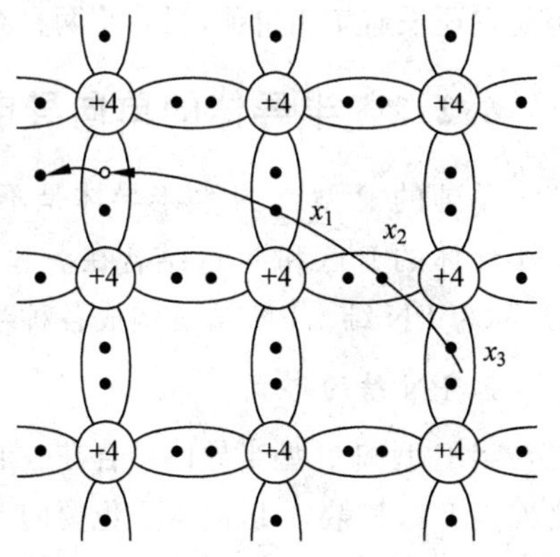

图6-3 电子与空穴的移动

1）P 型半导体

在本征半导体中掺入微量硼（或其他三价元素），硼的最外层有 3 个价电子，当硅晶体构成共价键时，将因缺少一个电子而形成一个空穴，如图 6-4(a)所示，这样，在杂质半导体中会形成大量空穴。空穴导电为这种杂质半导体的主要导电方式，故称这种杂质半导体为空穴型半导体或 P 型半导体。在 P 型半导体中，空穴为多数载流子，而自由电子为少数载流子。控制掺入杂质的多少，可以控制空穴的数量。

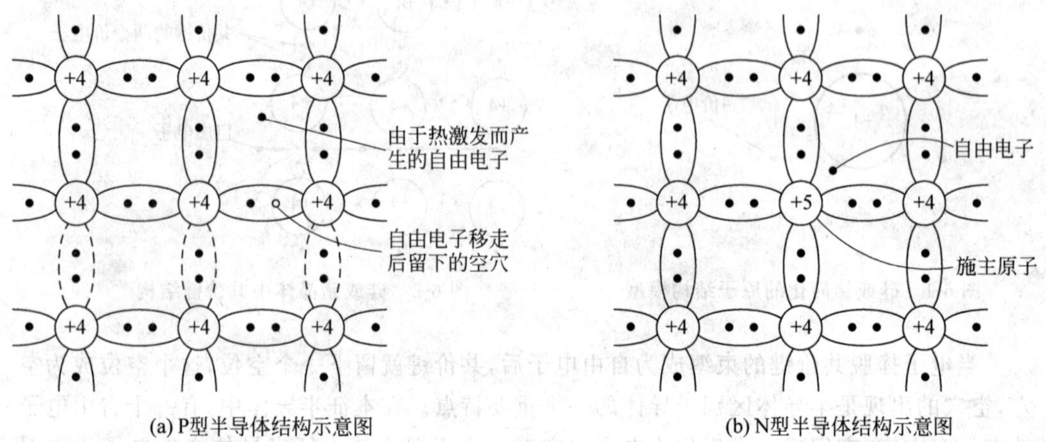

(a) P型半导体结构示意图　　(b) N型半导体结构示意图

图 6-4　杂质半导体

2）N 型半导体

在本征半导体中掺入微量磷（或其他五价元素），磷最外层有 5 个价电子，当其构成共价键时，将多出一个价电子，多余的一个价电子很容易挣脱磷原子的束缚成为自由电子，如图 6-4(b)所示，于是，在杂质半导体中的自由电子数目将大大增加。自由电子导电为这种杂质半导体的主要导电方式，故称这种杂质半导体为电子型半导体或 N 型半导体。在 N 型半导体中，自由电子为多数载流子，而空穴为少数载流子。控制掺入杂质的多少，可以控制自由电子的数量。

由上述分析可知，无论是 P 型半导体还是 N 型半导体，虽然它们都有一种载流子占多数，但总体上仍然保持电中性。在外电场作用下，杂质半导体的导电能力有了较大的增强，但是它还没有实用价值，只有将两种杂质半导体构成 PN 结之后才能成为半导体器件。

6.2.2　半导体的单向导电性

单纯的 P 型或 N 型半导体是不能制作成半导体器件的。如果通过一定的生产工艺把半导体的 P 区和 N 区结合在一起，则它们的交界处就会形成一个具有单向导电性的薄层，称为 PN 结。PN 结是构成各种半导体器件的基础。

1. PN 结的形成

当 P 型和 N 型半导体结合在一起时，由于交界面两侧载流子浓度的差别，N 区的电子必然向 P 区扩散，P 区的空穴也要向 N 区扩散，即发生多数载流子的扩散运动，如图 6-5(a)所示。交界面附近 P 区一侧因失去空穴而留下不能移动的负离子，N 区因失去电子而留

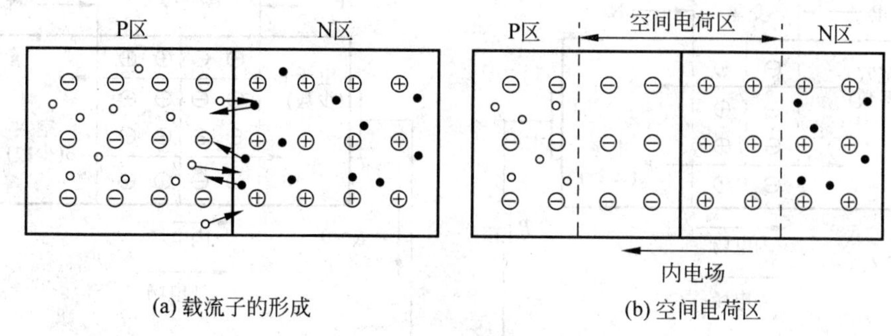

(a) 载流子的形成　　(b) 空间电荷区

图 6-5　PN 结的形成

下不能移动的正离子。同时，扩散到 P 区的电子将逐渐与 P 区的空穴复合，扩散到 N 区的空穴将逐渐与 N 区的自由电子复合。于是交界面附近的 P 区和 N 区会出现数量相等的、不能移动的负离子区和正离子区，这些不能移动的带电离子形成了空间电荷区，如图 6-5(b)所示，这就是 PN 结。

空间电荷区内多数载流子已扩散到对方，或被对方扩散过来的多数载流子复合，即多数载流子被耗尽了，所以空间电荷区也称为耗尽层。

空间电荷区靠近 P 区一侧带负电，靠近 N 区一侧带正点，因此产生一个由 N 区指向 P 区的电场。由于这个电场不是外加的，而是空间电荷区内部有电产生的，所以称为内电场。根据内电场的方向及电子、空穴的带电极性可以看出，内电场的形成将使多数载流子的扩散运动发生变化。内电场一方面将阻止多数载流子的继续扩散；另一方面又促进少数载流子的漂移(N 区的少数载流子空穴向 P 区漂移，P 区的少数载流子电子向 N 区漂移)，载流子在内电场作用下的运动称为漂移运动。因此，在交界面两侧存在两种对立的运动，漂移运动使空间电荷区变窄，扩散运动使空间电荷区变宽。

2. PN 结的单向导电性

当 PN 结无外加电压时，流过 PN 结的总电流为 0，PN 结处于平衡状态。当 PN 结有外加电压时，PN 结具有单向导电性。

1) 外加正向电压时导通

把 PN 结的 P 区接电源正极，N 区接电源负极，这种接法称为正向接法或正向偏置(简称正偏)，如图 6-6(a)所示。正偏时，外电场与内电场方向相反，因此削弱了内电场，PN 结原有平衡状态被打破，结果有利于多数载流子的扩散，而不利于少数载流子的漂移。PN 结中多数载流子的扩散电流通过回路形成正向电流 I_R，其方向是从 P 区到 N 区。当外加电压增加到一定数值之后，正向电流将显著增加，PN 结对外电路呈现很小的电阻，此时称为导通。

2) 外加反向电压时截止

把 PN 结的 N 区接电源正极，P 区接电源负极，这种接法称为反向接法或反向偏置(简称反偏)，如图 6-6(b)所示。反偏时，外电场与内电场方向相同，因此增强了内电场，空间电荷区变宽，有利于少数载流子的漂移，而不利于多数载流子的扩散。反偏时，PN 结中的电流主要是漂移电流(或称为反向电流)，其方向是从 N 区到 P 区。由于少数

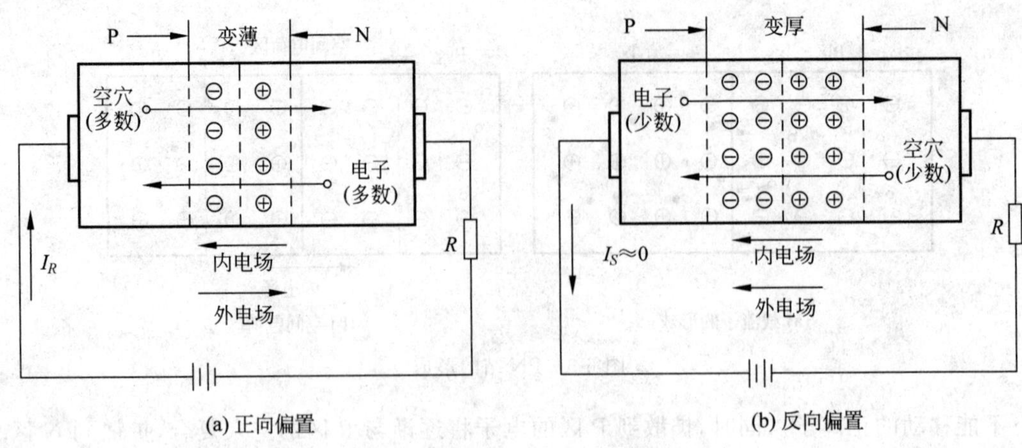

图 6-6 外加电压时的 PN 结

载流子的浓度很低，所以反向电流很小，反向电流几乎不随外加反向电压变化，故又称为反向饱和电流 I_S。

反偏时，PN 结对外电路呈现很大的电阻，此时称为截止。少数载流子的浓度由温度决定，因此 PN 结反向电流的大小受温度的影响极为明显。

由上述分析可知，PN 结具有单向导电性。正向偏置时，PN 结呈现很小的电阻，正向电流较大，PN 结处于导通状态；反向偏置时，PN 结呈现很大的电阻，反向电流极小，PN 结处于截止状态。

3. 半导体二极管的结构

以 PN 结为管芯，在 PN 结的两侧，即 P 区和 N 区均接上电极引线，并以外壳封装，就制成了半导体二极管。半导体二极管内部结构示意图如图 6-7(a)所示。从 P 区接出的引线称为二极管的阳极，从 N 区接出的引线称为二极管的阴极。二极管的电路符号如图 6-7(b)所示，其中三角箭头表示二极管正向导通时电流的方向。

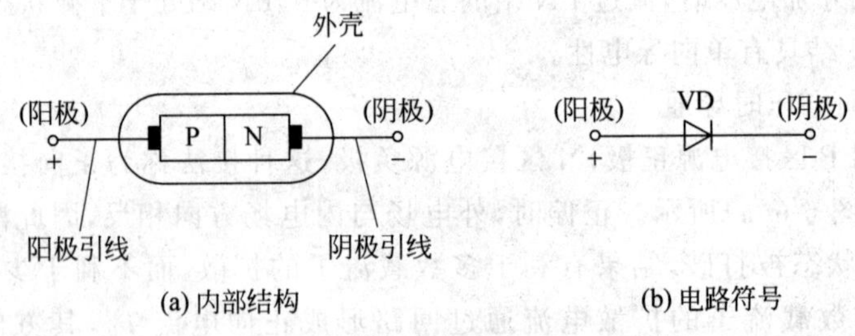

图 6-7 二极管内部结构示意图和电路符号

半导体二极管按所用材料不同可分为硅管和锗管，按制造工艺不同可分为点接触型和面接触型两类。常见的二极管结构如图 6-8 所示。

1) 点接触型二极管

点接触型二极管结构如图 6-8(a)所示。它是由一根很细的金属丝(如三价元素铝)热压在 N 型锗片上制成的。与金属丝相接的引出线为阳极，与金属支架相接的引出线为阴极。

2）面接触型二极管

用合金法制成的面接触型二极管如图 6-8(b)所示。面接触型二极管 PN 结面积大，允许通过的电流较大，结电容也大，适用于工作频率较低的场合，一般用作整流器件。

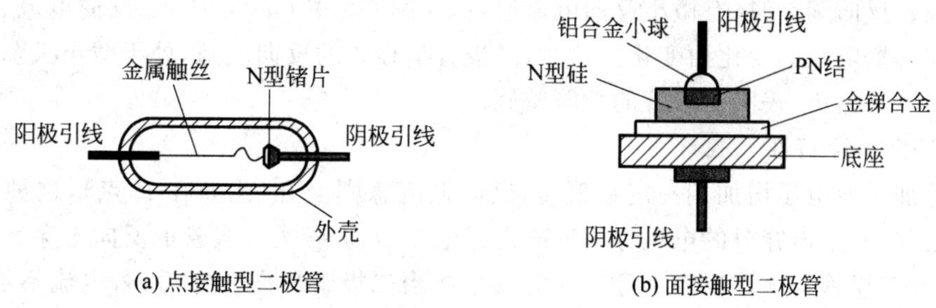

图 6-8　常见的二极管结构

4. 半导体二极管的伏安特性

通常把加到二极管两端的电压 u_D 和流过它的电流 i_D 之间的关系曲线称为半导体二极管的伏安特性曲线。图 6-9 为半导体二极管的伏安特性曲线。

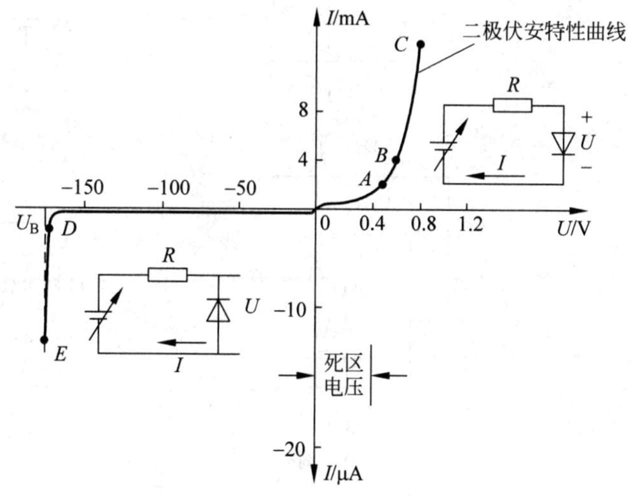

图 6-9　半导体二极管的伏安特性曲线

下面分析伏安特性曲线的特点。

1）正向特性

当二极管正向偏置，但正偏电压较小（硅管正偏电压 $u_D<0.5$V，锗管正偏电压 $u_D<0.1$V）时，$I_D\approx0$，如图 6-9 中 OA 段所示。OA 段称为死区，A 点电压称为阈值电压 U_{th}，又称为死区电压或门槛电压。

当正偏电压大于阈值电压时，随着外加电压的增加，正向电流逐渐增大。当正偏电压 u_D 达到导通电压（硅管约为 0.7V，锗管为 0.2V）时，曲线陡值上升，u_D 稍微增大，i_D 显著增加（u_D 每约增加 60mV，i_D 增加 10 倍），这一段称为“正向导通区”，曲线如图 6-9 中 BC 段所示。曲线 AB 段称为缓冲带。BC 段对应的二极管两端电压为二极管的正向导通电

压 U_F,硅管正向导通电压 U_F 为 0.6～0.8V,一般取 0.7V;锗管正向导通电压 U_F 为 0.1～0.3V,通常取 0.2V。这一段二极管的正向管压降近似恒定。

2) 反向特性

二极管反向偏置时,有微小反向电流通过,如图 6-9 中 OD 段所示,反向电流 i_D 基本不随反向偏置电压的变化而变化。这时,二极管呈很大的反向电阻,处于截止状态。二极管的反向电流越小,表明二极管的性能越好。

3) 反向击穿特性

当外加反向电压增加到一定数值时,反向电流急剧上升(比如在 E 点),这种现象称为反向击穿,发生击穿时的电压称为反向击穿电压 U_B。各类二极管的反向击穿电压各不相同,普通二极管不允许反向击穿情况的发生。当二极管反向击穿后,若电流不加限制,会使二极管 PN 结过热而损坏。当温度升高时,二极管反向击穿电压 U_B 会有所下降。

【例 6-1】 试求图 6-10 所示各电路的输出电压值 U_o,设二极管的性能理想。

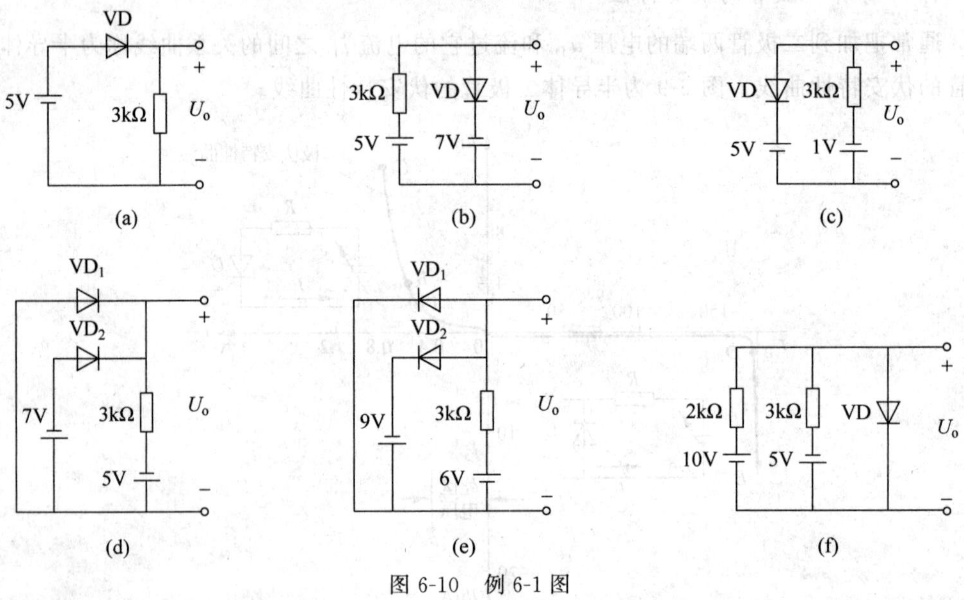

图 6-10　例 6-1 图

分析:通过比较二极管两个电极的电位高低,判断二极管工作在导通还是截止状态。方法是先假设二极管断开,求出二极管阳极和阴极电位。

电路中只有一个二极管,若阳极电位高于阴极电位(或二极管两端电压大于其导通电压 U_{on}),二极管正偏导通,导通时压降为 0(对于理想二极管)或 U_{on}(对于恒压源模型的二极管);若阳极电位低于阴极电位(或二极管两端电压小于其导通电压 U_{on}),二极管反偏截止,流过二极管的电流为零。

如果电路中有两个二极管,若一个正偏,一个反偏,则正偏的导通,反偏的截止;若两个都反偏,则都截止;若两个都正偏,正偏电压大的优先导通,进而再判断另一只二极管的工作状态。

图 6-10(a)中,二极管 VD 导通,U_o=5V;

图 6-10(b)中,二极管 VD 导通,U_o=−7V;

图 6-10(c)中,二极管 VD 截止,$U_o=-1V$;

图 6-10(d)中,二极管 VD_1 导通,VD_2 截止,$U_o=0V$;

图 6-10(e)中,二极管 VD_1 截止,VD_2 导通,$U_o=-9V$;

图 6-10(f)中,二极管 VD 导通,$U_o=0V$。

6.2.3　桥式整流电路

电子设备除用电池供电外,还采用市电(交流电网)供电,通过整流、滤波后得到直流电。将大小和方向都随时间变化的工频交流电变换成单向的脉动直流电的过程称为整流。利用二极管可以组成整流电路。一般电子设备中电子电路所需直流电源电压值不高,往往要经降压后再进行整流。有时人们把变压器、整流电路和滤波电路一起统称为整流器。

1. 单相桥式整流电路

单相桥式整流电路如图 6-11 所示,图 6-11(b)为简化画法。

注意:桥式整流电路的 4 个二极管必须正确装接,否则会因形成较大的短路电流而烧毁。正确接法是:共阳端和共阴端接负载,另外两端接变压器二次绕组。

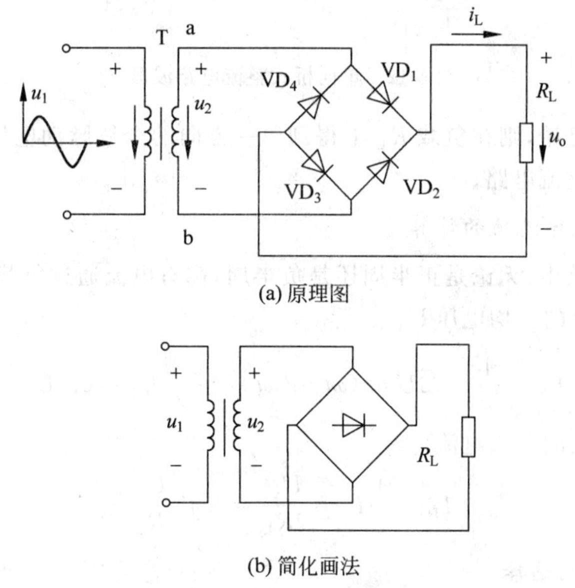

(a) 原理图

(b) 简化画法

图 6-11　单向桥式整流电路

2. 电路工作原理

设电源变压器二次绕组电压为

$$u_2=\sqrt{2}U_2\sin\omega t$$

当 u_2 为正半周时,瞬时极性上端 a 为正,下端 b 为负。二极管 VD_1、VD_3 正偏导通,VD_2、VD_4 反偏截止。导电回路为 a→VD_1→R_L→VD_3→b,负载 R_L 上得到的电压极性为上正下负。

当 u_2 为负半周时，u_2 瞬时极性 a 端为负，b 端为正，二极管 VD_1、VD_3 反偏截止，VD_2、VD_4 正偏导通，导电回路为 b→VD_2→R_L→VD_4→a，负载 R_L 上得到的电压极性同样为上正下负。u_2、i_{D1}、u_o 及 i_{D2} 的波形图如图 6-12 所示。

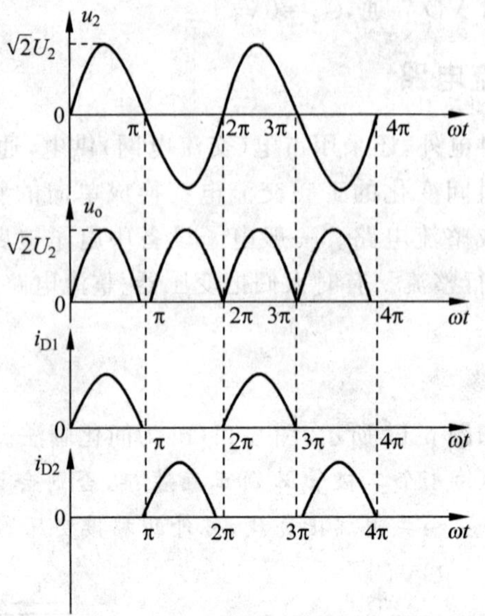

图 6-12 单向桥式整流电路波形

上述过程周而复始，则在负载 R_L 上得到单一方向的全波脉动电压和电流，称这种电路为单相桥式全波整流电路。

3. 负载上电压、电流值的计算

在桥式整流电路中，无论是正半周还是负半周，都有电流通过负载。

(1) 负载上输出的平均电压 $U_{o(AV)}$

$$U_o = \frac{1}{\pi}\int_0^{\pi}\sqrt{2}U\sin(\omega t)\,\mathrm{d}(\omega t) = \frac{2\sqrt{2}}{\pi}U_2 = 0.9U_2$$

(2) 流过负载上的平均电流

$$I_D = \frac{1}{2}I_o = \frac{U_o}{2R_L} = 0.45\frac{U_2}{R_L}$$

4. 整流二极管的选择

在桥式整流电路中，4 个二极管分二次轮流导通，流经每个二极管的电流为负载电流的一半。选择二极管时应有 $I_F \geqslant I_D$，即

$$I_F \geqslant I_D = \frac{1}{2}I_o = \frac{U_o}{2R_L} = 0.45\frac{U_2}{R_L}$$

由图可见，二极管截止时最大反向电压 U_{DM} 等于 U_2 的最大值，即

$$U_{RM} \geqslant U_{DM} = \sqrt{2}U_2$$

【例 6-2】 某直流负载电阻为 10Ω，要求输出电压 U_o=24V，采用单相桥式整流电路供电，试选择二极管 VD。

解：根据题意可求得负载电流

$$I_L = \frac{U_o}{R_L} = 24/10 = 2.4(\mathrm{A})$$

二极管平均电流为

$$I_{D(AV)} = \frac{1}{2} I_L = 1.2(\mathrm{A})$$

变压器二次侧电压有效值为

$$U_2 = U_o/0.9 = 24/0.9 = 26.6(\mathrm{V})$$

在工程实际中，考虑到变压器二次侧的压降及二极管的导通压降，变压器二次侧电压大约在理论计算值的基础上提高 10%，即

$$U_2 = 26.6 \times 1.1 = 29.3(\mathrm{V})$$

二极管最大反向电压

$$U_{RM} = \sqrt{2} U_2 = 41.1(\mathrm{V})$$

6.3 半导体三极管及其放大电路

6.3.1 三极管的基本知识

三极管是通过一定工艺将两个 PN 结结合在一起的器件，由于 PN 结之间的相互影响，使三极管具有电流放大的作用，从而使 PN 结的应用发生了质的飞跃。

三极管的种类很多。按照使用频率来分，有高频管、低频管；按照半导体材料来分，有硅管、锗管等。从外形来看，三极管都有三个电极，如图 6-13 所示。

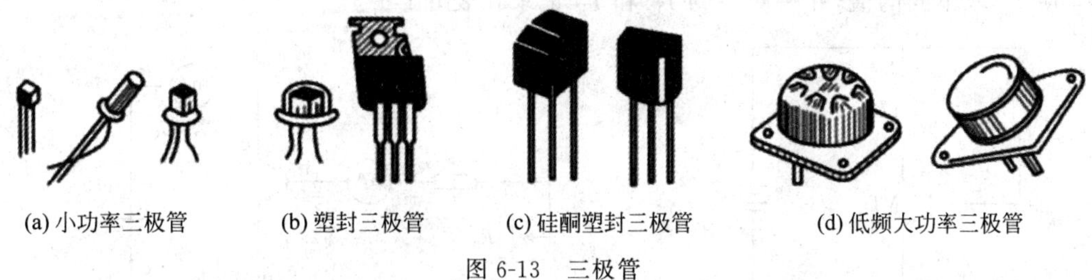

(a) 小功率三极管 (b) 塑封三极管 (c) 硅酮塑封三极管 (d) 低频大功率三极管

图 6-13 三极管

根据结构的不同，三极管可以分为 NPN 型和 PNP 型两大类。图 6-14 所示是其结构示意图和表示符号。

三极管有两个 PN 结——发射结和集电结，三个区——发射区、基区和集电区。从三个区引出三个电极，分别称为发射极 e、基极 b 和集电极 c。NPN 型和 PNP 型三极管结构的区别在于，NPN 型半导体的基区是一块很薄的 P 型半导体，两边各为一块 N 型半导体；PNP 型半导体的基区是一块很薄的 N 型半导体，两边是 P 型半导体。两种类型的三极管具有几乎等同的特性，只不过在放大时各电极端的电压极性和电流流向不同而已。NPN 型和 PNP 型三极管的表示符号中基极和发射极之间的箭头的方向不同，箭头的方向表示发射结导通时的电流方向，从箭头方向可以判断三极管的类型，如图 6-14 所示。

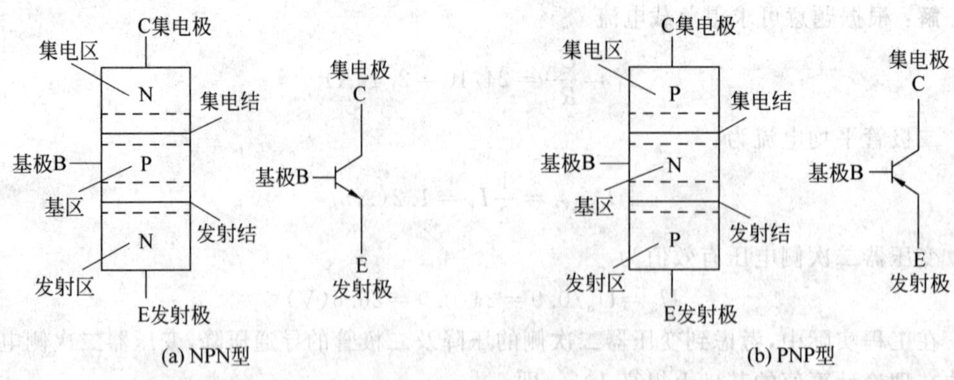

图 6-14　三极管结构示意图和表示符号

6.3.2　三极管的电流分配与放大作用

1. 三极管放大的外部条件

三极管的主要功能是放大电信号。要使三极管对微小信号起到放大作用，则必须保证外加的电压使发射结正向偏置、集电结反向偏置。NPN 型三极管处于放大状态时的电路接线如图 6-15 所示。

2. 三极管的电流放大作用

三极管各极电流测量电路如图 6-16 所示。在 b、e 两极之间加电源电压 V_{BB}，在 c、e 两极间加电源电压 V_{CC}，且 $V_{CC}>V_{BB}$，满足发射结正偏、集电结反偏的要求。电路接通后，三极管的三个电流分别为基极电流 I_B，集电极电流 I_C 和发射极电流 I_E。调节可变电阻 R_P 使 I_B 取不同的值，并将对应的 I_C 和 I_E 记录在表 6-1 中。

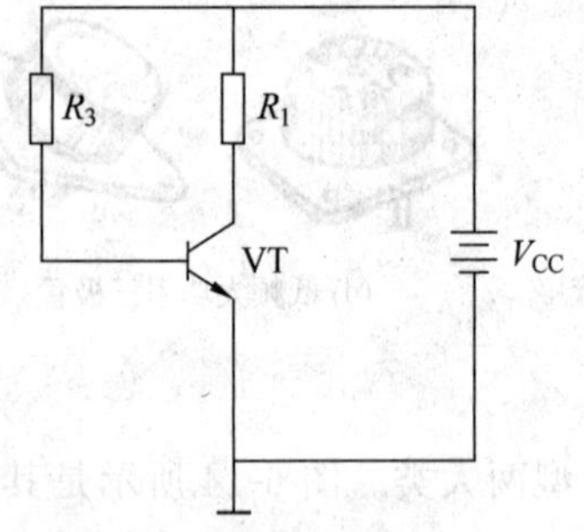

图 6-15　NPN 型三极管处于放大状态时的电路连接

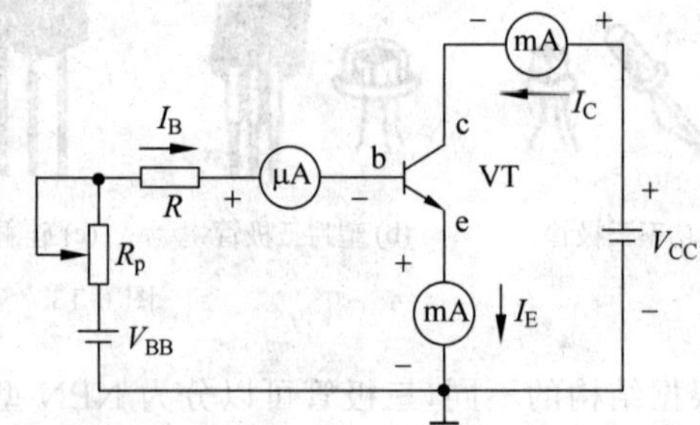

图 6-16　三极管各极电流的测量电路

表 6-1　三极管三个电极上的电流分配

$I_B/\mu A$	10	20	30	40
I_C/mA	0.78	1.58	2.37	3.16
I_E/mA	0.80	1.60	2.40	3.20

分析实验数据，可得到以下结论。

1）三极管的电流分配关系

由表 6-1 可知，三极管三个电极的电流满足

$$I_E = I_C + I_B$$

表明了三极管电流分配的规律，即发射极电流恒等于基极电流和集电极电流之和。无论是 NPN 型三极管还是 PNP 型三极管，均符合这一规律。由于基极电流很小，因此可近似认为

$$I_E \approx I_C$$

如果将三极管看成节点，三路电流关系应满足节点电流定律：流入三极管的电流之和等于流出三极管的电流之和。在 NPN 型三极管中，I_B、I_C 流入三极管，I_E 流出三极管；在 PNP 型三极管中，I_E 流入三极管，I_B、I_C 流出三极管，如图 6-17 所示。

2）三极管的电流放大作用

在图 6-17 所示电路中，信号从基极与发射极之间输入，从集电极和发射极输出，因此发射极是输入、输出回路的公共端，这种接法成为共射极接法。将集电极电流 I_C 与基极电流 I_B 的比值定义为电流放大系数 β，即为

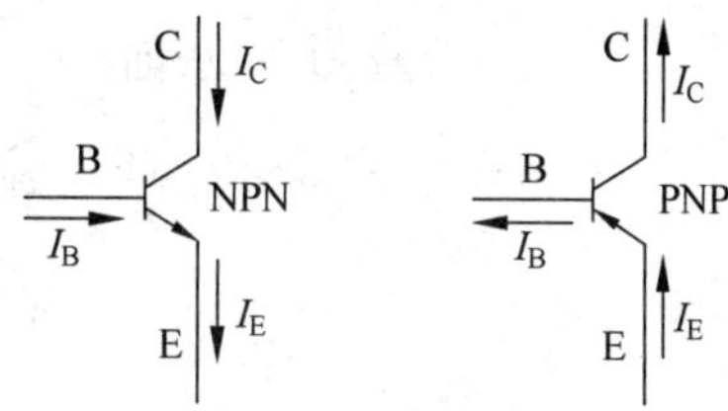

图 6-17　三极管的电流方向

$$\beta = \frac{I_C}{I_B}$$

例如，在表 6-1 中可以得到：I_B 为 0.01mA，I_C 为 0.78mA，集电极电流和基极电流之比为电流放大倍数 β，即

$$\beta = \frac{0.78}{0.01} = 78$$

如果把基极回路看成输入回路，集电极回路看成输出回路，则输出回路的电流变化比输入回路的电流变化大了近 60 倍。这说明：I_B 一个微小的变化，就能引起 I_C 较大的变化，而且 I_C 的变化规律与 I_B 一致，这种现象称为三极管的电流放大作用。

6.3.3　三极管的特性曲线

三极管的特性曲线是指各电极之间电压与电流的关系曲线，有输入特性曲线与输出特性曲线。下面以共射放大电路为例，讨论三极管的输入、输出特性。首先将一个三极管接成图 6-18(a)所示电路，左边的闭合回路称为输入回路，右边的回路称为输出回路。图 6-18(b)和(c)分别为 NPN 三极管的输入特性曲线和输出特性曲线。

(1) 输入特性曲线是指 U_{CE} 为定值时，输入回路中 I_B 与 U_{BE} 之间的关系曲线。三极管的输入特性曲线与二极管正向特性曲线相似，也存在一个死区电压。硅管的死区电压约为 0.5V，锗管的死区电压约为 0.2V。严格来讲，不同的 U_{CE} 得到的曲线应略有不同，也就是说输入特性曲线应该是一组曲线。实际上，只要 $U_{CE} \geqslant 1V$，各条曲线几乎重叠，通常只用一条曲线代表 $U_{CE} \geqslant 1V$ 后的各条曲线。在正常工作时，发射结正向压降 U_{BE} 变化

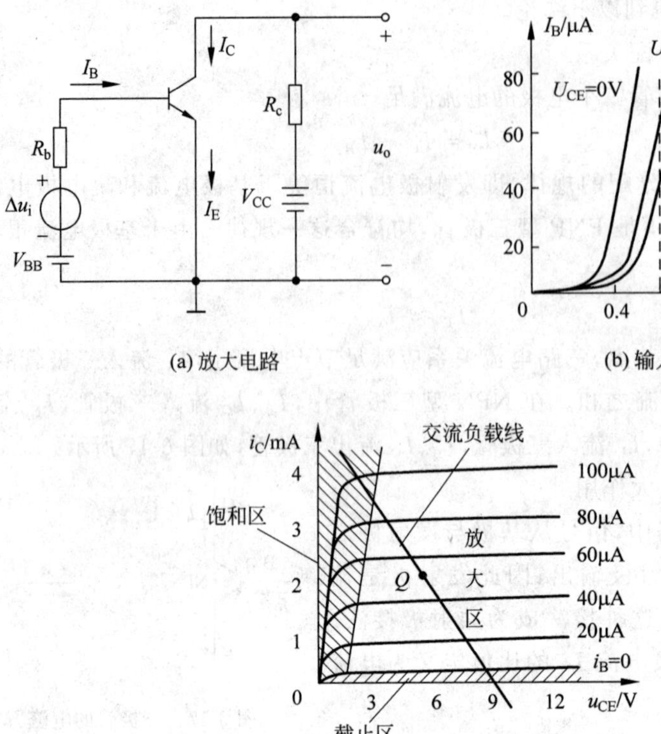

图 6-18 三极管的特性曲线

不大,硅管为 0.6～0.7V,锗管为 0.2～0.3V。

(2) 当基极电流 I_B 不变时,输出回路中集电极电流 I_C 与集—射电压 U_{CE} 之间的关系曲线称为输出特性曲线。若取不同的 I_B,可得到不同的曲线,所以三极管的输出特性曲线是一组曲线。

三极管的输出特性曲线可分为三个区域。

① 截止区。外加电压使发射结和集电结均反偏,三极管进入截止区。在特性曲线中 $I_B=0$ 这条曲线以下的区域称为截止区。三极管工作在截止区时相当于断开,在此区域,三极管没有电流放大能力。

② 饱和区。外加电压使发射极正偏、集电极反偏,三极管进入饱和区。在特性曲线靠近纵轴时,I_C 趋于直线上升部分。在饱和区内,即使 I_B 上升很多,I_C 的上升也很少,呈饱和状态,而 U_{CE} 减小时,I_C 将迅速减小,三极管也没有电流放大能力。工作于饱和区的三极管相当于闭合开关。

③ 放大区。截止区与饱和区中间的部分就是放大区。这时,外加电压使三极管发射结正偏、集电结反偏,三极管处于放大状态。在放大区,I_B 的变化与 I_C 的变化成正比。特性曲线间隔的大小反映了三极管的 β 值,体现了电流放大作用。由于各条曲线近似于平行等距,因此 β 近似为常数,常用三极管的 β 值为 50～200。

6.4 晶闸管类器件

6.4.1 晶闸管

晶闸管(Thyristor)早期称为可控硅(Silicon Controlled Rectifier),于 1956 年在美国贝尔实验室诞生,于 1958 年开始商品化,并迅速在工业方面得到广泛应用,它的出现标志了电子革命在强电领域的开始。晶闸管的特点是可以用小功率信号控制高电压大电流,它首先应用于将交流电转换为直流电的可控整流器中。在晶闸管出现之前,将交流电转化为直流电一般采用交流—直流发电机组或汞弧整流器。交流—直流发电机组设备庞大、噪音重,汞弧整流器的汞蒸汽是严重的环境污染源,并且这两者的电能转换效率都较低。自晶闸管出现后,晶闸管整流器完全取代了机组和汞弧整流器。尽管现在出现了大量的新型全控器件,但是晶闸管以其低廉的价格和高电压大电流能力仍被广泛应用。

现在除普通晶闸管之外,还有快速晶闸管、双向晶闸管、逆导晶闸管、光控晶闸管等,形成了晶闸管类器件系列。

晶闸管是四层三端器件,它由 PNPN 四层半导体材料组成,如图 6-19 所示。在其上层 P_1 引出阳极 A(Anode),在最下层 N_2 引出阴极 K(Cathode),在中间 P_2 层引出门极 G(Gate),门极也称控制极。晶闸管的外部结构有螺旋式和平板式两种,如图 6-20 所示。中小功率晶闸管有单相和三相桥的组件。螺旋型封装一般粗引出线是阳极,细引出线是门极,带螺旋的底座是阴板。平板型封装的上下金属面分别是阳极和阴板,中间引出线是门极。

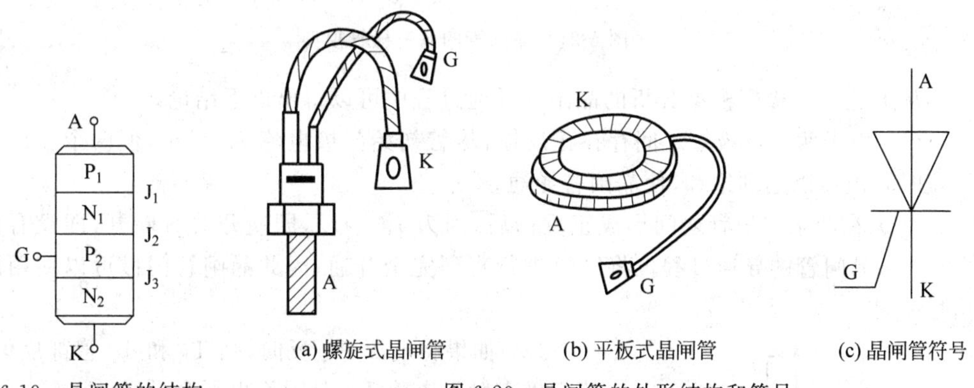

(a) 螺旋式晶闸管 (b) 平板式晶闸管 (c) 晶闸管符号

图 6-19 晶闸管的结构 图 6-20 晶闸管的外形结构和符号

1. 晶闸管工作原理

晶闸管的四层 PNPN 半导体形成了三个 PN 结 J_1、J_2、J_3,在门极 G 开路无控制信号时,给晶闸管加正向电压(阳极 A+、阴极 K−)。因为 J_2 结反偏,不会有正向电流通过;给晶闸管加反向电压(阳极 A−、阴极 K+),则 J_1 和 J_3 结反偏,也不会有反向电流通过,因此在门极无控制信号时,无论给晶闸管加正向电压或反向电压,晶闸管都不会导通而处于关断状态。在晶闸管受正向电压时,在门极和阴极之间加正的控制信号或脉冲,晶闸管就会迅速从关断状态转向导通状态，有正向电流通过，其原理可以用一个双三极管模型进行说明。

将晶闸管中间两层剖开，则晶闸管就成为两个集—基极互相连接的 PNP 型(T_1)和 NPN 型三极管(T_2)(图 6-21(a))。现将晶闸管的阳极和阴极连接电源 E_A，使晶闸管受正向电压，在门极和阴极间连接电源 E_G(图 6-21(b))，在开关 S 未合上之前，三极管 T_1 和 T_2 因为没有基极电流都不会导通，晶闸管处于关断状态。若将开关 S 合上，则 T_2 管获得了基极电流 I_G，经 T_2 放大，T_2 集极电流 $I_{C2}=a_2 I_G$(a_2 为 T_2 管电流放大倍数)；因为 I_{C2} 同时是 T_1 的基极电流，T_1 在获得基极电流后开始导通，其集极电流 $I_{C1}=a_1 I_{C2}=a_1 a_2 I_G$($a_1$ 为 T_1 管电流放大倍数)，因为 I_{C1} 又同时是 T_2 的基极电流，现 $I_{C1}>I_G$，因此 T_2 集极电流进一步上升使 T_1 的基极电流 I_{C2} 更大，再经 T_1 放大，T_1 集极将向 T_2 提供更大的基极电流，如此进行，在 T_1 和 T_2 两个三极管中产生了正反馈，正反馈的结果是 T_1 和 T_2 很快进入饱和状态，使原来关断的晶闸管变为导通。

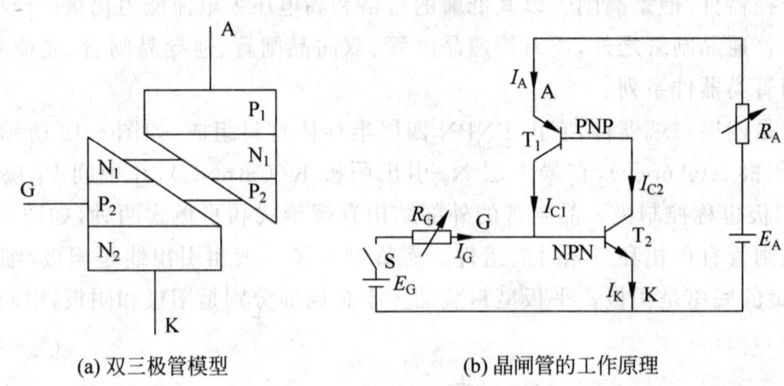

(a) 双三极管模型　　(b) 晶闸管的工作原理

图 6-21　晶闸管的双三极管模型

从上述双三极管模型分析的晶闸管导通过程中可以得出以下结论。

(1) 由于两个三极管之间存在正反馈，尽管初始门极电流 I_G 很小，但两个三极管在极短时间内可以达到饱和，使晶闸管导通。

(2) 在两个三极管之间形成正反馈后，因为 $I_{C1} \gg I_G$，即使开关 S 断开，即没有门极电流 I_G，晶闸管的导通过程也将继继进行直到完全开通，因此晶闸管门极可以使用脉冲信号触发。

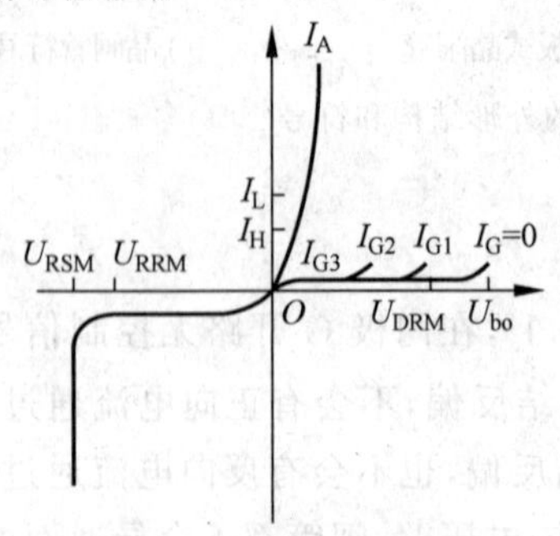

图 6-22　晶闸管伏安特性

(3) 如果将电源 E_A 反向，则 T_1 和 T_2 管都反偏，即使门极有触发电流 I_G，晶闸管也不会导通。

2. 晶闸管的伏安特性

以图 6-21(b)电路可以测量晶闸管的伏安特性(图 6-22)。

(1) 正向特性

在门极电流 $I_G=0$ 时给晶闸管施加正向电压，因为晶闸管没有触发不导通，只存在少量的漏电流。调节电源 E_A，使 E_A 从 0 增加，晶闸管两端电压 U_{AK} 不断上升，

当 U_{AK} 增加到一定值 U_{bo} 时，晶闸管会被正向击穿，这时电流 I_A 迅速增加，晶闸管导通，但这时晶闸管导通是不正常的导通，是击穿。击穿时管压降 U_{AK} 很小，电流 I_A 很大，使晶闸管发生正向击穿的临界电压 U_{bo} 称为转折电压。

若给门极触发电流 I_G，并通过电阻 R_G 调节门极电流的大小，在门极电流较小时(I_{G1})，U_{AK} 随 E_A 增加而上升，但在 $U_{AK}<U_{bo}$ 时就可以发生电压和电流的转折现象。如果继续提高门极触发电流，即 $I_{G3}>I_{G2}>I_{G1}$，则发生转折的晶闸管端电压 U_{AK} 将进一步降低，若有足够的门极触发电流，则在很小的阳极电压下晶闸管就可以从关断状态变为导通状态，这时晶闸管的正向特性和二极管的正向特性相似。晶闸管导通后，其管压降 U_{AK} 迅速下降为1V左右，而 I_A 则受外电路电阻 R_A 的限制。

一般晶闸管采取脉冲触发以降低门极损耗，在晶闸管导通时，I_A 必须大于一定值 I_L 才能保证触发脉冲消失后，晶闸管能可靠导通，该电流 I_L 称为擎住电流。在晶闸管导通后，如果调节电阻 R_A，使阳极电流 I_A 下降，在 $I_A<I_H$ 时晶闸管就会从导通转向关断，该电流 I_H 称为维持电流，一般 $I_H<I_L$。

(2) 反向特性

如果给晶闸管施加反向电压(电源 E_A 反接)，从晶闸管等效模型中可以看到两个三极管被反向偏置，因此无论给晶闸管门极以正脉冲还是负脉冲，晶闸管都不会导通。但是若反向电压过高 $|-U_{AK}|>U_{RSM}$，晶闸管将发生反向击穿现象，这时反向电流会急剧增加，使晶闸管损坏，这是需要避免的。晶闸管的反向特性与二极管反向特性相似。

从晶闸管的工作原理和伏安特性可以得到晶闸管的导通条件为：晶闸管受正向电压，并且有一定强度(大小和持续时间)的正触发脉冲。晶闸管导通后，阳极电流要大于擎住电流 I_L 晶闸管才能可靠导通。晶闸管的关断条件为：晶闸管受反向电压或者阳极电流下降到维持电流 I_H 以下。

3. 主要参数

电力电子器件的额定参数都是在规定条件下测试的，这些规定条件有结温、环境温度、持续时间和频率等，其主要参数可以在手册和产品样本上得到。

1) 电压参数

(1) 断态重复峰值电压 U_{DRM}。断态重复峰值电压是在门极无触发时，允许重复施加在器件上的正向电压峰值，该电压规定为断态不重复峰值电压 U_{DSM} 的90%。断态不重复峰值电压 U_{DSM} 由厂家自行规定，U_{DSM} 应低于器件的正向转折电压 U_{bo}。

(2) 反向重复峰值电压 U_{RRM}。反向重复峰值电压是允许重复施加在器件上的反向电压峰值，该电压规定为反向不重复峰值电压 U_{RSM} 的90%。反向不重复峰值电压应低于器件的反向击穿电压，所留裕量由厂家自行规定。

(3) 额定电压。产品样本上一般取断态重复峰值电压和反向重复峰值电压中较小的一个作为器件的额定电压。在选取器件时要根据器件在电路中可能承受的最高电压，再增加2～3倍的裕量选取晶闸管的额定电压，以确保器件的安全运行。

2) 电流参数

电流参数主要有通态平均电流和额定电流。通态平均电流 I_{AV} 的规定是在环境温度为40℃和在规定冷却条件下，稳定结温不超过额定结温时，晶闸管允许流过的最大正弦半波电流的平均值。晶闸管以通态平均电流标定为额定电流。

决定器件电流能力的是温度，当温度超过规定值时晶闸管将因发热损坏。器件温度与通过器件的电流有效值相关，并且在实际应用中，晶闸管通过的电流不一定是正弦半波，可能是矩形波或其他波形的电流，因此当通过晶闸管的电流不是正弦半波时，选择额定电流就需要将实际通过晶闸管电流的有效值 I_T 折算为正弦半波电流的平均值，其折算过程如下。

通过晶闸管正弦半波电流的平均值为

$$I_{AV}=\frac{1}{2\pi}\int_0^{\pi} I_m \sin\omega t\, d(\omega t)=\frac{1}{\pi}I_m$$

正弦半波电流的有效值为

$$I_T=\sqrt{\frac{1}{2\pi}\int_0^{\pi} I_m^2(\sin\omega t)^2 d(\omega t)}=\frac{1}{2}I_m$$

正弦半波电流有效值与平均值关系为

$$I_T=\frac{\pi}{2}I_{AV}=1.57I_{AV}$$

按实际波形电流有效值与正弦半波有效值相等的原则，在已经得到通过晶闸管实际波形电流的有效值 I_T 后，通过晶闸管的通态平均电流为

$$I_{AV}=\frac{I_T}{1.57}$$

在选择晶闸管额定电流时，在通态电流平均值 I_{AV} 的基础上还要增加(1.5～2)倍的安全裕量，即 $I_{T(AV)}=(1.5\sim2)I_{AV}$。

3）门极参数

晶闸管的门极参数主要有门极触发电压和触发电流，门极触发电压一般小于 5V，最高门极正向电压不超过 10V。门极触发电流根据晶闸管容量在几毫安至几百毫安之间。

4）动态参数

(1) 开通时间和关断时间。晶闸管的开通和关断都不是瞬间能完成的，开通和关断都有一定的物理过程，并需要一定的时间。尤其在被通断的电路中有电感时，电感将限制电流的变化率，使相应的开关时间延长。开通和关断过程中阳极电流的变化如图 6-23 所示。

在晶闸管被触发时阳极电流开始上升，当电流上升到稳态值 10%的这段时间称为延迟时间 t_d，电流从 10%上升到稳态电流 90%的这段时间称为上升时间 t_r。晶闸管的导通时间 t_{on} 则为延迟时间和上升时间之和，即 $t_{on}=t_d+t_r$，普通晶闸管的延迟时间约为 0.5～1.5μs，上升时间为 0.5～3μs。

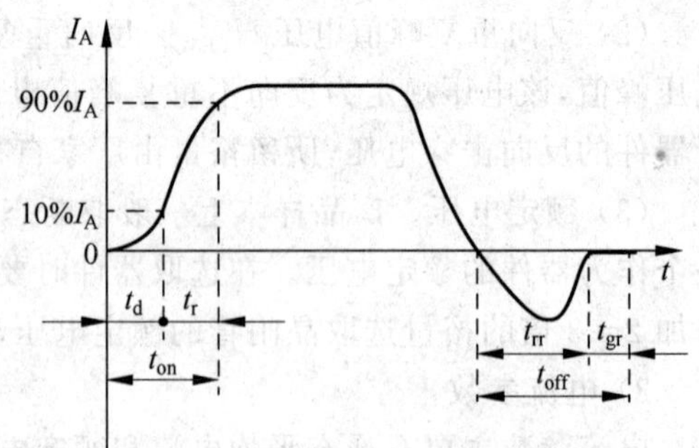

图 6-23 晶闸管开通和关断过程

晶闸管在受反向电压关断时，阳极电流逐步衰减为零，并且出现反向恢复电流使半

导体中的载流子复合，恢复晶闸管的反向阻断能力。从出现反向恢复电流到反向恢复电流减小到零这段时间称为反向阻断恢复时间 t_{rr}。晶闸管恢复反向阻断能力后，晶闸管还需要恢复对正向电压的阻断能力，正向电压阻断能力恢复的这段时间称为正向阻断恢复时间 t_{gr}。如果在 t_{gr} 时间内，晶闸管正向阻断能力还没有完全恢复就给晶闸管加上正向电压，晶闸管可能误导通（即没有触发而发生的导通）。由于在阻断过程中载流子复合过程比较慢，因此在关断过程中应对晶闸管施加足够长时间的反向电压，以保证晶闸管可靠关断。晶闸管的关断时间 $t_{off}=t_{rr}+t_{gr}$，约为数百微秒。

（2）dv/dt 和 di/dt 限制。晶闸管在关断状态时，如果加在阳极上的正向电压上升率 dv/dt 很大，晶闸管 J_2 结的结电容会产生很大的位移电流，该电流经过 J_3 结时，相当于给晶闸管施加了门极电流，会使晶闸管误导通，因此对晶闸管正向电压的 dv/dt 需要作一定的限制，避免误导通现象。

晶闸管在导通过程中，开通是从门极区逐步向整个结面扩大的，如果电流上升率 di/dt 很大，就会在较小的开通结面上通过很大的电流，引起局部结面过热使晶闸管烧坏，因此在晶闸管导通过程中对 di/dt 也要有一定的限制。

6.4.2　双向晶闸管

双向晶闸管(triode AC switch，TRIAC 或 bidirectional triode thyristor)是一种在正反向电压下都可以用门极信号触发导通的晶闸管。它有两个主极 T_1 和 T_2，一个门极 G，原理上可以视为两个普通晶闸管的反并联(图 6-24)。

双向晶闸管的伏安特性曲线如图 6-25 所示，在双向晶闸管受正向电压（主极 T_1 为＋，T_2 为－)时，无论门极电流 I_G 是正或负，双向晶闸管都会正向导通，有主极正向电流流过；在双向晶闸管受反向电压（T_1 为－，T_2 为＋)时，无论门极电流是正或负，双向晶闸管都反向导通，有主极反向电流流过。因此双向晶闸管有四种触发方式。

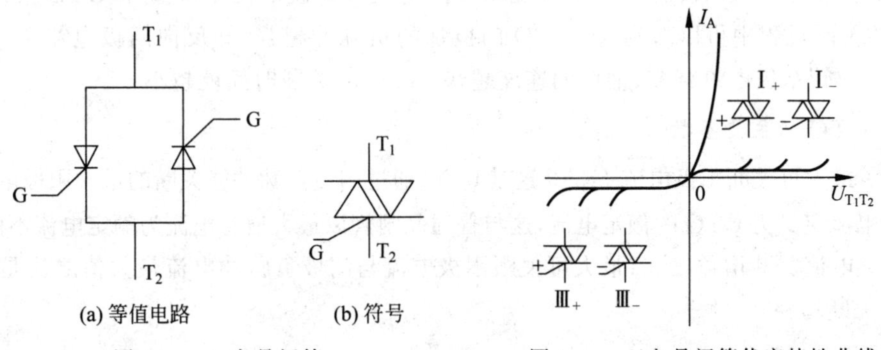

(a) 等值电路　(b) 符号

图 6-24　双向晶闸管

图 6-25　双向晶闸管伏安特性曲线

方式 1：正向电压时门极以正脉冲触发，双向晶闸管工作在第一象限，称为 $Ⅰ_+$ 触发方式。

方式 2：正向电压时门极以负脉冲触发，双向晶闸管工作在第一象限，称为 $Ⅰ_-$ 触发方式。

方式 3：反向电压时门极以正脉冲触发，双向晶闸管工作在第三象限，称为 $Ⅲ_+$ 触发方式。

方式 4：反向电压时门极以负脉冲触发，双向晶闸管工作在第三象限，称为Ⅲ$_-$触发方式。

四种触发方式中，Ⅰ$_-$和Ⅲ$_-$两种触发方式灵敏度较高，是经常采用的触发方式。双向晶闸管常用作交流无触点开关和交流调压，可编程控制器 PLC 的交流输出也常用小功率双向晶闸管作为固态继电器。因为双向晶闸管主要使用在交流电路中，因此它的额定电流不以普通晶闸管的通态平均电流定义，而以通过电流的有效值定义。双向晶闸管承受 dv/dt 的能力较低，使用中要在主极 T_1 和 T_2 间并联 RC 吸收电路。

6.4.3 门极可关断晶闸管

门极可关断晶闸管(gate turn-off thyrisyor，GTO)是一种通过门极加负脉冲可以关断的晶闸管。一只 GTO 器件由几十乃至上百个 GTO 单元组成，因此 GTO 是一个集成的功率器件。这些集成的小 GTO 具有公共的阳极，它们的阴极和门极也在内部并联起来，这样的设计是为便于用门极信号关断。GTO 的电路符号如图 6-26 所示，在门极引出线上加十字，表示门极可关断。

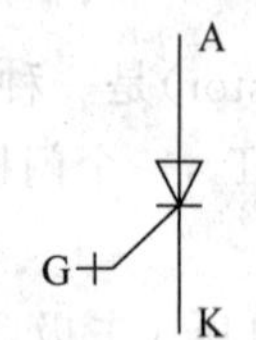

图 6-26 GTO 符号

1. GTO 的关断原理

GTO 的工作原理仍然可以用图 6-26 所示的晶闸管双三极管模型进行说明，其导通原理与普通晶闸管相同，不同的是关断过程。在导通的 GTO 还受正向电压时，在门极加负脉冲，使门极电流 I_G 反向，这样双三极管模型中 T_2 管基极的多数载流子被抽取，T_2 基极电流下降，使 T_2 集极电流 I_{C2} 随之减小，引起 T_1 管基极电流和集极电流 I_{C1} 的减小，T_1 集极电流的减小又引起 T_2 基极电流的进一步下降，产生负的正反馈效应，使等效的三极管 T_1 和 T_2 退出饱和状态，阳极电流下降直至 GTO 关断。从 GTO 的关断过程中可以看到，在 GTO 门极加的负脉冲越强，即反向门极电流 I_G 越大，抽取的 T_2 管基极电流越多，抽取的速度越快，GTO 的关断时间就越小。

2. GTO 的主要参数

(1) 最大可关断阳极电流 I_{ATO}。这是 GTO 通过门极负脉冲能关断的最大阳极电流，并且以此电流定义为 GTO 的额定电流，这与普通晶闸管以最大通态电流为额定电流不同。

(2) 电流关断增益 β_{off}。最大可关断阳极电流与门极负脉冲电流最大值之比是 GTO 的电流关断增益

$$\beta_{off}=\frac{I_{ATO}}{I_{GM}}$$

电流关断增益是 GTO 的一项重要指标。一般 GTO 电流关断增益 β_{off} 较小，只有在 5～10 倍左右，一只 1000A 的 GTO 需要 100～200A 的门极负脉冲来关断，这显然对门极驱动电路设计提出了很高的要求。

目前 GTO 主要在电气轨道交通动车的斩波调压调速中使用，其额定电压和电流可达 6000V、6000A 以上，容量大是其特点。GTO 还经常与二极管反并联组成逆导型

GTO,逆导型 GTO 在需要承受反向电压时需要注意另外串联电力二极管。

6.4.4 其他晶闸管类器件

1. 快速晶闸管

快速晶闸管(fast switching thyristor,FST)的原理和普通晶闸管相同,其特点是关断速度快,普通晶闸管的关断时间为数百微秒,快速晶闸管关断时间为数十微秒,高频晶闸管的关断时间可达 10μs 左右,因此快速晶闸管主要使用在高频电路中。

2. 逆导型晶闸管

逆导型晶闸管(reverse conducting thyristor,RCT)是一种将晶闸管反并联一个二极管后制作在同一管芯上的集成器件,其电路结构和符号如图 6-27 所示。逆导型晶闸管的正向特性与晶闸管相同,反向特性与二极管相同,在受正向电压且门极有正触发脉冲时逆导型晶闸管正向导通;在受反向电压时逆导型晶闸管反向导通。由于晶闸管与反并联二极管在同一管芯上,不需要外部连线,所以体积较小,逆导型晶闸管的通态管压降更低,关断时间也更短,在较高结温下也能保持较好的正向阻断能力。逆导型晶闸管常使用在大功率的斩波电路中。

3. 光控晶闸管

光控晶闸管(light triggered thyristor,LTT)是一种用光触发导通的晶闸管,其工作原理类似于光电二极管。光控晶闸管的等效电路和电路符号如图 6-28 所示。光控晶闸管的伏安特性与普通晶闸管相同,小功率的光控晶闸管没有门极,只有阳极和阴极,通过芯片上的透明窗口导入光线触发。大功率光控晶闸管门极是光缆,光缆上装有发光二极管或半导体激光器。由于采用光触发既保证了主电路和控制电路间的电气绝缘,又有更好的抗电磁干扰能力,目前主要应用于高电压大功率场合,如高压直流输电和高压核聚变装置等。

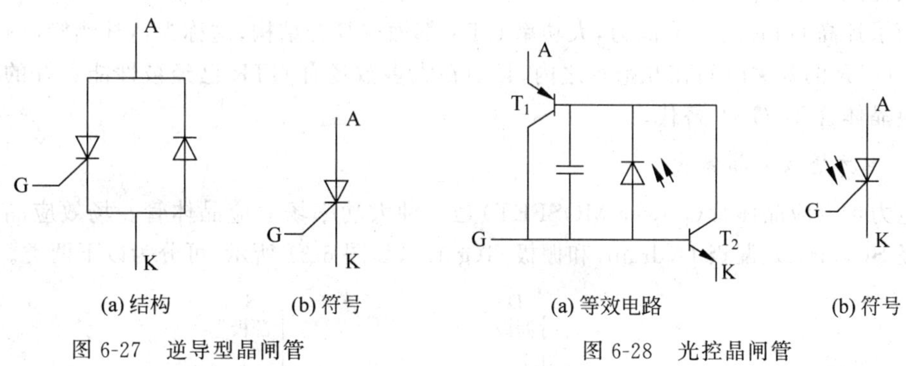

(a) 结构　(b) 符号

图 6-27 逆导型晶闸管

(a) 等效电路　(b) 符号

图 6-28 光控晶闸管

6.4.5 全控型电力电子器件

全控型电力电子器件除前面已经介绍的可关断晶闸管之外,目前主要应用于电力晶体管、电力场效应管、IGBT 等,这类器件都可以通过控制极信号控制器件的导通和关断,并且较晶闸管类器件的开关频率更高，驱动功率更小，使用更加方便，因此广泛应用在斩波器、逆变器等电路中。全控型器件是发展最快且最有前景的电力电子器件。

1. 电力晶体管 GTR

电力晶体管(giant transistor，GTR)是一种耐压较高、电流较大的双极结型晶体管(bipolar junction transistor，BJT)，它的工作原理与一般的双极结型晶体管相同，电路符号也相同(图 6-29(a))。GTR 和一般晶体管有类似的输出特性(图 6-30)，根据基极驱动情况可分为截止区、放大区和饱和区，GTR 一般工作在截止区和饱和区，即工作在开关状态，在开关的过渡过程中要经过放大区。在基极电流 i_b 小于一定值时 GTR 截止，大于一定值时 GTR 饱和导通。工作在饱和区时集电极和发射极之间的电压降 U_{CE} 很小。在无驱动时，集极电压超过规定值时 GTR 会被击穿，但是若集极电流 I_C 没有超过耗散功率的允许值时，管子一般不会损坏，此时称为一次击穿，但是发生击穿后 I_C 超过允许的临界值时，U_{CE} 会陡然下降，此时称为二次击穿，发生二次击穿后管子将永久性损坏。

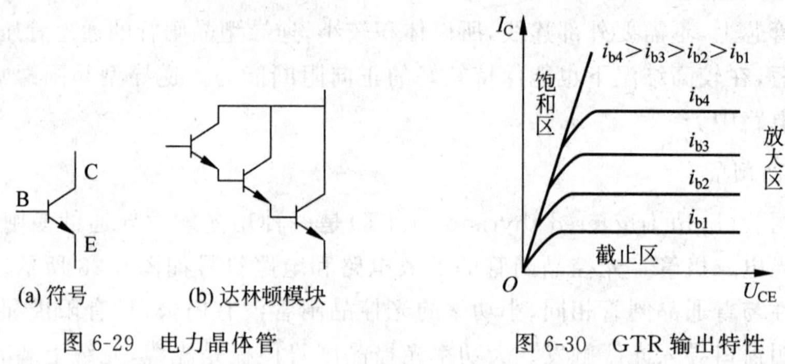

图 6-29 电力晶体管　　图 6-30 GTR 输出特性

GTR 的主要参数有：①最高工作电压，包括发射极开路时集—基极间的反向击穿电压 BU_{cbo}、基极开路时集—射极间反向击穿电压 BU_{ceo}；②集电极最大允许电流 I_{CM}；③集极最大耗散功率 P_{CM} 等。

为了提高 GTR 的电流能力，大功率 GTR 都做成复合结构，这称为达林顿管(图 6-29(b))。GTR 的开关时间在几毫秒之内，目前在大多数场合 GTR 已经被性能更好的电力场效应晶体管和 IGBT 替代。

2. 电力场效应晶体管

电力场效应晶体管(power MOSFET)是一种大功率场效应晶体管。场效应晶体管有源极 S(source)、漏极 D(drain)和栅极 G(gate)，如图 6-31 所示，可分为以下两类。

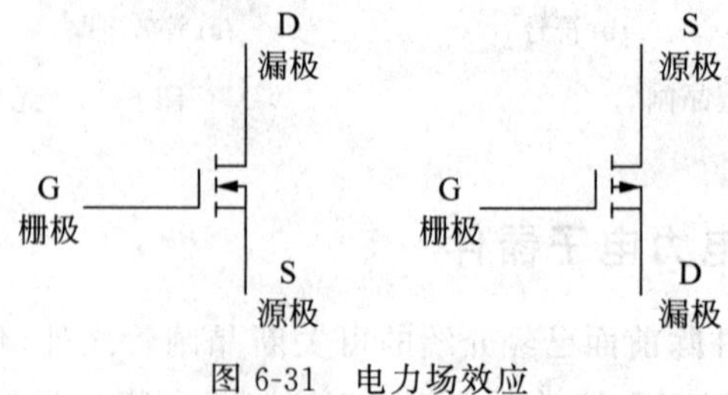

图 6-31 电力场效应

(1) 结型场效应管：结型场效应管利用PN结反向电压对耗尽层厚度的控制改变漏极、源极之间的导电沟道宽度，从而控制漏、源极间电流的大小。

(2) 绝缘栅型场效应管：绝缘栅型场效应管利用栅极和源极之间电压产生的电场改变半导体表面的感生电荷，进而改变导电沟道的导电能力，从而控制漏极和源极之间的电流。

在电力电子电路中常用的是绝缘栅金属氧化物半导体场效应晶体管 MOSFET (metal oxide semiconductor field effect transistor)。

1) 工作原理

MOSFET 按导电沟道可分为 P 沟道(载流子为空穴)和 N 沟道(载流子为电子)两种，如图 6-32 所示。当栅极电压为零时，漏源极间存在导电沟道的称为耗尽型。对于 N 沟道器件，栅极电压大于零时才存在导电沟道的称为增强型；对于 P 沟道器件，栅极电压小于零时才存在导电沟道的称为增强型。在电力场效应晶体管中主要是 N 沟道增强型。图 6-32 是 N 沟道增强型 MOSFET 的结构示意图。它以杂质浓度较低的 P 型硅材料为衬底，在上部两个高掺杂的 N 型区上(自由电子多)分别引出源极和漏极，而栅极和源极、漏极由绝缘层 SiO_2 隔开，故称为绝缘栅极。两个 N 型区与 P 型区形成了两个 PN 结，在漏极和源极间加正向电压 U_{DS} 时 PN_1 结反偏，故 MOSFET 不导通。当在栅极接上正向电压 U_{GS} 时，由于绝缘层 SiO_2 不导电，在电场作用下绝缘层下方会感应出负电荷，使 P 型材料变成 N 型，形成导电沟道(图中阴影区)。U_{GS} 越高，导电沟道越宽，因此在漏极间加正向电压 U_{DS} 后 MOSFET 导通。应用的电力场效应晶体管具有多元化集成结构，即每个器件由许多小 MOSFET 组成，因此电力场效应晶体管具有较高的电压电流能力。需要注意的是，电力 MOSFET 的漏极安置在底部，并且有 VVMOSFET(V 型沟槽)和 VDMOSFET(双扩散 MOS)两种结构，由于结构上的特点使它们内部存在一个寄生二极管，在受反向电压(漏极 D−，源极 S+)时，寄生二极管导通，因此在感性电路中使用时可以不必在电力 MOSFET 外部反并联续流二极管，但如果续流电流较大还需要另外并联较大容量的快速二极管。

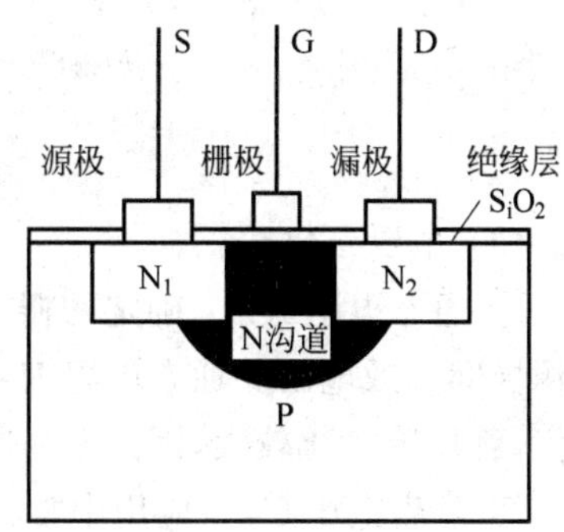

图 6-32 MOSFET 原理图

2) 主要特性和参数

(1) 转移特性。反应漏极电流 I_D 与栅—源极电压 U_{GS} 关系的曲线如图 6-33(a)所示。U_T 是 MOSFET 的栅极开启电压，也称阈值电压。转移特性的斜率称为跨导 g_m，跨导计算公式为

$$g_m = \frac{\Delta I_D}{\Delta U_{GS}}$$

(2) 输出特性。图 6-33(b)是 MOSFET 的输出特性。在正向电压(漏极 D+，源极 S−时)加正栅极电压 U_{GS}，有电流 I_D 从漏极流向源极，场效应管导通。其输出特性可分为四个区，在非饱和区漏极电流 I_D 与漏—源极电压 U_{DS} 几乎呈线性关系，I_D 增加，U_{DS} 相应增加。因为栅极电压 U_{GS} 一定时导电沟道宽度有限，随 U_{DS} 继续增加，漏—源电流

I_D 却增长缓慢，特性进入饱和区，这时导电沟道的有效电阻随 U_{DS} 增加而线性增加。如果 U_{DS} 上升到一定值时会发生雪崩击穿现象，器件将损坏。栅极电压 U_{GS} 低于开启阈值电压 U_T，器件不导通，这是截止区。

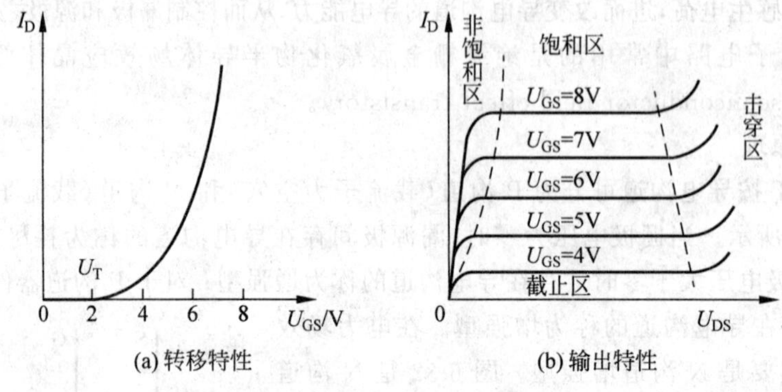

图 6-33 MOSFET 正向特性

(3) 主要参数。

① 通态电阻 R_{on}。确定的栅压 U_{GS} 时区时，MOSFET 从非饱和区进入饱和区时的漏源极间等效电阻。通态电阻 R_{on} 受温度变化的影响很大，并且耐压高的器件 R_{on} 也比较大，管压降也比较大，因此不易制成高压器件。

② 开启电压 U_T。应用中常将漏极短接条件下 I_D 为 1mA 时的栅极电压定义为开启电压。

③ 漏极击穿电压 BU_{DS}。避免器件进入击穿区的最高极限电压，是 MOSFET 标定的额定电压。

④ 极击穿电压 BU_{GS}。一般栅源电源 U_{GS} 的极限值为±20V。

⑤ 漏极连续电流 I_D 和漏极峰值电流 I_{DM}。这是 MOSFET 的电流额定值和极限值，使用中要重点关注。

⑥ 极间电容。极间电容包括栅极电容 C_{GS}、栅漏电容 C_{GD}、漏源电容 C_{DS}。MOSFET 的工作频率高，极间电容的影响不容忽视。厂家一般提供的是输入电容 C_{iss}、输出电容 C_{oss}、反向转移电容 C_{rss}，它们和极间电容的关系为

$$C_{iss} = C_{GS} + C_{GD}$$

$$C_{rss} = C_{GD}$$

$$C_{oss} = C_{DS} + C_{GD}$$

⑦ 开关时间。包括开通时间 t_{on} 和关断 t_{off} 时间，开通时间和关断时间都在数十纳秒左右。

3. 绝缘栅双极型晶体管 IGBT

绝缘栅双极型晶体管(insulated gate bipolar transistor，IGBT)是一种复合型器件，它的输入部分为 MOSFET 的输出部分，是双极型晶体管，因此它兼有 MOSFET 高输入阻抗、电压控制、驱动功率小、开关速度快、工作频率高(IGBT 工作频率可达 10～50kHz)的特点和 GTR 电压电流容量大的特点，同时克服了 MOSFET 管压降大和 GTR 驱动功率

大的缺点。目前 IGBT 已有 3000V/1500A 的产品。

1）等效电路和工作原理

IGBT 的等效电路和符号如图 6-34 所示。IGBT 有门极 G、集电极 C 和发射极 E。等效电路中，PNP 型三极管 T_1 是 IGBT 的输出部分，T_1 通过 MOSFET 管控制，其中 T_2 是 IGBT 内部的一个寄生 NPN 型三极管。

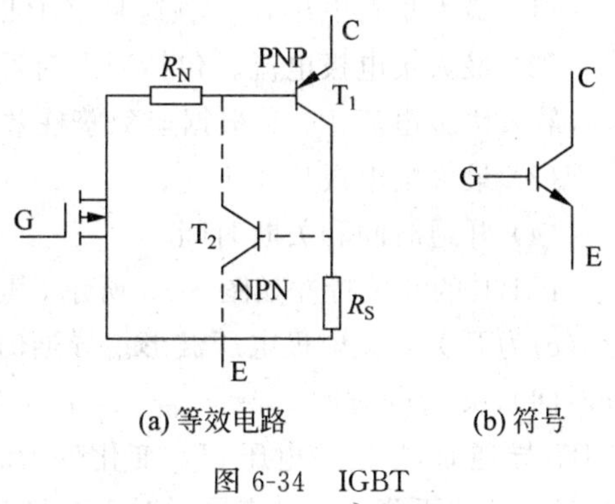

(a) 等效电路　(b) 符号

图 6-34　IGBT

在无门极信号时（$U_{CE}=0$），MOSFET 管截止，相当于 T_1 管基区的调制电阻 R_N 无穷大，T_1 管无基极电流处于截止状态，IGBT 关断。如果在门极与发射极之间加控制信号 U_{GE}，改变了 MOSFET 导电沟道的宽度，从而改变了调制电阻 R_N 值，使 T_1 管获得基流，T_1 集极电流增大；如果 MOSFET 栅极电压足够高，则 T_1 饱和导通，IGBT 迅速从截止转向导通，如果撤除门极信号（$U_{GE}=0$），IGBT 将从导通转向关断。

IGBT 和 MOSFET 有相似的转移特性，和 GTR 有相似的输出特性（图 6-35）。转移特性是集极电流 I_C 与门—射极电压 U_{GE} 的关系。输出特性分饱和区、有源区和阻断区（对应 GTR 的饱和区、放大区和截止区），在有源区内 I_C 与 U_{GE} 呈近似的线性关系（见转移特性）。工作在开关状态的 IGBT 应避免在有源区工作，在有源区器件的功耗会很大，在$U_{GE}<U_T$ 时 IGBT 阻断，没有集极电流 I_C。

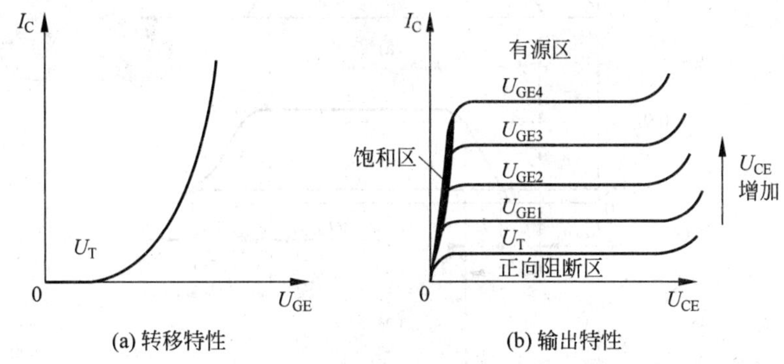

(a) 转移特性　(b) 输出特性

图 6-35　IGBT 正向特性

2）擎住效应

由于在 IGBT 内部存在一个寄生三极管 T_2，在 IGBT 截止和正常导通时，R_S 压降很小，三极管 T_2 没有足够的基流不会导通，如果 I_C 超过定额值，T_2 基—射间的体区短路电阻 R_S 降压过大，寄生三极管 T_2 将导通，T_2 和 T_1 就形成了一个晶闸管的等效结构，即使撤除 U_{GE} 信号，IGBT 也可继续导通使门极失去控制，这称为擎住效应。如果外电路不能限制 I_C 的上升，则器件可能被损坏。同样的情况还可能发生在集电极电压过高，T_1 管漏电流过大，使 R_S 压降过大而产生擎住效应。另外 IGBT 关断时，若前级 MOSFET 关断过快，使 T_1 管承受了很大的 dv/dt，T_1 结电容会产生过大的结电容电流，也可能在 R_S

产生过大电压而发生擎住效应。为防止关断时可能出现的动态擎住效应，IGBT 需要限制关断速度，这称为慢关断技术。

3) 主要参数

(1) 最大集射电压 U_{CES}。这是 IGBT 的额定电压，超过该电压 IGBT 将可能被击穿。

(2) 最大集电极电流。包括通态时通过的直流电流 I_C 和 1ms 脉冲宽度的最大电流 I_{CP}，最大集极电流 I_{CP} 是根据避免擎柱效应确定的。

(3) 最大集电极功耗 P_{CM}。

(4) 开通时间和关断时间。

IGBT 的开关特性如图 6-36 所示，其中(a)为门极驱动电压波形，(b)为集极电流波形，(c)为开关时集射极电压波形。导通时间 $t_{on}=t_d+t_r$(t_d 为电流延迟时间，t_r 为电流上升时间)，关断电时间 $t_{off}=t_{doff}+t_f$(t_{doff} 为关断电流延迟时间，t_f 为电流下降时间)。在 IGBT 导通时，集射极电压 U_{CE} 变化分为 t_{fv1} 和 t_{fv2} 两段，在集极电流上升到 I_{CM} 的 90% 时，U_{CE} 开始下降，t_{fv1} 对应导通时 MOSFET 电压下降的过程，t_{fv2} 段对应 MOSFET 和 T_1 同时工作时的 U_{CE} 下降过程。因为 U_{CE} 下降时 MOSFET 的栅漏电容增加，T_1 管经放大区到饱和区有一个过程，这两个原因使 U_{CE} 下降过程变缓。电流下降时间 t_f 又分为 t_{fi1} 和 t_{fi2} 两段，t_{fi1} 对应 MOSFET 的关断过程。MOSFET 关断后，因为 IGBT 不受反向电压，N 基区的少数载流子复合缓慢，使 I_C 下降变慢(t_{fi2} 段)，造成关断时电流的拖尾现象，使 IGBT 的关断时间大于电力 MOSFET 的关断时间。

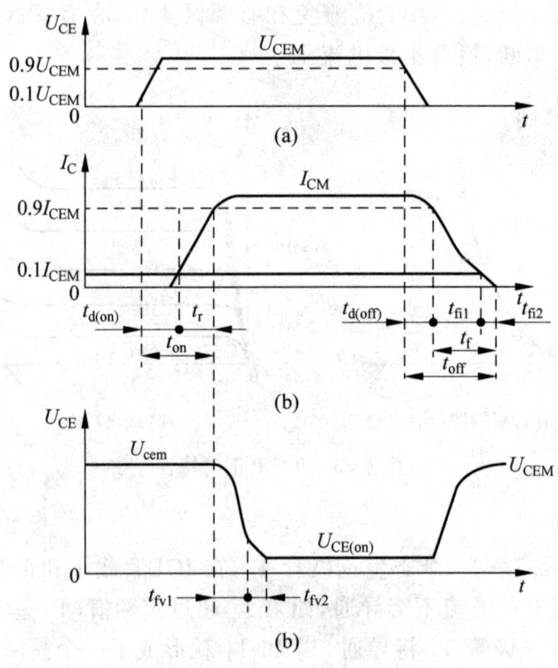

图 6-36 IGBT 开关过程

IGBT 的特点是开关速度和开关频率高于 GTR，略低于电力 MOSFET；输入阻抗高，属电压驱动，这与 MOSFET 相似，但通态压降小于电力 MOSFET 是其优点。

4. 其他新型全控型器件和模块

1）静电感应晶体管 SIT

静电感应晶体管（static induction transistor）是一种结型场效应晶体管，它在一块高掺杂的N型半导体两侧加上了两片P型半导体，分别引出源极S、漏极D和栅极G（图6-37）。在栅极信号 $U_{GS}=0$ 时，源极和漏极之间的N型半导体是很宽的垂直导电沟道（电子导电），因此SIT称为正常导通型器件（normal-on）。在栅源极加负电压信号 $U_{GS}<0$ 时，P型和N型层之间的PN结受反向电压形成了耗尽层，耗尽层不导电，如果反向电压足够高，耗尽层很宽，垂直导电沟道将被夹断使用SIT关断。

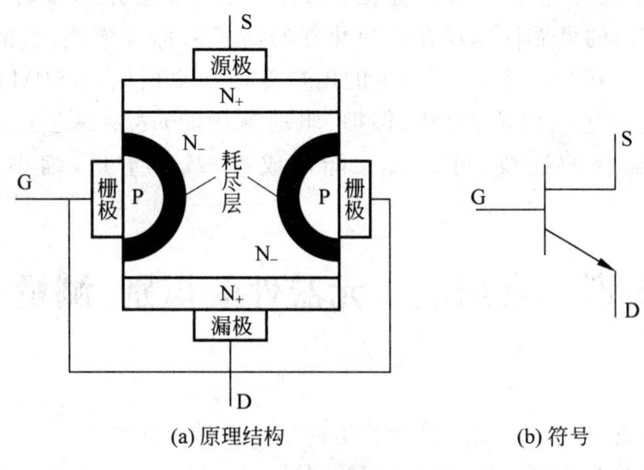

图6-37 静电感应晶体管

静电感应晶体管也是多元结构，它工作频率高、线性度好、输出功率大，并且抗辐射和热稳定性好，但是它正常导通的特点在使用时稍有不便。目前在雷达通信设备、超声波功率放大、开关电源和高频感应加热等方面有广泛应用。

2）静电感应晶闸管 SITH

静电感应晶闸管（static induction thyristor）在结构上比SIT增加了一个PN结，在内部形成了两个三极管，这两个三极管起晶闸管的作用。其工作原理与SIT类似，通过控制极电场调节导电沟道的宽度来控制器件的导通和夹断，因此SITH又称场控晶闸管。它的三个引出极被称为阳极A、阴极K和门极G（图6-38）。因为SITH是两种载流子导电的双极型器件，所以有通态电压低、通流能力强的特点。它的很多性能与GTO相似，但开关速度较GTO快，是大容量的快速器件。SITH制造工艺复杂，通常是正常导通型（也可制成正常关断型），一般关断SIT和SITH需要几十伏的负电压。

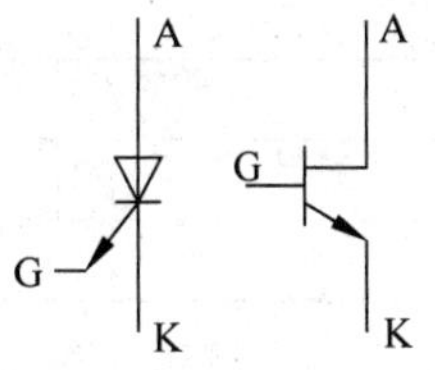

图6-38 SITH符号

3）集成门极换流晶闸管 IGCT

集成门极换流晶闸管（integrated gate-commutated thyristor）是20世纪90年代出现的新型器件，它结合了IGBT和GTO的优点。它在GTO的阴极串联一组N沟道MOSFET，在门极上串联一组P沟道MOSFET，当GTO需要关断时门极P沟道MOSFET先开通，主极电流从阴极向门极换流，紧接着阴极 N 沟道 MOSFET 关断，全部主电流都通过门极流出，然后门极 P 沟道 MOSFET 关断，使 IGCT 全部关断。IGCT 的容量与 GTO 相当，开关速度在 10kHz 左右，并且可以省去 GTO 需要的复杂缓冲电路，不过目前 IGCT 的驱动功率仍较大。IGCT 在高压直流输电（HVCD）、静止式无功补偿（SVG）等装置中有应用前景较好。

4）集成功率模块

电力电子器件的模块化是器件发展的趋势，早期的模块化仅是将多个电力电子器件封装在一个模块里，例如整流二极管模块和晶闸管模块是为了缩小装置的体积给用户提供方便。随着电力电子高频化进程，GTR、IGBT 等电路的模块化减小了寄生电感，从而增强了使用的可靠性。现在模块化在经历了从标准模块、智能模块（intelligent power module，IPM）到被称为 all in one 的用户专用功率模块（ASPM）的发展，力求将变流电路所有硬件（包括检测、诊断、保护、驱动等功能）尽量以芯片形式封装在模块中，使之不再有额外的连线，可以大大降低成本，减轻重量，缩小体积，并增加可靠性。

6.5 实训 常用电子元器件的识别、测量与选用

1. 实训目标

(1) 掌握二极管、发光二极管、晶闸管质量好坏的测试方法。

(2) 掌握三极管各脚判别及质量好坏的测试方法。

(3) 进一步熟悉电工操作安全规范和 8S 现场管理。

2. 材料清单

本实训所用电子元器件见表 6-2。

表 6-2 常用电子元器件明细表

序 号	名 称	数 量
1	指针式万用表 M14	1 个
2	数字式万用表 V890C+	1 个
3	2AP9 二极管、2DP9 二极管	各 1 只
4	发光二极管红、黄、绿	各 1 只
5	NPN 三极管、PNP 三极管	各 5 只（型号不同）
6	晶闸管	各 5 只（型号不同）

3. 实训步骤

1）实训前的准备

(1) 按照电工实训安全规范检查着装和物品是否合格，按 8S 标准检查实训台。

(2) 按材料清单领取材料和工具。检查领到的工具和材料外观是否完好，有无绝缘破损，性能是否合格，规格是否正确。用万用表检查主要元器件的通断和绝缘情况。

2）二极管检测

（1）普通二极管的检测步骤如下。

① 正负极判别。带有标记为负极，不带标记为正极，如不明显，可利用二极管正向导通电阻小，反向截止电阻很大的特点判别。可用 $R\times100$ 挡或 $R\times1\text{k}$ 挡。两表笔分别接触二极管的两个脚，记下阻值，对调表笔接触二极管的两个脚记下阻值，阻值较小为正向电阻，此时黑笔对应为正极，红笔对应为负极。

② 质量判别。填写表 6-3。

表 6-3 二极管测量表

型号	$R\times1\text{k}$		$R\times100$		$R\times10$		正向压降	质量
	正向阻值	反向阻值	正向阻值	反向阻值	正向阻值	反向阻值		
2AP9								
2DP9								

用指针式万用表测量正向压降（也可用数字万用表二极管挡直接读出）。正向电阻为几千欧以下、反向电阻为几十千欧以上时，质量为好。

（2）发光二极管的检测步骤如下。

连接内部是大片为负极，小片为正极。

万用表外接 1.5V 电池，万用表使用 $R\times10\text{k}$ 挡，用两表笔分别接触二极管两个脚，若能发光为正常（有的万用表有发光二极管测试功能，可直接使用）。如图 6-39 所示。

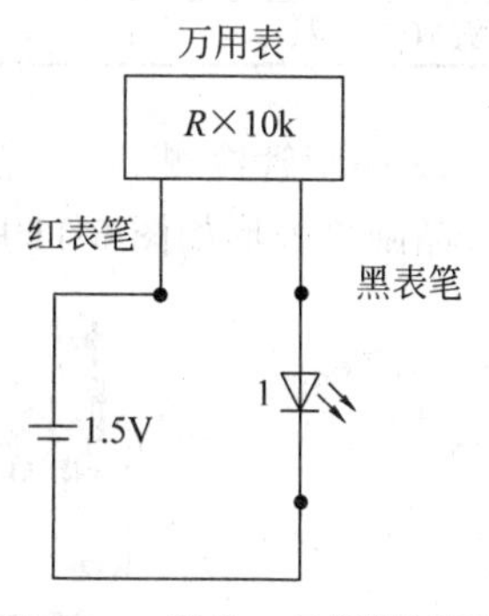

图 6-39 发光二极管测试图

3）三极管检测

三极管外形如图 6-40 所示。

图 6-40 三极管外形图

（1）三极管的基极、集电极、发射极的判别。对于 1W 以下的三极管，选用 $R\times10$ 或 $R\times100$ 电阻挡；对于 1W 以上的三极管，选用 $R\times1$ 或 $R\times10$ 电阻挡。

① 基极确定。一只表笔接触某引脚不动，另一表笔分别与其他两引脚接触，若电阻分别很大或很小，则不动的表笔接触的是基极；若出现阻值一大一小，则不动表笔接触的不是基极。

② PNP 与 NPN 的区别。基极确定后，利用红表笔接触基极，黑表笔接触其余两脚，

若两个测量值都很大，则为 PNP；若两个测量值都很小，则为 NPN。

③ C 与 E 的区别。以 NPN 为例，黑表笔接触要测的脚，用手捏住，同时捏住 B 脚(注意脚与脚之间不要短路)，红表笔接触剩余一脚，观察指针摆动情况。B 脚不动，对调其余两脚，重复上述操作，两次指针偏转角度会出现一大一小，其中较大一次对应为红表笔接触 E 极，捏住为 C 极(PNP 与之相反)。

利用上述方法判别三极管三个脚，并做标记。

(2) 电流放大倍数的测定。利用万用表 H_{FE} 挡位，根据所测三极管各脚极性和三极管形式，测出电流放大倍数并填写表 6-4。

表 6-4　三极管检测表

晶体管编号	1	2	3	4	5	6	7	8	9	10
画出外形标出各脚极性并作标记										
NPN 型或 PNP 型										
电流放大倍数										

4) 晶闸管检测

晶闸管外形如图 6-41 所示。

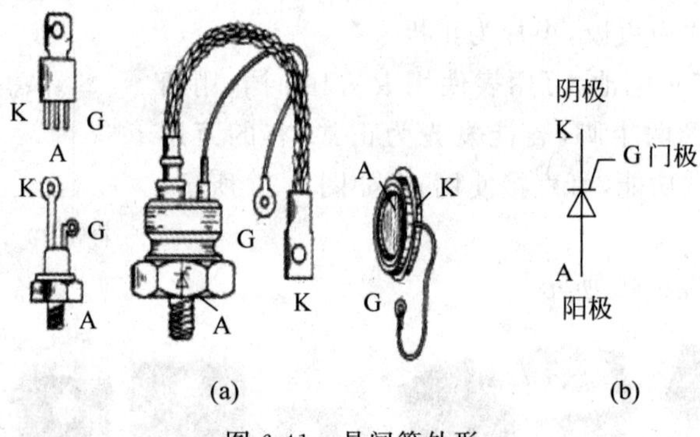

图 6-41　晶闸管外形

(1) 晶闸管 A、K、G 的判别方法如下。

① 指针式万用表检测。用万用表 $R\times100$ 挡分别测量任意两脚，如果正反电阻都是几千欧姆，则为 G、K 极，其中阻值较小的为正向电阻，黑表笔接触的极为 G，红表笔接触的极为 K，其余一极为阳极 A。

② 数字式万用表检测。利用二极管挡，用红黑表笔分别测试任意两脚，如果出现电压显示为 0.2～0.7V，对调红黑表笔显示溢出 1，这时红黑表笔接触的为 G、K 两极。其中，电压显示 0.2～0.7V 位置时，红表笔接触 G 极，黑表笔接触 K 极，其余一极为 A 极。

③ 利用三极管挡检测。数字万用表拨至 NPN(PNP)挡，把晶闸管任意两脚插至 C 和 E，屏显为 000。将剩余一脚用导线和插孔中两脚相连，如果某一次接触出现屏显为溢出 1，这时 C 插孔为 A 极，E 插孔为 K 极，其余一脚为 G 极。PNP 结论相反。

(2) 质量好坏的鉴定。用 $R\times1k$ 挡，红黑两表笔分别正反测 A、K 两极电阻都很大，用红黑两表笔正反分别测 G、K 电阻都是几千欧姆，且相差不大，质量较好，然后填写表 6-5。

表 6-5 晶闸管测试表

晶闸管编号	1	2	3	4	5
外形图及各个脚名称（作标记）					
质量好坏					

5）按 8S 标准整理实训台，清点、归还材料和工具

确保断电和清洁后，经教师允许结束实训。

小 结

本模块主要介绍了半导体二极管、三极管、晶闸管等电力电子器件的基本结构、特性及应用。拓展学习了半导体三极管及其放大作用的相关知识。

目前电力电子器件已经形成了一个庞大的家族，可以分为多种类型：①按照器件能够被控制电路信号所控制的程度，可以将电力电子器件分为不可控型器件（如整流二极管）、半控型器件（如晶闸管）、全控型器件（如电力晶体管）等；②根据器件内部参与导电的载流子的情况，可将其分为双极型、单极型和复合型；③按照加在电力电子器件（不可控型器件除外）控制端的信号的性质可将其分为电流控制型和电压控制型。

电力电子器件正朝着高电压、大电流、快速、易驱动、复合化和智能化的方向发展，并逐渐将新型半导体材料和工艺运用到电力电子器件中。

习 题

（1）测得 NPN 型三极管上各电极电位分别为 $V_E=2.1V$，$V_B=2.8V$，$V_C=2.4V$，说明此三极管处在截止区、放大区、饱和区还是反向击穿区？

（2）如何用万用表的电阻挡判别一个三极管的 e、b、c 极？

（3）已知某放大电路中三极管的三个电极 A、B、C 对地电位分别是 $U_A=-9V$，$U_B=-6V$，$U_C=-6.2V$，试分析 A、B、C 中哪个是基极、集电极和发射极，并说明三极管是 NPN 管还是 PNP 管。

（4）晶闸管导通的条件是什么？导通后流过晶闸管的电流由哪些因素决定？

（5）维持晶闸管导通的条件是什么？怎样使晶闸管由导通变为关断？

（6）晶闸管阻断时，其可能承受的电压大小由什么决定？

（7）某元件测得 $U_{DRM}=840V$，$U_{RRM}=980V$，试确定此元件的额定电压是多少？属于哪个电压等级？

（8）图 6-42 中的阴影部分表示流过晶闸管的电流的波形，各波形的峰值均为 I_m，试计算各波形的平均值与有效值各为多少？若晶闸管的额定通态平均电流为 100A，试问晶闸管在这些波形情况下允许流过的平均电流 I_{dT} 各为多少？

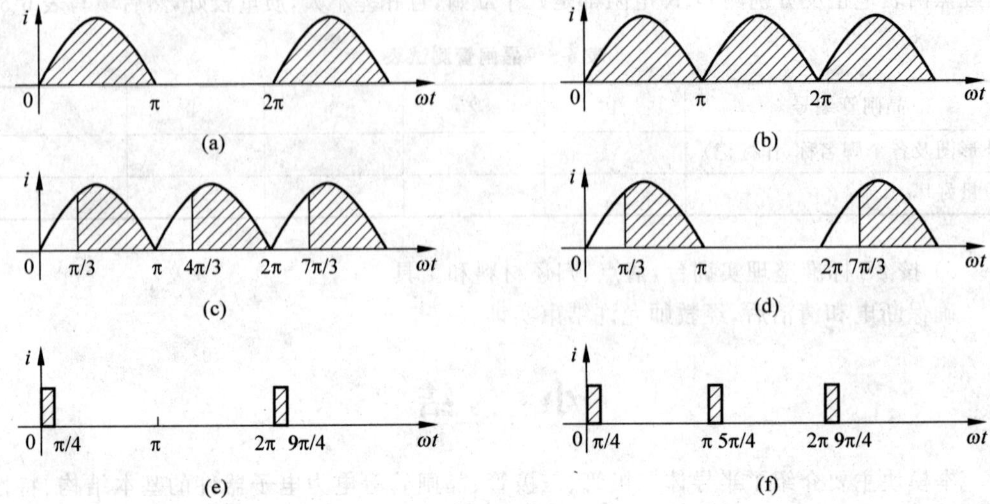

图 6-42 习题(8)图

(9) 有些晶闸管触发导通后,触发脉冲结束时它又关断是什么原因?

(10) 单相正弦交流电源,其电压有效值为 220V,晶闸管和电阻串联相接。试计算晶闸管实际承受的正、反向电压最大值是多少?考虑晶闸管的安全裕量,其额定电压如何选取?

(11) 为什么要考虑晶闸管的断态电压上升率 du/dt 和通态电流上升率 di/dt?

(12) 什么是单极型和双极型器件?

(13) 双向晶闸管有哪几种触发方式?常用的是哪几种?

(14) 试说明 GTR、MOSFET、IGBT 和 GTO 各自的优点和缺点。

(15) GTO 和普通晶闸管同为 PNPN 结构,为什么 GTO 能够自关断,而普通晶闸管不能?

(16) 某一双向晶闸管的额定电流为 200A,问它可以代替两只反并联的额定电流为多少的普通型晶闸管?

模块7

可控整流电路

将交流电变为直流电称为整流。将交流电变为幅值可调的直流电称为可控整流。工业应用中，常见的有单相可控整流电路和三相可控整流电路，本模块就是学习几种常见可控整流电路，包括电路的组成、工作原理、波形分析、数量分析特点和适用范围等。

1. 知识目标

(1) 掌握几种常用可控整流电路作用与特点。

(2) 理解常用可控整流电路组成及工作原理。

(3) 掌握电路中相关计算分析方法，通过计算合理选择电子元器件。

2. 能力目标

(1) 能从实际电路中识读整流电路。

(2) 能对电路进行简单故障分析。

3. 素质目标

(1) 培养利用网络自学的能力。

(2) 在学习过程中培养学生严谨认真的态度、企业经济效率意识、创新和挑战意识。

(3) 能客观、公正地进行学习自我评价及对小组成员的评价。

7.1 单相可控整流电路

7.1.1 单相半波可控整流电路

1. 电阻性负载

在生产实际中，有一些负载是属于电阻性的，如电炉、电解、电镀、电焊及白炽灯等。

电阻性负载的特点是负载两端的电压和流过负载的电流成一定的比例关系，且两者的波形相似；负载电压和电流均允许突变。

图 7-1(a)即为单相半波可控整流电路带电阻性负载时的电路，它由晶闸管 VT、负载电阻 R_d 和变压器 T 组成。图中，变压器 T 主要用来变换电压，其次它还有隔离一、二次侧的作用。我们用 u_1、u_2 分别表示一次侧和二次侧电压的瞬时值；U_1 为一次侧电压有效值，U_2 为二次侧电压有效值，u_2 的大小是由负载所需要的直流输出平均电压值 U_d 来决定；u_d、i_d 分别表示整流后的输出电压、电流的瞬时值；u_T、i_T 分别为晶闸管两端电压的瞬时值和流过晶闸管电流的瞬时值；i_1、i_2 分别为流过变压器一次侧绕组和二次侧绕组电流的瞬时值。

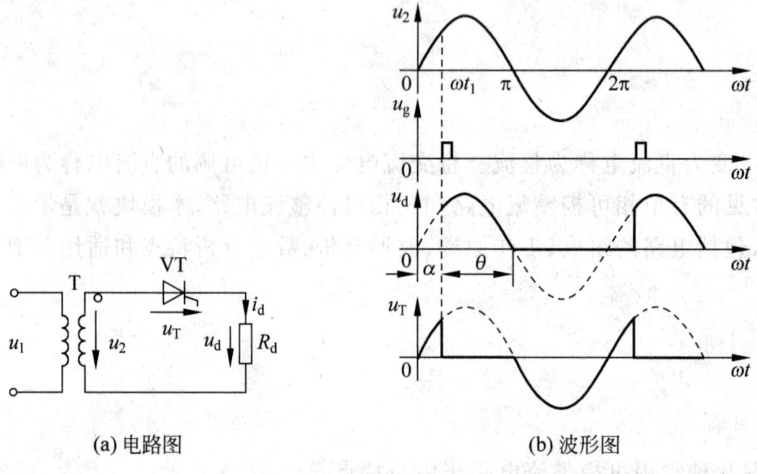

(a) 电路图　　(b) 波形图

图 7-1　单相半波可控整流带电阻性负载

下面我们就以一个周期来分析晶闸管的工作情况。交流电压 u_2 通过负载电阻 R_d 施加到晶闸管的阳极和阴极两端，在 u_2 正半周时，施加给晶闸管的阳极电压为正，满足了晶闸管导通的第一个条件。此时若不给晶闸管加触发电压，如图 7-1 (b)所示的 ωt_1 时刻以前的区域内，则晶闸管 VT 不能导通，负载上电压为零，而电源电压就全部落在晶闸管两端。在 ωt_1 时，给晶闸管门极加上触发电压 u_g，则晶闸管满足其导通的两个条件，因此晶闸管会立即导通，负载电阻上就有电流通过。此时如果忽略晶闸管的导通压降，则负载上的电压的瞬时值 u_d 等于电源电压的瞬时值 u_2，即负载电阻两端的电压波形 u_d 就是变压器二次侧电压 u_2 的波形。此后晶闸管会一直导通至电源电压过零点。需要说明的一点是，晶闸管一旦导通后其门极便失去控制作用，所以在 ωt_1 时加的门极触发电压只需是一触发脉冲即可。

当 $\omega t=\pi$ 时，$u_2(u_d)$降为零，由于电阻性负载的电压和电流波形一致，所以流过晶闸管的电流(即负载电流)也会下降到零，从而使晶闸管关断。此时负载上的电压和电流都将消失，电路无输出。在整个电源电压 u_2 的负半周(即 $\pi\sim2\pi$)，晶闸管都将承受反向电压而不能导通，负载两端的电压 u_d 为零。直到 u_2 的下一周期，才重复上述过程。

图 7-1(b)为负载上电压 u_d 和流过负载的电流 i_d 的波形，以及晶闸管两端承受的电压 u_T 的波形。由图中可以看出，在负载上得到的是单方向的直流电压，如果改变晶闸管

的触发导通时刻，则 u_d 和 i_d 的波形也跟着变化，得到的输出电压是极性不变但幅值变化着的脉动直流电压，且其波形只在电源的正半周出现，所以称为单相半波可控整流电路。因为忽略了晶闸管的正向导通压降，故晶闸管承受的电压 u_T 在其导通期间为零，而在其不导通期间为全部电源电压。另外，由于变压器二次侧绕组、晶闸管 VT 以及负载电阻 R_d 是串联的，所以图 7-1(b)中的负载电流 i_d 的波形也就是 i_T 及 i_2 的波形。

在单相可控整流电路中，从晶闸管开始承受正向电压，到其加上触发脉冲的这一段时间所对应的电角度($0\sim\omega t_1$)称为控制角(也叫移相角)，用 α 表示；晶闸管在一个周期内导通的电角度($\omega t_1\sim\pi$)为导通角，用 θ 表示，且在此电路中有 $\theta=\pi-\alpha$。

直流输出电压的平均值 U_d 为

$$U_d=\frac{1}{2\pi}\int_{\alpha}^{\pi}\sqrt{2}U_2\sin\omega t\,\mathrm{d}(\omega t)=\frac{\sqrt{2}U_2}{2\pi}(1+\cos\alpha)=0.45U_2\,\frac{1+\cos\alpha}{2} \tag{7-1}$$

可见它是 α 角的函数，通过改变 α 角的大小就可以达到调节 U_d 的目的：当 $\alpha=0°$时，u_d 波形为一完整的正弦半波波形，此时输出电压 U_d 为最大，用 U_{d0} 表示，$U_d=U_{d0}=0.45U_2$。随着 α 的增大，U_d 将减小，至 $\alpha=180°$时，$U_d=0$。所以该电路 α 角的移相范围为 0°～180°。

直流输出电流的平均值 I_d 为

$$I_d=\frac{U_d}{R_d}=0.45\times\frac{U_2}{R_d}\times\frac{1+\cos\alpha}{2} \tag{7-2}$$

而负载上得到的直流输出电压有效值 U 和电流有效值 I 分别为

$$U=\sqrt{\frac{1}{2\pi}\int_{\alpha}^{\pi}\left[\sqrt{2}U_2\sin(\omega t)\right]^2\mathrm{d}(\omega t)}=U_2\sqrt{\frac{\pi-\alpha}{2\pi}+\frac{\sin2\alpha}{4\pi}} \tag{7-3}$$

$$I=\frac{U}{R_d}=\frac{U_2}{R_d}\sqrt{\frac{\pi-\alpha}{2\pi}+\frac{\sin2\alpha}{4\pi}} \tag{7-4}$$

又因为在单相可控整流半波电路中，晶闸管、负载电阻与变压器二次侧绕组是串联的，故流过负载的电流平均值 I_d 即是流过晶闸管的电流平均值 I_{dT}；流过负载的电流有效值 I 也是流过晶闸管电流的有效值 I_T，同时也是流过变压器二次侧绕组电流的有效值 I_2，即存在如下关系

$$I_{dT}=I_d=\frac{U_d}{R_d}=0.45\times\frac{U_2}{R_d}\times\frac{1+\cos\alpha}{2} \tag{7-5}$$

$$I_T=I_2=I=\frac{U_2}{R_d}\sqrt{\frac{\pi-\alpha}{2\pi}+\frac{\sin2\alpha}{4\pi}} \tag{7-6}$$

流过晶闸管的电流的波形系数 K_f 为

$$K_f=\frac{I_T}{I_{dT}}=\frac{\sqrt{\dfrac{\pi-\alpha}{2\pi}+\dfrac{\sin2\alpha}{4\pi}}}{\dfrac{\sqrt{2}}{2\pi}(1+\cos\alpha)}=\frac{\sqrt{2\pi(\pi-\alpha)+\pi\sin2\alpha}}{\sqrt{2}(1+\cos\alpha)}$$

当 $\alpha=0°$时，即为单相半波波形，$K_f=\frac{\pi}{2}\approx1.57$ 与晶闸管额定电流定义的情况一致。

根据图 7-1(b)中 U_T 的波形可知，晶闸管可能承受的正反向峰值电压均为

$$U_{TM}=\sqrt{2}U_2$$

另外，对于整流电路而言，通常还要考虑功率因数 $\cos\varphi$ 和对电源的容量 S 的要求。忽略元件损耗，变压器二次侧所供给的有功功率是 $P=I^2R_d=UI$（注意此时不是 U_dI_d），变压器二次侧的视在功率为 $S=U_2I_2$。因此，电路的功率因数为

$$\cos\varphi=\frac{P}{S}=\frac{UI}{U_2I_2}=\frac{UI}{U_2I}=\sqrt{\frac{\pi-\alpha}{2\pi}+\frac{\sin2\alpha}{4\pi}}$$

当 $\alpha=0°$时，$\cos\varphi$ 最大为 0.707，可见单相半波可控整流电路虽然带电阻负载，但由于谐波的存在，功率因数很低，变压器的利用率也差。α 越大，$\cos\varphi$ 越小。

【例 7-1】 有一个电阻性负载要求 0～24V 连续可调的直流电压，其最大负载电流 $I_d=30$A，若由交流电网 220V 供电与用整流变压器降至 60V 供电，都采用单相半波可控整流电路，是否都能满足要求？并比较两种方案所选晶闸管的导通角、额定电压、额定电流值、电源和变压器二次侧的功率因数和对电源的容量的要求等有何不同？两种方案哪种更合理(考虑 2 倍裕量)？

解：(1) 采用 220V 电源直接供电，当 $\alpha=0$ 时，$U_{d0}=0.45U_2=99$(V)；

采用整流变压器降至 60V 供电，当 $\alpha=0$ 时，$U_{d0}=0.45U_2=27$(V)；

所以只要适当调节 α 角，上述两种方案均能满足输出 0～24V 直流电压的要求。

(2) 采用 220V 电源直接供电，因为 $U_d=0.45U_2\dfrac{1+\cos\alpha}{2}$，输出最大时 $U_2=220$V，$U_d=24$V，则计算得 $\alpha\approx121°$，$\theta_T=180°-121°=59°$。

晶闸管承受的最大电压为 $U_{TM}=\sqrt{2}U_2=311$(V)。

考虑 2 倍裕量，晶闸管额定电压 $U_{Tn}=2U_{TM}=662$(V)。

由式(7-6)可知，流过晶闸管的电流有效值是

$$I_T=\frac{U_2}{R_d}\sqrt{\frac{\pi-\alpha}{2\pi}+\frac{\sin2\alpha}{4\pi}}$$

式中， $\alpha\approx121°$， $R_d=\dfrac{U_d}{I_d}=\dfrac{24}{30}=0.8(\Omega)$

则 $$I_{TM}=\frac{U_2}{R_d}\sqrt{\frac{\pi-\alpha}{2\pi}+\frac{\sin2\alpha}{4\pi}}=\frac{220}{0.8}\sqrt{\frac{180°-121°}{360°}+\frac{\sin2\times121°}{4\pi}}\approx84(\text{A})$$

考虑 2 倍裕量，则晶闸管额定电流应为

$$I_{T(AV)}=\frac{I_T}{1.57}=\frac{84\times2}{1.57}\approx107(\text{A})$$

因此，所选晶闸管的额定电压要大于 622V，额定电流要大于 107A。

电源提供的有功功率为

$$P=I^2R_d=84^2\times0.8=5644.8(\text{W})$$

电源的视在功率

$$S=U_2I_2=U_2I=220\times84=18.48(\text{kV}\cdot\text{A})$$

电源侧功率因数

$$\cos\varphi=\frac{P}{S}\approx0.305$$

(3) 采用整流变压器降至 60V 供电，已知 $U_2=60\text{V}$，$U_d=24\text{V}$，由公式 $U_d=0.45U_2\dfrac{1+\cos\alpha}{2}$，可解得 $\alpha\approx39^\circ$，$\theta_T=180^\circ-39^\circ=141^\circ$。

晶闸管承受的最大电压为 $U_{TM}=\sqrt{2}U_2=84.9(\text{V})$。

考虑 2 倍裕量，晶闸管额定电压 $U_{Tn}=2U_{TM}=169.8(\text{V})$。

流过晶闸管的最大电流有效值为

$$I_{Tm}=\frac{U_2}{R_d}\sqrt{\frac{\pi-\alpha}{2\pi}+\frac{\sin2\alpha}{4\pi}}=\frac{60}{0.8}\sqrt{\frac{180^\circ-39^\circ}{360^\circ}+\frac{\sin2\times39^\circ}{4\pi}}\approx51.4(\text{A})$$

考虑 2 倍裕量，则晶闸管额定电流应为

$$I_{T(AV)}=\frac{I_T}{1.57}=\frac{51.4\times2}{1.57}\approx65.5(\text{A})$$

因此，所选晶闸管的额定电压要大于 169.8V，额定电流要大于 65.5A。

电源提供的有功功率为

$$P=I^2R_d=51.4^2\times0.8=2113.6(\text{W})$$

电源的视在功率为

$$S=U_2I=60\times51.4=3.08(\text{kV}\cdot\text{A})$$

则变压器侧的功率因数为

$$\cos\varphi=\frac{P}{S}\approx0.685$$

通过以上计算可以看出，增加了变压器后，整流电路的控制角减小，所选的晶闸管的额定电压、额定电流都减小，而且对电源容量的要求减小，功率因数提高。所以，采用整流变压器降压的方案更合理。

通过上面的例题我们还可看出，为了尽可能地提高功率因数，应尽量使晶闸管电路工作，减小控制角的状态。

2. 电感性负载和带续流二极管的电路

如图 7-2(a)所示，当负载的感抗 ωL_d 和电阻 R_d 的大小相比不可忽略时，称为电感性负载。在生产实际中常常碰到这种既有电阻又含有电感的负载类型，常见的有各类电机的励磁绕组及输出串接平波电抗器的负载等。整流电路带电感性负载时的工作情况与带电阻性负载时有很大不同。电阻性负载的电压和电流均允许突变，但对于电感性负载而言，由于电感本身为储能元件，而能量的储存与释放是不能瞬间完成的，因而流过电感的电流是不能突变的。当电感中流过电流时，在其两端会产生自感电动势 e_L，以阻碍电流的变化。当电流增大时，e_L 极性是阻碍电流增大的，为上正下负；反之，当电流减小时，极性是阻碍电流减小的，为上负下正。

通常，我们为了便于分析，把负载中的电阻 R_d 和电感 L_d 分开，如图 7-2(a)所示。

图 7-2(b)所示为其工作波形图。对该波形的分析如下。

(1) 在 $0\sim\omega t_1$ 区间，电源电压 u_2 虽然为正，使晶闸管承受正向的阳极电压，但因没有触发脉冲，故晶闸管不会导通。负载上电 u_d 和流过负载电流 i_d 的值均为零，晶闸管承受电源电压。

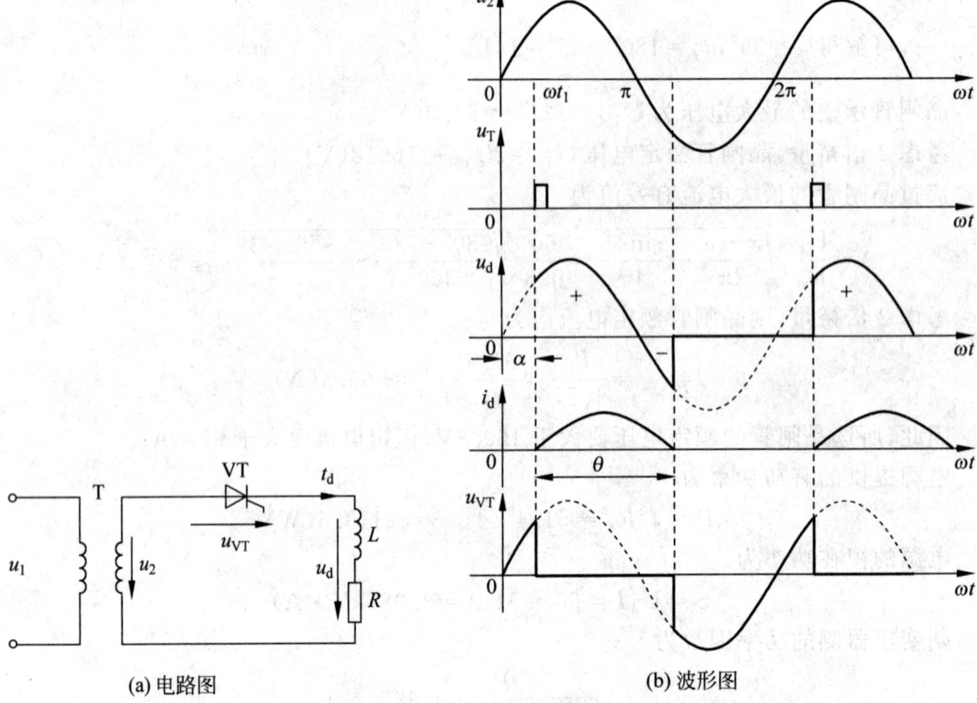

(a) 电路图　　(b) 波形图

图 7-2　单相半波可控整流电路带电感性负载电路图、波形图

(2) 当在 ωt_1 时，即控制角 α 处，由于触发脉冲的到来，晶闸管被触发导通，电源电压 u_2 经晶闸管可加在负载上，但由于电感性负载电流不可以突变，故 i_d 只能从零开始逐步增大。同时由于电流的增大，在电感两端产生了阻碍电流增大的自感电动势，方向为上正下负。此时，交流电源的能量一方面提供给电阻 R_d 消耗，另一方面供给电感 L_d 作为磁场能储存。在电源电压 u_2 过零变负时，电流 i_d 已处于减小的过程中，但还没有降低为零，在电感两端产生的自感电动势 e_L 是阻碍电流减小的，方向为上负下正。只要 e_L 比 u_2 大，晶闸管就仍受正压而处于通态。此时，电感将释放原先吸收的能量，其中一部分供给电阻消耗了，而另一部分供给电源(即变压器二次侧绕组)吸收了。

(3) 至 ωt_2 时，电感中的磁场能量释放完毕，电流 i_d 降为零，晶闸管关断且立即承受反向的电源电压。图 7-2 与图 7-1 相比，可以看出，由于电感的存在，负载电流 i_d 的波形不再与电压相似，而且由于延迟了晶闸管的关断时刻，晶闸管承受电压 u_T 的波形与电阻负载时相比少了负半波；而负载上的电压 u_d 出现了负值，结果是使其平均值 u_d 比电阻负载时下降了。当控制角 α 同时或负载阻抗角 φ $\left[\varphi=\tan^{-1}\left(\frac{\omega L}{R}\right)\right]$ 不同时，都会导致晶闸管的导通角 θ_T 不同。若 φ 为定值，α 越大，那么 θ_T 在电源 u_2 正半周 L_d 储存的能量就越少，维持导电的能力就越差，则晶闸管的导通角越小。当 α 为定值时，φ 越大，即 L_d 储存的能量就越大，所以导通角 θ_T 越大。若负载中 R_d 为一定值，电感 L_d 越大，即 φ 越大，则 u_d 的负值部分所占的比例就越大，u_d 的值就越小。特别是当 $\omega L_d \gg R_d$(一般 10 倍以上)时，我们认为是大电感负载，此时 u_d 的波形中的负面积接近正面积，晶闸管的导通角

$\theta_T \approx 2\pi - 2\alpha, u_d \approx 0$。

由此可见，单相半波可控整流电路带大电感负载时，不管如何调节 α 角，u_d 的值总是很小，输出的直流平均电流 u_d 也很小，如不采取措施，电路就无法满足输出一定直流平均电压的要求。

为了解决上述问题，可以在电路的负载两端并联一个整流二极管，称为续流二极管，用 VD_R 来表示，如图 7-3(a)所示。

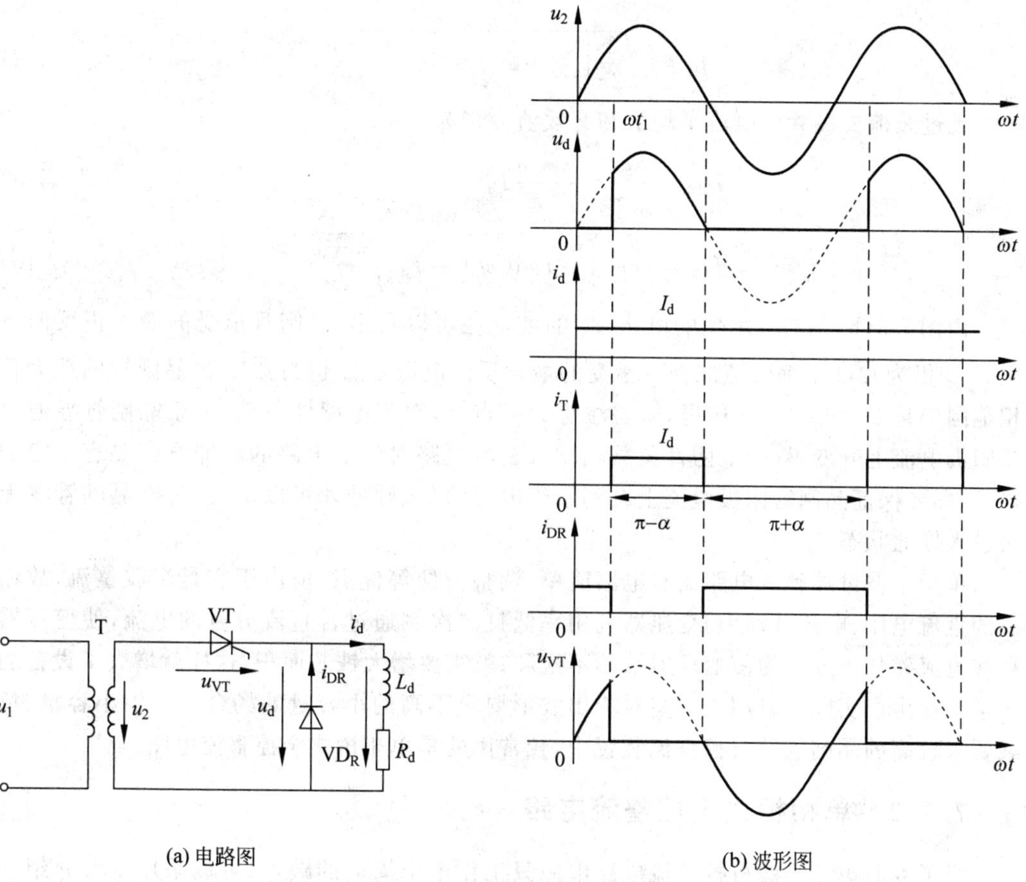

(a) 电路图　　(b) 波形图

图 7-3　单相半波可控整流电路带电感性负载加续流二极管

当电源 u_2 过零变负时，续流二极管 VD_R 电压导通，此时晶闸管将由于 VD_R 的导通而承受反压关断。电感 L_d 的自感电动势 e_L 将经过续流二极管 VD_R 使负载电流 i_d 继续流动，此电流没有流经变压器二次侧。因此，若忽略 VD_R 的压降，此时输出电压 U_d 为零。由图 7-3(b)可见，加了续流二极管 VD_R 后，负载上得到的直流输出电压 U_d 的波形与图 7-1(b)电阻负载时一样。但是负载电流 i_d 的波形就大不一样了，对于大电感负载，i_d 的波形不仅连续，而且基本上波动很小。电感越大，电流波形就越接近一条水平线，其值为 $i_d = \dfrac{U_d}{R_d}$，此电流由晶闸管和续流二极管分担。在 u_2 正半周晶闸管导通期间，负载电流从晶闸管流负半周开始时续流二极管导通，晶闸管关断，一直到下一周期晶闸管再次导通的这段区间内，电流都将从续流二极管 VD_R 流过。设晶闸管的控制角为 α，则其导通角为 $\theta_T=\pi-\alpha$，续流二极管的导通角为 $\theta_{DR}=\alpha+\pi$。

由于输出电压 U_d 的波形与电阻负载时是一样的，所以电感性负载在加了续流二极管 VD_R 后直流输出电压 U_d 仍可用式(7-1)表示，直流输出电流的平均值 I_d 可用式(7-2)表示，但流过晶闸管电流平均值和有效值分别为

$$I_{dT}=\frac{\theta_T}{2\pi}I_d=\frac{\pi-\alpha}{2\pi}I_d \tag{7-7}$$

$$I_T=\sqrt{\frac{1}{2\pi}\int_{\alpha}^{\pi}I_d^2\mathrm{d}(\omega t)}=I_d\sqrt{\frac{\pi-\alpha}{2\pi}} \tag{7-8}$$

流过续流二极管的电流平均值和有效值分别为

$$I_{dDR}=\frac{\theta_{DR}}{2\pi}=\frac{\pi+\alpha}{2\pi}I_d \tag{7-9}$$

$$I_{DR}=\sqrt{\frac{1}{2\pi}\int_{0}^{\pi+\alpha}I_d^2\mathrm{d}(\omega t)}=I_d\sqrt{\frac{\pi+\alpha}{2\pi}} \tag{7-10}$$

由图 7-3(b)晶闸管承受的电压 u_T 的波形还可以看出，晶闸管承受的最大正反向电压 U_{TM} 仍为$\sqrt{2}U_2$；而续流二极管承受的最大反向电压 U_{DM} 也为$\sqrt{2}U_2$。晶闸管的最大移相范围仍是 0°～180°。在这里，需要注意的一点是，对于电感性负载，由于晶闸管导通时其阳极电流上升变慢(与电阻性负载相比)，整流电路对触发电路的脉冲宽度要有一定的要求，即要保证晶闸管阳极电流上升到擎住电流值后，脉冲才可以消失，否则晶闸管将无法进入导通状态。

单相半波可控整流电路具有电路简单、调整方便等优点，但由于它是半波整流，故输出的直流电压、电流脉动大，变压器利用率低且二次侧通过含直流分量的电流，使变压器存在直流磁化现象。为使变压器铁芯不饱和，就需要增大铁芯面积，这样就增大了设备的容量。在生产实际中只用于一些对输出波形要求不高的小容量的场合。在中小容量、负载要求较高的晶闸管的可控整流装置中，较常用的是单相桥式全控整流电路。

7.1.2 单相桥式全控整流电路

为了克服单相半波可控整流电路电源只工作半个周期的缺点，可以采用本节介绍的单相桥式全控整流电路，如图 7-4 所示。

1. 电阻性负载

单相桥式全控整流电路带电阻性负载时的电路及工作波形如图 7-4(b)所示。晶闸管 VT_1 和 VT_4 为一组桥臂，而 VT_2 和 VT_3 组成了另一组桥臂。在交流电源的正半周区间内，即 a 端为正，b 端为负，晶闸管 VT_1 和 VT_4 会承受正向阳极电压，在相当于控制角 α 的时刻给 VT_1 和 VT_4 同时加触发脉冲，则 VT_1 和 VT_4 会导通。此时，电流 i_d 电源 a 端经 VT_1、负载 R_d 及 VT_4 回电源 b 端，负载上得到的电压 u_d 为电源电压 u_2(忽略了 VT_1 和 VT_4 的导通压降)，方向为上正下负，VT_2 和 VT_3 则因为 VT_1 和 VT_4 的导通而承受反向的电源电压 u_2 不会导通。因为是电阻性负载，所以电流 i_d 也跟随电压的变化而变化。当电源电压 u_2 过零时，电流 i_d 也降低为零，也即两只晶闸管的阳极电流降低为

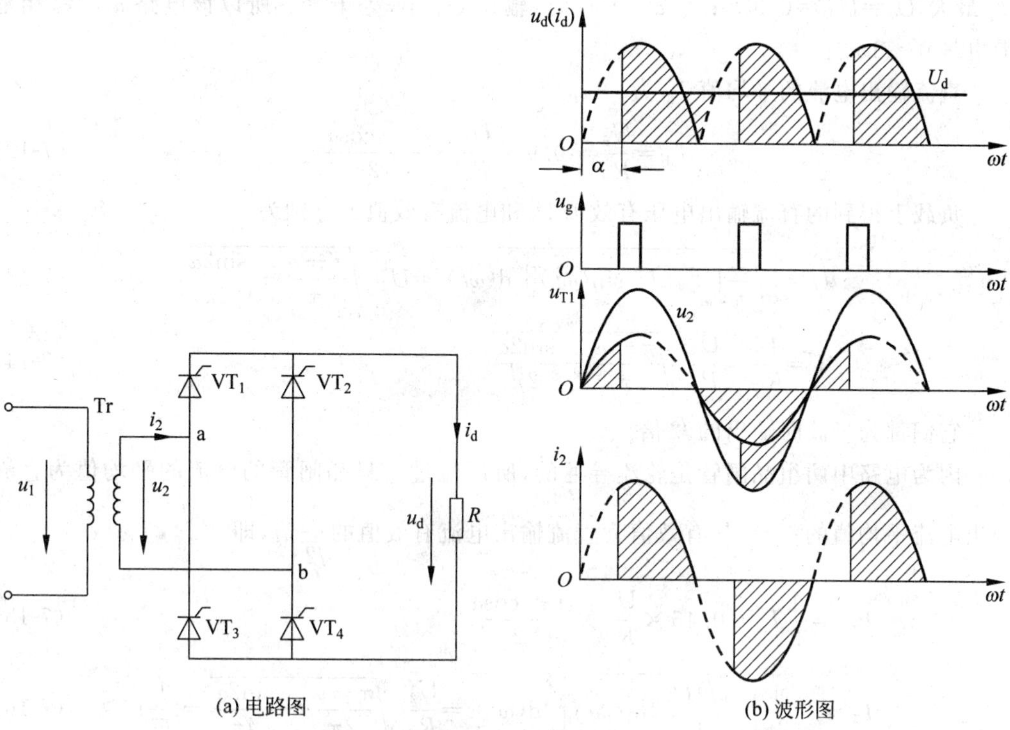

(a) 电路图　　　　(b) 波形图

图 7-4　单相桥式全控整流电路带电阻性负载

零,故 VT_1 和 VT_4 会因电流小于维持电流而关断。而在交流电源的负半周区间内,即 a 端为负,b 端为正,晶闸管 VT_2 和 VT_3 是承受正向电压的,仍在相当于控制角 α 的时刻给 VT_2 和 VT_3 同时加触发脉冲,则 VT_2 和 VT_3 被触发导通。电流 i_d 从电源 b 端经 VT_2、负载 R_d 及 VT_3 回电源 a 端,负载上得到的电压 u_d 仍为电源电压 u_2,方向也还为上正下负,与正半周一致。此时,VT_1 和 VT_4 因为 VT_2 和 VT_3 的导通承受反向的电源电压 u_2 而处于截止状态。直到电源电压负半周结束,电压 u_2 过零时,电流 i_d 也过零,使得 VT_2 和 VT_3 关断。下一周期重复上述过程。

由图 7-4(b)可以看出,负载上得到的直流输出电压 u_d 的波形与半波时相比多了一倍,负载电流 i_d 的波形与电压 u_d 波形相似。由晶闸管所承受的电压 u_T 可见,其导通角为 $\theta_T=\pi-\alpha$,除在晶闸管导通期间不受电压外,当一组管子导通时,电源电压 u_2 将全部加在未导通的晶闸管上,而在 4 只管子都不导通时,假设其漏电阻都相同,则每只管子将承电源电压的一半。因此,晶闸管所承受的最大反向电压为$\sqrt{2}U_2$ 而其承受的最大正向电压为$\frac{\sqrt{2}}{2}U_2$。

直流输出电压的平均值 U_d 为

$$U_d=\frac{1}{\pi}\int_{\alpha}^{\pi}\sqrt{2}U_2\sin\omega t\,d(\omega t)=\frac{2\sqrt{2}U_2}{\pi}\times\frac{1+\cos\alpha}{2}=0.9U_2\frac{1+\cos\alpha}{2} \tag{7-11}$$

与式(7-1)相比较可见,此电路的输出 U_d 是半波电路输出的两倍。当 $\alpha=0°$时,输出

U_d 最大，$U_d=U_{d0}=0.9U_2$；至 $\alpha=180°$ 时，输出 U_d 小，等于零。所以该电路 α 的移相范围也是 0°～180°。

直流输出电流的平均值 I_d 为

$$I_d=\frac{U_d}{R_d}=0.9\times\frac{U_2}{R_d}\times\frac{1+\cos\alpha}{2} \tag{7-12}$$

负载上得到的直流输出电压有效值 U 和电流有效值 I 分别为

$$U=\sqrt{\frac{1}{\pi}\int_{\alpha}^{\pi}\left[\sqrt{2}U_2\sin(\omega t)\right]^2\mathrm{d}(\omega t)}=U_2\sqrt{\frac{\pi-\alpha}{\pi}+\frac{\sin2\alpha}{2\pi}} \tag{7-13}$$

$$I=\frac{U}{R_d}=\frac{U_2}{R_d}\sqrt{\frac{\pi-\alpha}{\pi}+\frac{\sin2\alpha}{2\pi}} \tag{7-14}$$

它们都为半波时输出的$\sqrt{2}$倍。

因为电路中两组晶闸管是轮流导通的，所以流过一只晶闸管的电流的平均值为直流输出电流平均值的一半，其有效值为直流输出电流有效值的$\frac{1}{\sqrt{2}}$倍，即

$$I_{dT}=\frac{1}{2}I_d=0.45\times\frac{U_2}{R_d}\times\frac{1+\cos\alpha}{2} \tag{7-15}$$

$$I_T=\sqrt{\frac{1}{2\pi}\int_{\alpha}^{\pi}\left[\frac{\sqrt{2}U_2}{R_d}\sin(\omega t)\right]^2\mathrm{d}(\omega t)}=\frac{U_2}{R_d}\sqrt{\frac{\pi-\alpha}{2\pi}+\frac{\sin2\alpha}{4\pi}}=\frac{1}{\sqrt{2}}I \tag{7-16}$$

将以上两式与式(7-5)、式(7-6)比较，可以看出桥式全控整流电路中流过一只晶闸管的电流平均值和有效值与半波整流电路中晶闸管的电流平均值和有效值的表达式是一样的。

由于负载在正负半波都有电流通过，变压器二次侧绕组中两个半周期流过的电流方向相反且波形对称，因此变压器二次侧电流的有效值与负载上得到的直流电流的有效值 I 相等，即

$$I_2=I=\frac{U}{R_d}=\frac{U_2}{R_d}\sqrt{\frac{\pi-\alpha}{\pi}+\frac{\sin2\alpha}{2\pi}} \tag{7-17}$$

若不考虑变压器的损耗时，则要求变压器的容量为

$$S=U_2I_2 \tag{7-18}$$

2. 电感性负载

图 7-5(a)为单相桥式全控整流电路带电感性负载时的电路。假设电感很大，输出电流连续，且电路已处于稳态。

在电源 u_2 正半周时，在相当于 α 角的时刻给 VT_1 和 VT_4 同时加触发脉冲，则 VT_1 和 VT_4 会导通，输出电压为 $u_d=u_2$。至电源 u_2 过零变负时，由于电感产生的自感电动势会使 VT_1 和 VT_4 继续导通，而输出电压仍为 $u_d=u_2$，所以出现了负电压的输出。此时，晶闸管 VT_2 和 VT_3 虽然已承受正向电压，但还没有触发脉冲，所以不会导通。直到在负半周相当于 α 角的时刻，给 VT_2 和 VT_3 同时加触发脉冲，则因 VT_2 的阳极电位比 VT_1 高，VT_3 的阴极电位比 VT_4 低，故 VT_2 和 VT_3 被触发导通，分别替换了 VT_1 和 VT_4，而 VT_1 和 VT_4 将由于 VT_2 和 VT_3 的导通承受反压而关断，负载电流也改为经过

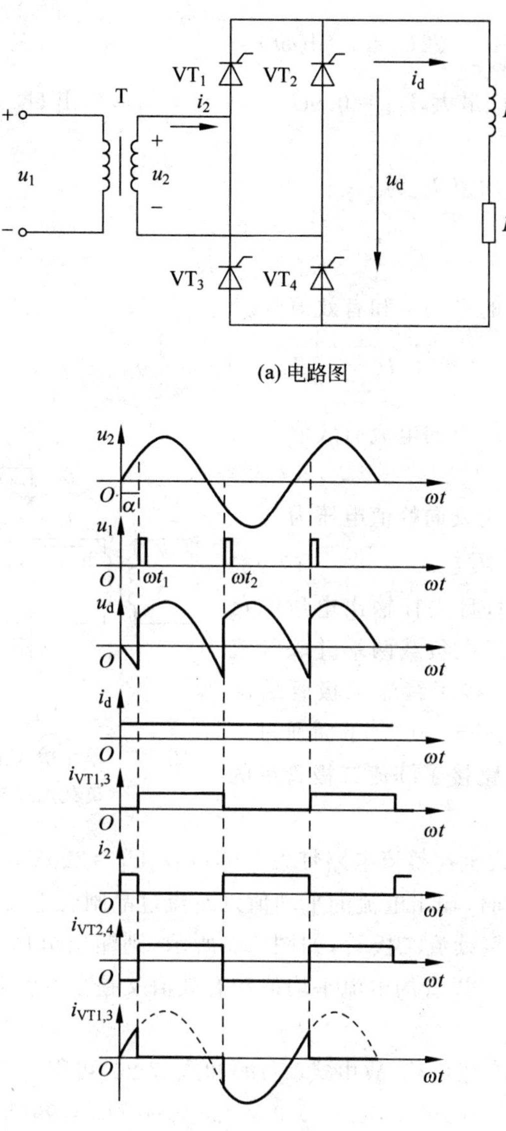

(a) 电路图

(b) 波形图

图 7-5 单相桥式全控整流电路带电感性负载

VT_2 和 VT_3 了。

由图 7-5(b)的输出负载电压 u_d、负载电流 i_d 的波形可以看出，与电阻性负载相比，u_d 的波形出现了负半波部分。i_d 的波形则是连续的近似一条直线，这是由于电感中的电流不能突变，电感起到了平波的作用，电感越大则电流波形越平稳。而流过每一只晶闸管的电流则近似为方波。变压器二次侧电流 i_2 波形为正负对称的方波。由流过晶闸管的电流 i_T 波形及负载电流 i_d 的波形可以看出，两组管子轮流导通，且电流连续，故每只晶闸管的导通时间较电阻性负载时延长了，导通角 $\theta_T=\pi$ 与 α 无关。根据上述波形，可以得出计算直流输出电压平均值 U_d 的关系式为

$$U_d = \frac{1}{\pi}\int_{\alpha}^{\pi+\alpha}\sqrt{2}U_2\sin\omega t\,d(\omega t) = \frac{2\sqrt{2}}{\pi}U_2\cos\alpha = 0.9U_2\cos\alpha \tag{7-19}$$

当 $\alpha=0°$时，输出 U_d 最大，$U_{d0}=0.9U_2$，至 $\alpha=90°$时，输出 U_d 最小，等于零。因此，α 的移相范围是 0°～90°。

直流输出电流的平均值 I_d 为

$$I_d = \frac{U_d}{R_d} = 0.9\frac{U_2}{R_d}\cos\alpha \tag{7-20}$$

流过晶闸管的电流的平均值和有效值分别为

$$I_{dT} = \frac{1}{2}I_d,\quad I_T = \frac{1}{\sqrt{2}}I_d \tag{7-21}$$

流过变压器二次侧绕组的电流有效值

$$I_2 = I_d \tag{7-22}$$

晶闸管可能承受的正反向峰值电压为

$$U_{TM} = \sqrt{2}U_2 \tag{7-23}$$

为了扩大移相范围，且去掉输出电压的负值，提高 U_d 的值，也可以在负载两端并联续流二极管，如图 7-6 所示。接了续流二极管后，α 的移相范围可以扩大到 0°～180°。下面通过一个例题来说明全控桥电路接了续流二极管后的数量关系。

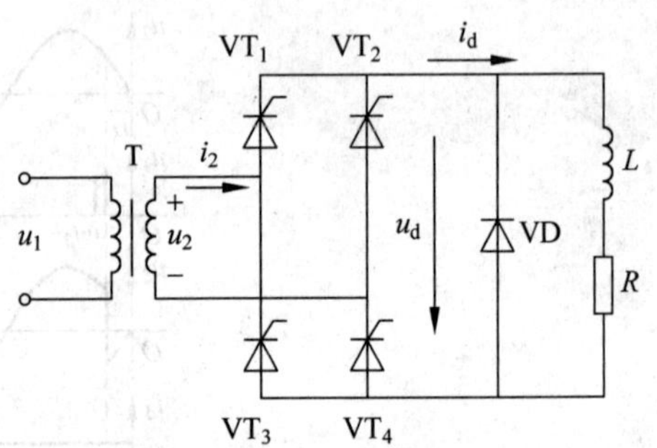

图 7-6 单相桥式全控整流电路带电感性负载加续流二极管

【例 7-2】 单相桥式全控整流电路带大电感负载，$U_2=220V$，$R_d=4\Omega$。

(1) 计算当 $\alpha=60°$时，输出电流的平均值以及流过晶闸管电流平均值和有效值。

(2) 若负载两端并接续流二极管，如图 7-6 所示，则输出电压、电流的平均值又是多少？流过晶闸管和续流二极管的电流平均值和有效值又是多少？并画出这两种情况下的电压、电流波形。

解：(1) 由于是大电感负载，故由式(7-19)和式(7-20)可得

$$U_d = 0.9U_2\cos\alpha = 0.9\times 220\times\cos 60° = 99(V)$$

$$I_d = \frac{U_d}{R_d} = \frac{99}{4} = 24.75(A)$$

因负载电流是由两组晶闸管轮流导通提供的，故由式(7-21)可知，流过晶闸管的电流平均值和有效值为

$$I_{dT} = \frac{1}{2}I_d = \frac{1}{2}\times 24.75 = 12.38(A)$$

$$I_T = \frac{1}{\sqrt{2}}I_d = \frac{1}{\sqrt{2}}\times 24.75 = 17.5(A)$$

(2) 加接续流二极管后的电压、电流波形如图 7-7(b)所示，由于此时没有负电压输出，电压波形和电路带电阻性负载时一样，所以输出电压平均值的计算可利用式(7-11)求得，即

$$U_{\mathrm{d}}=0.9U_2\frac{1+\cos\alpha}{2}=0.9\times220\times\frac{1+\cos60^\circ}{2}=148.5(\mathrm{V})$$

输出电流的平均值为

$$I_{\mathrm{d}}=\frac{U_{\mathrm{d}}}{R_{\mathrm{d}}}=\frac{148.5}{4}=37.13(\mathrm{A})$$

负载电流是由两组晶闸管以及续流二极管共同提供的，根据波形可知，每只晶闸管的导通角均为 $\theta_{\mathrm{T}}=\pi-\alpha$，续流二极管 VD_{R} 的导通角为 $\theta_{\mathrm{DR}}=2\alpha$，所以流过晶闸管和续流二极管的电流平均值和有效值分别为

$$I_{\mathrm{dT}}=\frac{\pi-\alpha}{2\pi}I_{\mathrm{d}}=\frac{180^\circ-60^\circ}{360^\circ}\times37.13=12.38(\mathrm{A})$$

$$I_{\mathrm{T}}=\sqrt{\frac{\pi-\alpha}{2\pi}}I_{\mathrm{d}}=\sqrt{\frac{180^\circ-60^\circ}{360^\circ}}\times37.13=21.44(\mathrm{A})$$

$$I_{\mathrm{dDR}}=\frac{2\alpha}{2\pi}I_{\mathrm{d}}=\frac{\alpha}{\pi}I_{\mathrm{d}}=\frac{60^\circ}{180^\circ}\times37.13=12.38(\mathrm{A})$$

$$I_{\mathrm{DR}}=\sqrt{\frac{\alpha}{\pi}}I_{\mathrm{d}}=\sqrt{\frac{60^\circ}{180^\circ}}\times37.13=21.44(\mathrm{A})$$

3. 反电动势负载

反电动势负载是指本身含有直流电动势 E，且其方向对电路中的晶闸管而言是反向电压的负载，电路如图 7-7(a)所示。属于此类的负载有蓄电池、直流电动机的电枢等。

由图 7-7(b)可见，在 ωt_1 之前的区间，虽然电源电压 u_2 是在正半周，但由于反电动势 E 的数值大于电源电压 u_2 的瞬时值，晶闸管仍是承受反向电压，处于反向阻断状态。此时负载两端的电压等于其本身的电动势 E，但没有电流流过，晶闸管两端承受的电压为 $u_{\mathrm{T}}=u_2-E$。

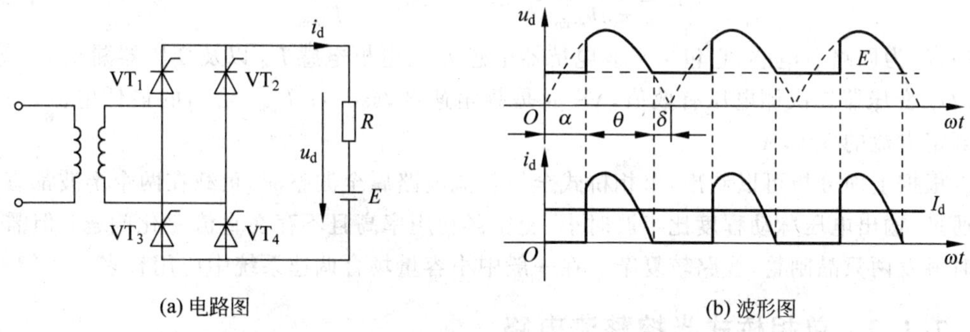

图 7-7 单相桥式全控整流电路带反电动势负载

ωt_1 之后，电源电压 u_2 已大于反电动势 E，晶闸管开始承受正向电压，但在 ωt_2 之前没有加触发脉冲，所以晶闸管仍处于正向阻断状态。在 ωt_2 时刻，给 VT_1 和 VT_4 同时加触发脉冲，VT_1 和 VT_4 导通，输出电压为 $u_{\mathrm{d}}=u_2$。负半周时情况一样，只不过触发的是 VT_2 和 VT_3。

当晶闸管导通时，负载电流 $i_{\mathrm{d}}=\dfrac{u_2-E}{R}$。所以，在 $u_2=E$ 的时刻，i_{d} 降为零，晶闸管

关断。与电阻性负载相比，晶闸管提前了电角度 δ 关断，δ 称为停止导电角。δ 的计算公式为

$$\delta = \arcsin \frac{E}{\sqrt{2}U_2} \tag{7-24}$$

由图 7-7(b)可见，在 α 角相同时，反电动势负载时的整流输出电压比电阻性负载时大，而电流波形则由于晶闸管导电时间缩短，其导通角 $\theta_T = \pi - \alpha - \delta$，且反电动势内阻 R 很小，所以呈现脉动的波形，底部变窄，如果要求一定的负载平均电流，就必须有较大的峰值电流，且电流波形为断续的。

如果负载是直流电动机电枢，则在电流断续对电动机的机械特性将会变软。因为增大峰值电流，就要求较多的降低反电动势 E，即转速 n 降落较大，机械特性变软。另外，晶闸管导通角越小，电流波形底部越窄，电流峰值越大，则电流有效值也越大. 对电源容量的要求也就越大。

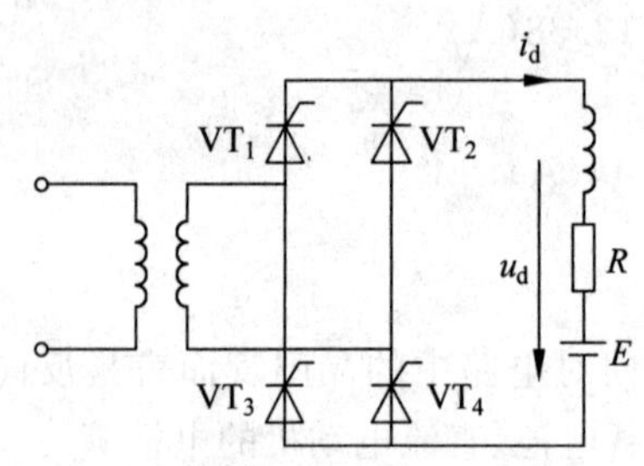

图 7-8 单相桥式全控整流电路带反电动势负载串平波电抗

为了克服以上缺点，常常在主回路直流输出侧串联一个平波电抗器 L_d，电路如图 7-8 所示。利用电感平稳电流的作用来减少负载电流的脉动并延长晶闸管的导通时间。只要电感足够大，负载电流就会连续，直流输出电压和电流的波形与电感性负载时一样。U_d 的计算公式也与电感负载时一样，但直流输出电流 I_d 则为

$$I_d = \frac{U_d - E}{R} \tag{7-25}$$

为保证电流连续，所需的回路的电感量可用下式计算

$$L = \frac{2\sqrt{2}U_2}{\pi\omega I_{dmin}} = 2.87 \times 10^{-3} \times \frac{U_2}{I_{dmin}} \tag{7-26}$$

式中，L 为回路总电感，它包括平波电抗器电感 L_{d0}、电枢电感 L_d 以及变压器漏感 L_T 等，H；U_2 变压器二次侧电压有效值，V；ω 是频角速度，rad/s；I_{dmin} 给出的最低电流，一般取额定电流的 5%，A。

根据上面分析可以看出，单相桥式全控整流电路属全波整流，负载在两个半波都有电流通过、输出电压脉动程度比半波时小、变压器利用率高且不存在直流磁化问题；但需要同时触发两只晶闸管，线路较复杂。在一般中小容量场合调速系统中应用较多。

7.1.3 单相桥式半控整流电路

在 7.1.2 小节的单相桥式全控整流电路中，由于每次都要同时触发两只晶闸管，因此线路较为复杂。它是用两只晶闸管来控制同一个导电回路，为了简化电路，实际上可以采用一只晶闸管来控制导电回路，然后用一只整流二极管来代替另一只晶闸管。所以可以把图 7-4(a)中的晶闸管 VT_3 和 VT_4 换成二极管 VD_3 和 VD_4，就形成了单相桥式半控整流电路，如图 7-9 所示。

1. 电阻性负载

单相桥式半控整流电路带电阻性负载时的电路如图 7-9 所示。工作情况与桥式全控整流电路时类似，两只晶闸管仍是共阴极连接，即使同时触发两只晶闸管，也只能是阳极电位高的晶闸管导通。而两只二极管是共阳极连接，总是阴极电位低的二极管导通，因此在电源 u_2 正半周一定是 VD_4 正偏，在 u_2 负半周一定是 VD_3 正偏。所以，在电源正半周时，触发晶闸管 VT_1 导通，二极管 VD_4 正偏导通，电流由电源 a 端经 VT_1 和负载 R_d 及 VD_4，回电源 b 端，若忽略两只晶闸管的正向导通压降，则负载上得到的直流输出电压就是电源电压 u_2，即 $u_d=u_2$。在电源负半周时，触发 VT_2 导通，电流由电源 b 端经 VT_2 和 VD_3 及负载回电源 a 端，输出仍是 $u_d=u_2$，只不过在负载上的方向没变。在负载上得到的输出波形与全控桥带电阻性负载时是一样的。因此，式(7-11)～式(7-18)均适合半控桥整流电路。另外，由图 7-9 可见，流过整流二极管的电流平均值和有效值与流过晶闸管的电流平均值和有效值是一样的，即

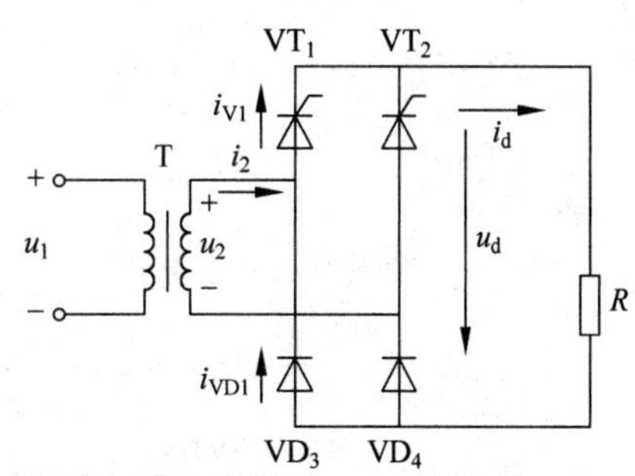

图 7-9 单相桥式半控整流电路带电阻性负载

$$I_{dD}=I_{dT}=0.45\frac{U_2}{R}\times\frac{1+\cos\alpha}{2} \tag{7-27}$$

$$I_D=I_T=\frac{U_2}{R}\sqrt{\frac{\pi-\alpha}{2\pi}+\frac{\sin2\alpha}{4\pi}}=\frac{1}{\sqrt{2}}I \tag{7-28}$$

由图 7-9 中 u_{T_1} 的波形可知，晶闸管 VT_1 所承受的电压，除其本身导通($\omega t_1\sim\pi$)时不承受电压，以及当晶闸管 VT_2 导通($\omega t_2-2\pi$)时将电源电压加到了 VT_1 的两端外，再就是当四只晶闸管都不导通时，还分两种情况。一是在电源正半周 VT_1 还没导通之前，即在 $0\sim\omega t_1$ 区间，此时由电源的正端 a 端，经 VT_1、R_d 和 VD_4 回电源的负端 b 端的回路存在漏电流，此时 VT_1 的正向漏电阻远远大于 VD_4 的正向漏电阻与 R_d 之和，这就相当于电源电压全部加在了 VT_1 上，即 $u_{T1}=u_2$；二是在电源负半周 VT_2 还没导通之前，即在 $\pi-\omega t_2$ 区间，同上述分析一样，只不过此时所受的电源电压为负值，由电源正端 b 端，经 VT_2、R_d 和 VD_3 回电源的负端 a 端。相当于电源电压全部加在 VT_2 上，因而 VT_1 两端电压约为 0V，即 $u_{T1}=0$。二极管所承受的电压就比较简单了，因为二极管只会承受负电压，如图 7-9 所示的 u_{VD4} 的波形。且由波形图可知，晶闸管所承受的最大的正反向峰值电压和二极管所承受的最大反向电压的峰值均为$\sqrt{2}U_2$。变压器因在正负半周均有一组管子导通，所以其二次侧电流 i_L 的波形是正负对称的缺角的正弦波。

2. 电感性负载

电路如图 7-10(a)所示。在交流电源的正半周区间内，二极管 VD_4 处于正偏状态，在相当于控制角 α 的时刻给晶闸管 VT_1 加触发脉冲，则电源由 α 端经 VT_1 和 VD_4 向负载供电，负载上得到的电压 u_d 仍为电源电压 u_2，方向为上正下负。

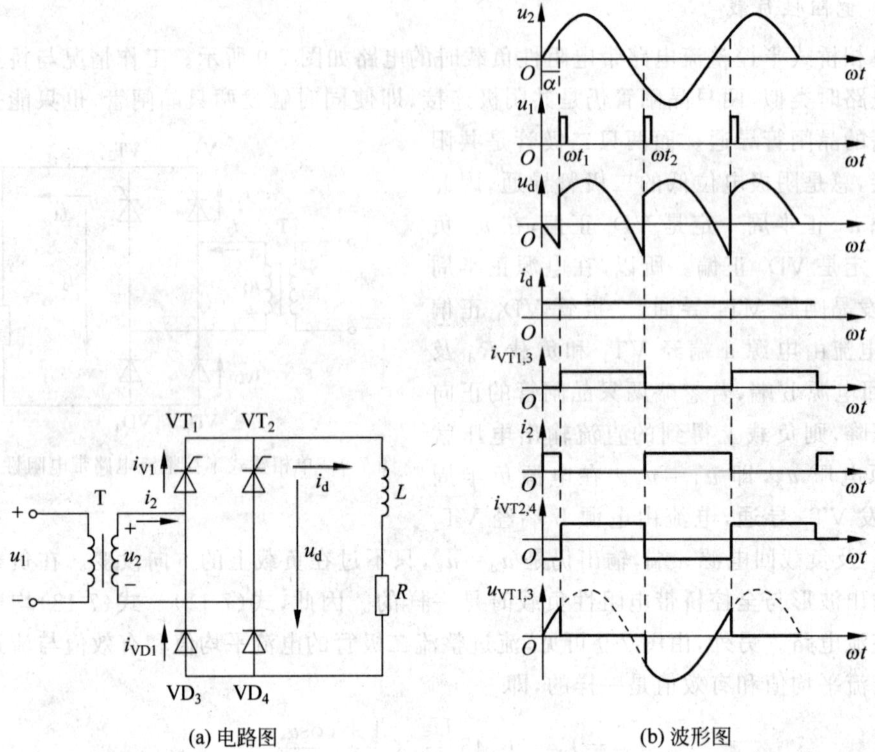

(a) 电路图　　(b) 波形图

图 7-10　单相桥式半控整流电路带电感性负载

至电源 u_2 过零变负时，由于电感自感电动势的作用，会使晶闸管 VT_1 继续导通，但此时二极管 VD_3 的阴极电位变得比 VD_4 的要低，所以电流由 VD_4 换流到了 VD_3。此时，负载电流经 VT_1、R_d 和 VD_3 续流，而没有经过交流电源，因此负载上得到的电压为 VT_1 和 VD_3 的正向压降接近为零，这就是单相桥半控整流电路的自然续流现象。在 u_2 负半周相同 α 角处触发晶闸管 VT_2，由于 VT_2 的阳极电位高于 VT_1 的阳极电位，所以 VT_1 换流给了 VT_2，电源经 VT_2 和 VD_3 向负载供电，直流输出电压 u_d 为电源电压 u_2，方向为上正下负。同样，当 u_2 由负变正时，又改为 VT_2 和 VD_4 续流，输出又为零。

由图 7-10(b)的各个波形图可以看出，单相桥式半控整流电路带大电感负载时的直流输出电压 u_d 的波形和其带电阻性负载时的波形一样。但直流输出电流 i_d 的波形由于电感的平波作用而变为一条直线。晶闸管所承受电压 u_T 的波形没变，而流过晶闸管电流的波形变成了方波，如图 7-10 所示，其导通角为 π。流过二极管的电流也是矩形波，其导通角也为 π。变压器二次侧的电流 i_2 为正负对称的矩形波。

通过以上分析，可以看出，单相桥式半控整流电路带大电感负载时的工作特点是：晶闸管在触发时刻换流，二极管则在电源 u_2 过零时换流；电路本身就具有自然续流作用，负载流也可以在电路内部续流，所以，即使没有续流二极管，输出也没有负电压，与全控桥电路时不一样。虽然此线路看起来不用像全控桥一样接续流二极管也能工作，但实际上若突然关断触发电路或突然把控制角 α 增大到 180°时，电路会发生失控现象。例如，VT_1 和 VD_4 正处于通态时，关断触发电路，当电源 u_2 过零变负时，VD_4 关断，VD_3 导通，形成内部续流。若 L_d 中所储存的能量在整个电源 u_2 负半周都没有释放完，VT_1 和 VD_3 的内部续流可以维持整个负半周，而当又到了 u_2 的正半周时，VD_3 关断，VD_4 导通，VT_1 和 VD_4 又构成单相半波整流。所以，即使去掉了触发电路，电路也会出现正在导通的晶闸管一直导通，而两只二极管轮流导通的情况，使 u_2 仍会有输出，但波形是单相半波不可控的整流波形，这就是所谓的失控现象。

为解决上述失控现象，单相桥式半控整流电路带电感性负载时，仍需在负载两端并接续流二极管 VD_R。这样，当电源电压 u_2 过零变负时，负载电流经续流二极管 VD_R 续流，使直流输出为 VD_R 的管压降接近于零，迫使原晶闸管和二极管串联的回路中的电流减小到维持电流以下使其关断，这样就不会出现因晶闸管一直导通而出现的失控现象了。加了续流二极管的电路及波形如图 7-11 所示。由波形图可以看出，加了续流二极管以后，输出电压 u_d 和输出电流 i_d 的波形没变，所以直流输出电压 U_d 和直流输出电流 I_d 的公式同式(7-11)和式(7-12)一样。但原先经过桥臂续流的电流都转移到了续流二极管上，各管子的电流波形如图 7-11(b)所示。

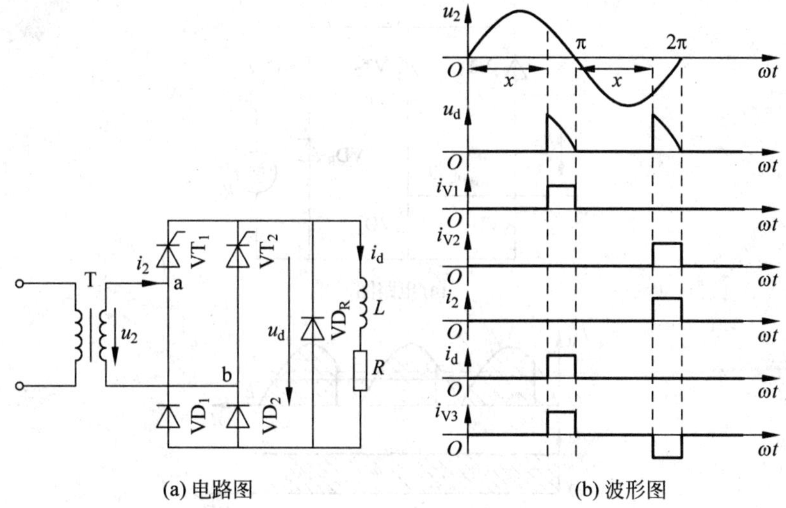

(a) 电路图　　(b) 波形图

图 7-11　单相桥式半控整流电路带电感性负载加续流二极管

其中，在一个周期中晶闸管和整流二极管导通的电角度为 $\theta_T=\theta_D=\pi-\alpha$，而续流二极管 VD_R 因为每个周期导通两次，所以其导通角 $\theta_{DR}=2\alpha$。各电量的数量关系如下。

流过晶闸管和整流二极管的电流的平均值和有效值分别为

$$I_{dT}=I_{dD}=\frac{\pi-\alpha}{2\pi}I_d \tag{7-29}$$

$$I_T=I_D=\sqrt{\frac{\pi-\alpha}{2\pi}}I_d \tag{7-30}$$

流过续流二极管的电流的平均值和有效值分别为

$$I_{dDR}=\frac{2\alpha}{2\pi}I_d=\frac{\alpha}{\pi}I_d \tag{7-31}$$

$$I_{DR}=\sqrt{\frac{\alpha}{\pi}}I_d \tag{7-32}$$

晶闸管承受的最大正反向电压以及整流二极管、续流二极管所承受的最大反向电压均为$\sqrt{2}U_2$ 角的移相范围，仍是 0°～180°。

3. 反电动势负载

图 7-12(a)是单相桥式半控整流电路带反电动势负载直流电动机电枢时的应用电路。其中，R_D 是电动机电枢的电阻，平波电抗器 L_d 是用来减小电流脉动和使电流连续的，VD_R 是为了防止失控现象而加的续流二极管。图 7-12(b)是在电流连续情况下的电压电流波形，可以看出此时输出电压 u_d 波形和电感性负载时一样，因此输出电压的计算公式仍是

$$U_d = 0.9U_2 \times \frac{1+\cos\alpha}{2}$$

但负载的电流计算公式为

$$I_d = \frac{U_d - E}{R_D}$$

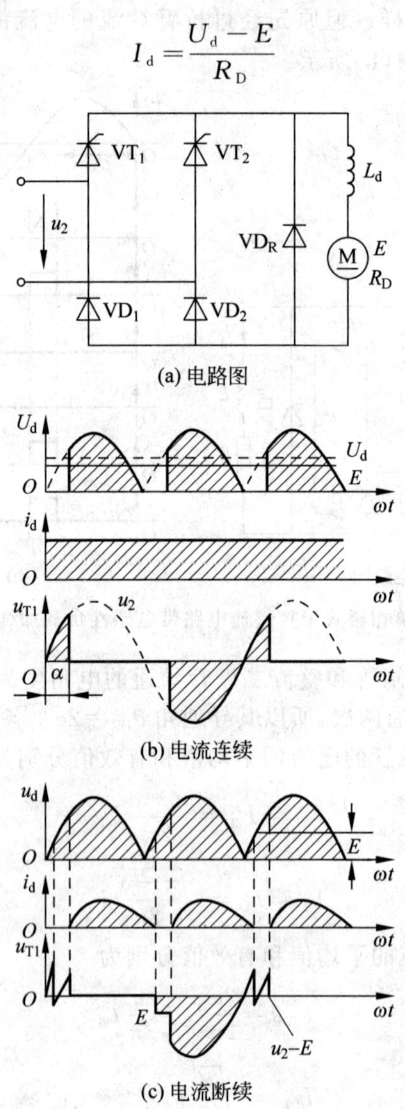

图 7-12　单相桥式半控整流电路带反电动势负载

晶闸管和整流二极管的导通角仍是$\theta_{T}=\theta_{D}=\pi-\alpha$，续流二极管的导通角也还是$\theta_{DR}=2\alpha$，同电感性负载时一样。注意，晶闸管$VT_1$所承受的电压$u_{T1}$，在续流二极管导通时，若是二极管$VD_3$正偏（即在$u_2$负半周），则$u_{T1}$为零；若续流二极管续流时，是二极管$VD_4$正偏（即在$u_2$正半周），$u_{T1}$则为$u_2$。图7-12(c)是若串联的电感量不够时，电流断续情况下的电压电流波形，此时晶闸管两端的电压的波形较复杂一些，除了上面提到的情况外，还有就是在负载电流i_d断续时，若是二极管VD_3正偏，则u_{T1}为$-E$；若是二极管VD_4正偏，u_{T1}则为u_2-E。

【例7-3】 有一个反电动势负载，采用单相桥式串平波电抗器并加续流二极管的电路，其中平波电抗器的电感量足够大，电动势$E=30V$，负载的内阻$R=5\Omega$，交流侧电压为220V，晶闸管的控制角$\alpha=60°$，求流过晶闸管、整流二极管以及续流二极管的电流平均值和有效值。

解：先求整流输出电压平均值为

$$U_d=0.9U_2\times\frac{1+\cos\alpha}{2}=0.9\times220\times\frac{1+\cos60°}{2}=148.5(\mathrm{V})$$

再来求流过负载的电流平均值，因串接的平波电抗器的电感量足够大，所以得到的电流波形为一直线，则有

$$I_d=\frac{U_d-E}{R}=\frac{148.5-30}{5}=23.7(\mathrm{A})$$

晶闸管和整流二极管的导通角相同都是$\pi-\alpha$，所以流过晶闸管及整流二极管的电流平均值和有效值为

$$I_{dT}=I_{dD}=\sqrt{\frac{\pi-\alpha}{2\pi}}\times I_d=\frac{180°-60°}{360°}\times23.7=7.9(\mathrm{A})$$

$$I_T=I_D=\sqrt{\frac{\pi-\alpha}{2\pi}}\times I_d=\sqrt{\frac{180°-60°}{360°}}\times23.7\approx13.7(\mathrm{A})$$

而续流二极管在一个周期内导通了两次，其导通角为$\theta_{DR}=2\alpha$，因此流过续流二极管的电流平均值和有效值为

$$I_{dDR}=\frac{2\alpha}{2\pi}\times I_d=\frac{2\times60°}{360°}\times23.7=7.9(\mathrm{A})$$

$$I_{DR}=\sqrt{\frac{2\alpha}{2\pi}}\times I_d=\sqrt{\frac{2\times60°}{360°}}\times23.7\approx13.7(\mathrm{A})$$

图7-13是单相桥式半控整流电路的另一种形式，其中两只晶闸管是串接的，而两只二极管既可以分别与两只晶闸管配合做整流管用，也可以串联起来做续流管用。因此，此电路的优点就是省去续流二极管，电路也不会有失控现象发生；但对二极管来说，流过的电流将增大，且晶闸管不再是共阴极接法，故两只晶闸管的触发电路需要隔离。

单相桥式半控整流电路除具备全控桥电路的脉动小、变压器利用率高、没有直流磁化现象等优势外，此电路还比全控桥电路少了两只晶闸管，因此电路比较简单、经济，但半控桥电路不能进行逆变，不能用于可逆运行的场合，所以它只在仅需整流的不可逆的小容量场合广泛应用。

在实际应用中还有一些其他类型的单相整流电路,其分析方法与前相似。例如,图 7-14 就是由一只晶闸管组成的桥式可控整流电路,它由四个整流二极管组成不可控的单相桥式整流电路,先将正弦交流整流为全波直流,然后再利用一只晶闸管来进行开关控制,通过改变晶闸管的 α 角,来达到改变输出电压的目的。图 7-14 是带大电感负载的电路,同前面介绍的单相桥式半控整流电路一样,为防止失控现象的发生,也要在负载两端并接续流二极管。此电路的优点是只用一只晶闸管且不受反压,可用反压低的器件,控制线路简单。缺点是整流器件数增多,负载电流要同时经过三个整流器件,故压降及损耗较大。另外,为保证晶闸管可靠关断,要选用维持电流大的管子。

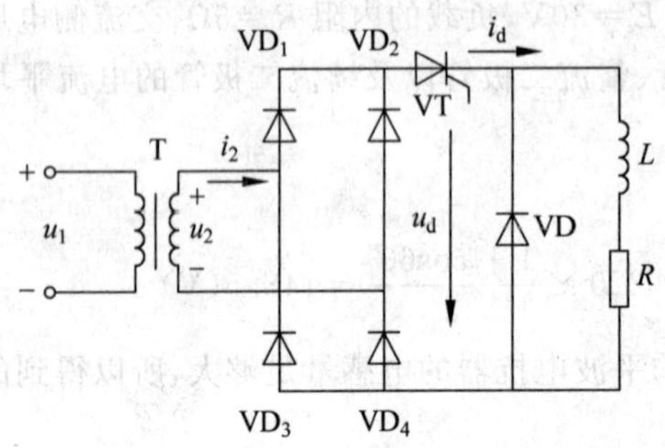

图 7-13 晶闸管串联的单相桥式半控整流电路

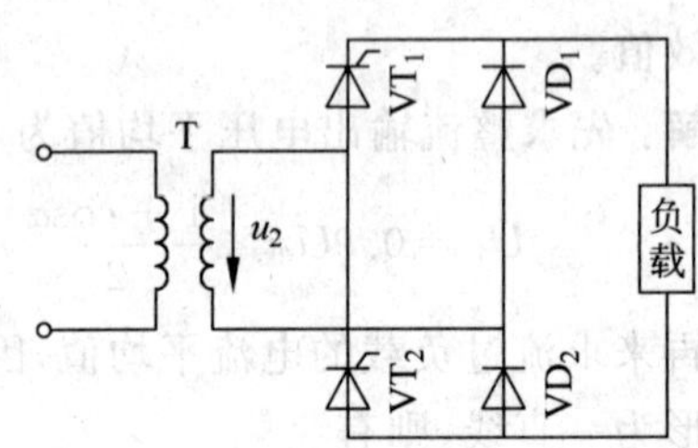

图 7-14 由一只晶闸管组成的单相桥式整流电路

7.2 三相可控整流电路

虽然单相可控整流电路具有线路简单,维护、调试方便等优点,但输出整流电压脉动大,又会影响三相交流电网的平衡。因此,当负载容量较大(一般指 4kW 以上),要求的直流电压脉动较小时,通常采用三相可控整流电路。三相可控整流电路有多种形式,其中最基本的是三相半波可控整流电路,而其他较常用的(如三相桥式全控整流电路、双反星形可控整流电路、十二脉波可控整流电路等)均可看作是三相半波可控整流电路的串联或并联,可在分析三相半波可控整流电路的基础上进行分析。所以,本节先重点介绍三相半波可控整流电路不同负载时的组成、工作原理、波形分析、电路各电量的计算等,然后再介绍三相桥式全控整流电路及双反星形可控整流电路。最后,将介绍几个应用实例。

7.2.1 三相半波可控整流电路

1. 三相半波不可控整流电路

为了更好地理解三相半波可控整流电路,我们先来看一下由二极管组成的不可控整流电路,如图 7-15(a)所示。此电路可由三相变压器供电,也可直接接到三相四线制的交流电源上。变压器二次侧相电压有效值为 U_2,线电压为 U_{2L}。其接法是三个整流管的阳极分别接到变压器二次侧的三相电源上,而三个阴极接在一起,接到负载的一端,负载的另一端接到整流变压器的中线,形成回路。此种接法称为共阴极接法。

图 7-15(b)所示为三相交流电 u_a、u_b 和 u_c 的波形图。u_d 输出电压的波形，u_2 是二极管承受的电压的波形。由于整流二极管导通的唯一条件就是阳极电位高于阴极电位，而三只二极管又是共阴极连接的，且阳极所接的三相电源的相电压是不断变化的，所以哪一相的二极管导通就要看其阳极所接的相电压 u_a、u_b 和 u_c 中哪一相的瞬时值最高，则与该相相连的二极管就会导通。其余两只二极管就会因承受反向电压而关断。例如，在图 7-15(b)中 $\omega t_1 \sim \omega t_2$ 区间，a 相的瞬时电压值 u_a 最高，因此与 a 相相连的二极管 VD_1 优先导通，其共阴极 K 点电位即是 u_a，所以与 b 相、c 相相连的二极管 VD_3 和 VD_5 则分别承受反向线电压 u_{ab}、u_{ac} 关断。若忽略二极管的导通压降，此时，输出电压 u_d 就等于 a 相的电源电压 u_a，即有 $u_d = u_a$。同理，当 ωt_2 时，由于 b 相的电压 u_b 开始高于 a 相的电压 u_a 而变为最高，因此，电流就要由 VD_1 换流给 VD_3，VD_1 和 VD_5 又会承受反向线电压 u_{ab}、u_{bc} 而处于阻断状态，输出电压 $u_d = u_b$。同样在 ωt_3 以后，因 c 相电压 u_c 最高，所以 VD_5 导通，VD_1 和 VD_3 受反压而关断，输出电压 $u_d = u_c$。ωt_4 以后又重复上述过程。

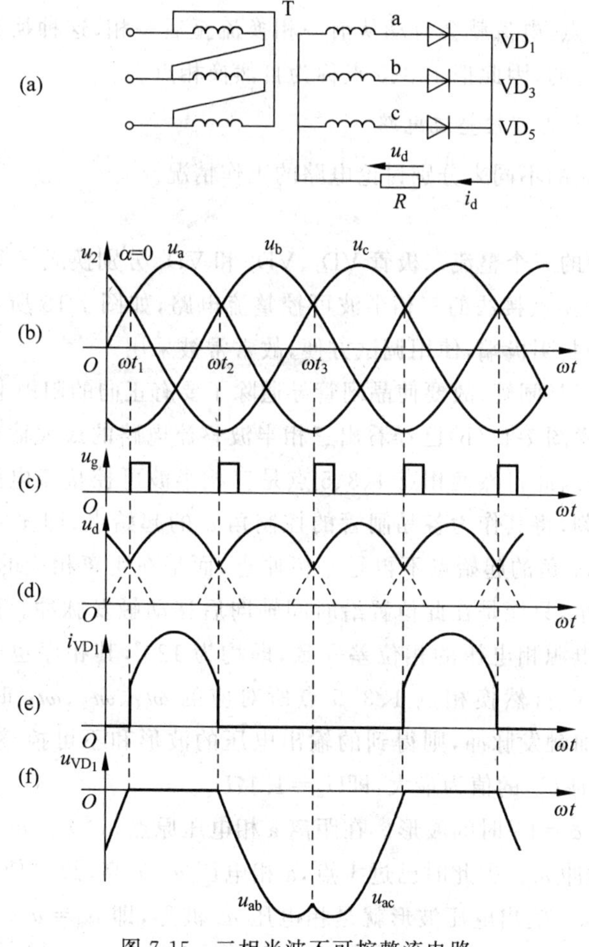

图 7-15　三相半波不可控整流电路

由以上分析可以看出，三相半波不可控整流电路中的三个二极管轮流导通，导通角均为120°，电路的直流输出电压 u_d 是脉动的三相交流相电压波形的包络线，负载电流 i_d 波形形状与 u_d 相同。u_d 波形与单相整流时相比，其输出电压脉动大为减小，一周脉动三次，脉动的频率为150Hz。其输出直流电压的平均值

$$U_d = \frac{3}{2\pi}\int_{\frac{\pi}{6}}^{\frac{5\pi}{6}} \sqrt{2}U_2 \sin\omega t \, d(\omega t) = \frac{3\sqrt{6}}{2\pi}U_2 = 1.17U_2 \tag{7-33}$$

整流二极管承受的电压的波形如图7-15(b)所示，以 VD_1 为例。在 $\omega t_1 \sim \omega t_2$ 区间，由于 VD_1 导通，所以 u_{D1} 为零；在 $\omega t_2 \sim \omega t_3$ 区间，VD_3 导通，则 VD_1 承受反向线电压 u_{ab}，即 $V_{D1} = u_{ab}$ 在 $\omega t_3 \sim \omega t_4$ 区间，VD_5 导通，则 VD_1 承受反向线电压 u_{ac}，即 $V_{D1} = u_{ac}$。从图中还可看出，整流二极管所承受的最大的反向电压就是三相交流电源的线电压的峰值，即

$$U_{DM} = \sqrt{6}U_2 \tag{7-34}$$

从图7-15(b)中还可看到，1、3、5这三个点分别是二极管 VD_1、VD_3 和 VD_5 的导通起点，即每经过其中一点，电流就会自动从前一相换流至后一相，这种换相是利用三相电源电压的变化自然进行的，因此把1、3、5点称为自然换相点。

2. 共阴极三相半波可控整流电路

仍然按负载性质的不同来分别讨论电路的工作情况。

1) 电阻性负载

将图7-15(a)中的三个整流二极管 VD_1、VD_3 和 VD_5 分别换成三个晶闸管 VT_1、VT_3 和 VT_5，就组成了共阴极接法的三相半波可控整流电路，如图7-16所示。这种电路的触发电路有公共端，即共阴极端，使用调试方便，故常常被采用。

因为元件换成了晶闸管，故要使晶闸管导通除了要有正向的阳极电压外，还要有正向的门极触发电压。由图7-15(b)已经看出三相半波整流电路的最大输出就是在自然换相点处换相而得到的，因此自然换相点1、3、5点是三相半波可控整流电路中晶闸管可以被触发导通的最早时刻，将其作为各晶闸管的控制角 α 的起始点，即 $\alpha = 0°$ 的点，因此在三相可控整流电路中，α 角的起始点不再是坐标原点，而是在距离相应的相电压原点30°的位置。要改变控制角，只能是在此位置沿时间轴向后移动触发脉冲。而且三相触发脉冲的间隔必须和三相电源相电压的相位差一致，即均为120°，其相序也要与三相交流电源的相序一致。若是在自然换相点1、3、5点所对应的 ωt_1、ωt_2、ωt_3 时刻分别给晶闸管 VT_1、VT_3 和 VT_5 加触发脉冲，则得到的输出电压的波形和不可控整流时是一样的，如图7-16(b)所示，此时 U_d 的值为最大，即 $U_d = 1.17U_2$。

图7-17所示为 $\alpha = 15°$ 时的波形。在距离a相电压原点 $30° + \alpha$ 处的 ωt_1 时刻，给晶闸管 VT_1 加上触发脉冲 u_{g1}，因此时已过1点，a相电压 u_a 最高，故可使 VT_1 导通，在负载上就得到a相电压 u_a，输出电压波形就是相电压 u_a 波形，即 $u_d = u_a$。至3点的位置时，虽然 VT_3 阳极电位变为最高，但因其触发脉冲还没到，所以 VT_1 会继续导通。直到距离自然换相点3点15°电角度的位置，即距离b相电压过零点 $30° + \alpha$ 处的 ωt_2 时刻，给晶闸

管 VT_3 加上触发脉冲 u_{g3}，VT_3 会导通，同时 VT_1 会由于 VT_3 的导通而承受反向线电压 u_{ab}。关断，输出电压波形就成了 b 相电压 u_b 的波形，即输出电压变为 $u_d=u_b$。同理，在 ωt_3 时给晶闸管 VT_5 加上触发脉冲 u_{g5}，VT_5 会导通，VT_3 会由于 VT_5 的导通而承受反向线电压 u_{bc} 关断，输出电压为 $u_d=u_c$。

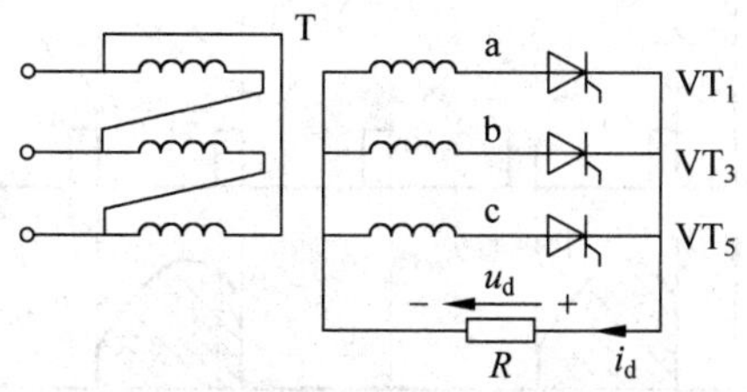

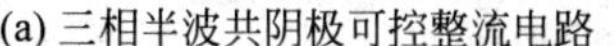
(a) 三相半波共阴极可控整流电路

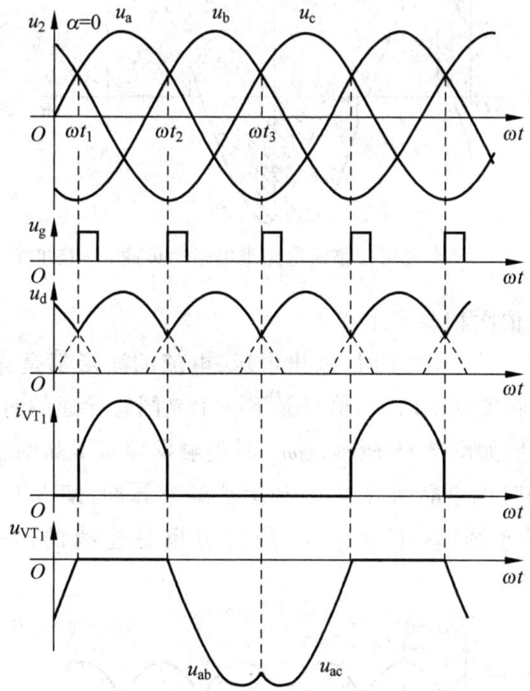

(b) 三相半波共阴极可控整流电路工作波形

图 7-16 三相半波共阴极可控整流电路及其工作波形

从图 7-17 可以看出，输出电压 u_d 的波形(阴影部分)与图 7-15(b)相比少了一部分。因为是电阻性负载，所以负载上的电流 i_d 的波形与电压波形 u_d 相似。由于三只晶闸管轮流导通，且各导通 120°，故流过一只晶闸管的电流波形是 i_d 波形的 1/3。例如，流过晶闸管 VT_1 的电流 i_{T1} 的波形见图 7-17。在晶闸管 VT_1 两端所承受的电压 u_{T1} 波形中，可以看出它仍是由三部分组成：本身导通时，不承受电压，即 $u_{T1}=0$；V 相的晶闸管 VT_3 导通时，VT_1 将承受线电压 u_{ab}，即 $u_{T1}=u_{ab}$；同样，c 相的晶闸管 VT_5 导通时，就承受线电压 u_{ac}，即 $u_{T1}=u_{ac}$。以上三部分各持续了 120°。其他两只管子的电流和电压波形与

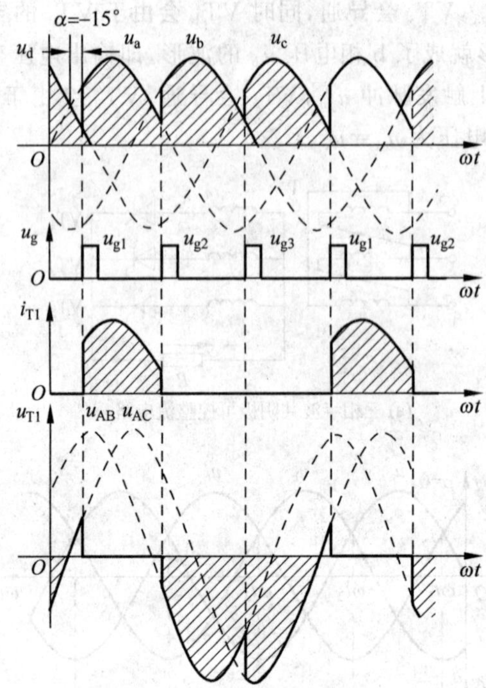

图 7-17 三相半波可控整流电路带电阻性负载 $\alpha=15°$时的波形

VT_1 的一样，只是相位依次相差了 120°。

由图 7-17 可以看出，在 $\alpha\leqslant30°$时，输出电压、电流的波形都是连续的，$\alpha=30°$是临界状态，即前一相的晶闸管关断的时刻，恰好是下一个晶闸管导通的时刻，输出电压、电流都处于临界连续状态，波形如图 7-18 所示。ωt_1 时刻触发导通了晶闸管 VT_1，至 ωt_2 时流过 VT_1 的电流降为零，同时也给晶闸管 VT_3 加上了触发脉冲，使 VT_3 被触发导通，这样流过负载的电流 i_d 刚好连续，输出电压 u_d 的波形也是连续的，每只晶闸管仍是各导通 120°。

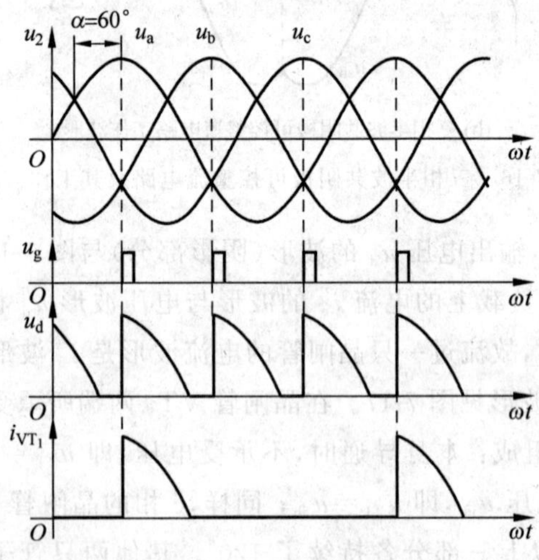

图 7-18 三相半波可控整流电路带电阻性负载 $\alpha=60°$时的波形

若是 $\alpha>30°$，例如 $\alpha=60°$ 时，整流输出电压 u_d、负载电流 i_d 的波形如图 7-19 所示。此时 u_d 和 i_d 波形是断续的。当导通的一相电压过零变负时，流过该相的晶闸管的电流也降为 0，使原先导通的管子关断。但此时下一相的晶闸管虽然承受正的相电压，可它的触发脉冲还没有到，故不会导通。输出电压、电流均为零，即出现了电压、电流断续的情况。直到下一相触发脉冲来了为止。在这种情况下，各只晶闸管的导通角不再是 120°，而是小于 120°了。例如，$\alpha=60°$ 时，各晶闸管的导通角是 $150°-60°=90°$。值得注意的是，在输出电压断续情况下，晶闸管所承受的电压除了上面提到的三部分外，还多了一种情况，就是当三只晶闸管都不导通时，每只晶闸管均承受各自的相电压。

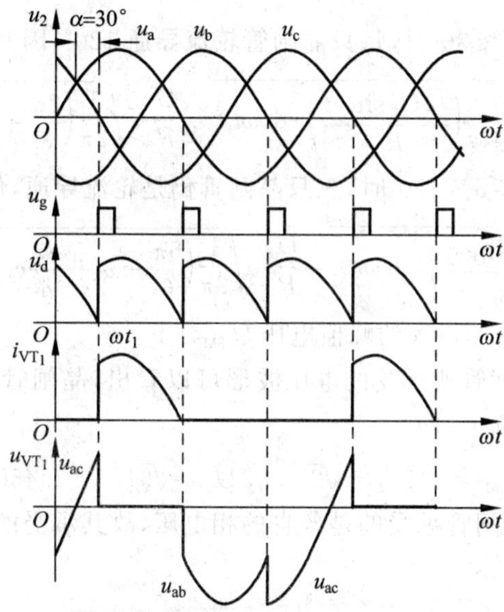

图 7-19 三相半波可控整流电路带电阻性负载 $\alpha=30°$ 时波形

显然，当触发脉冲向后移至 $\alpha=150°$ 时，此时正好是相应的相电压的过零点，此后晶闸管将不再承受正向的相电压，因此无法导通。因此，三相半波可控整流电路在电阻性负载时，控制角的移相范围是 0°～150°。

由于输出波形有连续和断续之分，所以在这两种情况下的各电量的计算也不尽相同，现分别讨论如下。

(1) 直流输出电压的平均值 U_d。

当 $0°\leqslant\alpha\leqslant30°$ 时

$$U_d=\frac{3}{2\pi}\int_{\frac{\pi}{6}+\alpha}^{\frac{5\pi}{6}+\alpha}\sqrt{2}U_2\sin\omega t\,\mathrm{d}(\omega t)=\frac{3\sqrt{6}}{2\pi}U_2\cos\alpha=1.17U_2\cos\alpha \tag{7-35}$$

由式(7-35)可以看出，当 $\alpha=0°$ 时，U_d 最大，为 $U_d=U_{d0}=1.17U_2$。

当 $30°\leqslant\alpha\leqslant150°$ 时

$$U_d=\frac{3}{2\pi}\int_{\frac{\pi}{6}+\alpha}^{\pi}\sqrt{2}U_2\sin\omega t\,\mathrm{d}(\omega t)=\frac{3\sqrt{2}}{2\pi}U_2\left[1+\cos\left(\frac{\pi}{6}+\alpha\right)\right] \tag{7-36}$$

$$=0.675U_2\left[1+\cos\left(\frac{\pi}{6}+\alpha\right)\right]$$

当 $\alpha=150°$ 时，U_d 最小，为 $U_d=0$。

(2) 直流输出电流的平均值 I_d。

由于是电阻性负载，不论电流连续与否，其波形都与电压波形相似，都有

$$I_d=\frac{U_d}{R_d} \tag{7-37}$$

(3) 流过一只晶闸管的电流的平均值 I_{dT} 和有效值 I_T。

三相半波电路中三只晶闸管是轮流导通的，所以

$$I_{dT}=\frac{1}{3}I_d \tag{7-38}$$

当电流连续即 $0°\leqslant\alpha\leqslant 30°$ 时，每只晶闸管轮流导通 120°，因此可得

$$I_T=\sqrt{\frac{1}{2\pi}\int_{\frac{\pi}{6}+\alpha}^{\frac{5\pi}{6}+\alpha}\left(\frac{\sqrt{2}U_2\sin\omega t}{R_d}\right)^2\mathrm{d}(\omega t)}=\frac{U_2}{R_d}\sqrt{\frac{1}{2\pi}\left(\frac{2\pi}{3}+\frac{\sqrt{3}}{2}\cos2\alpha\right)} \tag{7-39}$$

当电流断续，即 $30°\leqslant\alpha\leqslant 150°$ 时，三只晶闸管仍是轮流导通，但导通角小于 120°，因此

$$I_T=\sqrt{\frac{1}{2\pi}\int_{\frac{\pi}{6}+\alpha}^{\pi}\left(\frac{\sqrt{2}U_2\sin\omega t}{R_d}\right)^2\mathrm{d}(\omega t)}=\frac{U_2}{R_d}\sqrt{\frac{1}{2\pi}\left(\frac{5\pi}{6}-\alpha+\frac{\sqrt{3}}{4}\cos2\alpha+\frac{1}{4}\sin2\alpha\right)} \tag{7-40}$$

(4) 晶闸管两端承受的最大的峰值电压 U_{TM}。

由前面波形图中晶闸管所承受的电压波形可以看出，晶闸管承受的最大反向电压是变压器二次侧线电压的峰值，即

$$U_{TM}=\sqrt{2}U_{21}=\sqrt{2}\times\sqrt{3}U_2=\sqrt{6}U_2=2.45U_2 \tag{7-41}$$

而在电流断续时，晶闸管承受的是各自的相电压，故其承受的最大正向电压是相电压的峰值，为 $\sqrt{2}U_2$。

2) 电感性负载

三相半波可控整流电路带电感性负载时的电路形式如图 7-20 所示。若负载中所含的电感分量 L_d 足够大，则由于电感的平波作用，会使负载电流 i_d 的波形基本上是一条水平的直线。

当 $\alpha\leqslant 30°$ 时，直流输出电压 u_d 的波形不会出现负值，且输出电压和电流都是连续的，与电阻性负载时的波形一致，但电流 i_d 的波形则变为一条水平直线。当 $30°\leqslant\alpha\leqslant 90°$ 时，直流输出电压 u_d 波形出现了负值，这是由于负载中电感的存在使得当电流变化时，电感产生了自感电动势 e_L 来阻碍电流的变化，这样电源电压过零变负时，由于此时电流是减小的，电感两端产生的自感电动势 e_L 对晶闸管而言是正向的，因此即使电源电压变为负值，但是只要 e_L 的数值大于相应的相电压的数值，那么晶闸管就仍能维持导通状态，直到下一相的晶闸管的触发脉冲到来。图 7-20(c)示出了 $\alpha=60°$ 时的波形。当与 a 相相连的晶闸管 VT_1 导通时，电路的整流输出电压为 $u_d=u_a$，至 a 相电压 u_a 过零变负时，由于 e_L 的作用，晶闸管 VT_1 会继续导通，此时输出电压 u_a 为负值。直到 VT_3 的触发脉冲到来，由于共阴极的电路中阳极电位高的管子优先导通，而此时 V 相的相电压 u_a 高于 a 相电压 u_a，所以晶闸管 VT_1 会让位给 VT_3，电流由 VT_1 换流给 VT_3，输出电压变为 $u_d=u_b$，后面以此类推。因此，就得到了图 7-20(c)所示的波形图，通过将它与三相半波带电阻

性负载时 $\alpha=60°$的波形图 7-19 相比可以看出，整流输出电压 u_d 出现了负值，且其波形是连续的，流过负载的电流 i_d 的波形既连续又平稳，三只晶闸管轮流导通，且每一只晶闸管都导通 120°。从图 7-20(c)中还可以推出，当触发脉冲向后移至 $\alpha=90°$时，u_d 波形的正负面积相等，其平均值 u_d 为零。所以，此电路的最大的有效移相(c)范围是 0°～90°。

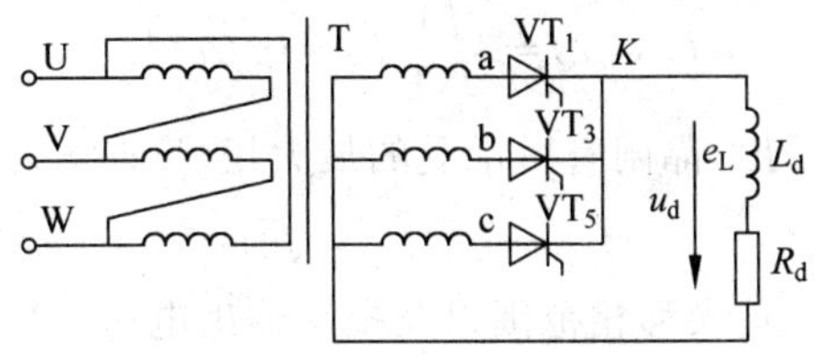

(a) 电路图

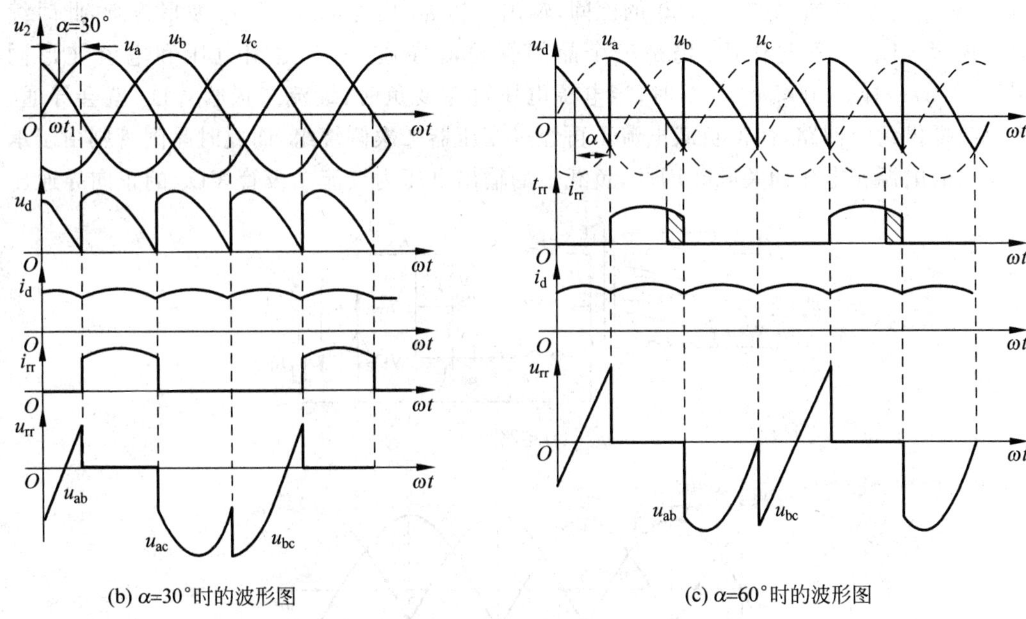

(b) α=30°时的波形图　　(c) α=60°时的波形图

图 7-20 三相半波可控整流电路带电感性负载

晶闸管所承受的电压的波形分析与电阻性负载时情况相同，除本身导通时不承受电压外，其他两相的晶闸管导通时分别承受相应的线电压，每一部分各为 120°。

由于 $0°\leqslant\alpha\leqslant90°$时，输出电压、电流是连续的，所以输出的直流电压 u_d 为

$$U_d=\frac{3}{2\pi}\int_{\frac{\pi}{6}+\alpha}^{\frac{5\pi}{6}+\alpha}\sqrt{2}U_2\sin\omega t\,\mathrm{d}(\omega t)=\frac{3\sqrt{6}}{2\pi}U_2\cos\alpha=1.17U_2\cos\alpha \tag{7-42}$$

很明显，它与式(7-35)是一样的，即对于三相半波可控整流电路，只要电压连续，U_d 就可用式(7-42)计算。另外，由式(7-42)还可看出，当 $\alpha=90°$时，$\cos\alpha$ 等于零，所以 U_d 也等于零，与前面由波形得到的结论一致，即电感性负载时 α 角的移相范围是 0°～90°。

负载上得到的直流输出电流的平均值为

$$I_d=\frac{U_d}{R_d}=1.17\frac{U_2}{R_d}\cos\alpha \tag{7-43}$$

当电感足够大时，i_d 波形为一条直线，则每一相的电流以及流过一只晶闸管的电流波形都为矩形波，所以有

$$I_{dT}=\frac{1}{3}I_d \tag{7-44}$$

$$I_T=I_2=\sqrt{\frac{1}{3}}I_d=0.577I_d \tag{7-45}$$

从图 7-20(c)中还可看出，晶闸管所承受的最大正、反向电压均是线电压的峰值，即

$$U_{TM}=\sqrt{2}U_{21}=\sqrt{6}U_2 \tag{7-46}$$

同单相电路一样，为了扩大移相范围以及提高输出电压，也可在电感性负载两端并联续流二极管 VD_R，如图 7-21(a)所示。根据二极管的导通特性，只有在相电压过 R_d 后变负时，VD_R 才会导通，故在 $\alpha<30°$ 的区间，输出电压 u_d 均为正值，且 u_d 波形连续，此时续流二极管 VD_R 并不起作用，仍是三个晶闸管轮流导通 120°，输出电压和电流波形同图 7-20(b)一样。$30°\leqslant\alpha\leqslant150°$ 时，当电源电压过零变负时，续流二极管 VD_R 就会导通，为负载提供续流回路，使得负载电流不再经过变压器二次侧绕组，而此时晶闸管则由于承受反向的电源相电压而关断。因此，负载上的输出电压为续流二极管 VD_R 的正向导通压

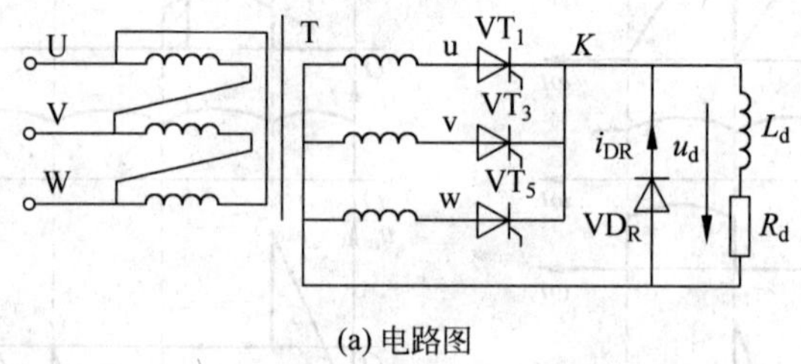

(a) 电路图

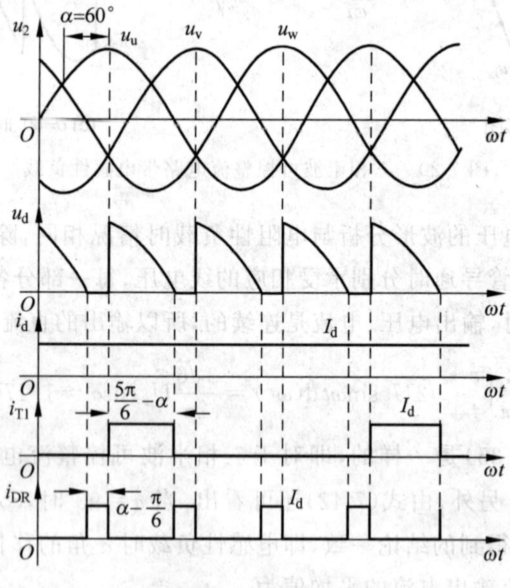

(b) α=60°时的波形图

图 7-21　三相半波可控整流电路带电感性负载接续流二极管

降,接近于零。这样,输出电压 u_d 的波形出现了断续且没有了负值,同时,负载上的电流 i_d 仍是连续的。续流二极管 VD_R 的导通角为 $\theta_{DR}=\left(\alpha-\frac{\pi}{6}\right)\times 3$,而此时晶闸管的导通角变为 $\theta_T=\frac{5\pi}{6}-\alpha$。因此,根据图 7-21(b)及图 7-20(b)的波形,可以推导出三相半波可控整流电路带电感性负载接续流二极管时各电量的数量关系。

(1) 直流输出电压的平均值 U_d。

当 $0°\leqslant\alpha\leqslant30°$时,因为输出电压 U_d 波形与不接续流二极管时一致,故仍有

$$U_d=\frac{3\sqrt{6}}{2\pi}U_2\cos\alpha=1.17U_2\cos\alpha$$

当 $30°\leqslant\alpha\leqslant150°$时,$u_d$ 波形与电路带电阻性负载时一致,u_d 波形也是断续的,故有

$$U_d=0.675U_2\left[1+\cos\left(\frac{\pi}{6}+\alpha\right)\right]$$

(2) 直流输出电流的平均值 I_d。

$$I_d=\frac{U_d}{R_d}$$

(3) 流过一只晶闸管的电流的平均值和有效值。

当 $0°\leqslant\alpha\leqslant30°$时

$$I_{dT}=\frac{1}{3}I_d,\quad I_T=\sqrt{\frac{1}{3}}I_d \tag{7-47}$$

$30°\leqslant\alpha\leqslant150°$时

$$I_{dT}=\frac{\frac{5\pi}{6}-\alpha}{2\pi}I_d,\quad I_{dT}=\sqrt{\frac{\frac{5\pi-\alpha}{6}}{2\pi}}I_d \tag{7-48}$$

(4) 流过续流二极管 VD_R 的电流的平均值和有效值。

当 $0°\leqslant\alpha\leqslant30°$时,续流二极管没起作用,所以流过 VD_R 的电流为零。

当 $30°\leqslant\alpha\leqslant150°$时

$$I_{dD}=\frac{\left(\alpha-\frac{\pi}{6}\right)\times 3}{2\pi}I_d=\frac{\alpha-\frac{\pi}{6}}{\frac{2\pi}{3}}I_d,\quad I_D=\sqrt{\frac{\alpha-\frac{\pi}{6}}{\frac{2\pi}{3}}}I_d \tag{7-49}$$

(5) 晶闸管和续流二极管两端承受的最大的电压。

$$U_{TM}=\sqrt{6}U_2,\quad U_{DRM}=\sqrt{2}U_2 \tag{7-50}$$

【例 7-4】 有一个三相半波可控整流电路,带大电感负载 $R_d=4\Omega$,变压器二次侧相电压有效值 $U_2=220V$,电路工作在 $\alpha=60°$。求电路工作在不接续流二极管和接续流二极管两种情况下的负载电流值 I_d,并选择合适的晶闸管器件。

解:(1) 不接续流二极管时,因为是大电感负载,故有

$$U_d=1.17U_2\cos\alpha=1.17\times220\times\cos60°=128.7(V)$$

$$I_d = \frac{U_d}{R_d} = \frac{128.7}{4} = 32.18(\text{A})$$

流过晶闸管的电流有效值为

$$I_T = \sqrt{\frac{1}{3}} I_d = \sqrt{\frac{1}{3}} \times 32.18 = 18.58(\text{A})$$

取 2 倍裕量,则晶闸管的额定电流为

$$I_{T(AV)} \geqslant 2 \times \frac{I_T}{1.57} = 2 \times \frac{18.58}{1.57} = 23.67(\text{A})$$

晶闸管的额定电压也取 2 倍裕量为

$$U_{Tn} = 2U_{TM} = 2\sqrt{6}U_2 = 2 \times \sqrt{6} \times 220 = 1077.78(\text{V})$$

因此,不接续流二极管时可选 30A/1200V 的晶闸管。

(2) 接续流二极管时,有

$$U_d = 0.675U_2\left[1 + \cos\left(\frac{\pi}{6} + \alpha\right)\right] = 0.675 \times 220 \times [1 + \cos(30° + 60°)] = 148.5(\text{V})$$

$$I_d = \frac{U_d}{R_d} = \frac{148.5}{4} = 37.13(\text{A})$$

$$I_T = \sqrt{\frac{\frac{5\pi}{6} - \alpha}{2\pi}} I_d = \sqrt{\frac{150° - 60°}{360°}} \times 37.13 = 18.57(\text{A})$$

同上,$I_{T(AV)} \geqslant 2 \times \frac{I_T}{1.57} = 2 \times \frac{18.57}{1.57} = 23.66(\text{A})$

晶闸管的额定电压仍为 $U_{Tn} = 2U_{TM} = 2\sqrt{6}U_2 = 2 \times \sqrt{6} \times 220 = 1077.78(\text{V})$

接续流二极管时也可选 30A/1200V 的晶闸管。

7.2.2 三相桥式全控整流电路

在工业生产上广泛应用的是三相桥式全控整流电路,此电路相当于一组共阴极的三相半波和一组共阳极的三相半波可控整流电路串联起来构成的。习惯上将晶闸管按照其导通顺序编号,共阴极的一组为 VT_1、VT_3 和 VT_5,共阳极的一组为 VT_2、VT_4 和 VT_6。其电路如图 7-22 所示。

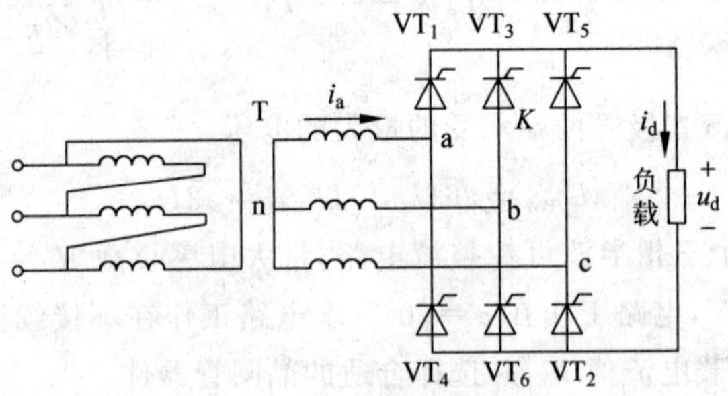

图 7-22 三相桥式全控整流电路带电阻性负载

1. 电阻性负载

1）工作原理

以电阻性负载、$\alpha=0°$为例进行分析，在共阴极组的自然换相点分别触发 VT_1、VT_3、VT_5 晶闸管，共阳极组的自然换相点分别触发 VT_2、VT_4、VT_6 晶闸管，两组的自然换相点对应相差 60°，电路各自在本组内换流，即 $VT_1 \rightarrow VT_3 \rightarrow VT_5 \rightarrow VT_1 \cdots$，$VT_2 \rightarrow VT_4 \rightarrow VT_6 \rightarrow VT_2 \cdots$，每只管子轮流导通 120°。由于中性线断开，要使电流流通，负载端有输出电压，必须在共阴极和共阳极组中各有一只晶闸管同时导通。

$\omega t_1 \sim \omega t_2$ 期间，a 相电压最高，b 相电压最低，在触发脉冲作用下 VT_6、VT_1 同时导通，电流从 a 相流出，经 VT_1—负载—VT_6 流回 b 相，负载上得到 a、b 相线电压 u_{ab}。从 ωt_2 开始，a 相电压仍保持电位最高，VT_1 继续导通，但 c 相电压开始比 b 相更低，此时触发脉冲触发 VT_2 导通，迫使 VT_6 承受反压而关断，负载电流从 VT_6 换到 VT_2，以此类推。在负载两端的波形如图 7-23 所示。

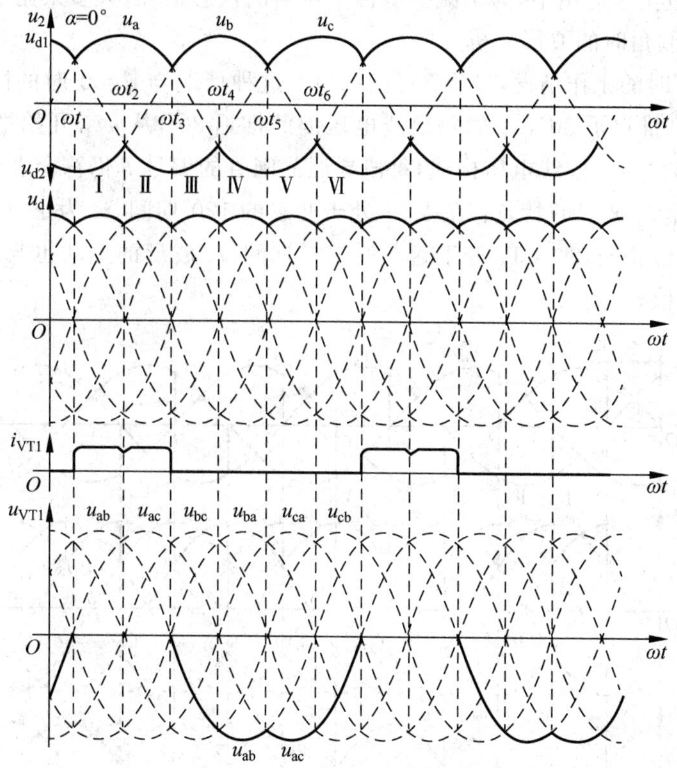

图 7-23　三相桥式全控整流电路带电阻性负载 $\alpha=0°$

导通晶闸管及负载电压见表 7-1。

表 7-1　导通晶闸管及负载电压

导通期间	$\omega t_1 \sim \omega t_2$	$\omega t_2 \sim \omega t_3$	$\omega t_3 \sim \omega t_4$	$\omega t_4 \sim \omega t_5$	$\omega t_5 \sim \omega t_6$	$\omega t_6 \sim \omega t_1$
导通 VT	VT_1、VT_6	VT_1、VT_2	VT_2、VT_3	VT_3、VT_4	VT_4、VT_5	VT_5、VT_6

续表

共阴电压	a相	a相	b相	b相	c相	c相
共阳电压	b相	c相	c相	a相	a相	b相
负载电压	线电压 u_{ab}	线电压 u_{ac}	线电压 u_{bc}	线电压 u_{ba}	线电压 u_{ca}	线电压 u_{cb}

2）三相桥式全控整流电路的特点

(1) 必须有两只晶闸管同时导通才可能形成供电回路，其中共阴极组和共阳极组各一只，且不能为同一相的器件。

(2) 对触发脉冲的要求。按 $VT_1 \rightarrow VT_2 \rightarrow VT_3 \rightarrow VT_4 \rightarrow VT_5 \rightarrow VT_6$ 的顺序，相位依次差 60°，共阴极组 VT_1、VT_3、VT_5 的脉冲依次差 120°，共阳极组 VT_4、VT_6、VT_2 也依次差 120°。同一相的上下两只晶闸管，即 VT_1 与 VT_4，VT_3 与 VT_6，VT_5 与 VT_2，脉冲相差 180°。

(3) 为保证晶闸管可靠导通，触发脉冲要有足够的宽度，通常采用单宽脉冲或采用双窄脉冲触发。但实际应用中，为了减少脉冲变压器的铁芯损耗，大多采用双窄脉冲。

3）不同控制角时的波形分析

(1) $\alpha=30°$时的工作情况（波形见图 7-24）。这种情况与 $\alpha=0°$时的区别在于：晶闸管起始导通时刻推迟了 30°，u_d 的每段线电压因此推迟 30°，从 ωt_1 开始把一个周期等分为 6 段，u_d 波形仍由 6 段线电压构成，每段导通晶闸管的编号等仍符合表 7-1 的规律。变压器二次侧电流 i_a 波形的特点：在 VT_1 处于通态的 120°期间，i_a 为正，i_a 波形的形状与同时段的 u_d 波形相同，在 VT_4 处于通态的 120°期间，i_a 波形的形状也与同时段的 u_d 波形相同，但为负值。

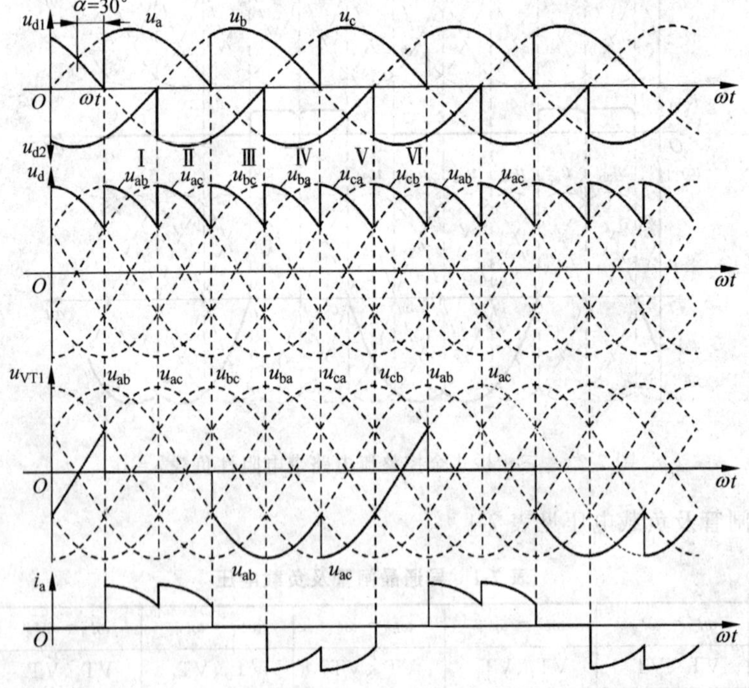

图 7-24 三相桥式全控整流电路带电阻性负载 $\alpha=30°$的波形

(2) $\alpha=60°$时的工作情况(波形见图 7-25)。此时 u_d 的波形中每段线电压的波形继续后移,u_d 平均值继续降低。$\alpha=60°$时 u_d 出现为零的点,这种情况即为输出电压 u_d 为连续和断续的分界点。

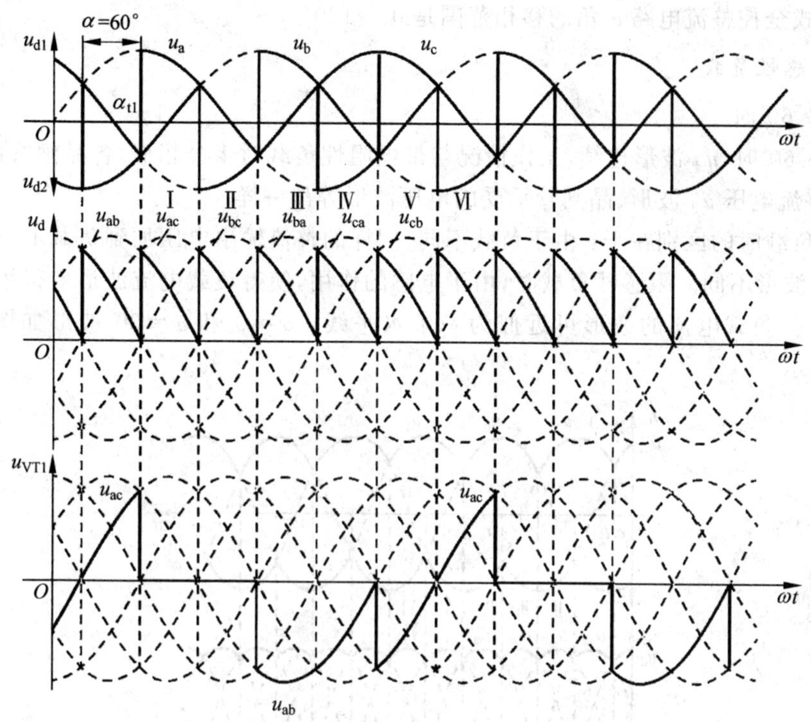

图 7-25　三相桥式全控整流电路带电阻性负载 $\alpha=60°$的波形

(3) $\alpha=90°$时的工作情况(波形见图 7-26)。此时 u_d 的波形中每段线电压的波形继续后移,u_d 平均值继续降低。$\alpha=90°$时 u_d 波形断续,每只晶闸管的导通角小于 120°。

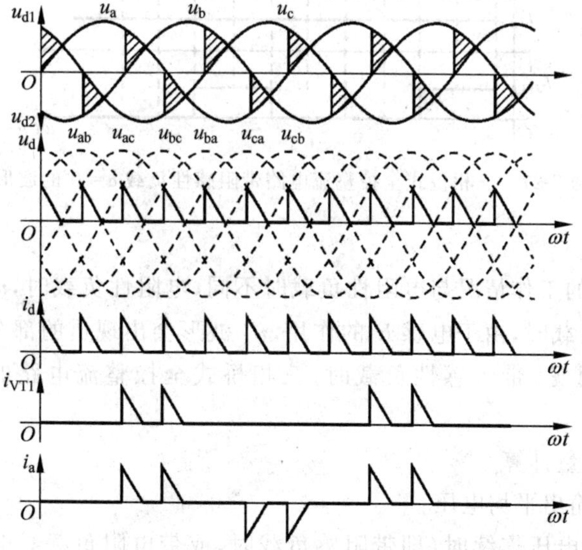

图 7-26　三相桥式全控整流电路带电阻性负载 $\alpha=90°$的波形

小结：

① 当 $\alpha \leqslant 60°$ 时，u_d 波形均连续，对于电阻性负载，i_d 波形与 u_d 波形形状一样，也连续。

② 当 $\alpha > 60°$ 时，u_d 波形每 60°中有一段为零，u_d 波形不能出现负值。带电阻性负载时三相桥式全控整流电路 α 角的移相范围是 0°～120°。

2. 电感性负载

1）$\alpha \leqslant 60°$ 时

当 $\alpha \leqslant 60°$ 时，u_d 波形连续，工作情况与带电阻性负载时十分相似，各晶闸管的通断情况、输出整流电压 u_d 波形、晶闸管承受的电压波形等都一样。

两种负载时的区别在于：由于负载不同，同样的整流输出电压加到负载上，得到的负载电流 i_d 波形不同。阻感性负载时，由于电感的作用，使得负载电流波形变得平直，当电感足够大时，负载电流的波形可近似为一条水平线。$\alpha = 0°$ 和 $\alpha = 30°$ 波形如图 7-27 和图 7-28 所示。

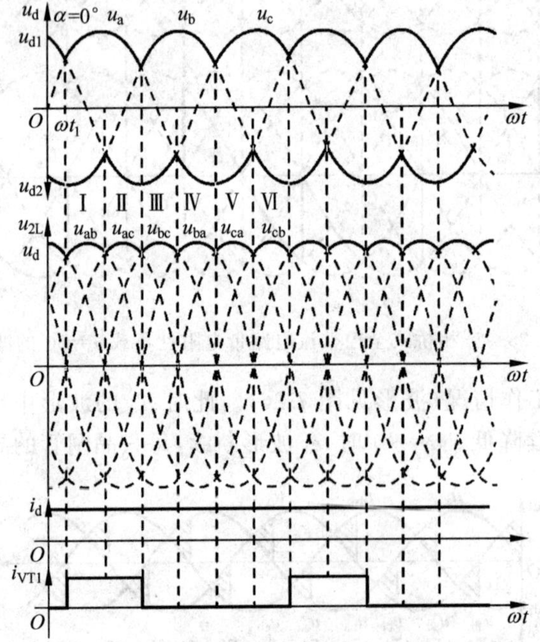

图 7-27　三相桥式全控整流电路带阻感性负载 $\alpha = 0°$ 的波形

2）$\alpha > 60°$ 时

阻感性负载时的工作情况与电阻性负载时不同，电阻性负载时，u_d 波形不会出现负的部分，而阻感性负载时，由于电感 L 的作用，u_d 波形会出现负的部分，$\alpha = 90°$ 时的波形如图 7-29 所示。可见，带阻感性负载时，三相桥式全控整流电路的 α 角移相范围为 0°～90°。

3）基本的物理量计算

（1）整流电路输出平均电压。

① 当整流输出电压连续时（即带阻感负载时，或带电阻负载≤60°时），电压的平均

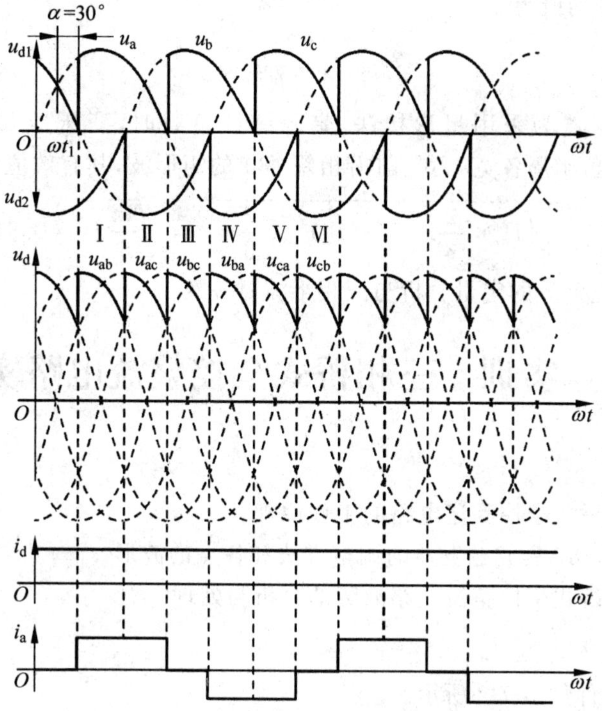

图 7-28　三相桥式全控整流电路带阻感性负载 $\alpha=30°$的波形

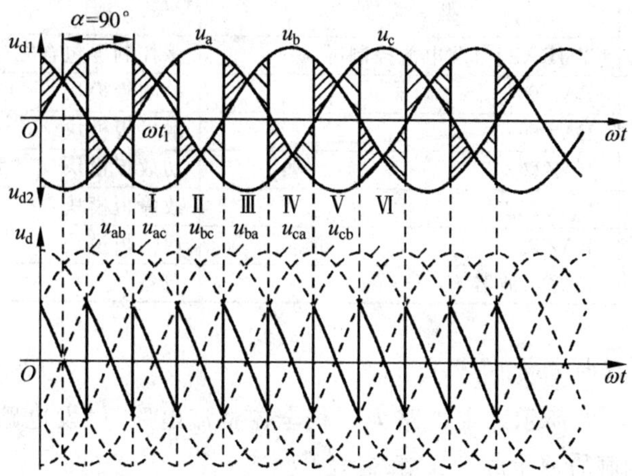

图 7-29　三相桥式全控整流电路带阻感性负载 $\alpha=90°$的波形

值为

$$U_d=\frac{1}{\frac{\pi}{3}}\int_{\frac{\pi}{3}+\alpha}^{\frac{2\pi}{3}+\alpha}\sqrt{6}U_2\sin\omega t\,d(\omega t)=2.34U_2\cos\alpha$$

带电阻性负载 $\alpha>60°$时，输出电压平均值为

$$U_d=\frac{3}{\pi}\int_{\frac{\pi}{3}+\alpha}^{\pi}\sqrt{6}U_2\sin\omega t\,d(\omega t)=2.34U_2\left[1+\cos\left(\frac{\pi}{3}+\alpha\right)\right]$$

② 输出电流平均值为

$$I_d = \frac{U_d}{R}$$

③ 当整流变压器为采用星形接法，带阻感性负载时，变压器二次侧电流波形如图 7-29 所示，为正负半周各宽 120°、前沿相差 180°的矩形波，其有效值为

$$I_2 = \sqrt{\frac{1}{2\pi}\left(I_d^2 \times \frac{2}{3}\pi + (-I_d)^2 \times \frac{2}{3}\pi\right)} = \sqrt{\frac{2\pi}{3}} I_d = 0.816 I_d$$

晶闸管电压、电流等的定量分析与三相半波时一致。

7.3 实训 三相桥式全控整流电路实训

1. 实训目标

(1) 理解三相桥式全控整流电路的工作原理。

(2) 了解 TCA787 集成触发器的调整方法和各点的波形。

(3) 熟悉三相桥式全控整流电路故障的分析与处理。

2. 实训器件

本实训所需器件如表 7-2 所示。

表 7-2 实训器件表

序 号	型 号	备 注
1	THEAZT-1A 电源控制屏	该控制屏包含"三相电源输出模块"
2	EAZT01	晶闸管模块
3	EAZT02	触发板模块
4	EAZT03	功放板模块
5	EAZT22	故障板模块
6	EAZT25	通信板模块
7	双踪示波器	自备

3. 实训线路原理与分析

实训线路如图 7-30 所示。主电路为三相全控整流电路，触发电路为 TC787 集成触发电路，可输出经调制后双窄脉冲。

三相桥式全控整流电路是应用最广泛的整流电路，完整的三相桥式整流电路由整流变压器、6 只桥式连接的晶闸管、负载、触发器和同步环节组成。6 只晶闸管依次相隔 60°触发，将电源交流电整流为直流电。三相桥式整流电路必须采用双脉冲触发或宽脉冲触发方式，以保证在每一瞬时都有两只晶闸管同时导通(上桥臂和下桥臂各一只)。整流变压器采用三角形/星形连接是为了减少 3 的整倍次谐波电流对电源的影响。元器件的有序控制，即共阴极组中与 a、b、c 三相电源相接的三只晶闸管分别为 VT_1、VT_3、VT_5，共阳极组中与 a、b、c 三相电源相接的三只晶闸管分别为 VT_2、VT_4、VT_6。它们构成的电源系统对负载的 6 条整流回路供电，各整流回路的交流电源电压为两元器件所在的相间的线电压。

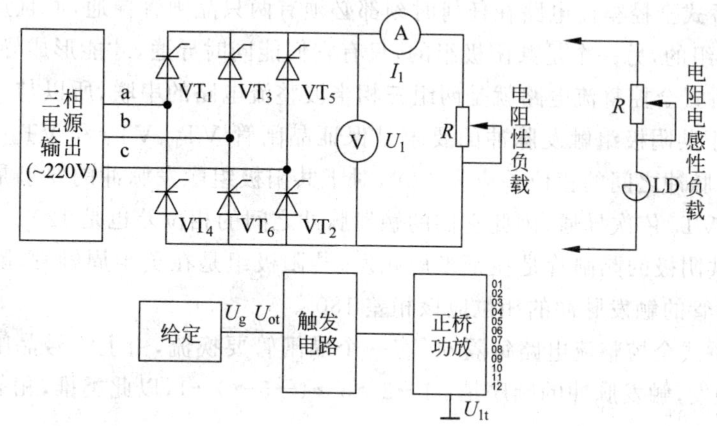

图 7-30 三相桥式全控整流电路

在三相桥式全控整流电路中，对共阴极组和共阳极组是同时进行控制的，控制角都是α。由于三相桥式整流电路是两组三相半波电路的串联，因此整流电压为三相半波时的两倍。在输出电压相同的情况下，三相桥式晶闸管要求的最大反向电压，可比三相半波线路中的晶闸管低一半。

为了分析方便，使三相全控桥的六只晶闸管触发的顺序是 1→2→3→4→5→6，晶闸管是这样编号的：晶闸管 VT_1 和 VT_4 接 a 相，晶闸管 VT_3 和 VT_6 接 b 相，晶管 VT_5 和 VT_2 接 c 相。

晶闸管 VT_1、VT_3、VT_5 组成共阴极组，而晶闸管 VT_2、VT_4、VT_6 组成共阳极组。为了理解α变化时各晶闸管的导通规律，分析输出波形的变化规则，下面研究几个特殊控制角。先分析$\alpha=0$的情况，也就是在自然换相点触发换相时的情况。

为了分析方便，把一个周期等分 6 段。

在第(1)段，a 相电压最高，而共阴极组的晶闸管 VT_1 被触发导通，b 相电位最低，所以供阳极组的晶闸管 VT_6 被触发导通。这时电流由 a 相经 VT_1 流向负载，再经 VT_6 流入 b 相。变压器 a、b 两相工作，共阴极组的 a 相电流为正，共阳极组的 b 相电流为负。加在负载上的整流电压为

$$U_d=U_a-U_b=U_{ab}$$

经过 60°后进入第(2)段。这时 a 相电位仍然最高，晶闸管 VT_1 继续导通，但是 c 相电位却变成最低，当经过自然换相点时触发 c 相晶闸管 VT_2，电流即从 b 相换到 c 相，VT_6 承受反向电压而关断。这时电流由 a 相流出经 VT_1、负载、VT_2 流回电源 c 相。变压器 a、c 两相工作。这时 a 相电流为正，c 相电流为负。在负载上的电压为

$$U_d=U_a-U_c=U_{ac}$$

再经过 60°进入第(3)段。这时 b 相电位最高，共阴极组在经过自然换相点时，触发导通晶闸管 VT_3，电流即从 a 相换到 b 相，c 相晶闸管 VT_2 因电位仍然最低而继续导通。此时变压器 b、c 两相工作，在负载上的电压为

$$U_d=U_b-U_c=U_{bc}$$

以此类推，由上述三相桥式全控整流电路的工作过程可以看出：

① 三相桥式全控整流电路在任何时刻都必须有两只晶闸管导通，而且这两只晶闸管一个是共阴极组的，另一个是共阳极组的，只有它们能同时导通，才能形成导电回路。

② 三相桥式全控整流电路就是两组三相半波整流电路的串联，所以与三相半波整流电路一样，对于共阴极组触发脉冲的要求是保证晶闸管 VT_1、VT_3 和 VT_5 依次导通，因此它们的触发脉冲之间的相位差应为 120°，对于共阳极组触发脉冲的要求是保证晶闸管 VT_2、VT_4 和 VT_6 依次导通，因此它们的触发脉冲之间的相位差也是 120°。

③ 由于共阴极的晶闸管是在正半周触发，共阳极组是在负半周触发，因此接在同一相的两只晶闸管的触发脉冲的相位应该相差 180°。

④ 三相桥式全控整流电路每隔 60°有一个晶闸管要换流，由上一号晶闸管换流到下一号晶闸管触发，触发脉冲的顺序是：1→2→3→4→5→6→1，以此类推，相邻两脉冲的相位差是 60°。

⑤ 由于电流断续后，能够使晶闸管再次导通，必须对两组中应导通的一对晶闸管同时有触发脉冲。为了达到这个目的，可以采取两种办法：一种是使每个脉冲的宽度大于 60°(必须小于 120°)，一般取 80°～100°，称为宽脉冲触发；另一种是在触发某一号晶闸管时，同时给前一号晶闸管补发一个脉冲，使共阴极组和共阳极组的两个应导通的晶闸管上都有触发脉冲，相当于两个窄脉冲等效地代替大于 60°的宽脉冲。这种方法称双脉冲触发。

⑥ 整流输出电压，也就是负载上的电压应该是两相电压相减后的波形，实际上都属于线电压，波头 U_{ab}、U_{ac}、U_{bc}、U_{ba}、U_{ca}、U_{cb} 均为线电压的一部分，是上述线电压的包络线。相电压的交点与线电压的交点在同一角度位置上，故线电压的交点同样是自然换相点，同时也可以看出，三相桥式全控的整流电压在一个周期内脉动六次，脉动频率为 6×50＝300Hz，比三相半波时大一倍。

⑦ 晶闸管所承受的电压。三相桥式整流电路在任何瞬间仅有二臂的元器件导通，其余四臂的元器件均承受变化着的反向电压。例如在第(1)段，VT_1 和 VT_6 导通，此时 VT_3 和 VT_4 承受反向线电压 $U_{ba}=U_b-U_a$。VT_2 承受反向线电压 $U_{bc}=U_b-U_c$。VT_5 承受反向线电压 $U_{ca}=U_c-U_a$。晶闸管所受的反向最大电压即为线电压的峰值。当 α 从零增大的过程中，同样可分析出晶闸管承受的最大正向电压也是线电压的峰值。

图 7-23 中给定、电压表、电流表、电抗器、电阻在控制屏上，三相触发电路由 787 触发板产生经功放隔离放大获得，晶闸管由 EAZT01 获得。

4. 实训内容

(1) 三相桥式全控整流供电给电阻负载。

(2) 三相桥式全控整流供电给电阻电感性负载。

(3) 三相桥式全控整流供电给反电势负载。

(4) 三相桥式全控整流电路的排故训练。

5. 实训方法

1) 安装及接线

(1) 实训人员认真分析所提供的原理图，在实训器件表中选取适当的元器件并安装在网孔板上，安装位置可根据接线方便、工艺美观方面考虑任意位置安装。

(2) 实训步骤中接线需根据模块上标识对应接线。

(3) 安装完成后经指导教师检查无误，按照步骤进行实训。

2) 系统的故障设置与分析

(1) 故障点 K_1：模拟 A 相同步信号故障；现象：A 相同步信号丢失，TP_1 处无正弦波。

(2) 故障点 K_2：模拟 B 相同步信号故障；现象：B 相同步信号丢失，TP_2 处无正弦波。

(3) 故障点 K_3：模拟 C 相同步信号故障；现象：C 同步信号丢失，TP_3 处无正弦波。

(4) 故障点 K_4：模拟 A 相锯齿波斜率调节电位器故障；现象：调节电位器 RP_3，TP_4 处锯齿波无变化。

(5) 故障点 K_5：模拟 B 相锯齿波斜率调节电位器故障；现象：调节电位器 RP_4，TP_5 处锯齿波无变化。

(6) 故障点 K_6：模拟 C 相锯齿波斜率调节电位器故障；现象：调节电位器 RP_5，TP_6 处锯齿波无变化。

(7) 故障点 K_7：模拟输出脉冲宽度故障；现象：输出脉冲无脉宽。

3) “触发电路”调试

(1) 打开控制屏的漏电保护器，扳动“电源控制屏”上的“三相电网电压指示”开关，观察输入的三相电网电压是否平衡。

(2) 将所用到的模块正确安装在网孔上面，用导线将控制屏上的一组“+24V、+15V、-15V、GND”直流电源输出、故障电源、通信电源、同步信号接到各板的对应的插件位置。启动电源控制屏，打开低压电源开关。

(3) 用示波器观察 a、b、c 三相同步正弦波信号，并调节三相同步正弦波信号幅值调节电位器(在各观测孔下方)，使三相同步信号幅值尽可能一致；观察 a、b、c 三相的锯齿波，并调节 a、b、c 三相锯齿波斜率调节电位器(在各观测孔左侧)，使三相锯齿波斜率、高度尽可能一致。

(4) 将控制屏上的“给定”输出 U_g 与触发板的一项控制电压 U_g 相接，将给定开关 S_1 拨到停止位置(即 $U_{ct}=0$)，调节触发板上的偏移电压电位器 RP_5，用双踪示波器观察 A 相同步电压信号和测试点 VT_1 的输出波形，使 $\alpha=180°$。

(5) 将 S_2 拨到正给定、S_1 拨到运行，适当增加给定 U_g 的正电压输出，观测触发板上“VT_1—VT_6”的波形。

(6) 用 8 芯的扁平排线，将触发板的 P_1 或 P_2 口和功放板的 P_2 口相连，将功放板上的端接地，用 20 芯的扁平电缆，将功放板 P_1 口和晶闸管主电路的 P_1 口相连，观察“VT_1—VT_6”晶闸管门极和阴极之间的触发脉冲是否正常。

4) 三相全控桥式整流电路

按图接线，将“给定”输出调到零(逆时针旋到底)，使电阻器放在最大阻值处，按下“启动”按钮，调节给定电位器，增加移相电压，使 α 角在 30°～150°范围内调节。同时，根据需要不断调整负载电阻 R，使得负载电流 I_d 保持在 0.6A 左右(注意 I_d 不得超过 0.65A)。

用示波器观察并记录 $\alpha=30°$、$60°$及 $90°$时的整流电压 U_d 和晶闸管两端电压 U_{vt} 的波形，并记录相应的 U_d 数值，表 7-3 为参考记录。

表 7-3 参考记录 单位：V

α	30°	60°	90°
U_2	126	126	126
U_d(记录值)	256	149	42
U_d/U_2	2.03	1.17	0.31
U_d(计算值)	255.34	147.42	39.50

计算公式： $U_d=2.34U_2\cos\alpha(0\sim60°)$

$U_d=2.34U_2[1+\cos(\alpha+\pi/3)](60°\sim120°)$

6. 实训报告

(1) 画出电路的移相特性 $U_d=f(\alpha)$。图 7-31 为参考特性曲线。

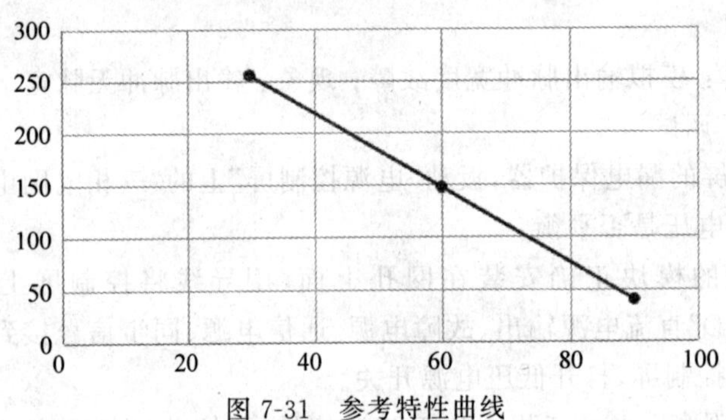

图 7-31 参考特性曲线

(2) 画出 $\alpha=30°$、$60°$、$90°$、$120°$时的整流电压 U_d 和晶闸管电压 U_{VT} 的波形。图 7-32 为参考波形。

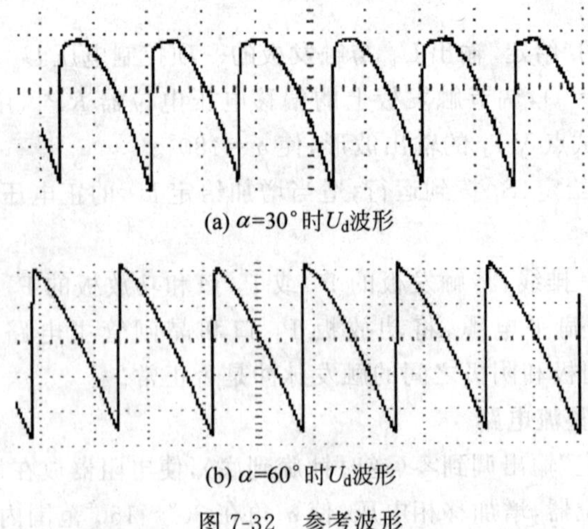

(a) $\alpha=30°$ 时U_d波形

(b) $\alpha=60°$ 时U_d波形

图 7-32 参考波形

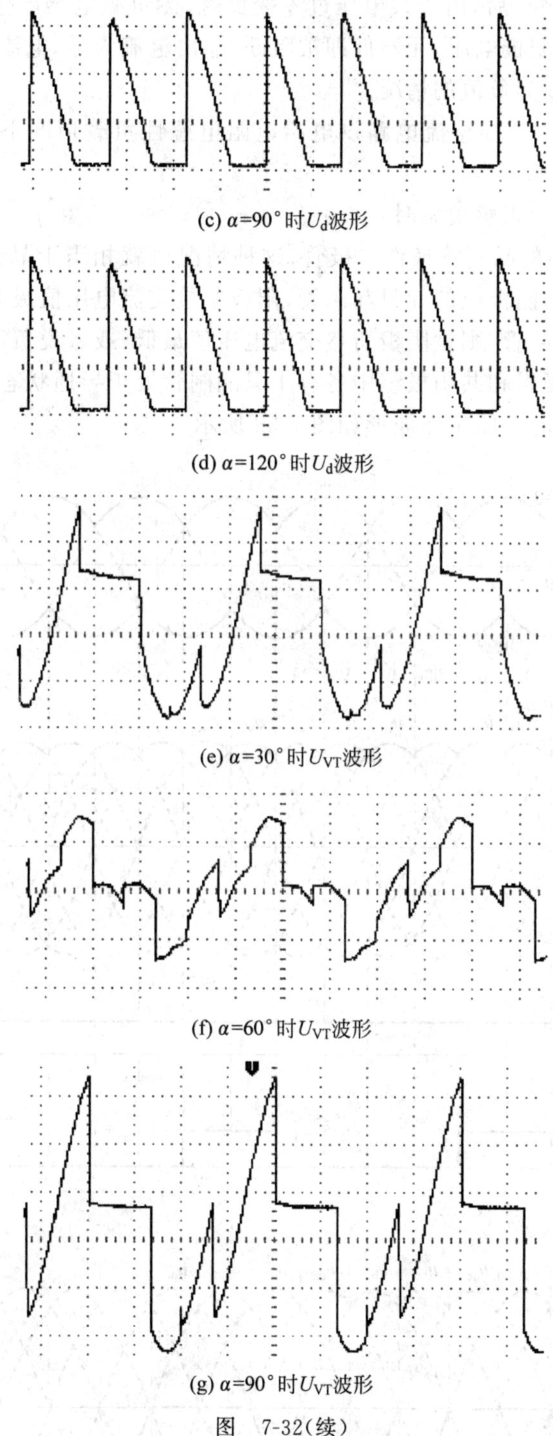
(c) α=90°时U_d波形

(d) α=120°时U_d波形

(e) α=30°时U_{VT}波形

(f) α=60°时U_{VT}波形

(g) α=90°时U_{VT}波形

图 7-32(续)

设负载电阻大小为 R_d。当 $\alpha \leqslant 60°$时，直流电压 u_d 及电流 i_d 连续，每只晶闸管导通120°，直流电压、晶闸管上承受的电压与电感性负载相同。$\alpha=60°$是负载电阻下电流连续与否的临界点，当 $\alpha>60°$ 后，由于线电压过零变负时，无负载电感产生的自感电动势保证晶闸管继续承受正向阳极电压，元器件即被阻断，输出电流为零，电流变为不连续，不再出现电感负载的那种 u_d 为负值的情况。

(3) 画出三相桥式全控整流电路供电给电阻电感性负载情况下，当 $\alpha=0°$、30°、60°、90°时的波形。

整流电路的负载为阻感负载时：

① 假设将电路中的晶闸管换作二极管，这种情况也就相当于晶闸管触发角 $\alpha=0°$ 时的情况。此时，对于共阴极组的 3 只晶闸管，阳极所接交流电压值最高的一只导通。而对于共阳极组的 3 只晶闸管，则是阴极所接交流电压值最低（或者说负得最多）的一只导通。这样，任意时刻共阳极组和共阴极组中各有 1 只晶闸管处于导通状态，施加于负载上的电压为某一线电压。此时电路工作波形如图 7-33 所示。

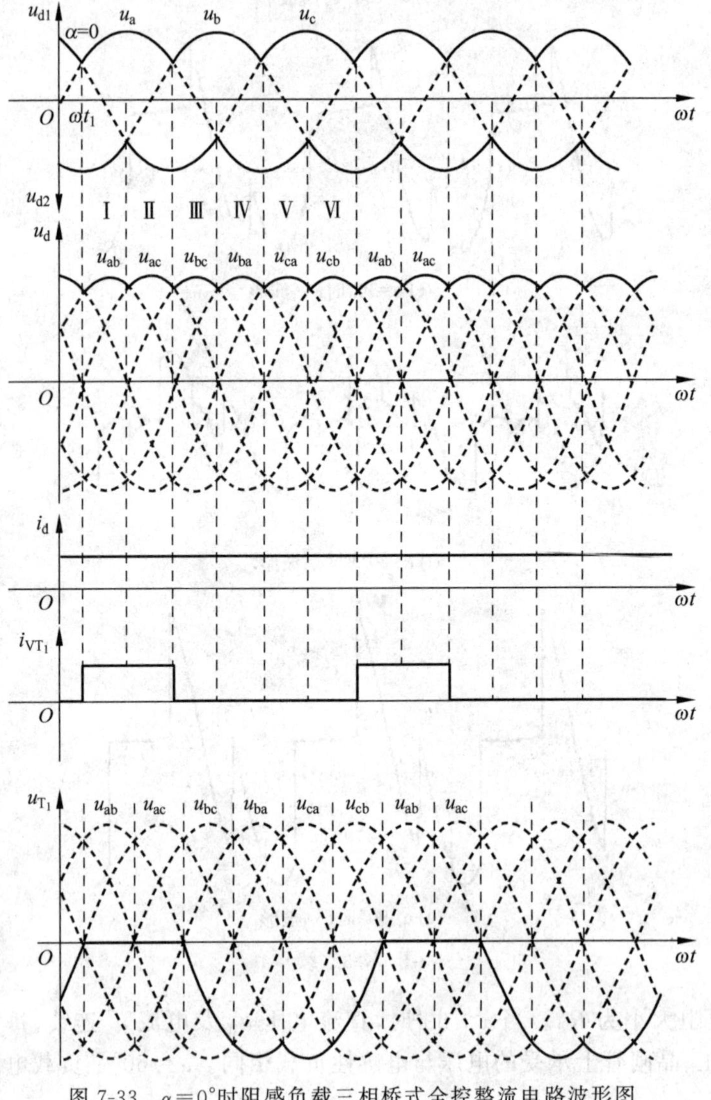

图 7-33 $\alpha=0°$ 时阻感负载三相桥式全控整流电路波形图

$\alpha=0°$时，各只晶闸管均在自然换相点处换相。由图中变压器二绕组相电压与线电压波形的对应关系看出，各自然换相点既是相电压的交点，同时也是线电压的交点。在分析u_d的波形时，既可从相电压波形分析，也可以从线电压波形分析。从相电压波形看，以变压器二次侧的中点n为参考点，共阴极组晶闸管导通时，整流输出电压u_{d1}为相电压在正半周的包络线；共阳极组导通时，整流输出电压u_{d2}为相电压在负半周的包络线，总的整流输出电压$u_d=u_{d1}-u_{d2}$是两条包络线间的差值，将其对应到线电压波形上，即为线电压在正半周的包络线。

直接从线电压波形看，由于共阴极组中处于通态的晶闸管对应的最大（正值最大）的相电压，而共阳极组中处于通态的晶闸管对应的是最小（负值最小）的相电压，输出整流电压u_d为这两个相电压相减，是线电压中最大的一个，因此输出整流电压u_d波形为线电压在正半周的包络线。

由于负载端接有电感且电感的阻值趋于无穷大，电感对电流变化有阻碍作用。流过电感器件的电流变化时，在其两端产生感应电动势L_i，它的极性阻碍电流变化。当电流增加时，它的极性阻碍电流增加，当电流减小时，它的极性反过来阻止电流减小。电感的这种作用使得电流波形变得平直，电感无穷大时趋于一条平直的直线。

为了说明各只晶闸管的工作情况，将波形中的一个周期等分为6段，每段为60°，如表7-4所示，该表体现了每一段中导通的晶闸管及输出整流电压的情况。

表7-4 各只晶闸管的工作情况

时　段	Ⅰ	Ⅱ	Ⅲ	Ⅳ	Ⅴ	Ⅵ
共阴极组中导通的晶闸管	VT_1	VT_1	VT_3	VT_3	VT_5	VT_5
共阳极组中导通的晶闸管	VT_6	VT_2	VT_2	VT_4	VT_4	VT_6
整流输出电压u_d	$u_a-u_b=u_{ab}$	$u_a-u_c=u_{ac}$	$u_b-u_c=u_{bc}$	$u_b-u_a=u_{ba}$	$u_c-u_a=u_{ca}$	$u_c-u_b=u_{cb}$

由表7-4可见，6只晶闸管的导通顺序为$VT_1 \to VT_2 \to VT_3 \to VT_4 \to VT_5 \to VT_6$。

② $\alpha=30°$时的波形，如图7-34所示。从ωt_1角开始把一个周期等分为6段，每段为60°与$\alpha=0°$时的情况相比，一周期中u_d波形仍由6段线电压构成，每一段导通晶闸管的编号等仍符合表7-4的规律。区别在于，晶闸管起始导通时刻推迟了30°，组成u_d的每一段线电压因此推迟30°，u_d平均值降低。晶闸管电压波形也相应发生变化。图中同时给出了变压器二次侧a相电流i_a的波形，该波形的特点是在VT_1处于通态的120°期间，i_a为正，由于大电感的作用，i_a波形的形状近似为一条直线，在VT_4处于通态的120°期间，i_a波形的形状也近似为一条直线，但为负值。

把一个周期等分为6份，在1时刻共阴极组VT_1晶闸管接收到触发信号导通，此时阴极输出电压U_{d1}为幅值最大的a相电压；到2时刻下一个触发脉冲到来，此时a相输出电压降低，b相输出电压升高，于是阴极输出电压变为b相电压；到3时刻第三个脉冲到来，晶闸管VT_1关断而晶闸管VT_2导通，输出电压为此时最高的c相电压；重复以上步骤，即共阴极组输出电压U_{d1}为在正半周的包络线。

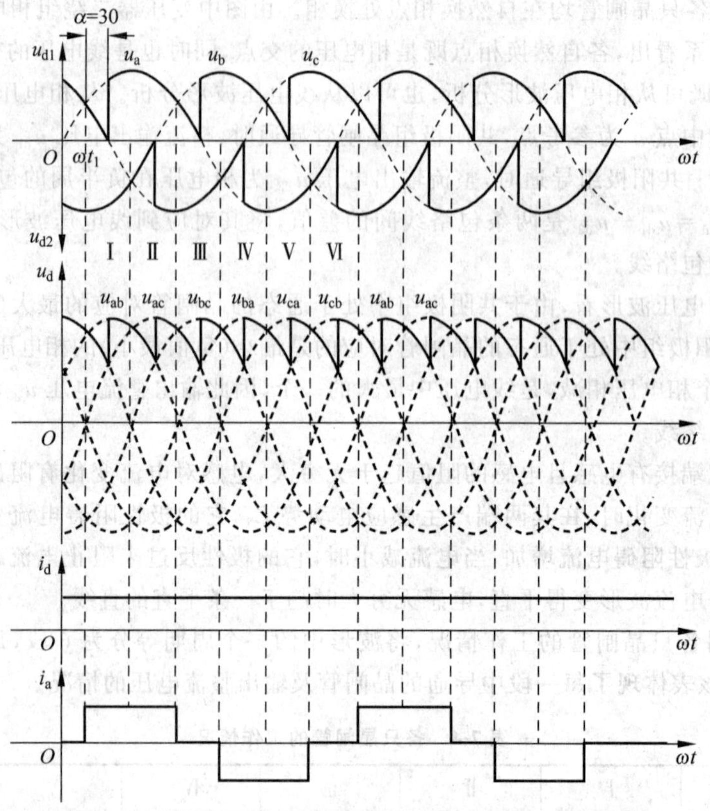

图 7-34　$\alpha=30°$时阻感负载三相桥式全控整流电路波形图

共阳极组中输出波形原理与共阴极组一样，只是每个触发脉冲比阴极组中脉冲相差180°。6 个时段的导通次序如表 7-4 所示一样，只是 ωt_1 从零时刻往后推迟 30°而已。这样就得出，最后输出整流电压为共阴极组输出电压与共阳极组输出电压的差。

由于电路中大电感的作用，输出的电流为近似平滑的一条直线。图中同时给出了变压器二次侧 a 相电流 i_a 的波形，该波形的特点是，在 VT_1 处于通态的 120°期间，i_a 为正，由于大电感的作用，i_a 波形的形状近似为一条直线，在 VT_4 处于通态的 120°期间，i_a 波形的形状也近似为一条直线，但为负值。

③ 当 $\alpha>60°$时，如 $\alpha=90°$时电阻负载情况下的工作波形如图 7-35 所示，u_d 平均值继续降低，由于电感的存在延迟了 VT 的关断时刻，使得 u_d 的值出现负值，当电感足够大时，u_d 中正负面积基本相等，u_d 平均值近似为零。这说明带阻感的反电动势的三相桥式全控整流电路的 α 角的移相范围为 90°。

三相桥式全控整流电路中，整流输出电压的波形在一个周期内脉动 6 次，且每次脉动的波形相同，因此在计算其平均值时，只需对一个脉波(即 1/6 周期)进行计算即可。此外，因为电压输出波形是连续的，以线电压的过零点为时间坐标的零点，当 $\alpha\leqslant60°$时可得整流输出电压连续时的平均值为

$$U_d=\frac{1}{\frac{\pi}{3}}\int_{\frac{\pi}{3}+\alpha}^{\frac{2\pi}{3}+\alpha}\sqrt{6}U_2\sin\omega t\,\mathrm{d}(\omega t)=2.34U_2\cos\alpha$$

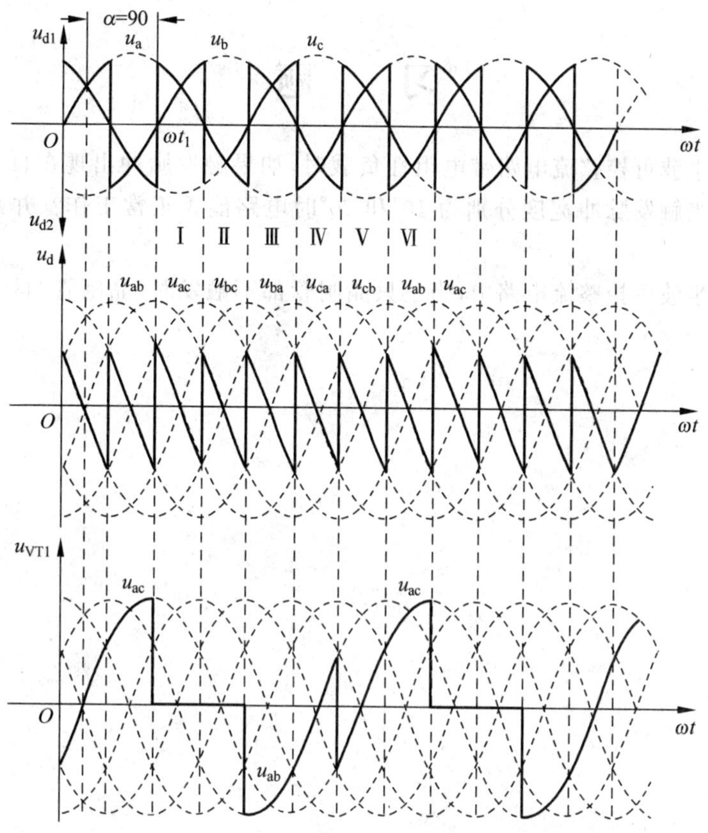

图 7-35 $\alpha=40°$时阻感负载三相桥式全控整流电路波形图

当$\alpha>60°$时可得整流输出电压连续时的平均值为

$$U_d=\frac{3}{\pi}\int_{\frac{\pi}{3}+\alpha}^{\pi}\sqrt{6}U_2\sin\omega t\,d(\omega t)=2.34U_2\left[1+\cos\left(\frac{\pi}{3}+\alpha\right)\right]$$

(4) 简单分析实训过程中所出现的故障现象。

7. 注意事项

(1) 为了防止过流,启动时将负载电阻 R 调至最大阻值位置。

(2) 整流电路与三相电源连接时,一定要注意相序,必须一一对应。

小　结

本模块主要介绍单相可控制整流电路和三相可控整流电路。通过本模块实训内容的练习,可具备三相全控桥式整流电路的连接与测试能力。

常见的单相半波可控整流电路有单相半波可控整流电路、单相桥式全控整流和单相桥式半控整流电路。

由晶闸管组成的三相可控整流电路广泛应用于 4kW 以上、要求可调直流电压的场合。三相可控整流电路的基本形式是三相半波可控整流电路,它可以有共阴极和共阳极两种接法。

习　题

(1) 三相半波可控整流电路带电阻性负载时,如果触发脉冲出现在自然换相点之前15°处,试分析当触发脉冲宽度分别为10°和20°时电路能否正常工作?并画出输出电压U_d的波形。

(2) 三相半波可控整流电路中,当三只晶闸管都不触发时,晶闸管两端电压u_T的波形是怎样的?

模块8

逆 变 电 路

逆变电路与整流电路相对应，把直流电变成交流电称为逆变。当交流侧接在电网上，即交流侧接有电源时，称为有源逆变；当交流侧直接和负载连接时，称为无源逆变，逆变电路可用于构成各种交流电源，在工业中得到广泛应用。

1. 知识目标

(1) 掌握有源逆变电路的工作原理、分析方法。

(2) 掌握无源逆变电路的工作原理、换相过程、控制要求、分析方法。

(3) 掌握三相桥式逆变电路的工作原理、分析方法、逆变失败原因分析及逆变角的限制。

2. 能力目标

掌握有源逆变与无源逆变电路的实际应用。

8.1 有源逆变电路

8.1.1 整流与逆变的关系

前面模块讨论的是把交流电通过晶闸管变换为直流电，并供给负载的可控整流电路。但生产实际中，往往还会出现需要将直流电变换为交流电的情况。例如，应用晶闸管的电力机车，当机车下坡运行时，机车上的直流电机将由于机械能的作用作为直流发电机运行，此时就需要将直流电变换为交流电回送电网，以实现电机制动。又如，运转中的直流电机，要实现快速制动，较理想的办法是将该直流电机作为直流发电机运行，并利用晶闸管将直流电变换为交流电回送电网，从而实现直流电机的发电机制动。

相对于整流而言，逆变是它的逆过程，一般习惯于称整流为顺变，则逆变的含义就十分明显了。下面的有关分析将会说明,整流装置在满足一定条件下可以作为逆变装置应用。即同一套电路,既可以工作在整流状态,又可以工作在逆变状态,这样的电路统称为变流装置。

变流装置如果工作在逆变状态,其交流侧接在交流电网上,电网成为负载,在运行中将直流电变换为交流电并回送到电网中去,这样的逆变称为"有源逆变"。

如果逆变状态下的变流装置,其交流侧接至交流负载,在运行中将直流电变换为某一频率或可调频率的交流电供给负载,这样的逆变则称为"无源逆变"或变频电路。

8.1.2 电源间能量的变换关系

图 8-1(a)表示直流电源 E_1 和 E_2 同极性相连。当 $E_1>E_2$ 时,回路中的电流为

$$I=\frac{E_1-E_2}{R}$$

式中,R 为回路的总电阻。此时电源 E_1 输出电能 E_1I,其中一部分为 R 所消耗的 I^2R,其余部分则为电源 E_2 所吸收的 E_2I。注意上述情况中,输出电能的电源的电势方向与电流方向一致,而吸收电能的电源则二者方向相反。

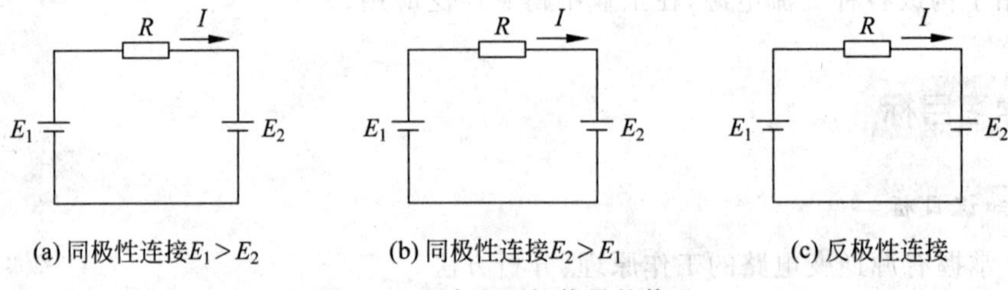

图 8-1 两个电源间能量的传送

在图 8-1(b)中,两个电源的极性均与图 8-1(a)相反,但还是属于两个电源同极性相连的形式。如果电源 $E_2>E_1$,则电流方向如图,回路中的电流 I 为

$$I=\frac{E_2-E_1}{R}$$

此时,电源 E_2 输出电能,电源 E_1 吸收电能。

在图 8-1(c)中,两个电源反极性相连,则电路中的电流 I 为

$$I=\frac{E_1+E_2}{R}$$

此时电源 E_1 和 E_2 均输出电能,输出的电能全部消耗在电阻 R 上。如果电阻值很小,则电路中的电流必然很大;若 $R=0$,则形成两个电源短路的情况。

综上所述,可得出以下结论。

(1) 两电源同极性相连,电流总是从高电势流向低电势电源,其电流的大小取决于两个电势之差与回路总电阻的比值。如果回路电阻很小,则很小的电势差也足以形成较大的电流,两电源之间发生较大能量的交换。

(2) 电流从电源的正极流出,该电源输出电能;而电流从电源的正极流入,该电源吸收电能。电源输出或吸收功率的大小由电势与电流的乘积来决定,若电势或者电流方向

改变,则电能的传送方向也随之改变。

(3) 两个电源反极性相连,如果电路的总电阻很小,将形成电源间的短路,应当避免发生这种情况。

8.1.3 有源逆变电路的工作原理

1. 整流工作状态

由前面模块的学习已知,对于单相全控整流桥,当控制角 α 的范围是 $0\sim\frac{\pi}{2}$ 的某个对应角度触发晶闸管时,上述变流电路输出的直流平均电压为 $U_d=U_{d0}\cos\alpha$,因为此时 α 均小于 $\frac{\pi}{2}$,故 U_d 为正值。在该电压作用下,直流电机转动,卷扬机将重物提升起来,直流电机转动产生的反电势为 E_D,且 E_D 略小于输出直流平均电压 U_d,此时电枢回路的电流为

$$I_d=\frac{U_d-E_D}{R}$$

2. 中间状态 $\left(\alpha=\frac{\pi}{2}\right)$

当卷扬机将重物提升到要求高度时,自然就需在某个位置停住(图 8-2),这时只要将控制角 α 调到等于 $\frac{\pi}{2}$ 的位置,变流器输出电压波形中,其正、负面积相等,电压平均值 U_d 为零,电机停转(实际上采用电磁抱闸断电制动),反电势 E_D 也同时为零。此时,虽然 U_d 为零,但仍有微小的直流电流存在,有关波形如图 8-3(b)所示。注意,此时电路处于动态平衡状态,与电路切断、电机停转具有本质的不同。

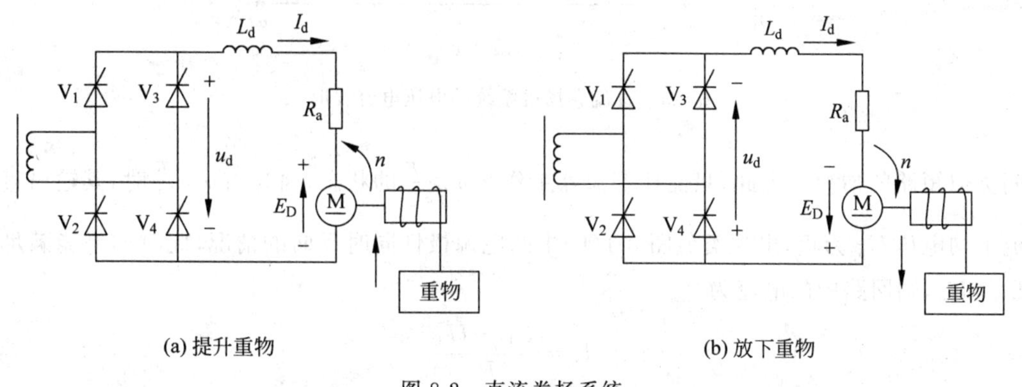

图 8-2 直流卷扬系统

3. 有源逆变工作状态 $\left(\frac{\pi}{2}<\alpha<\pi\right)$

上述卷扬系统中,当重物放下时,由于重力对重物的作用,必将牵动电机使之向与重物上升相反的方向转动,电机产生的反电势 E_D 的极性也将随之反相。如果变流器仍工作在 $\alpha<\frac{\pi}{2}$ 的整流状态,从上面曾分析过的电源能量流转关系不难看出,此时将发生电源

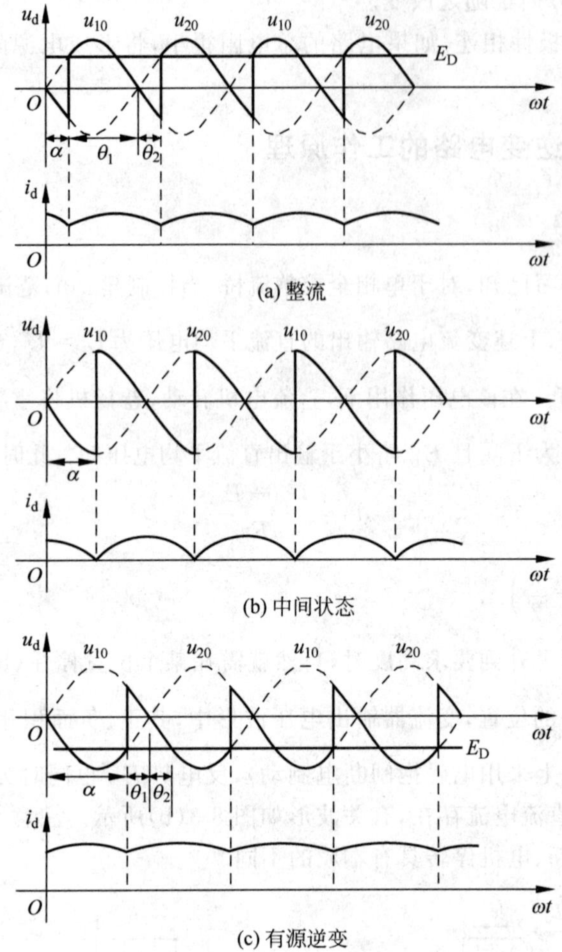

图 8-3 直流卷扬机系统的电压电流波形

间类似短路的情况。为此，只能让变流器工作在 $\alpha>\frac{\pi}{2}$ 的状态，因为当 $\alpha>\frac{\pi}{2}$ 时，其输出直流平均电压 U_d 为负，出现类似图 8-1(b)中两电源极性同时反向的情况，此时如果能满足 $E_D>U_d$，则回路中的电流为

$$I_d=\frac{E_D-U_d}{R}$$

电流的方向是从电势 E_D 的正极流出，从电压 U_d 的正极流入，电流方向未变。显然，这时电机为发电状态运行，对外输出电能，变流器则吸收上述能量并馈送回交流电网去，此时的电路进入有源逆变工作状态。

上述三种变流器的工作状态可以用图 8-3 所示波形表示。图 8-3 中反映出随着控制角 α 的变化，电路分别从整流到中间状态，然后进入有源逆变的过程。现在应深入分析的问题是，上述电路在 $\alpha>\frac{\pi}{2}$ 时是否能够工作？如何理解此时输出直流平均电压 U_d 为负值的含义？

上述晶闸管供电的卷扬系统中，当重物下降，电机反转并进入发电状态运行时，电机电势 E_D 实际上成了使晶闸管正向导通的电源。当 $\alpha>\frac{\pi}{2}$时，只要满足 $E_D>|U_2|$，晶闸管就可以导通工作，在此期间，电压 U_d 大部分时间均为负值，其平均电压 U_d 自然为负，电流则依靠电机电势 E_D 及电感 L_d 两端感应电势的共同作用加以维持。正因为上述工作特点，才出现了电机输出能量，变流器吸收并通过变压器向电网回馈能量的情况。

1）外部条件

务必要有一个极性与晶闸管导通方向一致的直流电势源。这种直流电势源可以是直流电机的电枢电势，也可以是蓄电池电势。它是使电能从变流器的直流侧回馈交流电网的源泉，其数值应稍大于变流器直流侧输出的直流平均电压。

2）内部条件

要求变流器中晶闸管的控制角 $\alpha>\frac{\pi}{2}$，这样才能使变流器直流侧输出一个负的平均电压，以实现直流电源的能量向交流电网的流转。

上述两个条件必须同时具备才能实现有源逆变。

必须指出，对于半控桥或者带有续流二极管的可控整流电路，因为它们在任何情况下均不可能输出负电压，也不允许直流侧出现反极性的直流电势，所以不能实现有源逆变。

有源逆变条件的获得，必须视具体情况进行分析。例如，上述直流电机拖动卷扬机系统，电机电势 E_D 的极性可随重物的“提升”与“下降”自行改变并满足逆变的要求。对于电力机车，上、下坡道行驶时，因车轮转向不变，故在下坡发电制动时，其电机电势 E_D 的极性不能自行改变，为此必须采取相应措施，例如可利用极性切换开关来改变电机电势 E_D 的极性，否则系统将不能进入有源逆变状态运行。

(1) 电路的整流工作状态$\left(0<\alpha<\frac{\pi}{2}\right)$

图 8-4(a)所示电路中，$\alpha=30°$时依次触发晶闸管，其输出电压波形如图 8-4 中黑实线所示。因负载回路中接有足够大的平波电感，故电流连续。对于 $\alpha=30°$的情况，输出电压瞬时值均为正，其平均电压自然为正值。对于在 $0<\alpha<\frac{\pi}{2}$范围内的其他移相角，即使输出电压的瞬时值 u_d 有正也有负，但正面积总是大于负面积，输出电压的平均值 U_d 也总为正，其极性如图为上正下负，而且 U_d 略大于 E_D。此时电流 I_d 从 U_d 的正端流出，从 E_D 的正端流入，能量的流转关系为交流电网输出能量，电机吸收能量以电动机状态运行。

(2) 电路的逆变工作状态$\left(\frac{\pi}{2}<\alpha<\pi\right)$

假设此时电机端电势已反向，即下正上负，设逆变电路移相角 $\alpha=150°$，依次触发相应的晶闸管，如图在 ωt_1 时刻触发 a 相晶闸管 V_1，虽然此时 $u_a=0$，但晶闸管 V_1 因承受 E_D 的作用，仍可满足导电条件而工作，并相应输出 u_a 相电压。V_1 被触发导通后，虽然 u_a 已为负值，因 E_D 的存在，且$|E_D|>|u_a|$，V_1 仍然承受正向电压而导通，即使不满足$|E_D|>|u_a|$，由于平波电感的存在，释放电能，L 的感应电势也仍可使 V_1 承受正向电压继续导

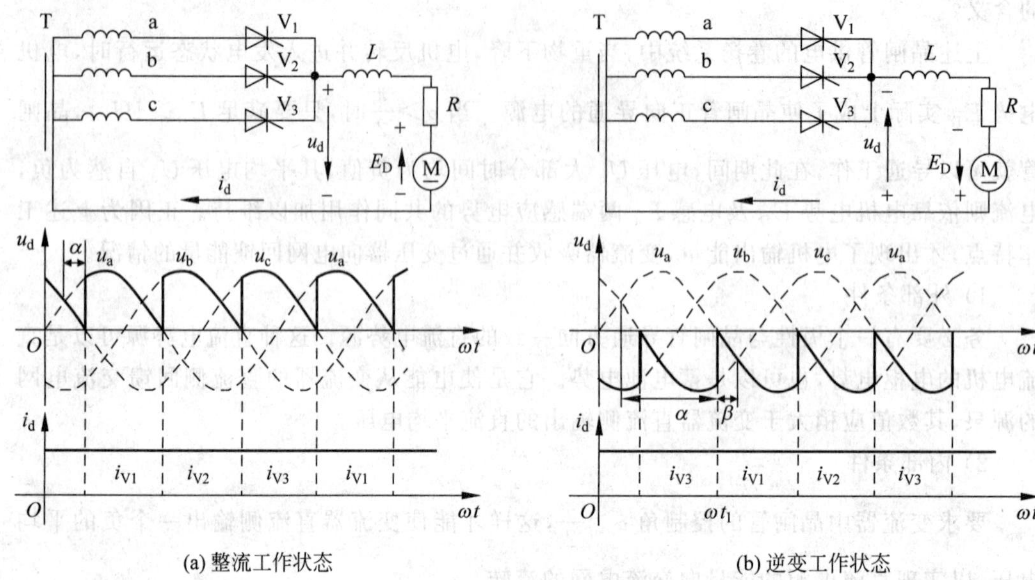

(a) 整流工作状态　　(b) 逆变工作状态

图 8-4　三相半波共阴极逆变电路及有关波形

通。因电感 L 足够大,故主回路电流连续,V_1 导电 120°后由于 V_2 的被触发而截止,V_2 被触发导通后,由于此时 $u_b>u_a$,故 V_1 承受反压关断,完成 V_1 与 V_2 之间的换流,这时电路输出电压为 u_b,如此循环往复。

电路输出电压的波形如图 8-4(b)中黑实线所示。当 α 在 $\frac{\pi}{2}\sim\pi$ 范围内变化时,其输出电压的瞬时值 u_d 在整个周期内也是有正有负或者全部为负,但是负电压面积将总是大于正面积,故输出电压的平均值 u_d 为负值。其极性为下正上负。此时电机端电势 E_D 稍大于 U_d,主回路电流 U_d 方向依旧,但它从 E_D 的正极流出,从 U_d 的正极流入,这时电机向外输出能量,以发电机状态运行,交流电网吸收能量,电路以有源逆变状态运行。因晶闸管 V_1、V_2、V_3 的交替导通工作完全与交流电网变化同步,从而可以保证能够把直流电能变换为与交流电网电源同频率的交流电回馈电网。一般采用直流侧的电压和电流平均值来分析变流器所连接的交流电网究竟是输出功率还是输入功率。这样,变流器中交流电源与直流电源能量的流转就可以按有功功率 $p_d=U_dI_d$ 来分析。整流状态时,$U_d>0$,$p_d>0$,表示电网输出功率;逆变状态时,$U_d<0$,$p_d<0$,表示电网吸收功率。在整流状态中,变流器内的晶闸管在阻断时主要承受反向电压,而在逆变状态工作中,晶闸管阻断时主要承受正向电压。变流器中的晶闸管,无论在整流或是逆变状态,其阻断时承受的正向或反向电压峰值均应为线电压的峰值,在选择晶闸管额定参数时应注意。

为分析和计算方便,通常把逆变工作时的控制角改用 β 表示,令 $\beta=\alpha-\pi$,称为逆变角。规定 $\alpha=\pi$ 时作为计算 β 的起点,和 α 的计量方向相反,β 的计量方向是由右向左。变流器整流工作时,$\alpha<\frac{\pi}{2}$,相应的 $\beta>\frac{\pi}{2}$;而在逆变工作时,$\alpha>\frac{\pi}{2}$,$\beta<\frac{\pi}{2}$。

逆变时,其输出电压平均值的计算公式可改写成 $U_d=-U_{d0}\cos\beta$(三相半波时 $U_{d0}=$

$1.17U_{2\varphi}$),β 从$\frac{\pi}{2}$逐渐减小时,其输出电压平均值 U_d 的绝对值逐渐增大,其符号为负值。逆变电路中,晶闸管之间的换流完全由触发脉冲控制,其换流趋势总是从高电压向更低的阳极电压过渡。这样,对触发脉冲就提出了格外严格的要求,其脉冲必须严格按照规定的顺序发出,而且要保证触发可靠,否则极容易造成因晶闸管之间的换流失败而导致的逆变颠覆。

8.2 无源逆变电路

在实际应用中,需要将直流电变成交流电,这种变换过程称为逆变。把直流电逆变成交流电的电路称为逆变电路。

如果将逆变电路的交流侧接到交流电网上,把直流电逆变成同频率的交流电反送到电网去,称为有源逆变,它用于直流电机的可逆调速、绕线转子异步电机的串级调速、高压直流输电和太阳能发电等方面。

在许多场合只有直流电供电(如蓄电池或太阳能电池等,他们都是直流电),但如果负载需要交流供电,就要将直流电变成交流电。比如在感应加热时,电磁感应加热炉需要频率可变(中频到高频)的交流电;电机的变频调速也需要频率可变的交流电。能实现直流电变换成交流电的逆变器的交流侧不与电网连接,而是直接接到负载,即将直流电逆变成某一频率或可变频率的交流电供给负载,称为无源逆变,它在交流电机变频调速、感应加热、不停电电源等方面应用十分广泛,是构成电力电子技术的重要内容。

8.2.1 逆变器的分类与性能指标

1. 逆变电路的分类

逆变器应用广泛,类型很多,概括起来可如下分类。

(1) 根据输入直流电源特点,可分为电压型和电流型。电压型逆变器的输入端并接有大电容,输入直流电源为恒压源,逆变器将直流电压变换成交流电压。电流型逆变器的输入端串接有大电感,输入直流电源为恒流源,逆变器将输入的直流电流变换为交流电流输出。

(2) 根据电路的结构特点,可分为半桥式逆变电路、全桥式逆变电路、推挽式逆变电路、其他形式(如单管晶体管逆变电路)。

(3) 根据换流方式,可分为负载换流型逆变电路、脉冲换流型逆变电路、自换流型逆变电路。

(4) 根据负载特点,可分为非谐振式逆变电路、谐振式逆变电路。

逆变器的用途十分广泛,可以做成变频变压电源(VVVF),主要用于交流电机调速;也可以做成恒频恒压电源(CVCF),其典型代表为不间断电源(UPS)、航空机载电源、机车照明,通信等辅助电源也要用CVCF电源;还可以做成感应加热电源,例如中频电源,高频电源等。

逆变器的输出可以做成多相,实际应用中可以做成单相或三相。近年来,在一些要求严格的场合,为提高运行可靠性而提出制造多于三相的电机,这类电机就需要合适的多相逆变器供电。以往，中高功率逆变器采用晶闸管开关器件，晶闸管是半控型器件，关断晶闸管要设置强迫关断（换流）电路强迫关断电路增加了逆变器的质量体积和成本，降低了可靠性，也限制了开关频率。现今，绝大多数逆变器都采用全控型的电力电子器件。中功率逆变器多用 IGBT，大功率多用 IGBT 或 GTO，小功率则广泛应用 MOSFET。

2. 逆变器的性能指标

无源逆变电路通常简称为逆变电路或逆变器。在逆变器中要求输出基波功率大、谐波含量小、逆变效率高、性能稳定可靠，除此之外还要求逆变器具有抗电磁干扰（EMI）能力强和电磁兼容性（EMC）好。为此，在实际应用中，必须精心设计逆变器和选择适当的控制方式，使之满足上述要求。一般地说，衡量逆变器的性能指标如下。

(1) 谐波系数 HF（Harmonic Factor）。谐波系数 HF 定义为谐波分量有效值同基波分量有效值之比，即

$$HF=\frac{U_n}{U_1}$$

式中，$n=1,2,3,\cdots$，表示谐波次数，$n=1$ 时为基波。

(2) 总谐波系数 THD（Total Harmonic Distortion）。总谐波系数表征了一个实际波形同其基波的接近程度。THD 定义为

$$THD=\frac{1}{U_1}\sqrt{\sum_{n=2,3,4,\cdots}^{\infty}U_n^2}$$

根据上述定义，若逆变器输出为理想弦波时，THD 为零。

(3) 逆变效率。逆变效率即逆变器输入功率与输出功率之比。如一台逆变器输入了100W 的直流电能，输出了 90W 的交流电能，那么它的效率就是 90%。

(4) 单位重量的输出功率。它是衡量逆变器输出功率密度的指标。

(5) 电磁干扰（EMI）和电磁兼容性（EMC）。

8.2.2 逆变电路的工作原理

逆变电路的主要功能是将直流电逆变成某一频率或可变频率的交流电供给负载。最基本的逆变电路是单相桥式逆变电路，它可以很好地说明逆变电路的工作原理。

u_d 为输入直流电压，R 为逆变器的输出负载。当开关管 T_1、T_4 导通，T_2、T_3 截止时，逆变器输出电压 $u_0=u_d$；当开关管 T_1 截止，T_2 导通时，输出电压 $u_0=-u_d$。当以频率 f_s 交替切换 T_1 和 T_2 时，则在电阻 R 上获得。如图 8-5(a)所示的交变电压波形，其周期 $T_s=\frac{1}{f_s}$，这样，就将直流电压 u_d 变成了交流电压 u_0。u_0 含有各次谐波，如果想得到正弦波电压，则可通过滤波器滤波获得。

图 8-5(b)中主电路开关管 T_1、T_4，它实际是各种半导体开关器件的一种理想模型。逆变电路中常用的开关器件有快速晶闸管、可关断晶闸管（GTO）、功率晶体管（GTR）、功率场效晶体管（MOSFET）和绝缘栅晶体管（IGBT）。

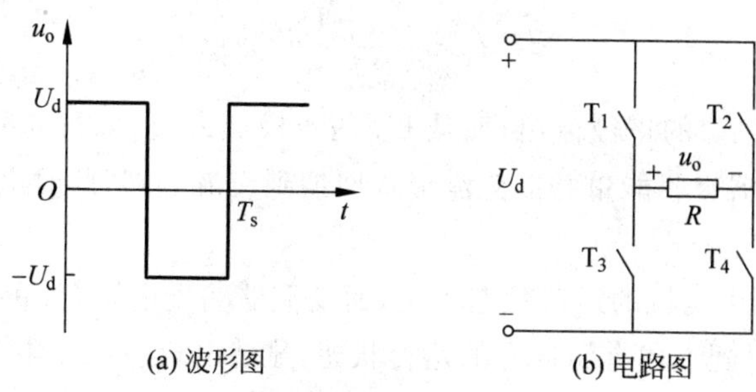

图 8-5 单相桥式逆变电路工作原理

8.3 三相桥式逆变电路

8.3.1 逆变工作原理及波形分析

三相桥式逆变电路结构如图 8-6(a)所示。如果变流器输出电压 U_d 与直流电机电势 E_D 的极性均为上负下正，当电势 E_D 略大于平均电压 U_d 时，回路中产生的电流 I_d 为

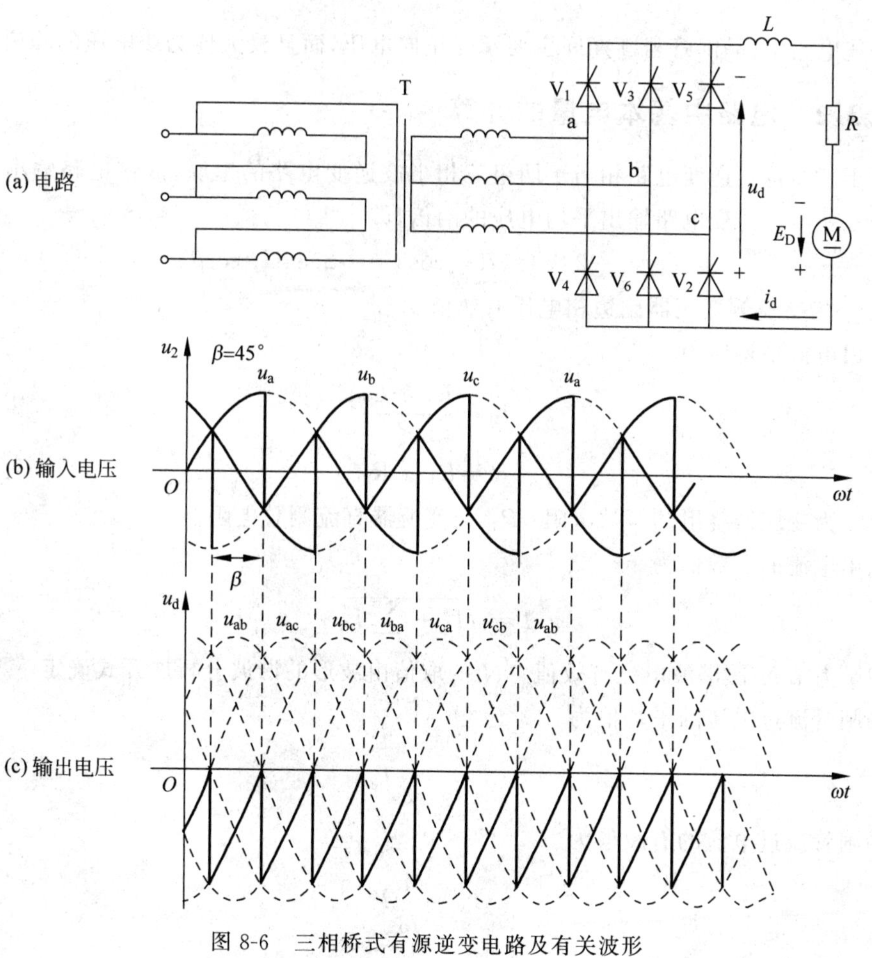

图 8-6 三相桥式有源逆变电路及有关波形

$$I_d = \frac{E_D - U_d}{R}$$

电流 I_d 的流向是从 E_D 的正极流出，而从 U_d 的正极流入，即电机向外输出能量，以发电机状态运行，则变流器吸收能量并以交流形式回馈到交流电网，此时电路即为有源逆变工作状态。

电势 E_D 的极性由电机的运行状态决定，而变流器输出电压 U_d 的极性则取决于触发脉冲的控制角。欲得到上述有源逆变的运行状态，显然电机应以发电状态运行，而变流器晶闸管的触发控制角 α 应大于 $\frac{\pi}{2}$，或者逆变角 β 小于 $\frac{\pi}{2}$。有源逆变工作状态下，电路中输出电压的波形如图 8-6(c)中实线所示。此时，晶闸管导通的大部分区域均为交流电的负电压，晶闸管在此期间由于 E_D 的作用仍承受极性为正的相电压，所以输出的平均电压就为负值。三相桥式逆变电路一个周期中的输出电压由 6 个形状相同的波头组成，其形状随 β 的不同而不同。该电路要求 6 个脉冲，两脉冲之间的间隔为 $\frac{\pi}{3}$，分别按照 1,2,3,…,6 的顺序依次发出，其脉冲宽度应大于 $\frac{\pi}{3}$ 或者采用“双窄脉冲”输出。

上述电路中，晶闸管阻断期间主要承受正向电压，而且最大值为线电压的峰值。

8.3.2 电路中基本电量的计算

由于三相桥式逆变电路相当于两组三相半波逆变电路的串联，故该电路输出平均电压应为三相半波逆变电路输出平均电压的两倍，即

$$U_d = -2 \times 1.17 U_{2\varphi} \cos\beta = -2.34 U_{2\varphi} \cos\beta$$

式中，$U_{2\varphi}$ 为交流侧变压器副边相电压有效值。

输出电流平均值为

$$I_d = \frac{E_D - U_d}{R}$$

$$R = R_B + R_D$$

式中，R_B 为变压器绕组的等效电阻；R_D 为变流器直流侧总电阻。

输出电流的有效值为

$$I = \sqrt{I_d^2 + \sum I_N^2}$$

式中，I_N 为第 N 次谐波电流有效值。N 的取值由波形的谐波分析展开式确定。

晶闸管流过电流的平均值为

$$I_{VV} = \frac{1}{3} I_d$$

晶闸管流过电流的有效值为

$$I_V = \frac{1}{\sqrt{3}} I$$

8.3.3 逆变失败原因分析及逆变角的限制

电路在逆变状态运行时，如果出现晶闸管换流失败，则变流器输出电压与直流电压将顺向串联并相互加强，由于回路电阻很小，必将产生很大的短路电流，以至于可能将晶闸管和变压器烧毁，上述事故称为逆变失败或逆变颠覆。造成逆变失败的原因很多，大致可归纳为以下四个方面。

1. 触发电路工作不可靠

因为触发电路不能适时、准确地供给各只晶闸管触发脉冲，造成脉冲丢失或延迟以及触发功率不够，均可导致换流失败。一旦晶闸管换流失败，势必形成一只元器件从承受反向电压导通延续到承受正向电压导通，U_d 反向后将与 E_D 顺向串联，出现逆变颠覆。

2. 晶闸管出现故障

如果晶闸管参数选择不当，例如额定电压选择裕量不足，或者晶闸管存在质量问题，都会使晶闸管在应该阻断的时候丧失阻断能力，而应该导通的时候却无法导通。读者不难从有关波形图上分析发现，晶闸管出现故障也将导致电路的逆变失败。

3. 交流电源出现异常

从逆变电路电流公式

$$I_d = \frac{E_D - U_d}{R}$$

可以看出，电路在有源逆变状态下，如果交流电源突然断电或者电源电压过低，上述公式中的 U_d 都将为零或减小，从而使电流 I_d 增大以至于发生电路逆变失败。

4. 电路换相时间不足

有源逆变电路的控制电路在设计时，应充分考虑到变压器漏电感对晶闸管换流的影响以及晶闸管由导通到关断存在着关断时间的影响，否则将由于逆变角 β 太小造成换流失败，从而导致逆变颠覆的发生。现以共阴极三相半波电路为例，分析由于 β 太小而对逆变电路产生的影响，电路结构及有关波形如图 8-7 所示。

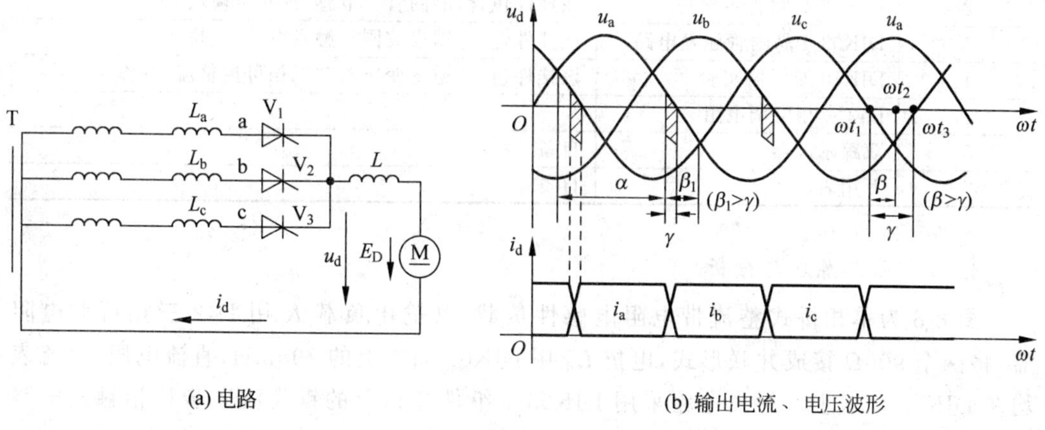

(a) 电路 (b) 输出电流、电压波形

图 8-7 变压器漏抗对逆变的影响

设电路变压器漏电感引起的电流重叠角为 γ,原来的逆变角为 β_1,触发 a 相对应的 V_1 导通后,将逆变角 β_1 改为 β,且 $\beta<\gamma$,如图 8-7(b)所示。这时正好 V_2 和 V_3 进行换流,二者的换流是从 ωt_2 为起点,向左 β 角度的 ωt_1 时刻触发 V_3 管开始的。此时,V_2 的电流逐渐下降,V_3 的电流逐渐上升,由于 $\beta<\gamma$,到达 ωt_2 时刻($\beta=0$),晶闸管 V_2 中的电流尚未降至零,故 V_2 此时并未关断,以后 V_2 承受的阳极电压高于 V_3 承受的阳极电压,所以它将继续导通,V_3 则由于承受反压而关断。V_2 继续导通的结果是使电路从逆变过渡到整流状态,电机电势与变流器输出电压顺向串联,造成逆变失败。

在设计逆变电路时,应考虑到最小 β 角的限制,$\beta_{\min}$ 除受上述重叠角 γ 的影响外,还应考虑到元器件关断时间 t_q(对应的电角度为 δ)以及一定的安全裕量角 θ_α,从而取

$$\beta_{\min}=\gamma+\delta+\theta_\alpha$$

一般取 $\beta_{\min}$ 为 30°~35°,以保证逆变时正常换流。一般在触发电路中均设有最小逆变角保护,触发脉冲移相时,确保逆变角 β 不小于 $\beta_{\min}$。

8.4 实训 单相桥式全控整流电路及有源逆变电路实验

1. 实训目标

(1) 加深理解单相桥式全控整流及逆变电路的工作原理。

(2) 研究单相桥式变流电路整流的全过程。

(3) 研究单相桥式变流电路逆变的全过程,掌握实现有源逆变的条件。

(4) 掌握产生逆变颠覆的原因及预防方法。

2. 实训所需器件

本实训所需器件如表 8-1 所示。

表 8-1 实训所需器件

序 号	型 号	备 注
1	DJK01 电源控制屏	该控制屏包含“三相电源输出”“励磁电源”等几个模块
2	DJK02 晶闸管主电路	该挂件包含“晶闸管”“电感”等几个模块
3	DJK03-1 晶闸管触发电路	该挂件包含“锯齿波同步触发电路”模块
4	DJK10 变压器实验	该挂件包含“逆变变压器”“三相可控整流”等模块
5	D42 三相可调电阻	
6	双踪示波器	自备
7	万用表	自备

3. 实训线路原理与分析

图 8-8 为单相桥式整流带电阻电感性负载,其输出负载 R 用 D42 三相可调电阻器,将两个 900Ω 接成并联形式,电抗 L_d 用 DJK02 面板上的 700mH,直流电压、电流表均在 DJK02 面板上。触发电路采用 DJK03-1 组件挂箱上的锯齿波同步移相触发电路Ⅰ和Ⅱ。

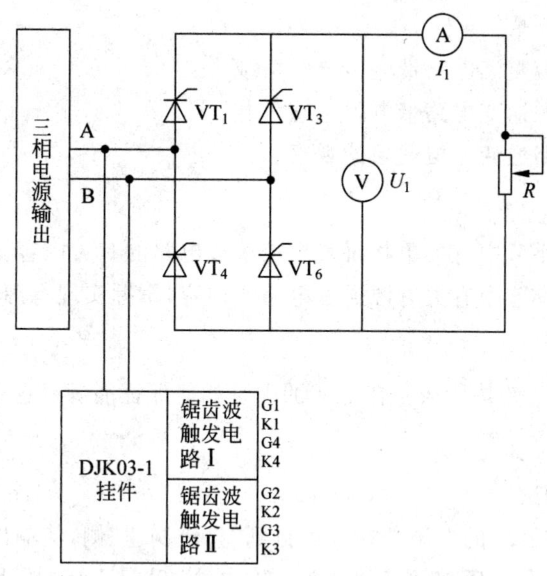

图 8-8 单相桥式整流实验原理图

图 8-9 为单相桥式有源逆变原理图，三相电源经三相可控整流，得到一个上负下正的直流电源，供逆变桥路使用，逆变桥路逆变出的交流电压经升压变压器反馈回电网。三相可控整流是 DJK10 上的一个模块，其心式变压器在此作为升压变压器用，从晶闸管逆变出的电压接心式变压器的中压端 A_m、B_m，返回电网的电压从其高压端 A、B 输出，为了避免输出的逆变电压过高而损坏心式变压器，故将变压器接成 Y/Y 接法。图中的电阻 R、电抗 L_d 和触发电路与整流所用相同。

有关实现有源逆变的必要条件等内容可参见 8.1 节内容。

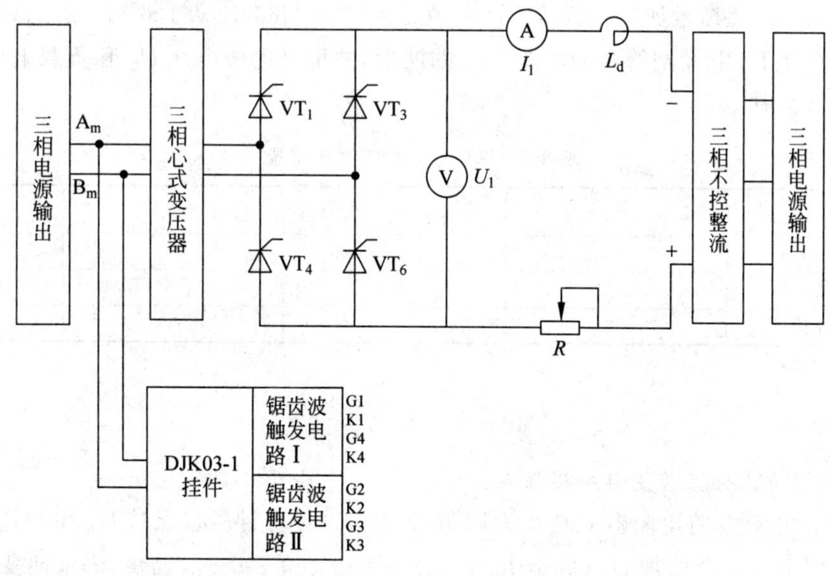

图 8-9 单相桥式有源逆变电路实验原理图

4. 实训内容

(1) 单相桥式全控整流电路带电阻电感负载。

(2) 单相桥式有源逆变电路带电阻电感负载。

(3) 有源逆变电路逆变颠覆现象的观察。

5. 预习要求

(1) 阅读7.1.2小节中有关单相桥式全控整流电路的有关内容。

(2) 阅读8.1.3小节中有关有源逆变电路的内容，掌握实现有源逆变的基本条件。

6. 思考题

实现有源逆变的条件是什么？在本实训中是如何保证能满足这些条件？

7. 实训方法

1) 触发电路的调试

将DJK01电源控制屏的电源选择开关打到“直流调速”侧，使输出线电压为200V，用两根导线将200V交流电压接到DJK03-1的“外接220V”端，按下“启动”按钮，打开DJK03-1电源开关，用示波器观察锯齿波同步触发电路，观察各孔的电压波形。

将控制电压U_{ct}调至零(将电位器RP_2顺时针旋到底)，观察同步电压信号和6点U_6的波形，调节偏移电压U_b(即调RP_3电位器)，使$\alpha=180°$。

将锯齿波触发电路的输出脉冲端分别接至全控桥中相应晶闸管的门极和阴极，注意不要把相序接反了，否则无法进行整流和逆变。将DJK02上的正桥和反桥触发脉冲开关都打到“断”的位置，并使Ulf和Ulr悬空，确保晶闸管不被误触发。

2) 单相桥式全控整流

按图8-8接线，将电阻器放在最大阻值处，按下“启动”按钮，保持U_b偏移电压不变(即RP_3固定)，逐渐增加U_{ct}(调节RP_2)，在$\alpha=0°$、30°、60°、90°、120°时，用示波器观察、记录整流电压U_d和晶闸管两端电压U_{VT}的波形，并记录电源电压U_2和负载电压U_d的数值于表8-2中。

表8-2 单相桥式全控整流记录

α	30°	60°	90°	120°
U_2				
U_d(记录值)				
U_d(计算值)				

计算公式：
$$U_d=\frac{0.9U_2(1+\cos\alpha)}{2}$$

3) 单相桥式有源逆变电路实验

按图8-9接线，将电阻器放在最大阻值处，按下“启动”按钮，保持U_b偏移电压不变(即RP_3固定)，逐渐增加U_{ct}(调节RP_2)，在$\beta=30°$、60°、90°时，观察、记录逆变电流I_d和晶闸管两端电压U_{VT}的波形，并记录负载电压U_d的数值于表8-3中。

表 8-3 单相桥式有源逆变电路记录

β	30°	60°	90°
U_2			
U_d(记录值)			
U_d(计算值)			

4）逆变颠覆现象的观察

调节 U_{ct}，使 $\alpha=150°$，观察 U_d 波形。突然关断触发脉冲(可将触发信号拆去)，用双踪慢扫描示波器观察逆变颠覆现象，记录逆变颠覆时的 U_d 波形。

8. 实验报告

(1) 画出 $\alpha=30°$、60°、90°、120°、150°时 U_d 和 U_{VT} 的波形。

(2) 画出电路的移相特性 $U_d=f(\alpha)$曲线。

(3) 分析逆变颠覆的原因及逆变颠覆后会产生的后果。

9. 注意事项

(1) 参照模块 4 实训的注意事项。

(2) 在本实训中，触发脉冲是从外部接入 DJK02 面板上晶闸管的门极和阴极。此时应将所用晶闸管对应的正桥触发脉冲或反桥触发脉冲的开关拨向"断"的位置，并将 Ulf 及 Ulr 悬空，避免误触发。

(3) 为了保证从逆变到整流不发生过流，其回路的电阻 R 应取比较大的值，但也要考虑到晶闸管的维持电流，保证可靠导通。

8.5 实训 三相半波有源逆变电路实验

1. 实训目标

研究三相半波有源逆变电路的工作，验证可控整流电路在有源逆变时的工作条件，并比较与整流工作时的区别。

2. 实训所需器件

本实训所需器件如表 8-4 所示。

表 8-4 实训所需器件

序 号	型 号	备 注
1	DJK01 电源控制屏	该控制屏包含"三相电源输出"等几个模块
2	DJK02 晶闸管主电路	
3	DJK02-1 三相晶闸管触发电路	该挂件包含"触发电路""正反桥功放"等几个模块
4	DJK06 给定及实验器件	该挂件包含"二极管"等模块
5	DJK10 变压器实验	该挂件包含"逆变变压器"以及"三相不控整流"
6	D42 三相可调电阻	
7	双踪示波器	自备
8	万用表	自备

3. 实训线路原理及分析

本实训线路原理图,如图 8-10 所示;其工作原理详见 8.1.3 小节。

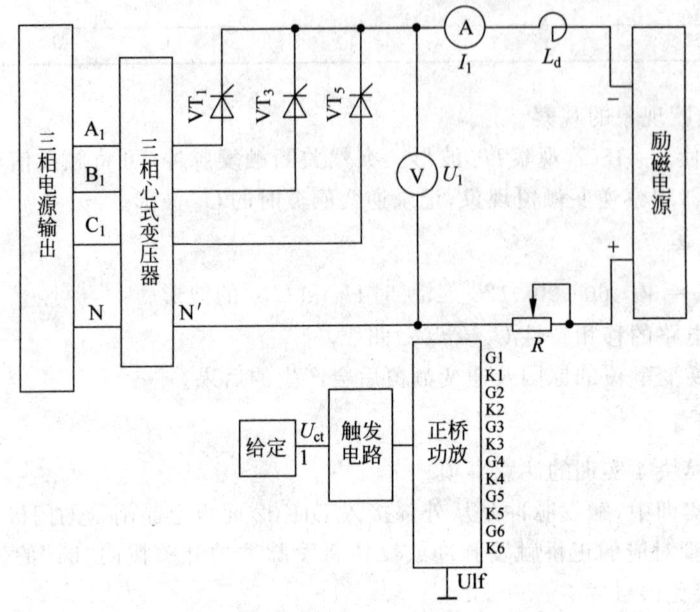

图 8-10 三相半波有源逆变电路实验原理图

晶闸管可选用 DJK02 上的正桥,电感用 DJK02 上的 L_d=700mH,电阻 R 选用 D42 三相可调电阻,将两个 900Ω 接成串联形式,直流电源用 DJK01 上的励磁电源,其中 DJK10 中的心式变压器用作升压变压器使用,变压器接成 Y/Y 接法,逆变输出的电压接心式变压器的中压端 A_m、B_m、C_m,返回电网的电压从高压端 A、B、C 输出。直流电压、电流表均在 DJK02 上。

4. 实训内容

三相半波整流电路在整流状态工作下带电阻电感性负载的研究。

5. 思考题

(1) 在不同工作状态时可控整流电路的工作波形是怎样的?

(2) 可控整流电路在 $\beta=60°$ 和 $\beta=90°$ 时输出电压有何差异?

6. 实训方法

1) DJK02 和 DJK02-1 上的"触发电路"调试

(1) 打开 DJK01 总电源开关,操作"电源控制屏"上的"三相电网电压指示"开关,观察输入的三相电网电压是否平衡。

(2) 将 DJK01"电源控制屏"上的"调速电源选择开关"拨至"直流调速"侧。

(3) 用 10 芯的扁平电缆,将 DJK02 的"三相同步信号输出"端和 DJK02-1"三相同步信号输入"端相连,打开 DJK02-1 电源开关,拨动"触发脉冲指示"钮子开关,使"窄"的发光管亮。

(4) 观察 A、B、C 三相的锯齿波，并调节 A、B、C 三相锯齿波斜率调节电位器(在各观测孔左侧)，使三相锯齿波斜率尽可能一致。

(5) 将 DJK06 上的“给定”输出 U_g 直接与 DJK02-1 上的移相控制电压 U_{ct} 相接，将给定开关 S_2 拨到接地位置(即 $U_{ct}=0$)，调节 DJK02-1 上的偏移电压电位器，用双踪示波器观察 A 相同步电压信号和“双脉冲观察孔”VT_1 的输出波形，使 $\alpha=120°$(注意此处的 α 表示三相晶闸管电路中的移相角，它的 0°是从自然换流点开始计算，前面实验中的单相晶闸管电路的 0°移相角表示从同步信号过零点开始计算，两者存在相位差，前者比后者滞后 30°)。

(6) 适当增加给定 U_g 的正电压输出，观测 DJK02-1 上“脉冲观察孔”的波形，此时应观测到单窄脉冲和双窄脉冲。

(7) 用 8 芯的扁平电缆，将 DJK02-1 面板上“触发脉冲输出”和“触发脉冲输入”相连，使得触发脉冲加到正反桥功放的输入端。

(8) 将 DJK02-1 面板上的 Ulf 端接地，用 20 芯的扁平电缆，将 DJK02-1 的“正桥触发脉冲输出”端和 DJK02“正桥触发脉冲输入”端相连，并将 DJK02“正桥触发脉冲”的 6 个开关拨至“通”，观察正桥 $VT_1 \sim VT_6$ 晶闸管门极和阴极之间的触发脉冲是否正常。

2) 三相半波整流及有源逆变电路

(1) 按图 8-10 接线，将负载电阻放在最大阻值处，使输出给定调到零。

(2) 按下“启动”按钮，此时三相半波处于逆变状态，$\alpha=150°$，用示波器观察电路输出电压 U_d 波形，缓慢调节给定电位器，升高输出给定电压。观察电压表的指示，其值由负的电压值向零靠近，当到零电压的时候，也就是 $\alpha=90°$。继续升高给定电压，输出电压由零向正的电压升高，进入整流区。在这过程中，表 8-5 中记录了 $\alpha=30°$、60°、90°、120°、150°时的电压值以及波形。

表 8-5 三相半波整流及有源逆变电路记录

α	30°	60°	90°	120°	150°
U_1					

7. 实训报告

(1) 画出实训所得的各特性曲线与波形图。

(2) 对可控整流电路在整流状态与逆变状态的工作特点作比较。

8. 注意事项

(1) 可参考 6.5 实训前准备。

(2) 为防止逆变颠覆，逆变角必须安置在 $90°\geqslant\beta\geqslant30°$范围内。即 $U_{ct}=0$ 时，$\beta=30°$，调整 U_{ct} 时，用直流电压表监视逆变电压，待逆变电压接近零时，必须缓慢操作。

(3) 在实训过程中调节 β，必须监视主电路电流，防止 β 的变化引起主电路出现过大的电流。

(4) 在实训接线过程中，注意三相心式变压器的高压侧和中压侧的中线不能接一起。

(5) 有时会发现脉冲的相位只能移动120°左右就消失了，这是因为触发电路的原因，触发电路要求相位关系按A、B、C的排列顺序，如果A、C两相相位接反，结果就会如此，对整流实验无影响。但在逆变时，由于调节范围只能到120°，实训效果不明显。可自行将四芯插头内的A、C相两相的导线对调，就能保证有足够的移相范围。

小 结

本模块介绍了有源逆变电路、无源逆变电路、三相桥式逆变电路三种电路的工作原理、分析方法。逆变电路的应用非常广泛。在已有的各种电源中，蓄电池、干电池、太阳能电池等都是直流电源，当需要这些电源向交流负载供电时，就需要逆变电路。另外，交流电机调速用变频器、不间断电源、感应加热电源等电力电子装置使用非常广泛，其电路的核心部分都是逆变电路。它的基本作用是在控制电路的控制下将中间直流电路输出的直流电源转换为频率和电压都任意可调的交流电源。

习 题

(1) 画出有源逆变电路的基本原理图，并阐述其原理。

(2) 简述无源逆变电路和有源逆变电路有何不同？

模块9

直流斩波电路分析

斩波电路，又叫直流斩波电路，是指在电力运用中，出于某种需要，将正弦波的一部分“斩掉”。例如，在电压为50V时，用电子元器件使后面的50～0V部分截止，输出电压为0。后来借用到DC-DC开关电源中，主要是在开关电源调压过程中，原来一条直线的电源，被线路“斩”成了一块一块的脉冲，将直流电变为另一固定电压或可调电压的直流电，也称为直流—直流变换器(DC/DC Converter)。

本模块要学习几种典型的直流斩波电路，并掌握对典型直流斩波电路的分析能力。

1. 知识目标

(1) 了解直流斩波电路的基本原理。

(2) 熟悉六种直流斩波电路的基本原理及特点。

(3) 分析六种直流斩波电路的不同。

2. 能力目标

依据所学直流斩波相关内容，完成以下任务。

(1) 简述直流斩波电路的基本原理。

(2) 说明降压斩波电路和升压斩波电路的工作原理。

(3) 对比分析六种直流斩波电路的工作情况。

3. 素质目标

(1) 培养利用网络自学的能力。

(2) 在学习过程中培养严谨认真的态度、生产经济效率意识、创新和挑战意识。

(3) 在学习过程中培养严谨认真的态度。

(4) 能客观、公正地进行学习自我评价及对小组成员的评价。

9.1 直流斩波电路简介

9.1.1 直流斩波电路基本知识

1. 直流斩波电路应用

直流斩波电路是一种将电压恒定的直流电变换为电压可调的直流电的电力电子变流装置，也称直流斩波器或DC/DC变换器。用斩波器实现直流变换的基本思想是通过对电力电子开关器件的快速通、断控制把恒定的直流电压或电流斩切成一系列的脉冲电压或电流，在一定滤波的条件下，在负载上可以获得平均值可小于或大于电源的电压或电流。如果改变开关器件通、断的动作频率，或改变开关器件通、断的时间比例，就可以改变这一脉冲序列的脉冲宽度，以实现输出电压、电流平均值的调节。

2. 直流斩波技术发展历史

早在1940年德国人采用机械开关通断的思想来调节直流电压以控制直流电机的转速，1960年美国人把晶体管斩波器用于控制柴油发电机的励磁系统，1963年德国人把晶闸管斩波器用于控制蓄电池车、早期主要应用于城市电车、地铁、电动汽车等直流牵引调速控制系统中。随着自关断电力电子开关器件和脉宽调制(Pulse Width Modulation, PWM)技术的不断发展，直流斩波器具有效率高、体积小、重量轻、成本低等显著优点，广泛应用于开关电源、有源功率因数校正、超导储能等新技术领域。一般来说，直流斩波电路有两类不同的应用领域：一类负载是要求输出电压可在一定范围内调节控制，即要求电路输出可变的直流电压，例如直流电机负载，为了改变其转速，要求可变的直流电压供电；另一类负载则要求无论在电源电压变化或负载变化时，电路的输出电压都能维持恒定不变，即输出一个恒定的直流电压，如开关电源等。这两种不同的要求均可通过一定类型的控制系统根据反馈控制原理实现。

3. 直流斩波电路类型

直流斩波电路的种类较多，根据其电路结构及功能分类，主要有以下四种基本类型：降压(Buck)斩波电路、升压(Boost)斩波电路、升降压(Buck-Boost)斩波电路、丘克(Cuk)斩波电路，其中前两种是最基本的电路，后两种是前两种基本电路的组合形式。由基本斩波电路衍生出来的Sepic斩波电路和Zeta斩波电路也是较为典型的电路。利用基本斩波电路进行组合，还可以构成复合斩波电路和多相多重斩波电路。

9.1.2 直流斩波电路基本原理

1. 理想直流斩波电路条件

为了获得各类直流斩波电路的基本工作特性而又简化分析，在分析过程中，假定直流斩波电路是理想的，即满足以下条件。

(1) 开关器件和二极管从导通变为阻断，或从阻断变为导通的过渡时间均为零。

(2) 开关器件的通态电阻为零，电压降为零。断态电阻为无限大，漏电流为零。

(3) 电路中的电感和电容均为无损耗的理想储能元件，且电感量和电容量均为足够大。

(4) 线路阻抗为零。无特殊说明时电源的输入功率等于输出功率。

2. 直流斩波电路工作原理

最基本的直流斩波电路如图 9-1(a)所示，图中 S 是可控开关，R 为纯电阻负载。当 S 闭合时，输出电压 $u_o=E$；当 S 关断时，输出电压 $u_o=0$，输出波形如图 9-1(b)所示。假设开关 S 通断的周期 T_S 不变，导通时间为 t_{on}，关断时间为 t_{off}，则输出电压的平均值 U_o 可表示为

$$U_o=\frac{1}{T_S}\int_0^{t_{on}} u_o \mathrm{d}t=\frac{1}{T_S}\int_0^{t_{on}} E \mathrm{d}t=\frac{t_{on}}{T_S}E=DE \tag{9-1}$$

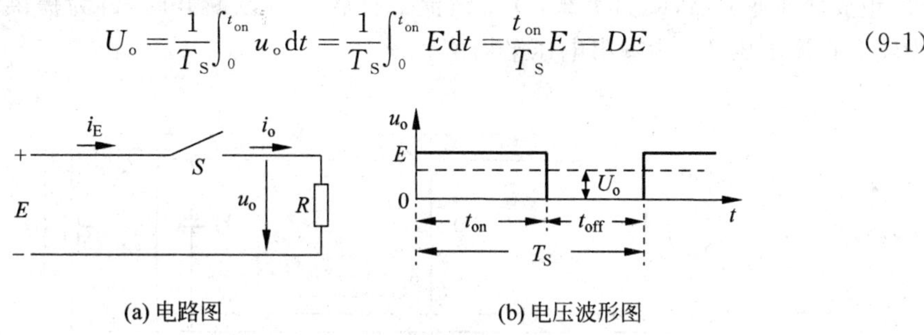

(a) 电路图　　(b) 电压波形图

图 9-1　最简单直流斩波电路图及输出电压波形

由式(9-1)可知，在周期 T_S 不变的情况下，改变 t_{on} 就可以改变 U_o 的大小。将 S 的导通时间与开关周期之比定义为占空比(Duty Ratio)，用 D 表示。

$$D=\frac{t_{on}}{T_S} \tag{9-2}$$

由于占空 D 总是小于等于 1，所以输出电压 U_o 总是小于或等于输入电压 E。因此，改变 D 值就可以改变输出电压平均值的大小。而占空比的改变可以通过改变 t_{on} 或 T_S 来实现。通常直流斩波电路的控制方式有以下 3 种。

(1) 脉冲频率调制控制方式：维持 t_{on} 不变，改变 T_S。在这种控制方式中，由于输出电压波形的周期或频率是变化的，因此输出谐波的频率也是变化的，这使得滤波器的设计比较困难，输出波形谐波干扰严重，一般很少采用。

(2) 脉宽调制控制方式：维持 T_S 不变，改变 t_{on}。在这种控制方式中，输出电压波形的周期或频率是不变的，因此输出谐波的频率也是不变的，这使得滤波器的设计变得较为容易，并得到普遍应用。常把这种调制控制方式称为脉冲宽度调制。

(3) 调频调宽混合控制方式：这种控制方式不但要改变 t_{on} 也要改变 T_S，其可以大大提高输出的范围，但由于频率是变化的，也存在滤波器设计较难的问题。

9.2 直流斩波电路分析

直流斩波电路主要是实现直流电能的变换，对直流电的电压或电流进行控制。按照输入电压与输出电压之间的关系，可以分为六种不同的形式，分别为降压斩波电路(BUCK)、升压斩波电路(BOOST)、升降压斩波电路(BUCK-BOOST)、Cuk 斩波

电路、Sepic 斩波电路和 Zeta 斩波电路。下面分别对它们的工作原理进行简单的介绍。

9.2.1 降压斩波电路

降压斩波电路又称 Buck 斩波电路，该电路的特点是输出电压比输入电压低，而输出电流高于输入电流。也就是通过该电路的变换可以将直流电源电压转换为低于其值的输出直流电压，并实现电能的转换。

降压斩波电路的拓扑结构如图 9-2 所示。图中 S 是开关器件，L、C 为滤波电感和电容，组成低通滤波器，R 为负载，D 为续流二极管。当 S 断开时，D 为提供续流通路。U_i 为输入直流电压，U_o 为输出电压平均值。

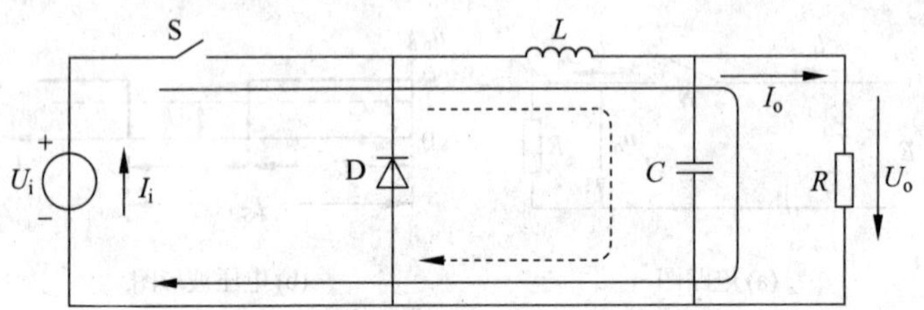

图 9-2 降压斩波电路的拓扑结构

降压斩波电路的拓扑结构中，S 开关器件可根据应用需要选取不同的电力电子器件，如 IGBT、MOSFET、GTR 等。在工作过程中，U_S 为开关器件 S 的驱动信号，当 U_S 处于高电平时开关器件 S 导通，当 U_S 处于低电平时开关器件 S 关断。

分析在开关器件导通和关断时电路的动态工作过程。图 9-2 中实线部分表示开关器件导通时的回路，虚线部分表示器件关断时的续流回路。在续流过程中，根据电感中的电流的不同，分为电感电流连续(CCM)和断续(DCM)两种情况。由此可以得到降压斩波电路的动态工作过程如图 9-3 所示。

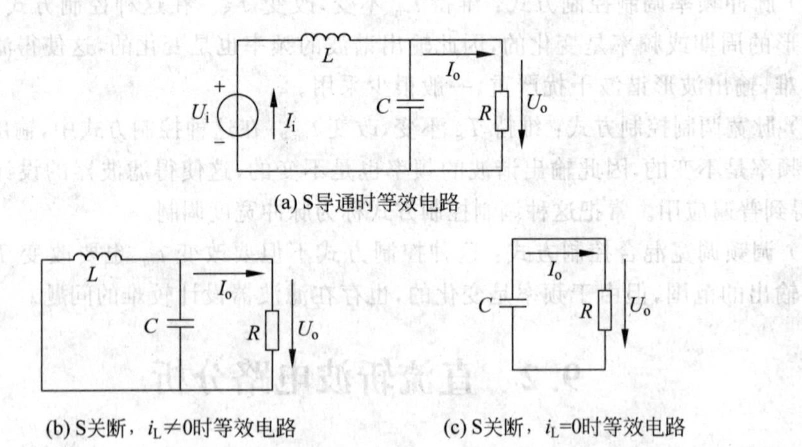

图 9-3 降压斩波电路动态工作过程

1. 电感电流连续导电模式

连续导电模式对应电感电流恒大于零的情形。电路的工作原理是：设电路已处于稳定工作状态，在 $t=0$ 时，使 S 导通，因二极管 D 反向偏置，电感两端电压为 $u_L=U_i-U_o$，且为正。此时，电源通过电感 L 向负载传递能量，电感中的电流 i_L 从 I_1 线性增长至 I_2，储能增加。在 $t=t_{on}$ 时，使 S 关断，而 i_L 不能突变，故 i_L 将通过二极管 D 续流，L 储能消耗在负载 R 上，i_L 线性衰减，储能减少。此时 $u_L=-U_o$。由于 D 的单向导电性，i_L 只能向一个方向流动，即总有 $i_L \geqslant 0$，从而在负载 R 上获得单极性的直流电压。选择合适的电感电容值，并控制 S 周期性的开关，可控制输出电压平均值大小并使输出电压纹波在允许的范围内。显然 S 导通时间越长，传递到负载的能量越多，输出电压也就越高。S 导通和关断时的电压电流波形如图 9-4 所示。

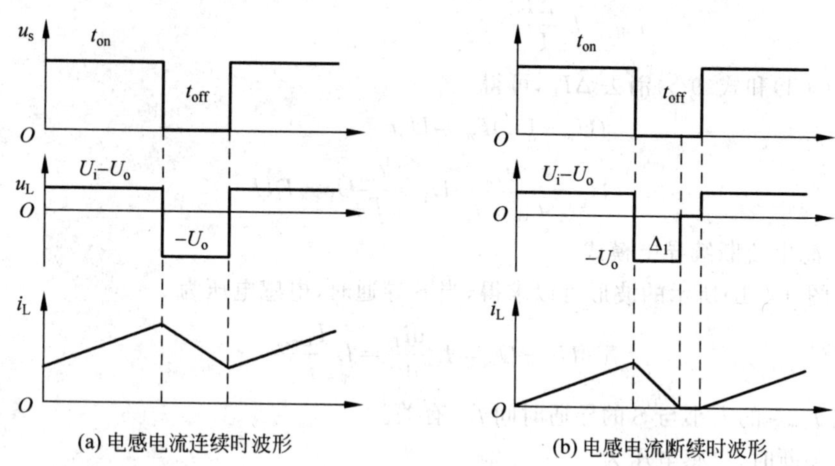

图 9-4　降压斩波电路电压电流波形图

2. 电感电流断续导电模式

在电感电流连续导电模式下的整个开关周期 T_S 中，电感电流 i_L 都大于 0，且介于 I_1 与 I_2 之间变化。电感电流断续导电模式是指在开关器件 S 关断的 t_{off} 期间内，电感电流 i_L 已降为 0，且保持一定时间，电路有三种工作状态：S 导通，D 截止；S 截止，D 导通；T、D 都截止，电感电流为 0。电路的工作原理是：在 $t=0$ 时，使 S 导通，情况与电流连续导电模式相同，电感中的电流 i_L 线性增长至 I_{Lmax}，储能增加。在 $t=t_{on}$ 时刻，使 S 关断，i_L 通过二极管 D 续流。但在 S 的下一个导通周期到来之前，i_L 已衰减到零，此时续流二极管 D 也截止，S 和 D 都截止时的等效电路如图 9-3(c)所示，电感电流断续导电模式的电压电流波形如图 9-4(b)所示。

3. 降压斩波电路输出电压分析

1）电感电流连续导电模式

在 t_{on} 期间，S 导通，根据 9-3(b)所示的等效电路，可得出电感 L 上的电压为

$$u_L=L\frac{di_L}{dt} \tag{9-3}$$

由于电感和电容无损耗，电流 i_L 从 T 导通时的电流初值 I_1 线性增长至终值为 I_2，因此式(9-3)可写成

$$U_i - U_o = L\frac{di_L}{dt} = L\frac{I_2 - I_1}{t_{on}} = L\frac{\Delta I_L}{t_{on}}$$

则

$$t_{on} = L\frac{\Delta I_L}{U_i - U_o} \tag{9-4}$$

式中，$\Delta I_L = I_2 - I_1$，为电感电流的变化量；U_o 为输出电压的平均值。

在 t_{off} 期间，S 关断，D 导通续流，电流 i_L 从 I_2 线性衰减至 I_1，因此有

$$-U_o = L\frac{di_L}{dt} = L\frac{I_1 - I_2}{t_{off}} = -L\frac{\Delta I_L}{t_{off}}$$

即

$$t_{off} = L\frac{\Delta I_L}{U_o} \tag{9-5}$$

由式(9-4)和式(9-5)消去 ΔI_L，可得

$$(U_i - U_o)t_{on} = U_o t_{off}$$

即

$$U_o = \frac{t_{on}}{t_{on} + t_{off}}U_i = \frac{t_{on}}{T_S}U_i = DU_i \tag{9-6}$$

2）电感电流断续导电模式

根据图 9-4(b)所示的波形可以求得，当 S 导通时，电感电压为

$$U_i - U_o = L\frac{di_L}{dt} = L\frac{I_{Lmax}}{t_{on}} \tag{9-7}$$

电流 I_{Lmax} 的大小与 S 的导通时间 t_{on} 有关。

当 S 关断时，电感电压为

$$U_o = -L\frac{di_L}{dt} = L\frac{I_{Lmax}}{t'_{off}} \tag{9-8}$$

设 $t'_{off} = \Delta T_S$，则由式(9-7)和式(9-8)可求得

$$DT_S(U_i - U_o) = \Delta T_S U_o$$

即

$$U_o = \frac{D}{D + \Delta}U_i \tag{9-9}$$

由此可以看出，电感电流断续情况下的输出电压更高。

9.2.2 升压斩波电路

升压斩波电路又称 Boost 斩波电路，用于将直流电源电压变换为高于其值的直流输出电压，实现能量从低压侧电源向高压侧负载的传递。其电路拓扑结构如图 9-5 所示。在图 9-5 中，实线部分表示开关器件导通时的回路，虚线部分表示开关器件关断时的回路。当采用 IGBT 作为开关器件 S 时，U_S 为开关器件 S 的驱动信号，当 U_S 处于高电平时开关器件 S 导通，当 U_S 处于低电平时开关器件 S 关断。

根据开关器件 S 的导通、断开不同情况，升压斩波电路也分为电感电流连续和不连续两种状态，如图 9-6 所示。

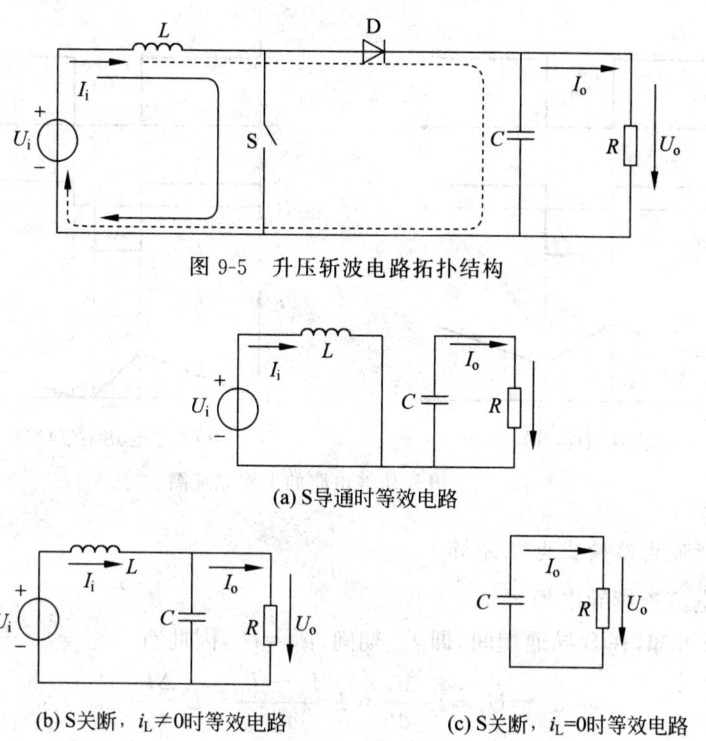

图 9-5 升压斩波电路拓扑结构

(a) S导通时等效电路

(b) S关断，$i_L \neq 0$时等效电路

(c) S关断，$i_L=0$时等效电路

图 9-6 升压斩波电路动态工作过程

1. 电感电流连续导电模式

电路工作原理是：设电路已处于稳定工作状态，在 $t=0$ 时，使 S 导通，二极管 D 承受反压而截止，电源电压全部加到电感 L 上，电感中的电流 i_L 从 I_1 线性增长至 I_2，储能增加；同时由电容 C 为负载 R 提供能量，对应的等效电路如图 9-6(a)所示。

在 $t=t_{on}$ 时刻，使 U_S 为低电平，S 关断，因电感电流不能突变，i_L 通过 D 将存储的能量提供给电容和负载，即电感储能传递到电容、负载侧。电感中的电流 i_L 从 I_2 线性减少至 I_1，储能减少，产生的感应电势阻止电流减少，感应电势 $U_L<0$，故 $U_o>U_i$，对应的等效电路如图 9-6(b)所示。S 导通和关断工况下各电量的工作波形如图 9-7(a)所示。

2. 电感电流断续导电模式

与降压斩波电路类似，升压斩波电路的工作模式也分连续和断续两种工作状态。当电路处于断续工作状态时，在开关管 S 关断的 t_{off} 期间内，输出电感电流 i_L 已降为零，且保持到下一个周期开始。电路同样有 3 种工作状态，即 S 导通，D 截止；S 截止，D 导通；S、D 都截止。

电路的工作原理是：在 $t=0$ 时，使 S 导通，情况与电流连续导电模式相同，电感中的电流 i_L 线性增长至 I_{Lmax}，储能增加。在 $t=t_{on}$ 时刻，使 S 关断，i_L 通过二极管 D 同时给电容 C 充电和为负载 R 提供能量。但在 S 下一个导通周期到来之前，i_L 已衰减到零，从而出现电流的断续现象，此时 S、D 都截止。S、D 都截止时的等效电路如图 9-6(c)所示，电感电流断续模式下的电压电流波形如图 9-7(b)所示。

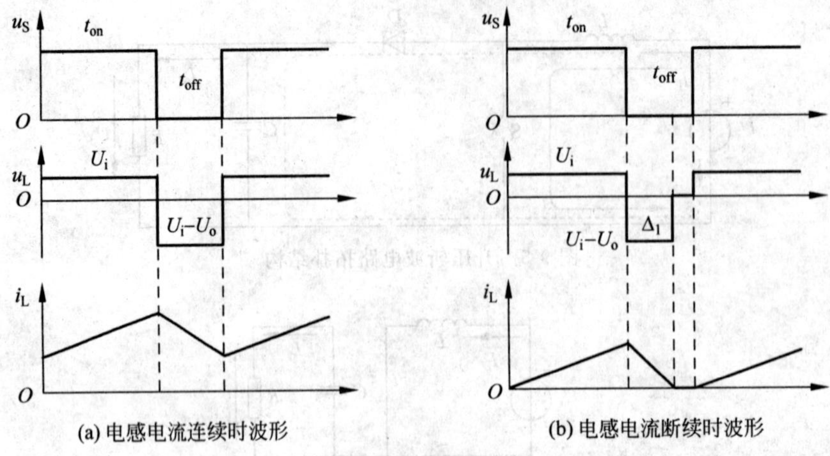

(a) 电感电流连续时波形　　(b) 电感电流断续时波形

图 9-7　升压斩波电路的工作原理图

3. 升压斩波电路输出电压分析

1）电感电流连续导电模式

由上分析可知，在S导通期间，即 t_{on} 期间，$u_L=U_i$，因此有

$$u_L=U_i=L\frac{di_L}{dt}=L\frac{I_2-I_1}{t_{on}}=L\frac{\Delta I_L}{t_{on}} \tag{9-10}$$

或

$$t_{on}=L\frac{\Delta I_L}{U_i} \tag{9-11}$$

式中，$\Delta I_L=I_2-I_1$，为电感 L 中电流的变化量。而在S关断期间，即 t_{off} 期间，$u_L=U_i-U_o$，有

$$u_L=U_i-U_o=L\frac{di_L}{dt}=L\frac{I_1-I_2}{t_{off}}=-L\frac{\Delta I_L}{t_{off}}$$

即

$$U_o-U_i=L\frac{\Delta I_L}{t_{off}} \tag{9-12}$$

所以

$$t_{off}=\frac{L}{U_o-U_i}\Delta I_L \tag{9-13}$$

从式(9-11)和式(9-13)消去 ΔI_L，整理可得

$$U_o=\frac{1}{1-D}U_i \tag{9-14}$$

2）电感电流断续导电模式

当S导通时，电感电压为

$$u_L=U_i=L\frac{di_L}{dt}=L\frac{I_{Lmax}}{t_{on}} \tag{9-15}$$

式中，电流 I_{Lmax} 为电感电流最大值，也是电感电流的增量。

当S关断时，电感电压为

$$u_L=U_i-U_o=L\frac{di_L}{dt}=-L\frac{I_{Lmax}}{t'_{off}} \tag{9-16}$$

设 $t'_{\mathrm{off}}=\Delta T_{\mathrm{S}}$，则由式(9-15)和式(9-16)可求得

$$U_{\mathrm{o}}=\frac{\Delta+D}{\Delta}U_{\mathrm{i}} \tag{9-17}$$

由此可以看出，电感电流断续时，升压斩波电路的输出电压也增大。

9.2.3 升降压斩波电路

升降压斩波电路又称 Buck-Boost 斩波电路，它是一种既可以升压，又可以降压的变换电路，输出电压相对于输入电压公共端为负极性输出。其电路拓扑结构如图 9-8 所示。在图 9-8 中，实线部分表示开关器件导通时的回路，虚线部分表示开关器件关断时的回路。当采用 IGBT 作为开关器件 S 时，U_{S} 为开关器件 S 的驱动信号，当 U_{S} 处于高电平时开关器件 S 导通，当 U_{S} 处于低电平时开关器件 S 关断。

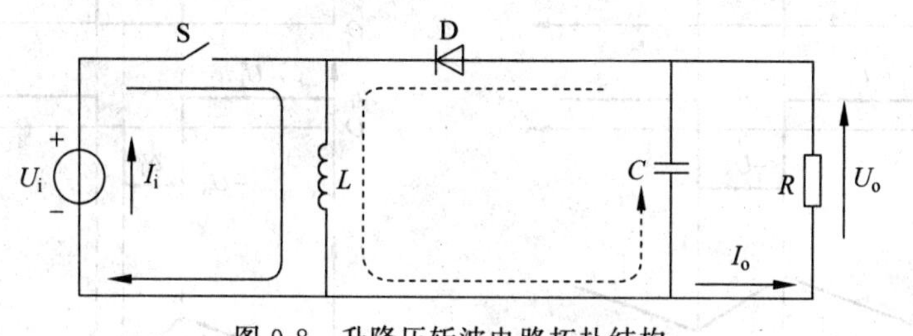

图 9-8 升降压斩波电路拓扑结构

根据开关器件 S 的导通、断开不同情况，升降压斩波电路也分为电感电流连续和不连续两种状态，如图 9-9 所示。

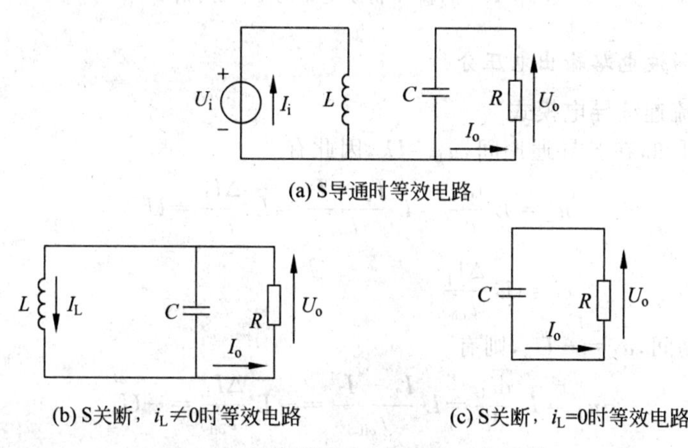

图 9-9 升降压斩波电路动态工作过程

1. 电感电流连续导电模式

从图 9-8 可以看出，随着开关器件 S 的通断，能量先存储到电感 L 中，然后再由电感向负载释放。电路工作原理如下：设电路已处于稳定工作状态，在 $t=0$ 时，使 S 导通，二极管 D 反偏而截止。一方面，电源电压全部加到电感上，电感中的电流 i_{L} 从 I_1 线性增长至 I_2，储能增加，能量从直流电源输入并存储到电感 L 中；另一方面，电容 C 维持输出电压基本恒定并向负载 R 供电，等效电路如图 9-9(a)所示。在 $t=t_{\mathrm{on}}$ 时刻，使 S 关断，由于

电感 L 中的电流 i_L 不能突变，并产生上负下正的感应电动势 u_L，当 u_L 大于负载电压 U_o 时，D导通，电感 L 经D将存储的能量传递给电容 C 和负载 R，等效电路如图9-9(b)所示。可见，负载电压极性与电源电压极性相反，与降压斩波电路和升压斩波电路的情况也相反，因此该电路也称反极性斩波电路。S导通和关断工况下各电量的工作波形如图9-10(a)所示。

2. 电感电流断续导电模式

在电感电流断续导电模式下，电流断续时的等效电路如图9-9(c)所示，电压电流波形如图9-10(b)所示。

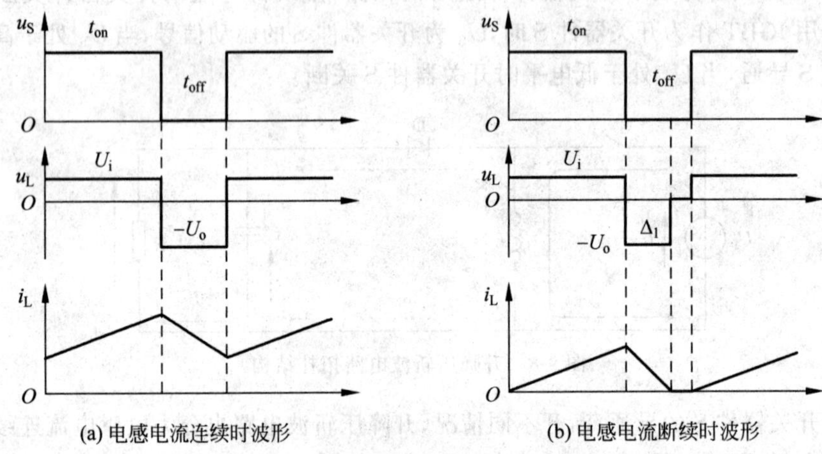

图9-10 升降压斩波电路的工作原理图

3. 升降压斩波电路输出电压分析

1) 电感电流连续导电模式

以上分析可知，在S导通期间，$u_L=U_i$，因此有

$$u_L=L\frac{\mathrm{d}i_L}{\mathrm{d}t}=L\frac{I_2-I_1}{t_{on}}=L\frac{\Delta I_L}{t_{on}}=U_i \tag{9-18}$$

即

$$U_i=L\frac{\Delta I_L}{t_{on}} \tag{9-19}$$

在S关断期间，$u_L=-U_o$，则有

$$u_L=L\frac{\mathrm{d}i_L}{\mathrm{d}t}=L\frac{I_1-I_2}{t_{off}}=-L\frac{\Delta I_L}{t_{off}}=-U_o$$

即

$$U_o=L\frac{\Delta I_L}{t_{off}} \tag{9-20}$$

在电路稳态工作时，t_{on} 期间电感电流的增加量等于 t_{off} 期间的减少量，由式(9-19)和式(9-20)得到

$$U_i t_{on}=U_o t_{off} \tag{9-21}$$

将 $t_{on}=DT_S$ 和 $t_{off}=(1-D)T_S$ 代入式(9-21)，可求得输出电压平均值，为

$$U_o=\frac{D}{1-D}U_i \tag{9-22}$$

当 $D=0.5$ 时，$U_o=U_i$，输出电压与输入电压大小保持不变；当 $0.5<D<1$ 时，$U_o>U_i$，输出电压的值大于输入电压，为升压变换；当 $0\leqslant D<0.5$，$U_o<U_i$，输出电压的值小于输入电压，为降压变换。

2）电感电流断续导电模式

与分析降压斩波电路和升压斩波电路类似，根据图 9-10(b)所示的波形可以求得各量之间的关系。当 S 导通和关断时，电感电压分别为

$$U_i=L\frac{I_{Lmax}}{t_{on}}=L\frac{I_{Lmax}}{DT_S} \tag{9-23}$$

和

$$U_o=L\frac{I_{Lmax}}{t'_{off}}=L\frac{I_{Lmax}}{\Delta T_S} \tag{9-24}$$

式中，I_{Lmax} 为电感电流的最大值，也是增量 ΔI_L 的值，$t'_{off}=\Delta T_S$。由式(9-23)和式(9-24)可求得

$$U_o=\frac{D}{\Delta}U_i \tag{9-25}$$

由此可以看出，电感电流断续时，升降压斩波电路的输出电压也增大。

9.2.4 Cuk 斩波电路

前面介绍的升压、降压、升降压斩波电路结构简单，各有特点，都具有直流电压变换功能。但电源输入电流和负载电流或电压都含有较大的纹波，尤其在电流断续的情况下，电流脉动更大，其产生谐波使电路的变换效率降低，若是大电流的高次谐波还会产生辐射而干扰其他的电子设备，使它们不能正常工作。

Cuk 斩波电路又称丘克斩波电路，是最佳拓扑斩波电路之一。其电路拓扑结构如图 9-11 所示。在图 9-11 中，实线部分表示开关器件导通时的回路，虚线部分表示开关器件关断时的回路。当采用 IGBT 作为开关器件 S 时，U_S 为开关器件 S 的驱动信号，当 U_S 处于高电平时开关器件 S 导通，当 U_S 处于低电平时开关器件 S 关断。

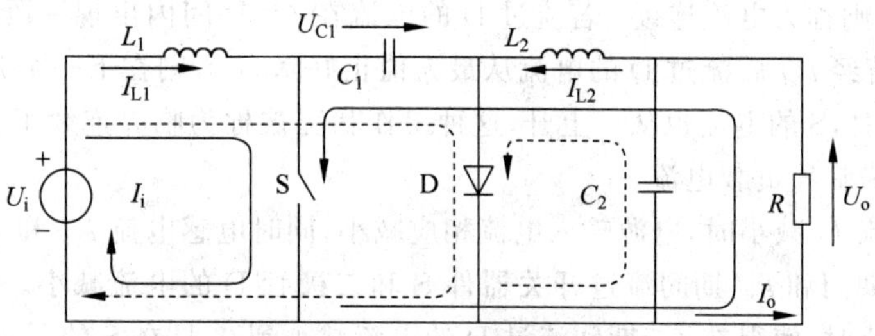

图 9-11 Cuk 斩波电路拓扑结构

根据开关器件 S 的导通、断开不同情况，升降压斩波电路也分为电感电流连续和不连续两种状态，如图 9-12 所示。

1. 电流连续导电模式

从图 9-11 可以看出，Cuk 斩波电路由升压与降压斩波电路串联而成的，属于升降压斩波电路。L_1 和 L_2 为储能电感，L_1 用于形成输入电流源，L_2 形成电流源输出，电路实

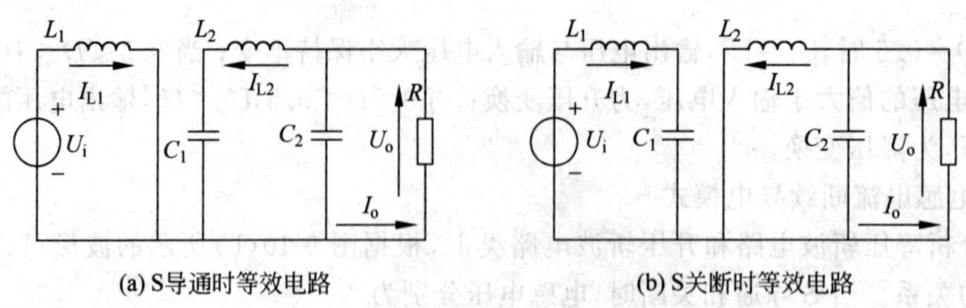

(a) S导通时等效电路　(b) S关断时等效电路

图 9-12　Cuk 斩波电路动态工作过程

质上可以看成是直流电流变换电路；电容 C_1 为存储和传递能量的耦合电容，C_2 为滤波电容。设电容 C_1 的容量足够大，则 $u_{C1}=U_{C1}$ 基本不变。

电路工作原理：设电路已处于稳定工作状态，在 $t=0$ 时，使开关器件 S 导通，二极管 D 因电容 C_1 电压反偏而截止，等效电路如图 9-12(a)所示。电源为电感 L_1 补充能量，电感 L_1 中的电流 i_{L1} 从 I_{11} 线性增长至 I_{12}，储能增加。S 导通时间越长，L_1 储能量就越多。同时，电容 C_1 将已存储的能量通过 S、L_2 传递给负载 R 和 C_2，电压 u_{C1} 略有下降，但基本保持不变。电感 L_2 中的电流 i_{L2} 从 I_{21} 线性增长至 I_{22}，电感 L_2 储能增加，而且负载电压和电源电压反极性。在此期间，流过 S 的电流为 $i_T=i_{L1}+i_{L2}$，$i_{C1}=i_{L2}$。

在 $t=t_{on}$ 时，使 S 关断，等效电路如图 9-12 所示。在此期间，L_1 中的感应电动势 u_{L1} 改变方向，电源电压 U_i 和电感电压 u_{L1} 的和大于电容电压 u_{C1}，二极管 D 正向偏置导通，对电容 C_1 充电，u_{C1} 略有上升，但基本维持不变。i_{L1} 从 I_{12} 线性减少至 I_{11}，储能下降。同时 L_2 经 D 为负载 R 提供能量，i_{L2} 从 I_{22} 线性减少至 I_{21}，电感 L_2 储能减少。这样在 S 导通期间，C_1 向负载放电，而在 S 关断期间，C_1 充电，C_1 起能量传递的作用。在此期间，流过 D 的电流为 $i_D=i_{L1}+i_{L2}$，$i_{C1}=-i_{L1}$。

2. 电流断续导电模式

Cuk 斩波电路也有连续和断续导电两种工作模式，但这里不是指电感电流的断流，而是指流过二极管 D 的电流连续或断流。在开关器件 S 关断的 t_{off} 期间内，若流过 D 的电流总是大于零，则称为电流连续；若流过 D 的电流在 t_{off} 期间内出现一段时间为 0，则称为电流断流；若经 t_{off} 后流过 D 的电流从最大值正好降为 0，则在下一个开关周期 T_S 开始，S 再次导通时，S 的电流也从 0 上升，这种工作状况被称为临界连续工作模式，这时的负载电流被称为临界负载电流。

当负载电流 I_o 减小时，电源输入电流相应减小，同时电感电流 i_{L1} 和 i_{L2} 也都相应地减小，使在 t_{on} 期间和 t_{off} 期间流过开关器件 S 和二极管 D 的电流减小。当负载电流 I_o 减小到一定数值时，使得在 t_{off} 期间流过 D 的电流减小到 0，且在 S 的下一个导通周期到来之前一直保持为 0，电路则进入电流断续工作状态，此时 D 处于截止状态，D 的实际导通时间为 $t'_{off}=\Delta T_S$。在电流断续模式下，电流断续时的等效电路如图 9-12(b)所示，电压电流波形如图 9-13(b)所示。

3. Cuk 斩波电路输出电压分析

1）电流连续导电模式

通过上述分析可知，Cuk 斩波电路与升降压斩波电路在结果上完全相同，但又有本质上区别。后者在开关关断期间靠电感 L 为电容 C 补充能量，输出电流波动较大；而前者在斩波周期内，由电容 C_1 从电源端向负载端传递能量，只要 L_1、L_2 和 C_1 足够大，就可保证输入、输出电流波动较小，可以认为是无纹波的。S 导通和关断工况下各电量的工作波形如图 9-13(a)所示。

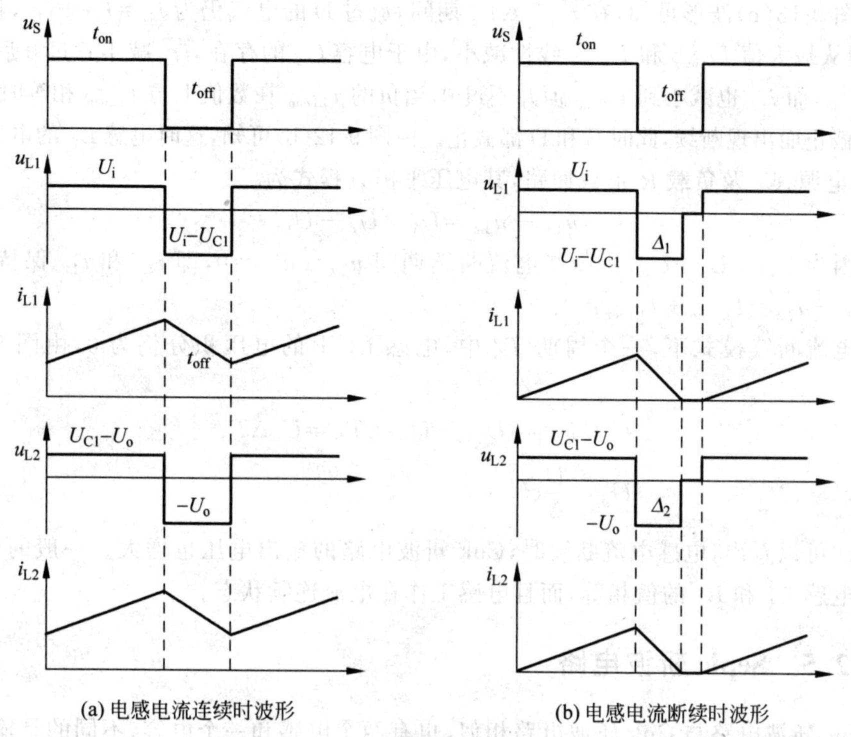

(a) 电感电流连续时波形　　(b) 电感电流断续时波形

图 9-13　Cuk 斩波电路的工作原理图

下面根据工作原理和工作波形推导电压与占空比之间的关系。在稳态时，由于电容 C_1 上的电压保持不变，且为 U_{C1}，则电感 L_1 和 L_2 的电压在一周期内的积分等于 0。

由图 9-13(a)波形可知，在 t_{on} 期间 $u_{L1}=U_i$；在 t_{off} 期间 $u_{L1}=U_i-U_{C1}$，因而对电感 L_1 有

$$U_iDT_S+(U_i-U_{C1})(1-D)T_S=0 \tag{9-26}$$

可得

$$\frac{D}{1-D}=\frac{U_{C1}-U_i}{U_i} \tag{9-27}$$

所以

$$U_{C1}=\frac{1}{1-D}U_i \tag{9-28}$$

对电感 L_2，在 t_{on} 期间 $u_{L2}=U_{C1}-U_o$；在 t_{off}，期间 $u_{L2}=-U_o$，同样有

$$(U_{C1}-U_o)DT_S+(-U_o)(1-D)T_S=0 \tag{9-29}$$

即

$$\frac{D}{1-D}=\frac{U_o}{U_{C1}-U_o} \tag{9-30}$$

所以

$$U_{C1}=\frac{1}{D}U_o \tag{9-31}$$

由式(9-28)和式(9-31)得

$$U_o = \frac{D}{1-D}U_i \tag{9-32}$$

2）电流断续导电模式

由图 9-13(b)波形可知，在 $t'_{off} = \Delta T_S$ 期间，流过 D 的电流仍为 $i_D = i_{L1} + i_{L2}$，且 i_{L1} 和 i_{L2} 分别从最大值 I_{L1max} 和 I_{L2max} 线性减小，由于电容 C_1 的存在，i_{L1} 减小并过 0 后反向减小到 I_{L1min}，而 i_{L2} 也减小到 I_{L2min} 但并不过 0，当负的 I_{L1min} 在数值上与 I_{L2min} 相等时，$i_D = 0$，因此 D 截止而出现断续，此时 S 和 D 都截止。由图 9-12(b)可知，这时电感 L_2 的电流 i_{L2} 经 C_1、L_1、电源、C_2 及负载 R 形成回路，其电压平衡方程式为

$$u_{L1} - u_{L2} = U_i + U_o - U_{C1} \tag{9-33}$$

又因为 $U_{C1} = U_i + U_o$，所以在电流断续期间 $u_{L1} = u_{L2} = 0$，即 i_{L1} 和 i_{L2} 保持恒值不变，且 $i_{L1} + i_{L2} = I_{L1min} + I_{L2min} = 0$。

在电流断续模式下，一个周期 T_S 中，电感 L_1 上的电压积分仍为 0，由图 9-13(b)可得

$$U_i DT_S = (U_{C1} - U_o)\Delta T_S = U_o \Delta T_S \tag{9-34}$$

所以

$$U_o = \frac{D}{\Delta}U_i \tag{9-35}$$

由此可以看出，电感电流断续时，Cuk 斩波电路的输出电压也增大。一般的情况下，取两个电感 L_1 和 L_2 的值相等，而且电感工作在电流连续状态。

9.2.5 Sepic 斩波电路

Sepic 斩波电路与 Cuk 斩波电路相似，也有两个电感和一个电容，不同的是输出电压极性和输入电压相同。它的特点是输入部分类似于升压斩波电路，输出部分类似于升降压斩波电路，但为正极性输出，即输出电压与输入电压极性相同。其电路拓扑结构如图 9-14 所示。在图 9-14 中，实线部分表示开关器件导通时的回路，虚线部分表示开关器件关断时的回路。当采用 IGBT 作为开关器件 S 时，U_S 为开关器件 S 的驱动信号，当 U_S 处于高电平时开关器件 S 导通，当 U_S 处于低电平时开关器件 S 关断。

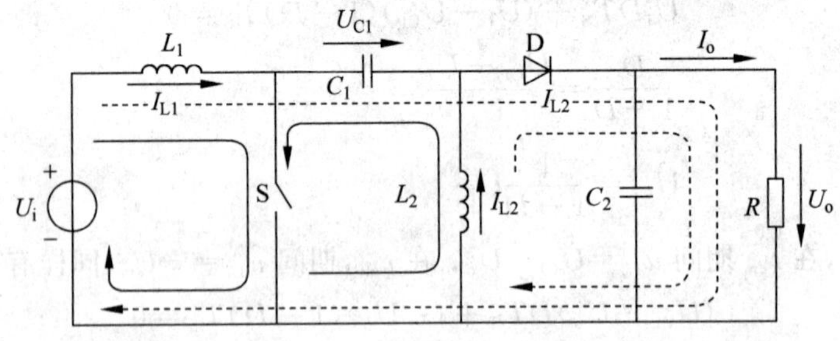

图 9-14 Sepic 斩波电路拓扑结构

根据开关器件 S 的导通、断开不同情况，升降压斩波电路也分为电感电流连续和不连续两种状态，如图 9-15 所示。

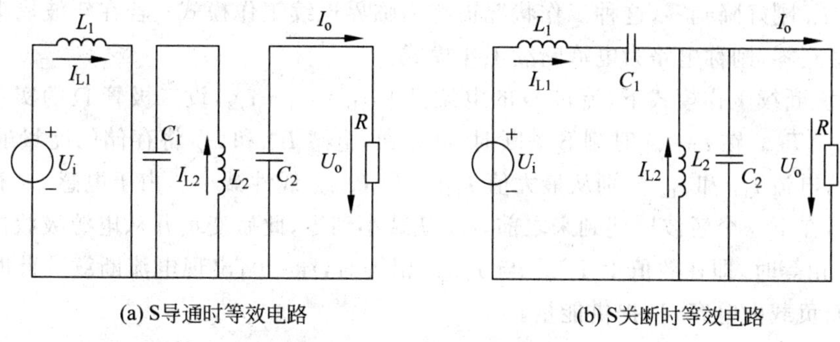

图 9-15　电感电流连续时 Sepic 斩波电路动态工作过程

1. 电流连续导电模式

由图 9-14 可以看出，在 Sepic 斩波电路中，电感 L_1、开关器件 S 构成升压斩波电路；电感 L_2、二极管 D 及负载 R、滤波电容 C_2 构成升降压斩波电路；两级电路之间用电容 C_1 耦合，用于传递能量。与 Cuk 斩波电路类似，由于电容 C_1 的容量足够大，所以 $u_{C1}=U_{C1}$ 基本不变。

电路工作原理：设电路已处于稳定工作状态，在 $t=0$ 时，S 导通，D 因 C_1 电压反偏而截止，等效电路如图 9-15(a)所示。L_1 从电源获取能量，储能增加，且电流 i_{L1} 从 I_{11} 线性增长至 I_{12}。S 导通时间越长，L_1 储能量就越多。同时，C_1 将已存储的能量通过 S、L_2 释放，电压 u_{C1} 略有下降，而电感 L_2 储能增加，电流 i_{L2} 从 I_{21} 线性增长至 I_{22}。此时由 C_2 为负载 R 提供能量，u_{C2} 下降，但由于 C_2 一般取值较大，所以 $u_{C2}=U_o$ 下降较少，基本维持不变，且负载电压和电源电压极性相同。在此期间，流过 S 的电流为 $i_s=i_{L1}+i_{L2}$，$i_{C1}=i_{L2}$。

在 $t=t_{on}$ 时，S 关断，则 D 导通，等效电路如图 9-15(b)所示。在此期间，电源和电感 L_1 共同向 C_1 和负载供电，C_1 储能增加，C_2 充电，u_{C2} 略有上升，但基本维持不变，同样负载电压和电源电压极性相同。而 i_{L1} 从 I_{12} 线性减少至 I_{11}，储能下降。与此同时由于电感电流 i_{L2} 的方向不变，电感 L_2 也向负载释放储存的能量，但 i_{L2} 从 I_{22} 线性减少至 I_{21}，流过二极管 D 的电流 i_D 为 i_{L1} 与 i_{L2} 之和，即 $i_D=i_{L1}+i_{L2}$，$i_{C1}=-i_{L1}$。

由以上分析可知，与 Cuk 斩波电路比较，在 S 导通和 D 截止期间，Sepic 斩波电路靠电容 C_2 为负载提供能量，电容 C_1 则为电感 L_2 补充能量；而 Cuk 斩波电路则由电容 C_1 向负载提供能量的同时，又为电感 L_2 补充能量。在 S 关断和 D 导通期间，Sepic 斩波电路由电源和电感 L_1 共同为电容 C_1 补充能量的同时，还与电感 L_2 一起为负载提供能量；而 Cuk 斩波电路则由电感 L_2 向负载提供能量。因此，如果 Cuk 斩波电路中的电感 L_2 和 Sepic 斩波电路中的电容 C_2 选择得足够大，即可保证输出电压和电流波动较小，可以认为是无纹波的。

2. 电流断续导电模式

与 Cuk 斩波电路一样，Sepic 斩波电路也有连续和断续导电两种工作模式。且不论工作在哪一种模式，在开关器件 S 导通时，流过的电流 i_T 为两电感电流之和，即 $i_S=i_{L1}+i_{L2}$；而在 S 关断后，流过二极管 D 的电流 i_D 也为两电感电流之和，即 $i_D=i_{L1}+i_{L2}$。若在斩波周

期结束时 i_D 刚好降到零，这种工作状况被称为临界连续工作模式；若在斩波周期结束之前 i_D 已降到零，则称电路为电流断续工作模式。

在电流断续工作模式下，流过 D 的电流仍为 $i_D=i_{L1}+i_{L2}$，设二极管 D 的实际导通时间为 $t'_{off}=\Delta T_S$。在 $t=t_{on}$ 时刻 S 关断时，D 导通，电感 L_1 和 L_2 将存储的能量通过 D 释放给负载，电流 i_{L1} 和 i_{L2} 分别从最大值 I_{L1max} 和 I_{L2max} 线性减小。由于电感 L_2 存储的能量不够多，在下一个斩波周期到来之前，i_{L2} 就减小到零，此后变负并从电源吸收能量。当 i_{L1} 和 i_{L2} 相等时，即在数值上 I_{L1min} 与 I_{L2min} 相等时，$i_D=0$，出现电流断续。此时 S 和 D 都截止，而负载由电容 C_2 提供能量。

3. Sepic 斩波电路输出电压分析

1）电流连续导电模式

由电路的工作原理和工作波形可以推导出电压与占空比之间的关系。同样假定在稳态时，电容 C_1 上的电压不变且为 U_{C1}，则电感 L_1 和 L_2 的电压在一周期内的积分等于 0。

由图 9-16(a)所示波形可知，在 t_{on} 期间 $u_{L1}=U_i$；在 t_{off} 期间 $u_{L1}=U_i-U_{C1}-U_o$，因而对电感 L_1 有

$$U_iDT_S+(U_i-U_{C1}-U_o)(1-D)T_S=0 \tag{9-36}$$

可得

$$\frac{D}{1-D}=\frac{U_{C1}+U_o-U_i}{U_i} \tag{9-37}$$

所以

$$U_{C1}=\frac{1}{1-D}U_i-U_o \tag{9-38}$$

对电感 L_2，在 t_{on} 期间，$u_{L2}=U_{C1}$；在 t_{off} 期间，$u_{L2}=-U_o$，故有

$$U_{C1}DT_S+(-U_o)(1-D)T_S=0 \tag{9-39}$$

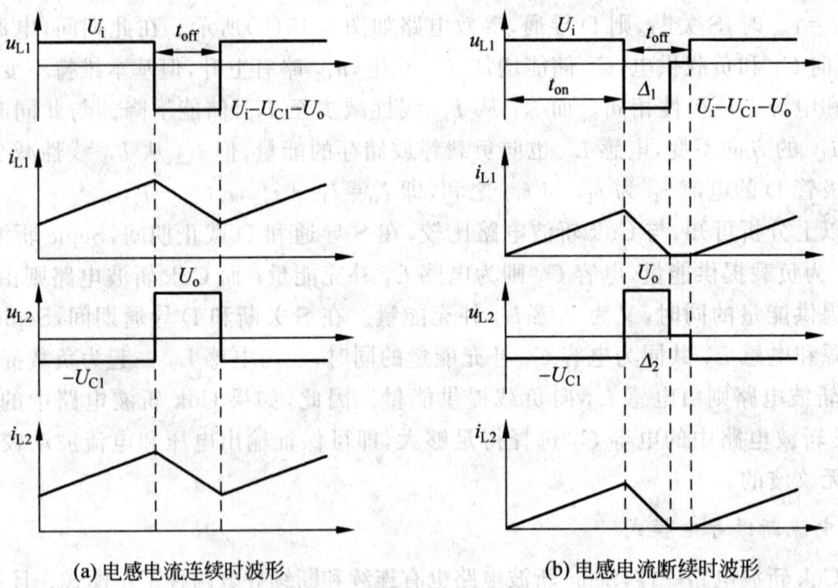

图 9-16 Sepic 斩波电路的工作原理图

即
$$\frac{D}{1-D}=\frac{U_o}{U_{C1}} \tag{9-40}$$

所以
$$U_{C1}=\frac{1-D}{D}U_o \tag{9-41}$$

由式(9-38)和式(9-41)得
$$U_o=\frac{D}{1-D}U_i \tag{9-42}$$

由式(9-42)可知,Sepic 斩波电路也是升降压斩波电路,改变占空比 D,即可改变输出电压的大小。

2) 电流断续导电模式

由于电感的电压在一周期内的积分等于 0,因此,对电感 L_1 有
$$U_iDT_S=(U_i+U_o-U_{C1})\Delta T_S \tag{9-43}$$

所以
$$U_iD=(U_i+U_o-U_{C1})\Delta \tag{9-44}$$

对电感 L_2 有
$$U_{C1}DT_S=U_o\Delta T_S \tag{9-45}$$

所以
$$U_{C1}D=U_o\Delta \tag{9-46}$$

将式(9-44)带入式(9-46)并整理可得
$$U_{C1}=U_i \tag{9-47}$$

可见,不论电路工作在连续还是断续模式,总有式(9-47)成立。且由式(9-46)和式(9-47)可以得到输入电压与输出电压之间的关系,即
$$U_o=\frac{D}{\Delta}U_i \tag{9-48}$$

9.2.6 Zeta 斩波电路

与 Sepic 斩波电路相比,Zeta 斩波电路是将 Sepic 斩波电路的开关器件 S 和电感 L_1 的位置对调,将 D 和 L_2 的位置对调,电容 C_1 的位置不变,且 C_1 同样起能量传递的作用。其电路拓扑结构如图 9-17 所示。在图 9-17 中,实线部分表示开关器件导通时的回路,虚线部分表示开关器件关断时的回路。从电路可以看出,Zeta 斩波电路的特点是输入部分类似于升降压电路,而输出部分类似于降压电路,同样输出电压与输入电压极性相同。

当采用 IGBT 作为开关器件 S 时,U_S 为开关器件 S 的驱动信号,当 U_S 处于高电平时开关器件 S 导通,当 U_S 处于低电平时开关器件 S 关断。根据开关器件 S 的导通、断开不同情况,升降压斩波电路也分为电感电流连续和不连续两种状态,如图 9-17 所示。

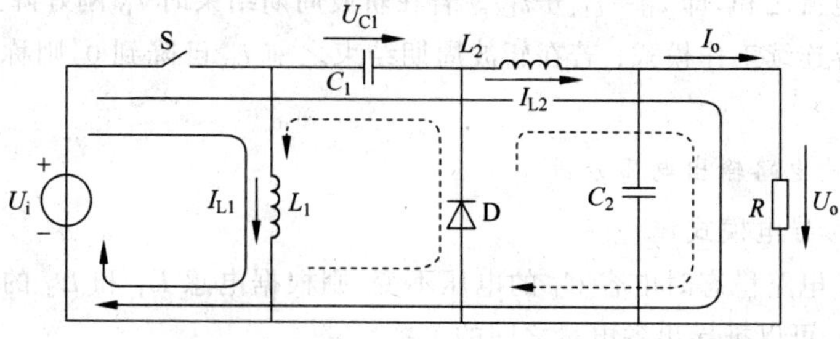

图 9-17 Zeta 斩波电路拓扑结构

1. 电流连续导电模式

由假设电容 C_1 的容量足够大，则在电路稳定工作状态时，电压 $u_{C1}=U_{C1}$ 基本不变。电路工作原理如下：在 $t=0$ 时，使开关器件 S 导通，D 因 C_1 电压反偏而截止，等效电路如图 9-18(a)所示。L_1 从电源获取能量，储能增加，且电流 i_{L1} 从 I_{11} 线性增长至 I_{12}。同时，电容 C_1 电压 U_{C1} 和电源电压共同作用于电感 L_2，为负载提供能量，电感 L_2 储能增加，电流 i_{L2} 从 I_{21} 线性增长至 I_{22}。电感电流 i_{L1} 和 i_{L2} 全部流过开关器件 S，因此，$i_T=i_{L1}+i_{L2}$，$i_D=0$。电容 C_1 释放能量，且 $i_{C1}=i_{L2}$。

在 $t=t_{on}$ 时刻，S 关断，而 D 导通，等效电路如图 9-18(b)所示。在此期间，电感 L_1 将储存的能量向 C_1 转移，电流 i_{L1} 从 I_{12} 线性减少至 I_{11}，电感 L_1 储能下降。C_1 储能增加，由于 C_1 容量较大，电压 U_{C1} 的增加量较小，可以认为 U_{C1} 恒定。与此同时，L_2 为负载和 C_2 供电，电感电流 i_{L2} 从 I_{22} 线性减少至 I_{21}。电感电流 i_{L1} 和 i_{L2} 全部流经二极管 D，电流 i_D 为 i_{L1} 与 i_{L2} 之和，即 $i_D=i_{L1}+i_{L2}$，$i_S=0$。电容 C_1 吸收能量，且 $i_{C1}=-i_{L1}$。

由以上分析可知，在 S 导通和 D 截止期间，Zeta 斩波电路一方面由电源为电感 L_1 补充能量，另一方面与电容 C_1 共同为电感 L_2 补充能量和给负载供电；而在 S 关断和 D 导通期间，电感 L_1 为电容 C_1 补充能量，负载则由电感 L_2 单独提供能量。这种电路可以获得输出电压和电流的稳态特性。各电量的工作波形如图 9-18 所示。

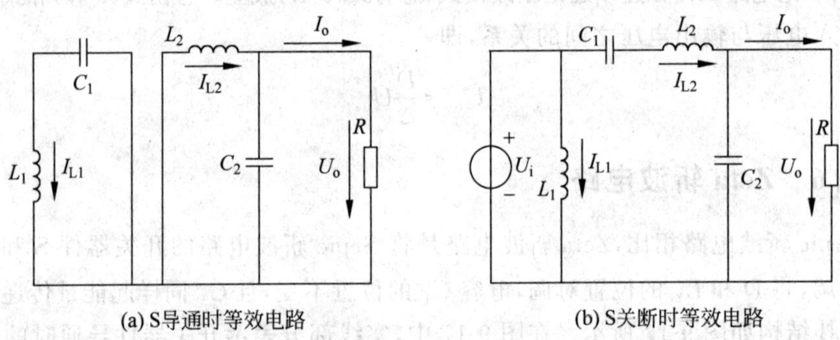

图 9-18 电感电流连续时 Zeta 斩波电路动态工作过程

2. 电流断续导电模式

与 Sepic 斩波电路一样，在 Zeta 斩波电路中，当开关器件 S 导通时，流过它的电流 i_S 为电感 L_1 和 L_2 的电流之和，即 $i_S=i_{L1}+i_{L2}$；而在 S 关断后，流过二极管 D 的电流 i_D 同样也为两电感电流之和，即 $i_D=i_{L1}+i_{L2}$。若在斩波周期结束时 i_D 刚好降到 0，这种工作状况被称为临界连续工作模式；若在斩波周期结束之前 i_D 已降到 0，则称电路为电流断续工作模式。

3. Zeta 斩波电路输出电压分析

1）电流连续导电模式

由于假定了电路稳态时电容 C_1 的电压不变，则根据电感 L_1 和 L_2 的电压在一周期内的积分等于 0，可以推导出各电量之间的关系。

从以上分析和图 9-19(a)波形可知，对电感 L_1 而言，在 t_{on} 期间 $u_{L1}=U_i$；在 t_{off} 期间 $u_{L1}=-U_{C1}$，因而有

$$U_i DT_S+(-U_{C1})(1-D)T_S=0 \tag{9-49}$$

即

$$\frac{D}{1-D}=\frac{U_{C1}}{U_i} \tag{9-50}$$

所以

$$U_{C1}=\frac{D}{1-D}U_i \tag{9-51}$$

对电感 L_2，在 t_{on} 期间 $u_{L2}=U_i+U_{C1}-U_o$；在 t_{off} 期间 $u_{L2}=-U_o$，有

$$(U_i+U_{C1}-U_o)DT_S+(-U_o)(1-D)T_S=0 \tag{9-52}$$

即

$$U_{C1}=\frac{U_o-DU_i}{D} \tag{9-53}$$

由式(9-51)和式(9-53)得

$$U_o=\frac{D}{1-D}U_i \tag{9-54}$$

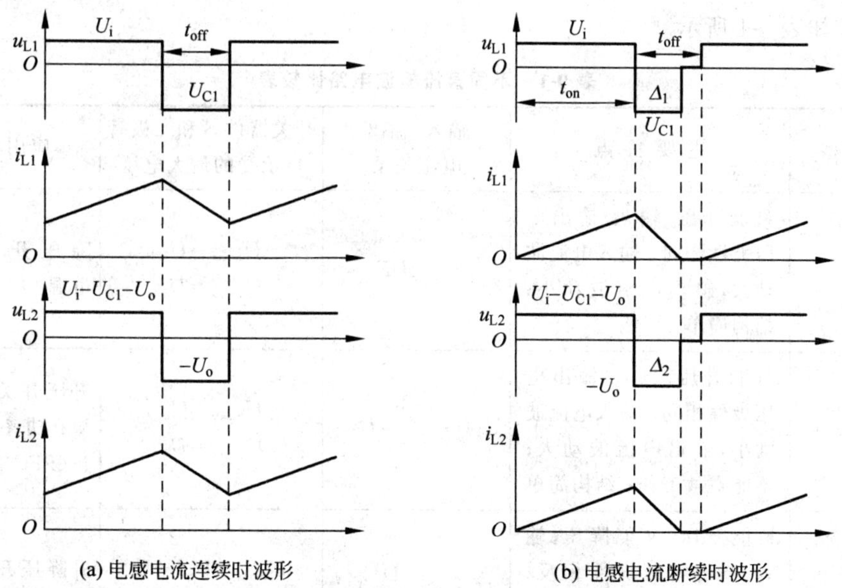

图 9-19 Zeta 斩波电路的工作原理图

2) 电流断续导电模式

由于电感的电压在一周期内的积分等于 0，因此，对电感 L_1 有

$$U_i DT_S=U_{C1}\Delta T_S \tag{9-55}$$

对电感 L_2 有

$$(U_i+U_{C1}-U_o)DT_S=U_o\Delta T_S \tag{9-56}$$

由式(9-55)和式(9-56)可得

$$U_o = \frac{D}{\Delta} U_i \tag{9-57}$$

将式(9-57)代入式(9-55)可得

$$U_{C1} = U_o \tag{9-58}$$

可见,不论电路工作在连续还是断续模式,总有式(9-58)成立。

9.3 直流斩波电路比较

前两节介绍了六种直流斩波电路,其中降压(Buck)和升压(Boost)斩波电路是最基本的斩波电路,升降压(Buck-Boost)和Cuk斩波电路是由Buck和Boost斩波电路组合构成的。而Sepic和Zeta斩波电路,则分别由Boost和Buck-Boost以及Buck-Boost和Buck斩波电路复合构成,它们均只有一个开关器件S和一个二极管D及电感、电容构成。由于电感的数量和位置不同,其输入、输出电流的波动也不一样,有各自的特点,因此也适合于不同的应用场合。

需要特别说明的是,除Buck电路外,其他五种斩波电路均具有升压功能,应尽量避免工作在输出端开路或空载状态下,否则将产生高压而损坏电路器件。不同直流斩波电路的比较如表9-1所示。

表9-1 不同直流斩波电路比较表

电路类型	主要特点	输入/输出电压关系	开关器件S和二极管D承受的最大电压	应用场合
降压型(Buck)	只能降压,输入/输出电压极性相同;输入电流波动大,输出电流波动小;结构简单	$U_o = DE$	$U_{Smax} = U_i$ $U_{Dmax} = U_i$	降压开关稳压电源
升压型(Boost)	只能升压,输入/输出电压极性相同;输入电流波动小,输出电流波动大;不能空载工作;结构简单	$U_o = \frac{1}{1-D} U_i$	$U_{Smax} = U_o$ $U_{Dmax} = U_o$	升压开关稳压电源;功率因数校正(PFC)电路
升降压型(Buck-Boost)	既能升压,又能降压,输入/输出电压极性相反;输入/输出电流波动大;不能空载工作;结构简单	$U_o = -\frac{D}{1-D} U_i$	$U_{Smax} = U_o + U_i$ $U_{Dmax} = U_o + U_i$	升降压开关稳压电源
Cuk型	既能升压,又能降压,输入/输出电压极性相反;输入/输出电流波动小;不能空载工作;结构复杂	$U_o = -\frac{D}{1-D} U_i$	$U_{Smax} = U_o + U_i$ $U_{Dmax} = U_o + U_i$	对输入/输出波动要求较高的升降压开关稳压电源

续表

电路类型	主要特点	输入/输出电压关系	开关器件S和二极管D承受的最大电压	应用场合
Sepic型	既能升压，又能降压，输入/输出电压极性相同；输入电流波动小，输出电流波动大；不能空载工作；结构复杂	$U_o=\frac{D}{1-D}U_i$	$U_{Smax}=U_o+U_i$ $U_{Dmax}=U_o+U_i$	对输入波动要求较高的升降压开关稳压电源；升降压功率因数校正(PFC)电路
Zeta型	既能升压，又能降压，输入/输出电压极性相同；输入电流波动大，输出电流波动小；不能空载工作；结构复杂	$U_o=\frac{D}{1-D}U_i$	$U_{Smax}=U_o+U_i$ $U_{Dmax}=U_o+U_i$	对输出波动要求较高的升降压开关稳压电源

9.4 实训 直流斩波电路原理实验

1. 实训目标

(1) 加深理解斩波器电路的工作原理。

(2) 掌握斩波器主电路、触发电路的调试步骤和方法。

(3) 熟悉斩波器电路各点的电压波形。

2. 实训所需器件

本实训所需器件如表9-2所示。

表9-2 实训所需器件

序号	型号	备注
1	DJK01电源控制屏	该控制屏包含"三相电源输出"等几个模块
2	DJK05直流斩波电路	该挂件包含触发电路及主电路两个部分
3	DJK06给定及实验器件	该挂件包含"给定"等模块
4	D42三相可调电阻	
5	双踪示波器	自备
6	万用表	自备

3. 实训线路原理及分析

本实训采用脉宽可调的晶闸管斩波器，主电路如图9-20所示。其中，VT_1为主晶闸管，VT_2为辅助晶闸管，C和L_1构成振荡电路，它们与VD_2、VD_1、L_2组成VT_1的换流关断电路。当接通电源时，C经L_1、VD_1、L_2及负载充电至$+U_{d0}$，此时VT_1、VT_2均不导通，当主脉冲到来时，VT_1导通，电源电压将通过该晶闸管加到负载上。当辅助脉冲到来时，VT_2导通，C通过VT_2、L_1放电，然后反向充电，其电容的极性从$+U_{d0}$变为$-U_{d0}$，当充电电流下降到零时，VT_2 自行关断，此时 VT_1 继续导通。VT_2 关断后，电容 C 通过 VD_1 及 VT_1 反向放电，流过 VT_1 的电流开始减小，当流过 VT_1 的反向放电电流与负载电流相同时，VT_1 关断；此时，电容 C 继续通过 VD_1、L_2、VD_2 放电，然后经 L_1、VD_1、L_2 及负载充电至 $+U_{d0}$，电源停止输出电流，等待下一个周期的触发脉冲到来。VD_3 为续流二极管，为反电势负载提供放电回路。

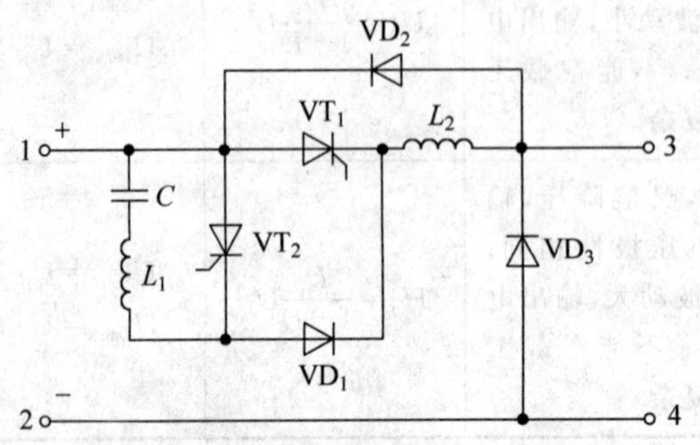

图 9-20 实训主电路图

从以上斩波器工作过程可知，控制 VT_2 脉冲出现的时刻即可调节输出电压的脉宽，从而可达到调节输出直流电压的目的。VT_1、VT_2 的触发脉冲间隔由触发电路确定。

实训接线如图 9-21 所示，电阻 R 用 D42 三相可调电阻，用其中一个 900Ω 的电阻；励磁电源和直流电压、电流表均在控制屏上。

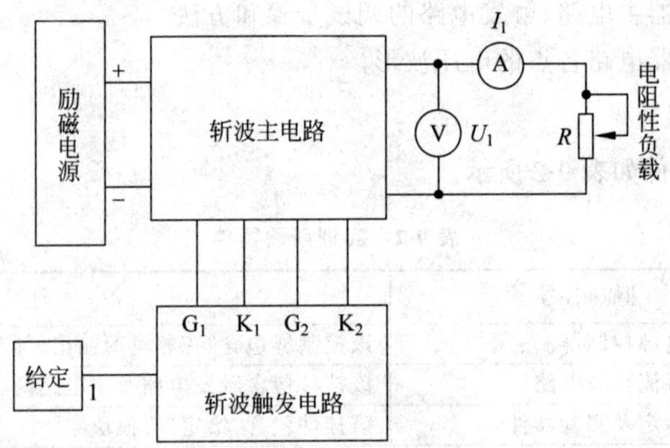

图 9-21 实训接线图

4. 实训内容

(1) 直流斩波器触发电路调试。

(2) 直流斩波器接电阻性负载。

(3) 直流斩波器接电阻电感性负载(选做)。

5. 预习要求

(1) 阅读有关斩波器的内容，弄清脉宽可调斩波器的工作原理。

(2) 学习有关斩波器及其触发电路的内容，掌握斩波器及其触发电路的工作原理及调试方法。

6. 思考题

(1) 直流斩波器有哪几种调制方式？本实训中的斩波器为何种调制方式？

(2) 本实训采用的斩波器主电路中电容 C 起什么作用？

7. 实训方法

1) 斩波器触发电路调试

调节 DJK05 面板上的电位器 RP_1、RP_2，RP_1 调节锯齿波的上下电平位置，而 RP_2 为调节锯齿波的频率。先调节 RP_2，将频率调节到 200Hz～300Hz，然后在保证三角波不失真的情况下，调节 RP_1 为三角波提供一个偏置电压(接近电源电压)，使斩波主电路工作时有一定的起始直流电压，供晶闸管一定的维持电流，保证系统能可靠工作，将 DJK06 上的给定接入，观察触发电路的第二点波形，增加给定，使占空比从 0.3 调到 0.9。

2) 斩波器带电阻性负载

(1) 按图 9-20 实验线路接线，直流电源由电源控制屏上的励磁电源提供，接斩波主电路(要注意极性)，斩波器主电路接电阻负载，将触发电路的输出 G_1、K_1、G_2、K_2 分别接至 VT_1、VT_2 的门极和阴极。

(2) 用示波器观察并记录触发电路的 G_1、K_1、G_2、K_2 波形，并记录输出电压 U_d 及晶闸管两端电压 U_{VT1} 的波形，注意观测各波形间的相对相位关系。

(3) 调节 DJK06 上的"给定"值，观察在不同 τ(即主脉冲和辅助脉冲的间隔时间)时 U_d 的波形，并记录相应的 U_d 和 τ 于表 9-3 中，从而画出 $U_d=f(\tau/T)$ 的关系曲线，其中 τ/T 为占空比。

表 9-3　实训记录表

τ						
U_d						

3) 斩波器带电阻电感性负载(选做)

要完成该实验，需加一个电感。关断主电源后，将负载改接成电阻电感性负载，重复上述电阻性负载时的实训步骤。

8. 实训报告

(1) 整理并画出实训中记录的各点波形，画出不同负载下 $U_d=f(\tau/T)$ 的关系曲线。

(2) 讨论、分析实训中出现的各种现象。

9. 注意事项

(1) 可参考 6.5 实训的实训前准备。

(2) 触发电路调试好后，才能接主电路实验。

(3) 将 DJK06 上的"给定"与 DJK05 的公共端相连，以使电路正常工作。

(4) 负载电流不要超过 0.5A，否则容易造成电路失控现象。

(5) 当斩波器出现失控现象时，请首先检查触发电路参数设置是否正确，确保无误后将直流电源的开关重新打开。

小　结

由以上六种直流斩波电路的工作情况分析，可以得出电路具体的工作过程和输出电压。其中，降压(Buck)和升压(Boost)斩波电路是最基本的，在此基础上可以进行组合和扩展，得到其他4种既可以升压，又能够降压的电路。

升降压(Buck-Boost)和Cuk斩波电路的输出电压和输入电压极性相反，而Sepic斩波电路和Zeta斩波电路的输出电压和输入电压极性相同。Cuk斩波电路和Zeta斩波电路的输入电流和输出电流都是连续的，波动很小，有利于滤波。

习　题

(1) 简述直流斩波电路的基本原理。

(2) 说明降压斩波电路和升压斩波电路的工作原理。

(3) 对比分析六种直流斩波电路的工作情况。

模块10

电力电子技术应用实例

铁路机车，又称作火车头，是铁路中专门提供动力的车辆。铁路机车包含电力机车和内燃机车两种形式。电力电子技术广泛地应用于电力机车和内燃机车（包括交-直流电传动内燃机），涉及牵引传动、辅助电器控制等各方面，是机车技术的重要组成部分。

本模块要学习几种典型的机车牵引传动系统、空调控制系统中的相关电力电子技术应用，并掌握对以上应用的分析能力。

学习目标

1. 知识目标

(1) 了解韶山4型电力机车牵引整理器供电原理。

(2) 了解韶山4改进型电力机车牵引整理器供电原理。

(3) 掌握机车空调电源系统工作原理。

2. 能力目标

依据韶山4型电力机车、韶山4改进型电力机车、内燃机车空调电源资料，完成以下任务。

(1) 识读韶山4型电力机车简化主电路。

(2) 说明机车加馈电阻制动的工作原理。

(3) 简述机车空调电源主电路的工作原理。

3. 素质目标

(1) 培养利用网络自学的能力。

(2) 在学习过程中培养严谨认真的态度、经济效率意识、创新和挑战意识。

(3) 在学习过程中培养严谨认真的态度。

(4) 能客观、公正地进行学习自我评价及对小组成员的评价。

10.1 韶山4型电力机车牵引整流器供电系统

10.1.1 韶山4型电力机车牵引整流器

韶山4型(SS4)电力机车是我国第三代电力机车的“领头”产品，于1989年获国家科技进步一等奖。随着我国电力电子技术和功率器件的发展和应用，我国交-直流传动电力机车的调压调速技术实现了换代的跨越式发展，经历了第一代韶山1型、韶山2型电力机车的低压侧或高压侧调压开关调幅式的有级调压调速技术，到第二代韶山3型电力机车采用调压开关分级和级间晶闸管相控平滑调压相结合的调压调速技术，再到第三代韶山4型至韶山8型电力机车的多段桥晶闸管相控无级平滑调压调速的发展历程。第三代电力机车以韶山4型为起点，使晶闸管相控调压调速的交—直传动电力机车形成了电力机车家族。

1. 韶山4型电力机车主电路的特点

韶山4型(SS4)和韶山4改进型(SS4G)电力机车的电气线路主要有主牵引电路、辅助供电电路、有触点控制电路、控制电源电路和电子控制电路5大部分，整个控制系统十分庞大和复杂，本节介绍SS4型电力机车的牵引整流器供电系统。

1）牵引电动机供电方式

重载货运八轴SS4型电力机车的牵引供电电路如图10-1所示，使用直流串励牵引电动机，采用传统的交—直流供电方式；牵引电机采用“转向架独立供电方式”，1台转向架的两台牵引电机并联，由1台相控式主整流器供电，全车4个两轴转向架，具有4台独立的相控主整流器。网侧电流从接触网流入升起的受电弓，经25kV车顶母线分为两路，一路进本节车，经主断路器4、主变压器高压绕组AX进入车体，经车体与转向架间软线和轴箱电刷到车轮和钢轨；另一路，经25kV高压连接器到另一节车的车顶母线。全车8台电机牵引，总功率为6400kW。

2）整流调压电路

图10-1为在牵引工况、给两个转向架供电的主电路原理图。两台电机1M和2M并联，由原理图左侧的前转向架供电，两台电机3M和4M并联，由右侧的后转向架供电。主变压器二次绕组分为4组，a1b1x1与a2x2绕组供电给主整流器11和13，组成前转向架供电单元；a3b3x3与a4x4绕组供电给主整流器12和14，组成后转向架供电单元。下面以前转向架供电单元为例加以说明。

主整流器采用不对称不等分四段经济半控桥式整流电路，采用顺序控制和开关控制相结合的移相控制方式。给前、后转向架供电的整流器各组成一独立柜体，分别由两大段不对称桥组成。绕组电压安排$U_{\mathrm{a1b1}}=U_{\mathrm{b1x1}}=\frac{1}{4}U_2$，$U_{\mathrm{a2x2}}=\frac{1}{2}U_2$，$U_2$为两牵引绕组电压之和。

从结构上看，电路实际是三段不等分桥，即$\frac{1}{4}$、$\frac{1}{4}$、$\frac{1}{2}$，但可通过$T_1\sim T_6$之间的顺序控制与开关控制相结合的方式达到等分四段的效果。具体的绕组供电状况、元器件的触发控制顺序、移相导通范围、输出整流电压波形和整流电压平均值等如图10-2所示，可以

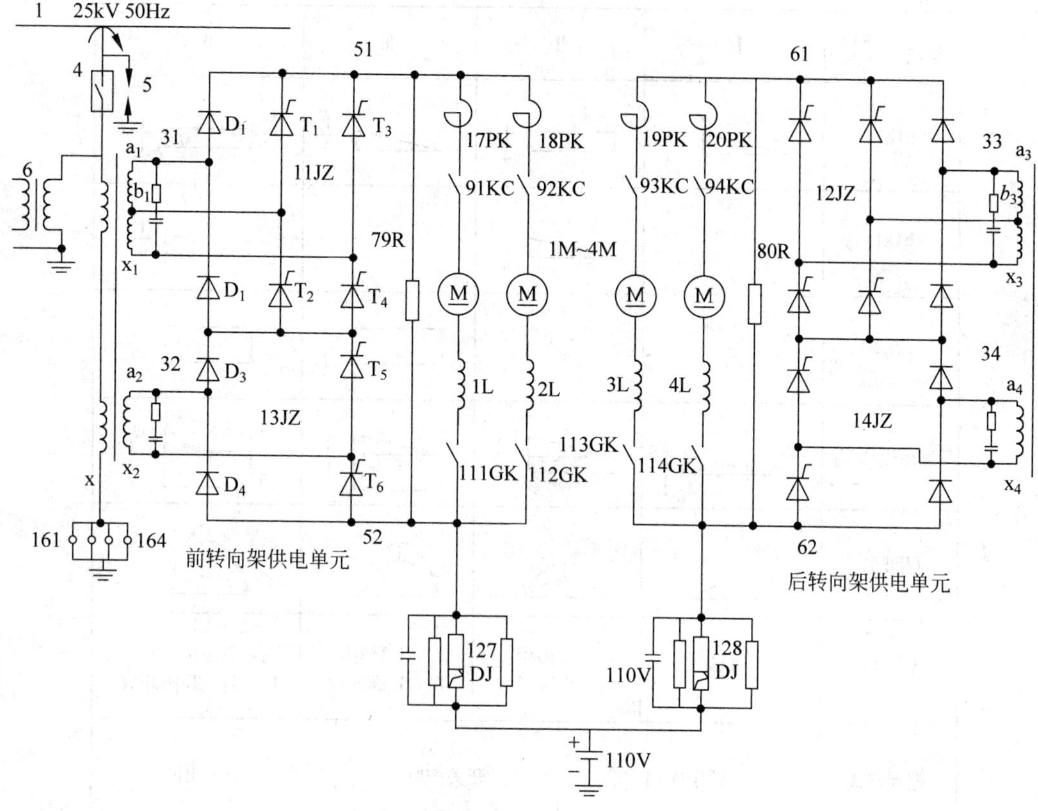

图 10-1 SS4 型电力机车简化主电路

1—受电弓；3—主变压器；4—主断路器；5—主放电器；6—高压互感器；1M～4M—牵引电机；79R、80R—负载电阻；1L～4L—主极绕组；31～34—过压吸收电路；91KC～94KC—线路接触器；161～164—接地电刷；11JZ～14JZ 主整流器；127DJ、128DJ—主接地继电器；111KG～114KG—牵引电机隔离开关；17PK～20PK—主平波电抗器

运用晶闸管导通和关断的原理分析得出此结果。

由图 10-2 可见，在整流电压达到 $U_d=\frac{1}{2}U_{dmax}$ 时，发生Ⅱ→Ⅲ段的转换过程，产生开关式跳跃，其控制逻辑由牵引控制“逻辑转换”电路保证。下桥不进行移相控制，它或者处于续流状态，或者处于满开放状态，因此称其为开关桥；而上桥往往处于移相控制状态，常称其为微调桥。由于整流器的负载为感性负载，在Ⅱ→Ⅲ段的开关式转换过程中必然会引起操作过电压，加之逻辑转换控制所带来的系统的复杂性，使系统的可靠性降低，故后期的 SS4 型电力机车主电路采用三段不等分半控整流调压电路。

2. 牵引电路

如图 10-1 所示，每一牵引支路的电流路径是：正极母线→平波电抗器→线路接触器→电枢→主极磁场绕组→牵引电机隔离开关→负极母线。图中，牵引电机隔离开关 111GK～114GK 为单刀双投开关，上、中、下三个位置分别为运行位、牵引工况故障位和制动工况故障位。当某电机出现故障时，隔离开关应置中间位，其相应的常开连锁接点断开相关接触

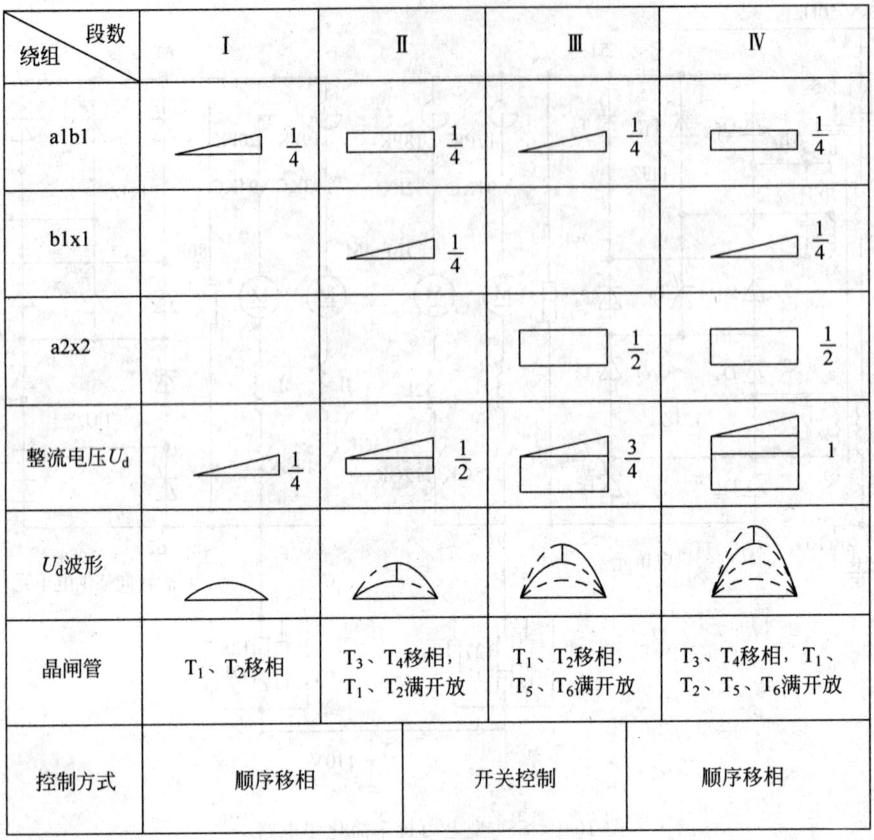

绕组＼段数	Ⅰ	Ⅱ	Ⅲ	Ⅳ
a1b1	$\frac{1}{4}$	$\frac{1}{4}$	$\frac{1}{4}$	$\frac{1}{4}$
b1x1		$\frac{1}{4}$		$\frac{1}{4}$
a2x2			$\frac{1}{2}$	$\frac{1}{2}$
整流电压U_d	$\frac{1}{4}$	$\frac{1}{2}$	$\frac{3}{4}$	1
U_d波形				
晶闸管	T_1、T_2移相	T_3、T_4移相，T_1、T_2满开放	T_1、T_2移相，T_5、T_6满开放	T_3、T_4移相，T_1、T_2、T_5、T_6满开放
控制方式	顺序移相	开关控制		顺序移相

图 10-2　不对称四段经济半控桥的控制方式

器 91KC～94KC 的线圈，该电机支路与供电电路隔离。在牵引工况下，牵引电机隔离开关处于运行位，牵引电机主极绕组与磁场削弱电阻(图中未画出)与接地继电器回路相连，处于低电位。

79R 和 80R 为主整流器的负载电阻，参数分别为 1.2kW、3.6kW。其作用是：当牵引控制柜调试时作整流器的空载续流之用，此时应使接触器 91KC～94KC 失电断开，各牵引电机与主电路隔离；当机车惰行或电制动时，79R 和 80R 将主整流器由电容充电引起的空载电压降到约 1kV。

每台牵引电机的电流测量和电压测量分别采用直流电流传感器和直流电压传感器，其信号仅取自电枢端，而不包括主极绕组压降，这样的连接方式可通用于电阻制动工况下的电枢电压测量。

每个“转向架供电单元”设一套接地保护系统，除网侧电路外，主电路任一点接地时，接地继电器均动作，断开主断路器，并同时封锁主整流器触发脉冲。

3. 电阻制动电路

电阻制动工况简化电路如图 10-3 所示。SS4 型电力机车采用了传统的能耗制动方式，每节车的 4 台牵引电机主极绕组串联，由 1 台励磁半控桥整流器 15JZ 供电。为了扩大低速制动范围，增加低速区的电制动力，以适应干线自动闭塞区段的需要，设计了两级制动电阻，在速度低于 34km/h 时，电空接触器 95KC～98KC 闭合，短接 3/5 制动电阻，以增加低速区的机车电制动力，即设置所谓的半电阻制动。

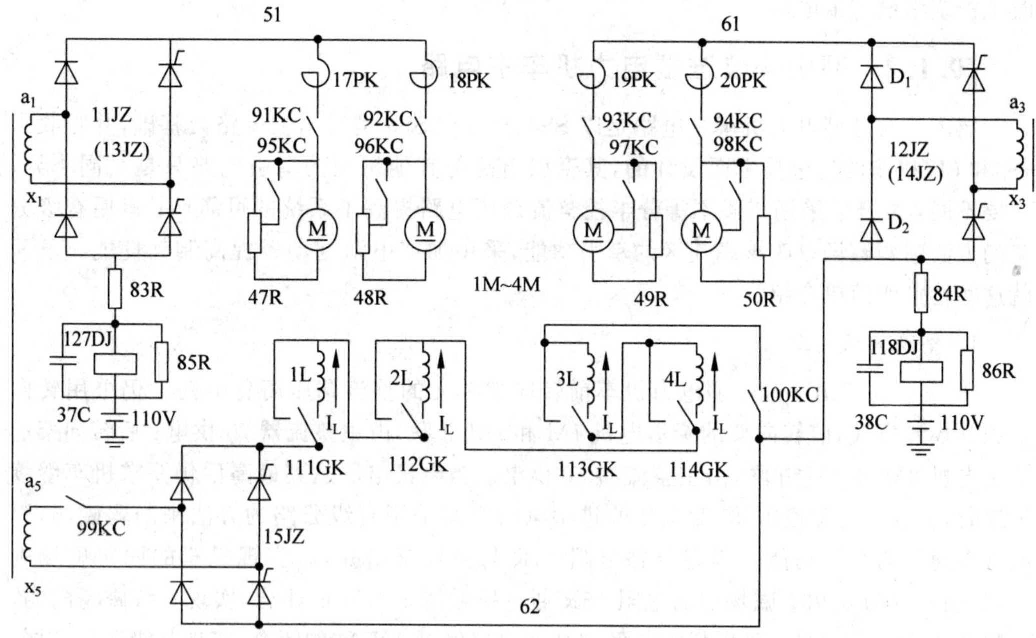

图 10-3 电阻制动工况简化电路(不对称四段经济半控桥的控制方式)

1M～4M—牵引电机；1L～4L—主极绕组；47R～50R—制动电阻；91KC～94KC—线路接触器；83R、84R—主接地继电器限流电阻；127DJ、128DJ—主接地继电器；111GK～114GK—牵引电机隔离开关

电阻制动时，位置转换开关转换到制动位，牵引电机 1M～4M 电枢与主极绕组 1L～4L 脱离，同时与制动电阻 47R～50R 串联，然后经线路接触器 91KC～94KC、平波电抗器 17PK～20PK“挂”在主整流器 11JZ 或 12JZ 的正极端 51 或 61 上。第一转向架电机 1M、2M 的电枢与第二转向架电机 3M～4M 电机的电枢在线路上互不相干。

励磁绕组 a5x5 经励磁接触器 99KC、励磁整流器 15JZ 给 4 个电机 1M～4M 的串联主极绕组 1L～4L 供电，励磁电流方向与牵引时相反，在由下往上的方向流动，如图 10-3 所示。励磁电流的路径为：励磁整流器 15JZ 正极→主极绕组→励磁整流器负极 62 端。负极 62 为主整流器 12JZ 与励磁整流器 15JZ 的公共点，并通过限流电阻 84R 与主接地继电器 128DJD 电路相连接，由此形成两个独立的接地保护电路系统。

(1) 主整流器 11JZ(13JZ)的负端通过限流电阻 83R 与主接地继电器 127DJ 电路相连。第一转向架牵引电机 1M、2M 的电枢和制动电阻回路以及主整流器 11JZ(13JZ)组成第一转向架主接地继电器系统，如发生接地故障，接地继电器 127DJ 动作，将断开主断路器 4，并同时封锁主整流器 11JZ(13JZ)的触发脉冲。

(2) 第二转向架牵引电机 3M 和 4M 电枢及制动电阻回路、4 台电机励磁回路、主整流器 12JZ(14JZ)组成第二转向架主接地继电器系统，如发生接地故障 128DJ 动作，同样断开主断路器 4，同时切除励磁整流器 12JZ(14JZ)的触发脉冲。设置电容 37C～38C 和电阻 85R～86R 是为了抑制接地继电器线圈因接地故障引起的尖峰电压。

在制动工况时，当1台牵引电机或制动电阻出现故障或相应通风机故障时，将相应隔离开关111GK～114GK置向下故障位，则91KC～94KC之一打开，电枢回路被甩开，同时主极绕组没有了电流。

10.1.2 韶山4改进型电力机车主电路

韶山4改进型电力机车主电路是以SS4、SS5和SS6型机车主电路为基础，并吸收了8K和6K机车的先进技术而设计的，其牵引电路与其他机型的牵引电路只是大同小异，主要不同点在于：采用三段不等分半控整流调压电路提高了系统的可靠性；运用有级分路的方法削弱磁场以改善高速区的牵引功能，采用加馈电阻制动以提高制动性能。下面就这些特点作简单介绍。

1. 整流调压电路

图10-4为韶山4改进型电力机车前转向架单元的整流调压简化电路。仍采用转向架独立控制方式，前转向架的牵引电机1M和2M并联，由主整流器70供电；后转向架的牵引电机3M和4M并联，由主整流器80供电。当电机电压达到最高后仍要求机车继续加速时，就要进行磁场削弱，韶山4改进型电力机车采用有级分路的方法来削弱磁场，以改善高速区的牵引功能。固定分路电阻14R与主极绕组并联，实现机车的固定磁场削弱，磁削系数为0.96；磁场削弱电阻15R通过接触器17KM的闭合，实现一级磁场削弱，磁削系数为0.70；二级磁场削弱电阻16R通过接触器18KM的闭合，实现2级磁场削弱，磁削系数为0.54。当15R、16R同时投入实现机车的3级磁场削弱，磁削系数为0.45。

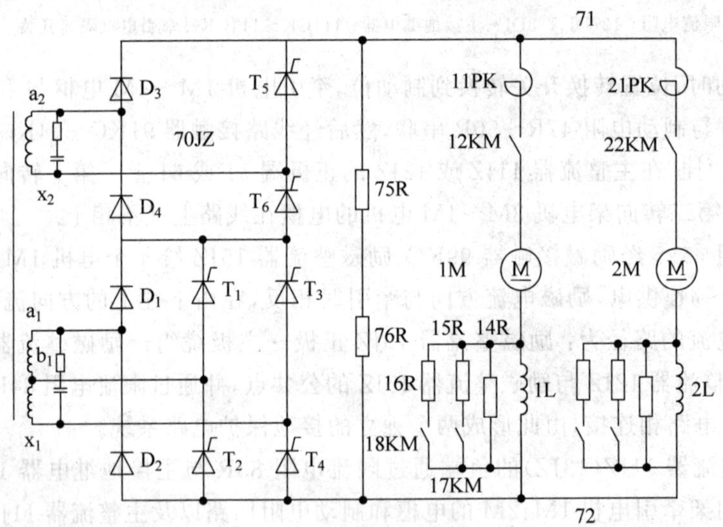

图10-4 韶山4改进型电力机车前转向架单元整流调压简化电路

图10-4所示整流调压电路各段绕组电压为

$$U_{a2x2}=U_{a1x1}=2U_{a1b1}=2U_{b1x1}=699.5(\mathrm{V})$$

整流调压电路采用三段不等分半控整流调压电路。工作顺序是：首先由绕组a2x2供电，T_5、T_6、D_3和D_4构成移相半控桥式整流。整流电压的范围在$0\sim\frac{1}{2}U_d$（U_d为三段桥总的整流电压），$T_1 \sim T_4$ 不触发，D_1、D_2 续流。当 T_5、T_6 满开放后，保持 T_5、T_6 的满开放，增加绕组 a1b1 供电，由 T_1、T_2、D_1 和 D_2 构成移相半控桥式整流，此时整流电压在 $\frac{1}{2} \sim \frac{3}{4}U_d$ 之间调节。当 T_1、T_2 满开放后，T_1、T_2、T_5、T_6 维持满开放，并触发 T_3、T_4，使 b1x1 绕组投入工作，整流电压在 $\frac{3}{4}U_d \sim U_d$ 之间调节。电阻 75R 和 76R 为机车高压空载限压实验时的整流器负载，起续流作用，在正常运行时能吸收部分过电压。这种控制方式和四段顺序控制相比，尽管在低级位上功率因数较低，但减少了开关式控制电路带来的操作过电压，提高了系统的可靠性，又可节约 $\frac{1}{2}$ 的二极管、$\frac{1}{4}$ 的晶闸管，减少了主变压器的抽头，简化了变压器线圈结构。

2. 加馈电阻制动电路

韶山 4 改进型电力机车采用了加馈电阻制动。所谓加馈电阻制动是指在电阻制动到低速时，为了增大制动力，由主整流器提供合适的整流电压与电枢电势共同产生制动电流和制动力矩。加馈电阻制动又称为“补足”电阻制动，它是在常规电阻制动的基础上发展的一种能耗制动技术。根据理论分析，机车轮周制动力矩与电机主极磁通和电机电枢电流成正比，而在常规的电阻制动中，电枢电流随机车速度的减小而减小，因而机车轮周制动力也随着机车速度的变化而变化。为了克服机车低速时轮周制动力不足的状况，在低速时电机从电网吸收电能来补足电枢电流，将制动力提高到所需要的大小，方便地实现恒制动力控制，以获得理想的制动特性。

图 10-5 为机车加馈电阻制动工况时的简化电路。

机车加馈电阻制动时，经位置转换开关转换到制动位，牵引电机电枢与主极绕组脱离，并与制动电阻串联，且同一转向架的 2 台电机电枢支路并联后与主整流器串联构成回路；每节车的 4 台牵引电机主极绕组串联，由 1 台励磁半控桥供电。以电机 1M 为例说明：

（1）当机车速度高于 33km/h 时，机车处于纯电阻制动状态，电机 1M 与平波电抗器和制动电阻串联接于主整流器上，不过此时主整流器晶闸管完全截止，仅由 4 个二极管 $D_1 \sim D_4$ 导通续流，因此主整流器实际并没有给电机供电，电机处于能耗制动状态。

（2）当机车速度低于 33km/h 时，机车处于加馈电阻制动状态，电机 1M 与平波电抗器和制动电阻串联，经主整流器 70 进行相控整流供电（此时由主变压器 a2x2 绕组供电，$D_1 \sim D_2$ 处于续流状态），制动力因此可以得到调整控制。

（3）机车制动时，主变压器的励磁绕组 a5x5 向励磁整流器 99JZ 供电，整流电压给串联的主极绕组 1L～4L 供电，且使励磁电流方向与牵引时相反。

（4）两个独立的接地保护电路系统。牵引电机 1M 和 2M、制动电阻及主整流器 70JZ 组成第 1 转向架主接地保护系统，由主接地继电器 97KE 担任保护功能。第 2 转向架牵引电机 3M 和 4M、制动电阻、主整流器 80JZ 及励磁整流器 99JZ 组成第 2 转向架主接地保护系统，由主接地继电器 98KE 担任保护功能。当接地故障不能立即排除，但仍需维持

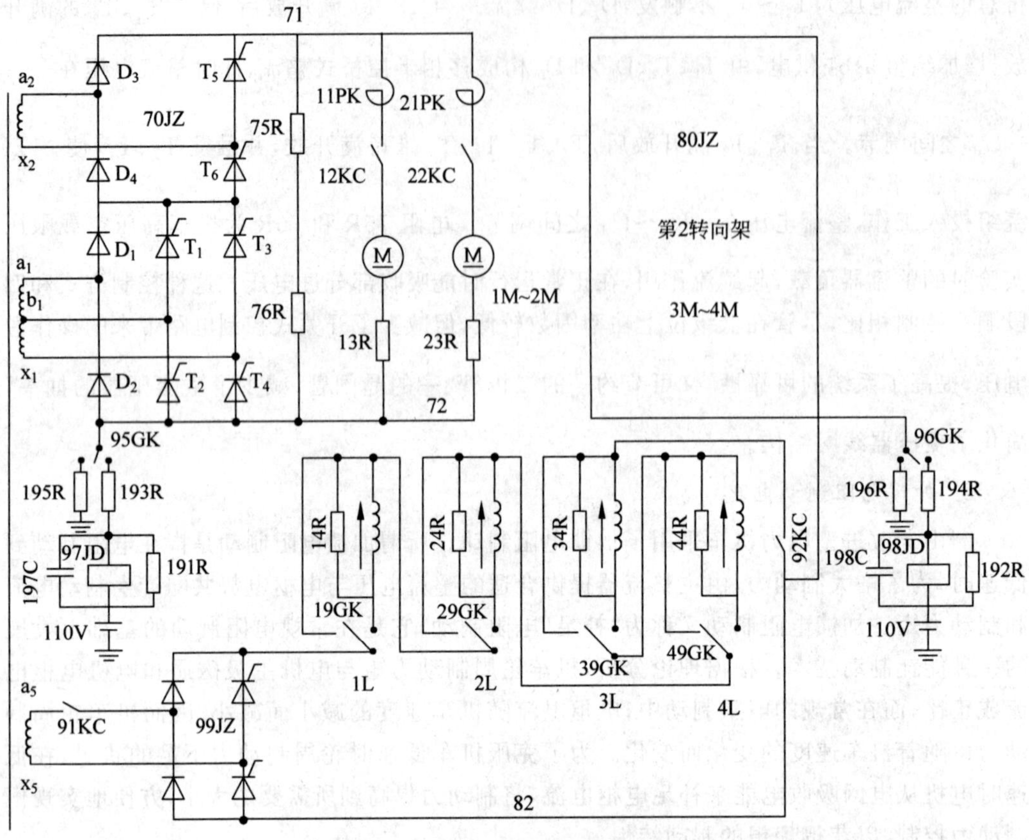

图 10-5　机车加馈电阻制动工况简化电路

1M～4M—牵引电机；1L～4L—主极绕组；13R～23R—制动电阻；91KC、92KC、12KC～22KC—线路接触器；193R～196R—主接地继电器限流电阻；97DJ～98DJ—主接地继电器；19GK～49GK—牵引电机隔离开关；11PK～21PK—平波电抗器

机车短时行走时，通过将 95GK 和 96GK 置故障位，使接地保护系统与主电路隔离，接地继电器不再动作而保持主断路器接通。此时，接地电流经 195R 或 196R 流至“地”。

加馈电阻制动的主要优点是可以扩大调速范围，在理论上可将最大制动力延伸至速度为零，因此在实际上更为安全，可获得较好的低速制动特性；同时，取消了常规的半电阻制动，简化了控制电路。

10.2　电力/内燃机车空调电源

铁路机车分为电力机车(如韶山 SS 系列)和内燃机车(如东风 DF 系列)。内燃机车以柴油机为牵引动力源。电力机车以接触网上单相交流电为牵引动力源。机车空调电源安装于电力机车或内燃机车上，驱动机车专用的空调机组运行，为机车驾驶室通风、制冷和取暖，改善司乘人员工作环境的专用设备。根据应用于机车种类的不同，分为电力机车空调电源(简称电力电源)和内燃机车空调电源(简称内燃电源)两种。两种空调电源除了输入电压有所不同外，其他方面(如应用条件、电源指标、接口条件等)基本相同，所以在设计上要兼顾这些条件，做到简统化，既便于调试和安装，又便于生产和维护。

10.2.1 引用标准和技术条件

在了解电力/内燃机车空调电源的技术条件之前，先要了解制定技术条件引用的国家和铁路行业技术标准。

1. 引用标准

GB 12668—1990　《交流电动机半导体变频调速装置总技术条件》
GB 1333—1996　《机车电器基本技术条件》
TB 1394—1993　《铁道机车动车电子装置》
TB/T 3034—2002　《机车车辆电气设备电磁兼容性试验及其限值》
GB 4208—1984　《外壳防护等级的分类》
TB 1507—1993　《机车电气设备布线规则》
TB/T 2402—1993　《铁道客车非金属材料的阻燃要求》
GB 7183—1987　《铁路干线机车车内设备机械振动烈度的测定方法》

2. 技术条件

(1) 输入电压。

控制电源输入电压：额定值 DC 110V，变化范围 DC 77V～DC 143V，对应 DC 110V±30%，取自机车蓄电池组。

主电路输入电压(电力电源)：额定值 AC 220V，变化范围 AC 154V～AC 273V，对应 AC 220V+24%～30%，取自电力机车变压器辅助绕组；过分相段时，输入电压取自电力机车蓄电池组，输入电压值同控制电源电压。

主电路输入电压(内燃电源)：额定值 DC 110V，变化范围 DC 70V～DC 140V，取自内燃机车辅助发电机(辅发)输出电压。

(2) 额定输出容量：5kV・A。

(3) 负载：机车空调机组，总功率 3.3kW。3 台三相异步电动机，其中室内风机 300W，室外风机 500W，压缩机 2.5kW。

(4) 输出电压：额定值三相交流电压 380V±5%，50Hz±1%。

(5) 输出电压波形：准正弦波，相对谐波含量≤5%(31 次以下谐波含量)，失真度≤10%。

(6) 输出电压平衡度：额定输出电压时，各相对称负载情况下，三相输出电压最大值(或最小值)与三相电压平均值之差的绝对值与平均电压值之比不超过 1%。

(7) 输出电压稳定度：在额定输入电压下，带阻性负载 0～4kW 范围内变化时，输出电压稳定精度应不大于±5%；在额定负载工况下，交流输入电压在 AC 154V～AC 273V 范围内变化时(对应电力电源)，或直流输入电压在 DC 70V～DC 140V 变化时(对应内燃电源)，输出电压稳定精度应不大于±5%。

(8) 保护功能。

输入电压保护值：对应电力电源 AC 283V±10%；对应内燃电源 DC 150V±10V。

输入欠压保护值：对应电力电源 AC 150V，对应内燃电源 DC 70V。

负载过载(流)保护值：压缩机负载 4.8A±5%；室外风机负载 1.2A±5%；室内风机负载 0.6A±5%。

短路保护：先将三相输出负载的任意两相短路，再启动空调电源，短路保护功能应动作；在空调电源正常工作时，突然将任意两相负载短路，短路保护应动作。

对空调机组的压力保护：当空调机组的高压力、低压力保护触点断开时，空调电源停止输出供电(停机)。

空调电源过热保护：当空调电源散热器表面温升超过 20K(正常运行时温升≤20K)时，空调电源停机。

空调电源面板上有如下指示：得电、正常运行、降频运行、输入过压保护、中间直流过压保护、输入过流保护、输出过载保护(含三种负载)、短路保护、散热器过热保护、空调机组高压力保护、低压力保护。

(9) 启动功能：变频软启动。启动时间≤15s，启动最大电流值 I_{max}≤1.5Ied，Ied 为额定负载运行时的输出电流。空调机组停机到再重新启动，时间间隔不小于 60s，电源能自动识别这一段时间间隔，以保护空调机组。

(10) 电力机车空调电源自动过分相功能：电力电源在有交流和直流双重输入供电的情况下，断开交流电源，电源正常运行不停机，但运行时间超过 30s 后自动停机，当交流电源重新得电后，又能自动启动运行。

(11) 额定转换效率：电源在额定输入电压、额定负载下测量时，转换效率不小于 85%。

(12) 电磁兼容性能：空调电源的 EMC 性能应符合标准 TB/T 3034—2002。

(13) 重量与外形尺寸：电源重量≤65kg；最大外形尺寸为 680mm×460mm×350mm($L\times W\times H$)。

(14) 噪声与防护等级：不大于 70dB(在距电源中心点 3m 处测量)。电源防护等级为 IP54。

(15) 电源的使用条件。

工作温度：−25～70℃；储存温度：−40～85℃。

大气条件：空气中不得有过多酸、盐、腐蚀性气体及爆炸性气体，最大相对湿度为 90%(该月平均最低温度为 25℃)。

海拔高度：不超过 2500m。

振动及冲击：电源要承受 1～100Hz 的垂向、横向和纵向正弦波振动及冲击，振动幅值为 $A=25/f$(mm)，$f=1\sim10$Hz；$A=250/f$(mm)，$f=10\sim100$Hz。

最大冲击加速度：垂向 $10m/s^2$，横向 $20m/s^2$，纵向(沿列车运行方向)$30m/s^2$。

(16) 安装与布线条件。

空调电源采取壁挂式或卧式安装，一般安装在能防止风、沙、雨雪直接侵袭的车体内或车体外部的箱体内，并确保电源安装平稳，振动烈度不得超过相关标准。安装位置要远离热源，安装部位不得直接或间接给电源箱加热，风道畅通，至少距进风口 150mm 及出风口 300mm 内无障碍物。

空调电源的主电路输入线采用 $6mm^2$ 电缆，空调电源输出线采用 $1.5mm^2$ 电缆，这些电缆对地耐压不低于 AC 2500V。其余电缆都采用 1.5mm^2 电缆,并且所有电缆布线只有防磨损保护措施。

(17) 绝缘介电强度要求。

空调电源的主电路及控制电路的绝缘部分对地承受的绝缘耐压：AC 1500V 工频试验电压,加一分钟无击穿或闪络现象。

用 500V 兆欧表测量空调电源的主电路及控制电路的绝缘部分对地绝缘电阻,应不小于 1MΩ。

10.2.2 空调电源设计

1. 空调电源主电路

如图 10-6 所示是电力/内燃机车空调电源的主电路图。

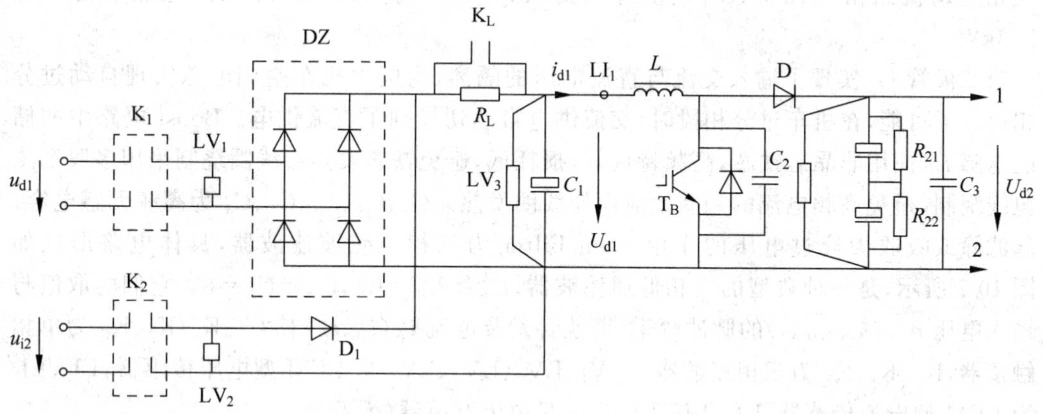

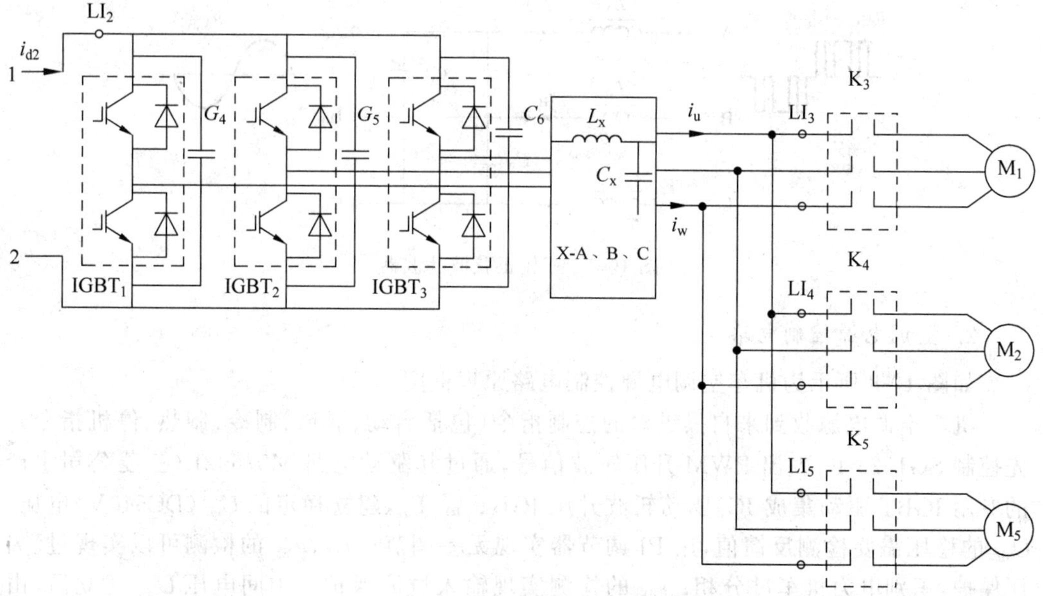

图 10-6 电力/内燃机车空调电源的主电路图

电路的工作原理：将输入的单相交流电压(电力机车空调电源为 AC 220V)经过二极管不可控整流桥 DZ 变成直流电压 U_{d1}，或来自机车辅发或蓄电池组的直流电压(内燃机车空调电源为 DC 110V)U_{d1}，经过 Boost 升压斩波电路升压到 U_{d2}，U_{d2} 一般设定为 DC 540V。其中在建立 U_{d1} 时，设置了预充电电阻 R_C，对电容 C_1 的充电电流进行了限制，当充电结束后(如 C_1 充电到 $80\%U_{d1}$ 时)，闭合接触器 K_C 来短接 R_C，以避免工作时 R_C 有过大的电压降。Boost 电路由电感 L、IGBT 管 T_B、续流二极管 D 和滤波电容 C_{21} 和 C_{22} 组成，T_B 的斩波频率为 10kHz～15kHz，电容 C_{21} 和 C_{22} 相串联是为了提高电解电容的耐压值，R_{21}、R_{22} 为两只串联电解电容的均压电阻。三相逆变器由三只 IGBT 模块 $IGBT_1$～$IGBT_3$ 组成三相桥式逆变电路，将中间直流 U_{d2} 逆变成三相对称、平衡的 SPWM 波，IGBT 器件的开关频率为 4kHz，将 SPWM 波经过三相正弦波滤波器(Sin Filter)滤除高次谐波后变成满足技术条件的“准正弦波”，经三相空调机组供电。三相空调机组由压缩机(M_1)、室外风机(M_2)和室内风机(M_3)组成，总额定功率为 3.3kW。

二极管 D_1 实现了输入交流与直流电压的隔离，为电力机车空调电源实现自动过分相提供了可能，在机车过分相段时，交流供电自然切换到了直流供电。Boost 电路中的储能电感 L，使用非晶态铁芯，高频特性好，损耗低，避免铁芯发热。线圈绕制采用多股细漆包线绕制，避免高频电流的趋肤效应而使线圈发热。C_2、C_3、C_4、C_5、C_6 为高频无感电容，起滤除或吸收尖峰过电压的作用。Sin Filter 为三相正弦波滤波器，具体电路形式如图 10-7 所示，是一种典型的三相低通滤波器，$L_A=L_B=L_C$，$C_A=C_B=C_C$ 它们的取值与输入电压 u_{AB}(u_{BC}、u_{AC})的脉冲频率、谐波含量及电流 i_A(i_B、i_C)有关。K_1、K_2、K_C 为单相触接器，K_3、K_4、K_5 为三相接触器。LV_1、LV_2、LV_3、LV_4 是 LEM 型电压传感器，LI_1、LI_2 为 LEM 型电流传感器，LI_3、LI_4、LI_5 为 6 只电流互感器(无源型)。

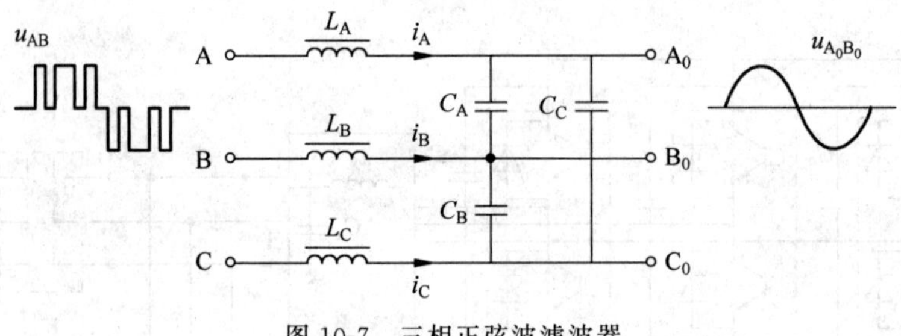

图 10-7　三相正弦波滤波器

2. 空调电源控制电路

如图 10-8 所示为机车空调电源控制电路原理框图。

机车空调电源收到来自操纵盒的控制指令(包括启动、通风、制冷、制热、停机指令)，先控制 SG1525 IC 发出 PWM 升压斩波信号，通过其驱动电路 M57692L(三菱公司生产的专用 IGBT 驱动集成 IC)驱动斩波升压 IGBT 管 T_B，建立稳定的 U_{d2}(DC540V)电压。U_{d2} 的稳压需要检测反馈值，用 PI 调节器实现无差调节；u_{S1}、u_{S2} 的检测可以实现过、欠压保护，识别电力机车过分相；i_{d1} 的检测实现输入过流保护。中间电压 U_{d2} 建立后，由 16 位单片微机 80C196KC 控制专用 SPWM 发生 IC SA8282/4828，输出 6 路 SPWM 脉冲

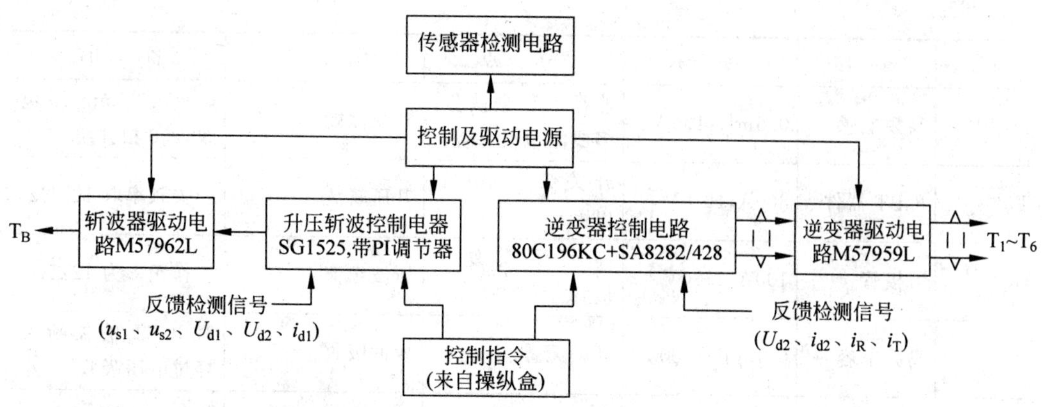

图 10-8 机车空调电源控制电路原理框图

PWM1～PWM6,经 6 路驱动电路 M57959L 来驱动 6 只逆变器 IGBT 管 T_1～T_6,输出三相对称的 SPWM 波形,再经 LC 正弦波滤波器滤除高次谐波后得到准正弦波,驱动空调负载电机的运行。反馈检测 U_{d2} 为实现中间直流的过压保护;i_{d2} 实现直流过流保护;i_R、i_T 实现负载电机的过载保护。控制电源为控制电路(包括斩波控制电路和逆变控制电路)、驱动电路(包括一片 M57962L 和 6 片 M57959L)和检测电路(包括 4 只 LEM 型电压传感器和 2 只 LEM 型电流传感器以及接触器驱动与状态检测)提供电源,有+24V、+15V、+5V 电源各 1 只,以及 5 路+15V、−10V 电源。

控制电路采用 6 块 4U 尺寸的四层 PCB 电路板,置于电子机箱中。包括驱动电路板、驱动电源板、控制电源板、微机控制板、信号采样板、斩波控制及接触器驱动板。6 块电路板组成为 6 只电子插件置于电子箱中。

这样的控制电路模块化清晰、便于调试和维修,也提高了控制系统的电磁兼容性。这一控制电路非常可靠地实现了对空调电源的控制运行。主电路中元器件明细见表 10-1。

表 10-1 主电路元器件明细

符号	名 称	主要参数	特 点	作 用	备 注
DZ	单桥整流器	100A/600V	普通单桥四管模块	整流	输入交流 50Hz
K_1、K_2	接触器	100A,2P	单相交流接触器	输入开关	K_2 无流分断,K_1 可有流分断
K_C	接触器	100A,2P	交流接触器	短接充电电阻	无流分断
R_C	电阻	16Ω,200W	专用水泥电阻	预充电	两只 8Ω/100W 电阻串联,瞬时功率(2s 内)达 1kW
D_1	二极管	100A,600V	普通电力二极管	输入电压隔离	内燃电源输入用,电力电源过分相用
C_1	电解电容器	4700μF/450V	整流滤波,互流稳压	直流电压支撑	电解电容,体积较大

续表

符号	名称	主要参数	特点	作用	备注
L	高频电感	0.6mH,100A	非晶态U型铁芯,多股漆包线并绕	升压储能	$\Phi=0.25$mm 漆包线,250根并绕
T_B	IGBT器件	300A,1200V	开关频率10kHz以上	升压斩波	开关频率取12kHz
D	二极管	100A,1200V	高频快恢复二极管	斩波续流	工作频率为12kHz
C_2	高频电容	0.15μF,1200V	高频无感	缓冲吸收	对IGBT的关断尖峰过电压吸收
C_{21}、C_{22}	电解电容器	6800μF/400V	2只电容串联再2组并联	斩波电压滤波,直流环节支撑	4只6800uF/400V电容2并2串,总电容量6800μF
R_{21}、R_{22}	电阻	20kΩ/10W	水泥电阻	均压	功率大,体积小
C_3	高频电容	0.15μF/1200V	高频无感	高频滤波	对10kHz以上高频电压滤波
$IGBT_1$、$IGBT_2$、IGBT3	IGBT器件	75A/1200V	两单元IGBT模块	三相逆变	产品升级后用6单元IPM
C_4、C_5、C_6	高频电容	1μF/1200V	高频无感	缓冲吸收	对IGBT的尖峰过电压吸收
L_A、L_B、L_C	高频电感	1.0mH/50A	三相电感,E型非晶态铁芯	滤波	电感与电容串联,电容三相并联。滤除高次谐波,输出正弦波
C_A、C_B、C_C	高频电容	3.3μF/AC750V	高频品质高,损耗小,体积小	滤波	
K_3、K_4、K_5	接触器	30A/AC380V	三相交流接触器	连接负载	可以有流闭合与分断
LV_1	电压传感器	500V	±15V供电	检测输入交流电压	接串联电阻,接采样电阻;用高精度电阻;供电电源精度高、纹波小
LV_2、LV_3	电压传感器	500V		检测输入直流电压	
LV_4	电压传感器	600V		检测中间直流电压	
LI_1、LI_2	电流传感器	50A		检测直流电流	对采样电阻及供电电源要求同上
LI_3、LI_4、LI_5	交流电流互感器	10A,5A,5A	无源供电	检测负载交流电流	用无源互感器检测交流正弦电流方便,成本低

3. 结构设计

机车空调电源为箱体结构，适宜卧式和壁挂式安装，防护等级为 IP54，密封性能好。IGBT 及电力二极管安装于铝散热器的平板面上，散热器的齿槽面向外，置于机箱的后侧面，用两只三相轴流风扇吹风散热，电源持续工作，温升不超过 20K。控制电路集成 6 块插件板置于 4U 的电子箱中，电子箱置于机箱内，电子箱上方有 DC 110V 的风扇两只，对电子箱吹风散热。IGBT 驱动信号引线较短（小于 20cm），机箱内的布线充分考虑了电磁兼容的措施、传输线分类布置、强弱电导线分离、检测、控制、驱动导线分离等。电源对外有三个航空插件（头），通过插件对外连接导线，分别为主电路输入线、驱动机组输出线和保护线、操纵控制盒输入线。在电源的顶面上装有发光二极管的指示面板。对电源的运行和多种故障信号给出了明确的显示。

小　结

电力电子技术在铁道机车上有着广泛的应用，能够帮助机车实现更高程度的自动化控制。本模块通过韶山 4 型、韶山 4 改进型、内燃/电力机车空调电源系统为例，简要地介绍了韶山 4 型电力机车牵引主电路的工作原理、韶山 4 改进型电力机车牵引主电路的工作原理、机车电阻制动工作原理机车空调电源主电路工作原理等。体现出了电力电子技术的较多基本原理应用。

习　题

（1）识读韶山 4 型电力机车简化主电路。

（2）说明机车加馈电阻制动的工作原理。

（3）简述机车空调电源主电路的工作原理。

参考文献

[1] 李建民,罗军.安全用电[M].北京：中国铁道出版社,2011.
[2] 王琳,程立新,郑春华.电工电子技术[M].北京：北京理工大学出版社,2010.
[3] 金瑞,周遐.维修电工技能实训[M].北京：高等教育出版社,2009.
[4] 卢菊洪.电工电子技术基础[M].北京：北京大学出版社,2007.
[5] 李艳新.电工电子技术[M].北京：北京大学出版社,2007.
[6] 叶永春.电工技术应用[M].北京：人民邮电出版社,2009.
[7] 陆和国.电路与电工技术[M].北京：高等教育出版社,2010.
[8] 沈国良.电工电子技术基础[M].北京：机械工业出版社,2003.
[9] 王鼎,王桂琴.电工与电子技术[M].北京：机械工业出版社,2007.
[10] 康华光.电子技术基础[M].4版.北京：高等教育出版社,1999.
[11] 张惠敏.数字电子技术[M].北京：化学工业出版社,2002.
[12] 唐程山.电子技术基础[M].2版.北京：高等教育出版社,2012.
[13] 王兆安,刘进军.电力电子技术[M].5版.北京：机械工业出版社,2009.
[14] 刘沂,姜桦.电力电子技术[M].天津：天津大学出版社,2008.
[15] 李瑞荣.机车电力电子技术[M].北京：中国铁道出版社,2009.
[16] 马晓宇.电力电子技术[M].西安：西安电子科技大学出版社,2016.
[17] 李瑞荣.机车电力电子技术[M].北京：中国铁道出版社,2009.
[18] 张有松.韶山4型电力机车[M].北京：中国铁道出版社,1998.
[19] 王奇钟.韶山4型电力机车操纵与保养[M].北京：中国铁道出版社,2009.
[20] 崔晶,杨会玲,柏承宇.电力机车电器[M].成都：西南交通大学出版社,2016.